JN007089

Algorithms for Continuous Optimization

連続最適化アルゴリズム

飯塚秀明 著

Ohmsha

本書に掲載されている会社名・製品名は，一般に各社の登録商標または商標です．

本書を発行するにあたって，内容に誤りのないようできる限りの注意を払いましたが，本書の内容を適用した結果生じたこと，また，適用できなかった結果について，著者，出版社とも一切の責任を負いませんのでご了承ください．

はしがき

　最適化とは，簡潔にいえば，考察する対象を最も良いとされる状態にすることです．また，数理最適化とは，最適化を数理的に扱うことであり，現代社会において解決が待たれる問題を，数式を用いて表現し，その問題の解を求めることです．数理最適化のための数理手法は，数学，統計学，オペレーションズ・リサーチなどの分野の発展とコンピュータの処理能力の向上に伴い，実社会の多くの問題解決に至っています．近年，人工知能（AI）の急速な発展により，人工知能の実社会への活用の場がより一層広がっていますが，人工知能の分野に現れる実問題には数理最適化により解決できるものがあるという事実から，数理最適化分野が改めて注目されていると感じます．

　本書では，数理最適化のための数理手法の一つである連続最適化アルゴリズムについて詳解します．連続最適化アルゴリズムとは，連続最適化問題と呼ばれる数理問題の解を近似することができる計算手法の名称です．人工知能分野のうちの，機械学習，特に深層学習のための強力な手法として，連続最適化は広く活用されています．

　本書では，特に，二つの連続最適化に焦点を当てます．一つ目は，微分不可能な凸関数の最適化，つまり，非平滑凸最適化です．ネットワーク資源割当や信号処理に現れる連続最適化は非平滑凸最適化として表現できます．二つ目は，微分可能ではあるが凸ではない関数の最適化，つまり，平滑非凸最適化です．深層学習に現れる連続最適化は平滑非凸最適化として表現できます．本書では，この二つの最適化のための連続最適化アルゴリズムの性能を決定するステップサイズと呼ばれるパラメータの設定に着目し，その設定に関する理論と応用について詳しく考察します．連続最適化問題の最適解へ進む方向（探索方向）が決まっているとき，その方向への進む度合いを表すのがステップサイズです．

　著者が日本学術振興会特別研究員（PD）のときに，アルゴリズムの収束性が保証されないステップサイズを利用すると，どのような挙動をするのかについて気晴らしにコンピュータで遊んだことを思い出します．適切なステップサイズにわずかな定数倍をするだけで全く異なる挙動をすることが確認できます．このように，適切なステップサイズの利用は，最適化アルゴリズムの性能を最

大限に引き出すうえで重要です．また，そのようなステップサイズがなぜ良い性能を生み出すのかという理論的証拠を知ることも大事なことだと思います．

　本書の構成は以下のとおりです．

　1章では，最適化とは何か，について定式化やアルゴリズムの例を通して解説しながら，本書の内容全体を概観します．2章では，3章以降で必要となる数学的準備を行います．3章では，本書で扱う連続最適化問題について定式化します．また，連続最適化問題に関連する変分不等式と不動点問題についても定式化します．

　2章と3章の内容を踏まえ，4章では，本書で扱う反復法（勾配法，近接点法）とステップサイズの種類について一般論を展開します．また，5章では，平滑非凸最適化のための反復法に関する収束性と収束率を，6章では，非平滑凸最適化のための反復法に関する収束性と収束率を，7章では，平滑凸最適化と関連の深い不動点問題を解くための反復法に関する収束性と収束率を，8章では，機械学習，特に深層学習のための反復法に関する収束性と収束率を，それぞれ議論します．

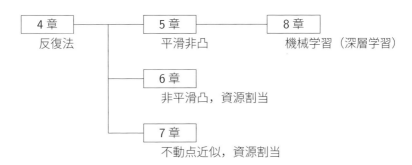

　図に，4章以降の構成を示します．5章で詳解する連続最適化アルゴリズムは，深層学習のための反復法の基盤となるため，深層学習最適化法の理解のためには，5章の後に8章へ進んでも問題はありません．また，7章で議論する非拡大写像に関する不動点問題は平滑凸最適化の枠組みとして捉えることができるので，凸最適化に関する反復法の理解のためには，4章の後に6章と7章と読み進めることも可能です．なお，6章と7章では，凸最適化の応用例の一つである資源割当についても議論します．

連続最適化アルゴリズム（5 章以降）の収束性と収束率については，節ごとに表を用いてまとめ，その詳細は，定理として示します．また，各定理の証明に利用するための命題を載せています．

定理の内容を理解することは大事ですが，定理の本質を理解してもらうために，**定理の証明を全て本書に載せました**．連続最適化アルゴリズムの根幹をなす定理や補助定理の証明は，極力，本文に収め，最適化理論の補助的な役割を演じる定理や，本文内に収まらなかった一部の定理については，その証明を付録 A に収めました．証明を追うことで，定理や命題の仮定がどのように証明に利用されているか，なぜ仮定が必要なのか，について理解を深めることができることと思います．

また，各定理の証明に利用するための命題については，その証明を全て演習問題とし，解答例を付録 B に収めました．演習問題は解くことも大事ですが，命題の証明の理解と定理の補助的役割の理解のために，付録 B を活用いただければ幸いです．

連続最適化アルゴリズム（5 章以降）の実際の性能を確認するために，コンピュータを用いた数値例を示します．**プログラムコード**については，明治大学理工学部情報科学科 数理最適化研究室が管理する GitHub Organization の Mathematical Optimization Lab.[*1]からダウンロードすることができます．

なお，本書の内容に関連する発展的な話題を Advanced 欄に載せていますので，興味や関心に応じて読んでいただければと思います．

本書の読者対象は理工系の大学2年生程度の知識をもつ方を想定しています．しかしながら，2 章にある数学的準備を活用することで，連続最適化とそのアルゴリズムの性質についてご理解いただけるよう努めました．

著者は，学生時代に高橋渉先生（東京工業大学名誉教授）の御指導のもと，「無限次元空間上で定義される非拡大写像の不動点問題」について研究を行いました．高橋先生の研究方針は「対象とする問題を俯瞰した拡張問題を研究することにより得られる新理論の構築」であり，著者は，この方針に基づいて研究に精進しています．著者が本書を執筆できたのも，「連続最適化を包含する不動点問題や変分不等式問題といった非線形問題」を研究対象とし，そこで得られた理論を連続最適化の世界へ落とし込むことができたからであると強く感

[*1]　https://github.com/iiduka-researches

じています．また，著者がPDのときには，信号処理工学をご専門にされている山田功先生（東京工業大学教授）に，不動点問題や凸最適化問題と信号処理に現れる実問題への応用について指導を仰ぎました．その後，九州工業大学ネットワークデザイン研究センターの教員時に，大規模かつ複雑なネットワーク上の資源割当がある種の連続最適化問題として定式化できることに着目して，研究を進めてきました．信号処理やネットワークに現れる実問題と密接に関連がある連続最適化問題の解明は，魅力的な研究課題であろうと思います．

　本書を執筆できたのは，多くの先生方から御指導をいただいた御蔭です．特に，学生時代と研究員時代に御指導を賜った指導教員の高橋先生，山田先生，九州工業大学教員時代以降，理論と応用の両側面から御指導を賜る福島雅夫先生（京都大学名誉教授），矢部博先生（東京理科大学教授），滝根哲哉先生（大阪大学教授），鶴正人先生（九州工業大学教授），佐藤寛之先生（京都大学特定准教授），成島康史先生（慶應義塾大学准教授）には，この場を借りて感謝申し上げます．また，成島先生と山岸昌夫先生（東京工業大学助教）からは，本書の内容について貴重なご助言をいただきました．さらに，明治大学数理最適化研究室の酒井裕行氏と佐藤尚樹氏には，数値実験と校正にご協力いただきました．

　本書の出版に関しまして，オーム社編集局の皆様には終始お世話になりました．ここに深く御礼申し上げます．

　最後に，日頃の感謝の気持ちを込めて，この本を妻朋子に贈りたい．

　2022年9月　生田にて

飯塚 秀明

目　次

4章 反復法

5章 平滑非凸最適化のための反復法

6章 非平滑凸最適化のための反復法

7章 不動点近似法

8章 平滑非凸最適化のための深層学習最適化法

付録A 定理の証明と補足

付録 B　演習問題解答例

記号表

■集合

$\mathbb{N}$ ： 0と自然数全体からなる集合

$[d]$ ： $\{1, 2, \ldots, d\}$ （ただし，$d \in \mathbb{N} \setminus \{0\}$）

$[n:m]$ ： $\{n, n+1, \ldots, m\}$ （ただし，$n, m \in \mathbb{N}$かつ$n \leq m$）

$\mathbb{R}^d$ ： d次元ユークリッド空間

$\mathbb{R}^d_+$ ： ベクトルの成分が非負の実数からなる$\mathbb{R}^d$の部分集合

$\mathbb{R}^d_{++}$ ： ベクトルの成分が正の実数からなる$\mathbb{R}^d$の部分集合

$\mathbb{R}^{m \times n}$ ： $m \times n$行列全体の集合

$\mathbb{S}^d$ ： d次実対称行列全体の集合

$\mathbb{S}^d_+$ ： d次実半正定値対称行列全体の集合（$A \in \mathbb{S}^d_+ \iff A \succeq O$）

$\mathbb{S}^d_{++}$ ： d次実正定値対称行列全体の集合（$A \in \mathbb{S}^d_{++} \iff A \succ O$）

$\mathrm{Fix}(T)$ ： 写像Tの不動点集合

■ベクトルの内積とノルムと関連する記号

$\boldsymbol{x}$ ： ユークリッド空間$\mathbb{R}^d$のベクトル

$\boldsymbol{0}$ ： ユークリッド空間$\mathbb{R}^d$の零ベクトル

$\boldsymbol{x}^\top$ ： ベクトル$\boldsymbol{x}$の転置

$\langle \boldsymbol{x}, \boldsymbol{y} \rangle$ ： ベクトル$\boldsymbol{x}$と$\boldsymbol{y}$の内積

$\langle \boldsymbol{x}, \boldsymbol{y} \rangle_2$ ： ベクトル$\boldsymbol{x}$と$\boldsymbol{y}$のユークリッド内積

$\langle \boldsymbol{x}, \boldsymbol{y} \rangle_H$ ： ベクトル$\boldsymbol{x}$と$\boldsymbol{y}$のH–内積（ただし，$H \in \mathbb{S}^d_{++}$）

$\boldsymbol{x} \odot \boldsymbol{x}$ ： ベクトル$\boldsymbol{x}$のアダマール積（$\boldsymbol{x} \odot \boldsymbol{x} = (x_i) \odot (x_i) := (x_i^2) \in \mathbb{R}^d$）

$\|\boldsymbol{x}\|$ ： ベクトル$\boldsymbol{x}$のノルム

$\|\boldsymbol{x}\|_1$ ： ベクトル$\boldsymbol{x}$の1–ノルム

$\|\boldsymbol{x}\|_2$ ： ベクトル$\boldsymbol{x}$のユークリッドノルム（2–ノルム）

$\|\boldsymbol{x}\|_H$ ：ベクトル $\boldsymbol{x}$ の H–ノルム（ただし, $H \in \mathbb{S}^d_{++}$）

$\|\boldsymbol{x}\|_\infty$ ：ベクトル $\boldsymbol{x}$ の最大値ノルム

■近傍

$N(\boldsymbol{x}^*; \varepsilon)$ ：ベクトル $\boldsymbol{x}^*$ の ε–近傍（$N(\boldsymbol{x}^*; \varepsilon) := \{\boldsymbol{x} \in \mathbb{R}^d : \|\boldsymbol{x} - \boldsymbol{x}^*\| < \varepsilon\}$）

$\overline{N(\boldsymbol{x}^*; \varepsilon)}$ ：$N(\boldsymbol{x}^*; \varepsilon)$ の閉包（$\overline{N(\boldsymbol{x}^*; \varepsilon)} := \{\boldsymbol{x} \in \mathbb{R}^d : \|\boldsymbol{x} - \boldsymbol{x}^*\| \le \varepsilon\}$）

$N_2(\boldsymbol{x}^*; \varepsilon)$ ：ベクトル $\boldsymbol{x}^*$ の2–ノルムの意味での ε–近傍

$N_\infty(\boldsymbol{x}^*; \varepsilon)$ ：ベクトル $\boldsymbol{x}^*$ の最大値ノルムの意味での ε–近傍

■行列の内積とノルムと関連する記号

$A^\top$ ：行列 A の転置

$A \bullet B$ ：行列 A と B の内積

$\|A\|_{\mathrm{F}}$ ：行列 A の Frobenius ノルム

$\|A\|_2$ ：行列 A の誘導ノルム（スペクトルノルム）

$\lambda_{\max}(A)$ ：正方行列 A の最大固有値

$\lambda_{\min}(A)$ ：正方行列 A の最小固有値

$\mathrm{Tr}(A)$ ：正方行列 A の対角和

$\mathrm{Det}(A)$ ：正方行列 A の行列式

$\mathrm{diag}(\lambda_i)$ ：λ_i を対角成分にもつ対角行列

O ：零行列

I ：単位行列

$H^{\frac{1}{2}}$ ：$H \in \mathbb{S}^d_{++}$ に対して $H = (H^{\frac{1}{2}})^2$ となる $H^{\frac{1}{2}} \in \mathbb{S}^d_{++}$

$A \succeq B$ ：$A - B \in \mathbb{S}^d_+$, つまり, $A - B \succeq O$ $(A, B \in \mathbb{S}^d)$

$A \succ B$ ：$A - B \in \mathbb{S}^d_{++}$, つまり, $A - B \succ O$ $(A, B \in \mathbb{S}^d)$

■論理記号と集合と数列に関する記号

$\forall \boldsymbol{x} \in \mathbb{R}^d (P(\boldsymbol{x}) \Rightarrow Q(\boldsymbol{x}))$ ：任意の $\boldsymbol{x} \in \mathbb{R}^d$ に対して, $P(\boldsymbol{x})$ ならば $Q(\boldsymbol{x})$

$$(P(\boldsymbol{x}) \Rightarrow Q(\boldsymbol{x}) \quad (\boldsymbol{x} \in \mathbb{R}^d))$$

$\exists \boldsymbol{x} \in \mathbb{R}^d (P(\boldsymbol{x}) \wedge Q(\boldsymbol{x}))$ ：$P(\boldsymbol{x})$ かつ $Q(\boldsymbol{x})$ となる $\boldsymbol{x} \in \mathbb{R}^d$ が存在する

$\sup A$ ：集合 A の上限

$\inf A$ ：集合 A の下限

$\liminf\limits_{k \to +\infty} a_k$ ：実数列 $(a_k)_{k \in \mathbb{N}}$ の下極限 $(\varliminf\limits_{k \to +\infty} a_k)$

$\limsup\limits_{k \to +\infty} a_k$ ：実数列 $(a_k)_{k \in \mathbb{N}}$ の上極限 $(\varlimsup\limits_{k \to +\infty} a_k)$

$\lim\limits_{k \to +\infty} a_k$ ：実数列 $(a_k)_{k \in \mathbb{N}}$ の極限

■関数に関する写像と集合

$f'(\boldsymbol{x}; \boldsymbol{d})$ ：ベクトル $\boldsymbol{d}$ に対する関数 $f: \mathbb{R}^d \to \mathbb{R}$ の $\boldsymbol{x}$ における方向微分係数

$\nabla f(\boldsymbol{x})$ ：f の $\boldsymbol{x}$ における勾配

$\nabla^2 f(\boldsymbol{x})$ ：f の $\boldsymbol{x}$ における Hesse 行列

$\partial f(\boldsymbol{x})$ ：f の $\boldsymbol{x}$ における劣微分

prox_f ：f の近接写像

$C^k(\mathbb{R}^d)$ ：k 回連続的微分可能な $\mathbb{R}^d$ 上の実数値関数全体の集合

$C_L^k(\mathbb{R}^d)$ ：$f \in C^k(\mathbb{R}^d)$，かつ，∇f が Lipschitz 連続となる関数全体の集合

$\mathcal{L}_s(f)$ ：s に対する f の下位集合 $(\mathcal{L}_s(f) := \{\boldsymbol{x} \in \mathbb{R}^d : f(\boldsymbol{x}) \leq s\})$

$\nabla f^{-1}(\boldsymbol{0})$ ：$\nabla f(\boldsymbol{x}) = \boldsymbol{0}$ を満たす停留点全体の集合

$\underset{\boldsymbol{x} \in C}{\mathrm{argmin}} f(\boldsymbol{x})$：集合 C 上の f の最小点（最適解）の集合

$\mathrm{VI}(C, \nabla f)$ ：∇f における C 上の変分不等式の解集合

■集合に関連する写像

P_C ：閉凸集合 C への射影

Id ：恒等写像 $(\mathrm{Id}(\boldsymbol{x}) := \boldsymbol{x})$

δ_C ：集合 C の標示関数

$\mathrm{d}(\boldsymbol{x}, C)$ ：ベクトル $\boldsymbol{x}$ と集合 C の最短距離

■連続最適化アルゴリズムに関する記号

α_k ：反復回数 k でのステップサイズ

$\boldsymbol{d}_k$ ：反復回数 k での探索方向

$\boldsymbol{x}_k$ ：反復回数 k での近似解

$(\boldsymbol{x}_k)_{k\in\mathbb{N}}$ ：連続最適化アルゴリズムで生成される点列

$(\boldsymbol{x}_{k_i})_{i\in\mathbb{N}}$ ：点列 $(\boldsymbol{x}_k)_{k\in\mathbb{N}}$ の部分列

$\boldsymbol{x}_k \to \boldsymbol{x}^\star$ ：点列 $(\boldsymbol{x}_k)_{k\in\mathbb{N}}$ が最適解 $\boldsymbol{x}^\star$ に収束する

$O(a_k)$ ：a_k のオーダー

■資源割当に関する記号

u_i ：送信者 i の効用関数

U ：送信者全体の効用関数

c_l ：リンク l の容量

C_l ：リンク l のリンク制約集合

■機械学習に関する記号

n ：訓練データ数の総数

ℓ_i ：i 番目の訓練データに関する損失関数

$\xi_{k,i}$ ：反復回数 k における i 番目の標本により生成される確率変数

$\mathsf{G}_\xi(\boldsymbol{x})$ ：ベクトル $\boldsymbol{x}$ における確率変数 ξ を有する確率的勾配

σ^2 ：確率的勾配の分散

b ：ミニバッチサイズ

B_k ：反復回数 k でのミニバッチ

$\nabla f_{B_k}(\boldsymbol{x})$ ：損失関数 f のベクトル $\boldsymbol{x}$ におけるミニバッチ確率的勾配

$\boldsymbol{m}_k$ ：反復回数 k でのモーメンタム項

β_1, β_2 ：ハイパーパラメータ

$\mathbb{E}_\xi[\cdot]$ ：確率変数 ξ に関する期待値

$\mathbb{E}_\xi[\cdot \mid \boldsymbol{\theta}]$ ：条件 $\boldsymbol{\theta}$ のもとでの確率変数 ξ に関する期待値

1 章

はじめに

　本章では，本書で扱う連続最適化問題と連続最適化アルゴリズムの大枠について説明します．特に，連続最適化アルゴリズムの利用に必要な三つの設定である，初期点の設定，ステップサイズの設定，そして，探索方向の設定，に着目します．次に，連続最適化アルゴリズムの応用例（資源割当と機械学習）を挙げながら，ステップサイズの重要性について詳解します．特に，コンピュータ実験で実用上利用されるステップサイズが連続最適化アルゴリズムの性能を向上させることの理論的証拠を示します．

1.1 連続最適化問題

　対象とする物事や事象を，何かしらの指標を用いて，できるだけ最適な状態
にしたいという要求があるとします．ここでいう「最適」とは，例えば，ある
企業の利益を向上させること，あるネットワークを利用するユーザーの満足度
を向上させること，あるネットワークでの出力結果と正解に対する誤差を小
さくすること，などのように，考察する対象を最も良いとされる状態にする
ことです．このような要求を数学的に解決するために，その指標を適当な関
数 f で表現し，関数 f を適当な集合 C の上で最適化します．関数 f を**目的関数**
(objective function) と呼び，集合 C を，**制約集合** (constrained set)，もしく
は，**実行可能領域** (feasible region) と呼びます．本書では，目的関数 f を次元
数 d のユークリッド空間 $\mathbb{R}^d$ のベクトル $\boldsymbol{x}$ を変数にもつ実数値関数 $f\colon \mathbb{R}^d \to \mathbb{R}$
として，制約集合 C をユークリッド空間 $\mathbb{R}^d$ の部分集合として扱う**連続最適
化問題** (continuous optimization problem)（単に，**最適化問題** (optimization
problem) と呼ぶこともあります）

$$
\begin{aligned}
&\text{目的関数：} \quad f(\boldsymbol{x}) \longrightarrow \ 最小 \\
&\text{制約条件：} \quad \boldsymbol{x} \in C
\end{aligned}
\tag{1.1}
$$

を考察します．ここで，目的関数 g が与えられたとき，g を最大にしたいとい
う要求があるとします．このとき，g を最大にすることと関数 $f := -g$ を最小
にすることは同値です．よって，$f := -g$ を最小化する問題 (1.1) は g を最大
化する問題と同値です．このことから，最適化問題では，目的関数を最小にす
ることを考察すれば十分となります．

　制約集合 C 上で目的関数 f を最小化する問題 (1.1) の解 $\boldsymbol{x}^\star$ を，**最適解**
(optimal solution)（もしくは，**最小解** (minimum solution)）と呼び，最適解で
の目的関数の値 $f(\boldsymbol{x}^\star)$ を**最適値** (optimal value)（もしくは，**最小値** (minimum
value)）と呼びます．

　連続最適化問題 (1.1) は f と C の性質により分類されます．f が1次関数で，
かつ，C が1次方程式や1次不等式で定義されるとき，問題 (1.1) を線形計画
問題 (linear programming problem) と呼びます．本書では，非線形計画問題
(nonlinear programming problem)，つまり，f が非線形のときの問題 (1.1) を

(1) **平滑非凸最適化問題**：関数 f が平滑（微分可能）で，かつ，凸ではない ときの問題(1.1)

(2) **非平滑凸最適化問題**：関数 f が非平滑（微分不可能）で，かつ，凸であ るときの問題(1.1)

に分けて考察します（3 章）．関数の平滑性や凸性となどに関する数学的準備 は 2 章で詳細に行います．

1.2 連続最適化アルゴリズム

　連続最適化問題(1.1)を解くための手法である**連続最適化アルゴリズム** (continuous optimization algorithms) は，目的関数 f や制約集合 C の性質を 活用することで考案されてきました．線形計画問題を解くための代表的な連 続最適化アルゴリズムには，例えば，単体法(simplex method) [11] や内点法 (interior point methods) [12, 11] があり，内点法は非線形計画問題を解決す ることができる有用な手法です．本書では，平滑非凸最適化問題や非平滑凸最 適化問題の最適解に収束することが保証される連続最適化アルゴリズムに焦点 を合わせます．連続最適化アルゴリズムの枠組みは**アルゴリズム 1.1** のとおり です．

アルゴリズム 1.1 ■ 連続最適化アルゴリズムの枠組み

Require: $(\alpha_k)_{k\in\mathbb{N}} \subset (0,+\infty)$, $x_0 \in \mathbb{R}^d$ （**ステップサイズと初期点の設定**）
Ensure: x_K （停止条件を満たすベクトル）
1: $k \leftarrow 0$
2: **repeat**
3: 　d_k：**探索方向**の設定と計算
4: 　$x_{k+1} := x_k + \alpha_k d_k$：**反復法**の計算
5: 　$k \leftarrow k + 1$
6: **until** 停止条件を満たす

　アルゴリズム 1.1 のステップ 4 にある漸化式（反復式）によって点列 $(x_k)_{k\in\mathbb{N}}$ を生成する方法を，**反復法**(iterative methods) と呼びます．反復法は，現在

点 $\boldsymbol{x}_k$ に対して大きさ α_k で $\boldsymbol{d}_k$ 方向へ進むことで次点 $\boldsymbol{x}_{k+1}$ $(= \boldsymbol{x}_k + \alpha_k \boldsymbol{d}_k)$ を定めるような単純な構造をもちます．α_k と $\boldsymbol{d}_k$ を，それぞれ，**ステップサイズ** (stepsize)，**探索方向** (search direction) と呼びます．反復を繰り返すことで，十分大きい反復回数 K に対して $\boldsymbol{x}_K$ が最適解 $\boldsymbol{x}^\star$ を十分近似できるような連続最適化アルゴリズムについて，本書で議論します．アルゴリズム 1.1 のステップ 6 にあるアルゴリズムの停止条件は，連続最適化問題の特性に依存します（詳細は 5 章以降を参照）．

連続最適化アルゴリズムの利用には，

(S1) 【初期点】$\boldsymbol{x}_0 \in \mathbb{R}^d$
(S2) 【ステップサイズ】$\alpha_k > 0$
(S3) 【探索方向】$\boldsymbol{d}_k \in \mathbb{R}^d$

の設定が事前に必要です．初めに，設定 (S3) について見ていきます．一般に，探索方向 $\boldsymbol{d}_k$ が決定されれば連続最適化アルゴリズムの大枠が決まります．例えば，制約なし平滑非凸最適化では，

$$\boldsymbol{d}_k = \begin{cases} -\nabla f(\boldsymbol{x}_k) & (\text{最急降下法，5.1 節・5.2 節}) \\ -(\nabla^2 f(\boldsymbol{x}_k))^{-1}\nabla f(\boldsymbol{x}_k) & (\text{Newton 法，5.3 節}) \\ -B_k^{-1}\nabla f(\boldsymbol{x}_k) & (\text{準 Newton 法，5.4 節}) \\ -\nabla f(\boldsymbol{x}_k) + \beta_k \boldsymbol{d}_{k-1} & (\text{共役勾配法，5.5 節}) \end{cases}$$

のように探索方向 $\boldsymbol{d}_k$ を決定することで，さまざまな連続最適化アルゴリズムを定義することができます（各記号の定義や性質については 2 章以降で説明します）．

設定 (S1) については，連続最適化アルゴリズムが

- 【大域的収束性】 任意の初期点 $\boldsymbol{x}_0$ に対しても点列 $(\boldsymbol{x}_k)_{k \in \mathbb{N}}$ が最適解 $\boldsymbol{x}^\star$ に収束すること
- 【局所的収束性】 最適解 $\boldsymbol{x}^\star$ の**十分近く**に初期点 $\boldsymbol{x}_0$ を選ぶとき，点列 $(\boldsymbol{x}_k)_{k \in \mathbb{N}}$ が $\boldsymbol{x}^\star$ に収束すること

のどちらの収束性を保証するかにより，初期点の設定を修正する必要があります．例えば，$\boldsymbol{d}_k = -\nabla f(\boldsymbol{x}_k)$ とする連続最適化アルゴリズム（最急降下法）は大域的収束性が保証されるため，初期点を任意に選ぶことが可能です．一方

で，$\boldsymbol{d}_k = -(\nabla^2 f(\boldsymbol{x}_k))^{-1}\nabla f(\boldsymbol{x}_k)$ からなる連続最適化アルゴリズム（Newton法）は局所的収束性が保証されるため，初期点の設定には十分に配慮する必要があります．

設定(S2)は連続最適化アルゴリズムの性能を左右する重要な要因です．ステップサイズは次の三つに分類されます．

- 【定数ステップサイズ】　$\alpha_k := \alpha > 0 \ (k = 1, 2, \ldots)$
- 【減少ステップサイズ】　$\alpha_k \to 0 \ (k \to +\infty)$
- 【直線探索ステップサイズ】　$f(\boldsymbol{x}_k + \alpha_k \boldsymbol{d}_k) \approx \min\{f(\boldsymbol{x}_k + \alpha \boldsymbol{d}_k) : \alpha \geq 0\}$

定数ステップサイズは，反復回数kに依存することなく，常に固定値をとります．また，減少ステップサイズは，反復回数kの増加に伴い，ステップサイズが減少していきます（例えば，$\alpha_k = 1/k$）．

直線探索ステップサイズは，$\boldsymbol{x}_k$と$\boldsymbol{d}_k$に依存します．現在点$\boldsymbol{x}_k$と探索方向$\boldsymbol{d}_k$が与えられたとき，αの関数$h(\alpha) := f(\boldsymbol{x}_k + \alpha \boldsymbol{d}_k)$を最小にする$\alpha_k^\star$を選ぶことができれば，$f(\boldsymbol{x}_{k+1}) = f(\boldsymbol{x}_k + \alpha_k^\star \boldsymbol{d}_k) \leq f(\boldsymbol{x}_k + 0\boldsymbol{d}_k) = f(\boldsymbol{x}_k)$を満たします．よって，連続最適化問題(1.1)を解くうえで$\alpha_k^\star$を選ぶことが理想でしょう．理想に近いステップサイズは，直線探索と呼ばれる手法を用いて計算できます（詳細は4.3節を参照）．

1.3 資源割当や機械学習に基づいたステップサイズ

平滑非凸最適化問題や非平滑凸最適化問題の特性を生かした有用な連続最適化アルゴリズムが，既に知られています．本書では，**ステップサイズの種類に分けて**連続最適化アルゴリズムの特性，特に，収束性と収束率（収束の速さ）について理論的に議論します．具体的には，連続最適化アルゴリズムが最適解へ収束するためのステップサイズの条件を明確にすることで，**実用上利用されるステップサイズの理論的証拠**を示します．以下で，連続最適化アルゴリズムの資源割当（6章，7章）と，機械学習，特に深層学習（8章）への応用を例に挙げて説明します．

1.3.1 ● 資源割当

(1) 資源割当問題

あるネットワークを経由してデータを転送する送信者 i $(i = 1, 2, \ldots, n)$ の転送レートを x_i（単位は〔bps〕（ビット毎秒））とし，ネットワーク上のリンク l $(l = 1, 2, \ldots, m)$ は容量 c_l〔bps〕を有するとします．**資源割当問題**(resource allocation problem)の目的は，各リンク容量を超えないようにネットワークを利用する全ての送信者に対して公平にレート $x_1, x_2, \ldots, x_n$ を割り当てることです．ネットワークを利用する送信者 i は自身の満足度を表す効用関数 (utility function) u_i をもちます．

図1.1 ■ 4送信者と3リンクからなるネットワーク

ここで，資源割当問題がどのような最適化問題として定式化できるかを確認するために，図 1.1 のようなネットワークを用いて具体的に考察しましょう．リンク1からリンク3が満たすべき条件は，それぞれ，

$$x_1 + x_3 \leq c_1,\ x_2 + x_3 \leq c_2,\ x_2 + x_4 \leq c_3$$

です．転送レートが非負であることに注意して，制約条件 C は，

$$C := \left\{ \boldsymbol{x} := (x_1, x_2, x_3, x_4)^\top : x_1, x_2, x_3, x_4 \geq 0 \right\}$$
$$\cap \left\{ \boldsymbol{x} := (x_1, x_2, x_3, x_4)^\top : x_1 + x_3 \leq c_1,\ x_2 + x_3 \leq c_2,\ x_2 + x_4 \leq c_3 \right\}$$

のように表現することができます．ネットワークを利用する送信者1から送信者4は自身の満足度を表す効用関数 u_i $(i = 1, 2, 3, 4)$ を最大にしようと行動します．また，全送信者が高い満足度を得るようにネットワークを構築することは，ネットワーク全体の観点から見ても適切でしょう．そのことから，目的関数 f は，最適化問題 (1.1) の定義に注意して，

$$U(\boldsymbol{x}) = U(x_1, x_2, x_3, x_4) := u_1(x_1) + u_2(x_2) + u_3(x_3) + u_4(x_4)$$
$$f(\boldsymbol{x}) := -U(\boldsymbol{x})$$

のように表現できます（具体的な効用関数の形状は 6.5 節を参照）．以上のことから，図 1.1 のネットワークに関する資源割当問題は，上記の f と C を用いて，

目的関数： $f(\boldsymbol{x}) = -U(\boldsymbol{x}) \longrightarrow$ 最小

制約条件： $\boldsymbol{x} \in C := \{\boldsymbol{x} \colon x_1, x_2, x_3, x_4 \geq 0\}$

$$\cap \{\boldsymbol{x} \colon x_1 + x_3 \leq c_1,\ x_2 + x_3 \leq c_2,\ x_2 + x_4 \leq c_3\}$$

と表現できます．この最適化問題の制約条件 C の定義からもわかるように，一般のネットワークにおける資源割当問題の制約条件 C は凸多面体となります．また，C は常に零ベクトル $\boldsymbol{0}$ を要素として含むので空でない凸多面体です．よって，目的関数 f が非平滑凸関数のとき，資源割当問題は**非平滑凸最適化問題**となります（資源割当問題の目的関数が凸になることの正当性は 6.5 節を参照）．

(2) 資源割当問題のための連続最適化アルゴリズム

資源割当問題（非平滑凸最適化問題）のための連続最適化アルゴリズムとして，射影劣勾配法（6.1 節）や射影近接点法（6.2 節）があります．両手法とも同等の収束性能を有します．定数ステップサイズ $\alpha_k = \alpha$ を利用するとき，資源割当問題の最適解への収束率は，ある $M > 0$ が存在して，

$$M\left(\frac{1}{k} + \alpha\right) \tag{1.2}$$

と表されます．収束率 (1.2) が速く 0 に近づくとき，射影劣勾配法および射影近接点法の性能を向上させることができます．よって，十分大きい反復回数 k と十分小さい定数ステップサイズ α の利用が望ましいといえます．また，減少ステップサイズ $\alpha_k = 1/(k+1)^a$（ただし，$a \in (0,1)$）を設定するとき，その利用においては，ある $M > 0$ が存在して，

$$\frac{M}{k^{\min\{a, 1-a\}}} \tag{1.3}$$

が射影劣勾配法および射影近接点法における資源割当問題の最適解への収束率となります．射影劣勾配法および射影近接点法の性能を向上させるには，収束率 (1.3) 中の $\min\{a, 1-a\}$ を最大にすることが必要です．よって，$a = 1/2$，つまり，$\alpha_k = 1/\sqrt{k+1}$ の利用が射影劣勾配法および射影近接点法において適切であることがわかります．

1.3.2 ● 機械学習

(1) 損失最小化問題

深層学習を含む機械学習の文脈に現れる**損失最小化問題**(risk minimization problem)を定義します．データ領域 Z 内のデータ z とニューラルネットワークのパラメータ $\boldsymbol{x} \in \mathbb{R}^d$ が与えられたとき，機械学習モデルから正解データとの誤差を表す微分可能な非凸損失関数 $\ell(\boldsymbol{x}; z)$ が得られるとします．訓練データの集合を $S := (z_1, z_2, \ldots, z_n)$ とするとき，全ての訓練データにおける誤差を最小にするような**平滑非凸最適化問題**

$$\text{目的関数：} f(\boldsymbol{x}) := \sum_{i=1}^{n} \ell(\boldsymbol{x}; z_i) \longrightarrow \text{最小}$$

$$\text{条件：} \boldsymbol{x} \in \mathbb{R}^d$$

の最適解（最適なニューラルネットワークのパラメータ）$\boldsymbol{x}^\star$ を見つけることがニューラルネットネットワークの訓練の目的となります．例えば，物体画像 CIFAR-10 データセット[*1]の訓練データの総数は $n = 50\,000$ であり，ニューラルネットワーク Residual Network における次元数 d は1千万を超えます[*2]．このように，損失最小化問題は大規模な平滑非凸最適化問題となります．

(2) 損失最小化問題のための連続最適化アルゴリズム

損失最小化問題（平滑非凸最適化問題）のための深層学習最適化法の中で最も単純な手法である確率的勾配降下法（最急降下法の拡張手法）の最適解への収束率は，定数ステップサイズ $\alpha_k = \alpha$ のとき，ある $M > 0$ が存在して，

$$M\left(\frac{1}{k} + \alpha\right) \tag{1.4}$$

と表されます．収束率(1.4)が速く0に近づくとき，確率的勾配降下法の性能を向上させることができます．よって，十分大きい反復回数 k と十分小さい定数ステップサイズ α の利用が望ましいといえます．実際，深層ニューラルネットワークの訓練において，$\alpha = 10^{-2}, 10^{-3}$ といった定数ステップサイズが実用上使われています[*3]．また，減少ステップサイズ $\alpha_k = 1/(k+1)^a$（ただし，

[*1]　https://www.cs.toronto.edu/~kriz/cifar.html

[*2]　https://github.com/kuangliu/pytorch-cifar/issues/136

[*3]　例えば，文献 [2, Algorithm 1] を参照．

$a \in (0,1)$）を設定するとき，その利用においては，ある $M > 0$ が存在して，

$$\frac{M}{k^{\min\{a, 1-a\}}} \tag{1.5}$$

が確率的勾配降下法の収束率となります．確率的勾配降下法の性能を向上させるには，$\min\{a, 1-a\}$ が最大になる $a = 1/2$ を設定することが適切です．実際，既存の深層学習最適化法の研究成果では減少ステップサイズ $\alpha_k = 1/\sqrt{k+1}$（つまり，$a = 1/2$）を活用しています[*4].

---

*4 例えば，文献 [2, Theorem 4.1] を参照.

2章

数学的準備

　3章で議論するさまざまな連続最適化問題と4章以降で詳解する連続最適化問題を解くための最適化手法は，ユークリッド空間上で定義されます．本章では，初めに，ユークリッド空間とその諸性質について示し，最適化手法の収束解析に必要なユークリッド空間における点列の収束性を論じます．次に，微分可能な目的関数や凸目的関数を有する最適化問題のために必要な，微分可能性と凸性を定義します．特に，連続最適化において中心的な役割を演じる平滑性，凸最適化手法に必要な劣微分と近接写像を定義します．また，制約付き最適化に必要な射影と凸最適化と密接な関係をもつ非拡大写像についても考察します．

2.1 ユークリッド空間の諸性質

2.1.1 ● ユークリッド空間

ここでは，線形代数で学んだことを復習しつつ，ユークリッド空間の性質について説明していきます.

d 個の実数 x_i $(i \in [d])$ を元にもつ集合を $\mathbb{R}^d$ と書くことにします. すなわち，

$$\mathbb{R}^d := \left\{ \boldsymbol{x} := \begin{pmatrix} x_1 \\ x_2 \\ \vdots \\ x_d \end{pmatrix} : x_i \in \mathbb{R} \ (i \in [d]) \right\}$$

とします. $\mathbb{R}^d$ の元 $\boldsymbol{x} := (x_1, x_2, \ldots, x_d)^\top, \boldsymbol{y} := (y_1, y_2, \ldots, y_d)^\top$ と実数 α に対して，$\boldsymbol{x}$ と $\boldsymbol{y}$ の和，および，α と $\boldsymbol{x}$ のスカラー倍をそれぞれ

$$\boldsymbol{x} + \boldsymbol{y} := \begin{pmatrix} x_1 + y_1 \\ x_2 + y_2 \\ \vdots \\ x_d + y_d \end{pmatrix} \in \mathbb{R}^d, \quad \alpha\boldsymbol{x} := \begin{pmatrix} \alpha x_1 \\ \alpha x_2 \\ \vdots \\ \alpha x_d \end{pmatrix} \in \mathbb{R}^d \tag{2.1}$$

と定義します. このとき，$\boldsymbol{x} := (x_1, x_2, \ldots, x_d)^\top, \boldsymbol{y} := (y_1, y_2, \ldots, y_d)^\top, \boldsymbol{z} := (z_1, z_2, \ldots, z_d)^\top \in \mathbb{R}^d$ と $\alpha, \beta \in \mathbb{R}$ に対して，次の八つの性質 (V1)–(V8) が成立します. ただし，$\boldsymbol{0} := (0, 0, \ldots, 0)^\top$（$d$ 個の 0 からなる），$-\boldsymbol{x} := (-x_1, -x_2, \ldots, -x_d)^\top \in \mathbb{R}^d$ とします.

(V1) $(\boldsymbol{x} + \boldsymbol{y}) + \boldsymbol{z} = \boldsymbol{x} + (\boldsymbol{y} + \boldsymbol{z})$

(V2) $\boldsymbol{x} + \boldsymbol{y} = \boldsymbol{y} + \boldsymbol{x}$

(V3) $\boldsymbol{x} + \boldsymbol{0} = \boldsymbol{x}$

(V4) $\boldsymbol{x} + (-\boldsymbol{x}) = \boldsymbol{0}$

(V5) $(\alpha\beta)\boldsymbol{x} = \alpha(\beta\boldsymbol{x})$

(V6) $1\boldsymbol{x} = \boldsymbol{x}$

(V7) $\alpha(\boldsymbol{x} + \boldsymbol{y}) = \alpha\boldsymbol{x} + \alpha\boldsymbol{y}$

(V8) $(\alpha + \beta)\boldsymbol{x} = \alpha\boldsymbol{x} + \beta\boldsymbol{x}$

性質 (V1)–(V8) を満たすように和とスカラー倍の演算 (2.1) が定義された集合 $\mathbb{R}^d$ を**ベクトル空間**(vector space) と呼び，ベクトル空間 $\mathbb{R}^d$ の元を**ベクトル**(vector) と呼びます．

$\mathbb{R}^d$ のベクトル $\boldsymbol{x} := (x_1, x_2, \ldots, x_d)^\top, \boldsymbol{y} := (y_1, y_2, \ldots, y_d)^\top$ に対して，$\boldsymbol{x}$ と $\boldsymbol{y}$ の**ユークリッド内積**(the Euclidean inner product) を

$$\langle \boldsymbol{x}, \boldsymbol{y} \rangle_2 := \boldsymbol{x}^\top \boldsymbol{y} = \sum_{i \in [d]} x_i y_i \in \mathbb{R} \tag{2.2}$$

で定義します．このとき，$\boldsymbol{x}, \boldsymbol{y}, \boldsymbol{z} \in \mathbb{R}^d$ と $\alpha \in \mathbb{R}$ に対して，$\langle \cdot, \cdot \rangle = \langle \cdot, \cdot \rangle_2$ は次の四つの性質 (I1)–(I4) を満たします．

(I1) $\langle \boldsymbol{x}, \boldsymbol{x} \rangle \geq 0;\ \ \langle \boldsymbol{x}, \boldsymbol{x} \rangle = 0 \iff \boldsymbol{x} = \boldsymbol{0}$
(I2) $\langle \boldsymbol{x} + \boldsymbol{y}, \boldsymbol{z} \rangle = \langle \boldsymbol{x}, \boldsymbol{z} \rangle + \langle \boldsymbol{y}, \boldsymbol{z} \rangle$
(I3) $\langle \alpha \boldsymbol{x}, \boldsymbol{y} \rangle = \alpha \langle \boldsymbol{x}, \boldsymbol{y} \rangle$
(I4) $\langle \boldsymbol{x}, \boldsymbol{y} \rangle = \langle \boldsymbol{y}, \boldsymbol{x} \rangle$

ユークリッド内積 (2.2) のほかに，ベクトル空間上にはさまざまな内積を定義することができます．例えば，d 次実正定値対称行列（つまり，固有値が全て正である d 次実対称行列）$H \in \mathbb{S}_{++}^d$ を用意します．このとき，$H = (H^{\frac{1}{2}})^2$ となる実正定値対称行列 $H^{\frac{1}{2}} \in \mathbb{S}_{++}^d$ が存在します[*1]．$\boldsymbol{x}, \boldsymbol{y} \in \mathbb{R}^d$ に対して，$\boldsymbol{x}$ と $\boldsymbol{y}$ の **H-内積**(the H-inner product) を

$$\langle \boldsymbol{x}, \boldsymbol{y} \rangle_H := \boldsymbol{x}^\top H \boldsymbol{y} = \langle \boldsymbol{x}, H\boldsymbol{y} \rangle_2 = \left\langle H^{\frac{1}{2}} \boldsymbol{x}, H^{\frac{1}{2}} \boldsymbol{y} \right\rangle_2 \in \mathbb{R} \tag{2.3}$$

と定義します．このとき，$\langle \cdot, \cdot \rangle_H$ についても，四つの性質 (I1)–(I4) が成立します（演習問題 2.1）．式 (2.2) や式 (2.3) のように，性質 (I1)–(I4) を満たす**内積** $\langle \cdot, \cdot \rangle$ を定義したベクトル空間 $\mathbb{R}^d$ を**内積空間**(inner product space) と呼びます．以下，内積については，原則として $\langle \cdot, \cdot \rangle$ と表記しますが，特に明記を必要とする場合は，$\langle \cdot, \cdot \rangle_2$ や $\langle \cdot, \cdot \rangle_H$ と表記することにします．

$\boldsymbol{x} := (x_1, x_2, \ldots, x_d)^\top \in \mathbb{R}^d$ に対して，$\boldsymbol{x}$ の**ノルム**(norm) は内積 $\langle \cdot, \cdot \rangle$ により導出された距離として

[*1] $H \in \mathbb{S}_{++}^d$ は，ある直交行列 Q が存在して $H = Q\mathrm{diag}(\lambda_i)Q^\top$ のように対角化ができます．ただし，$\mathrm{diag}(\lambda_i)$ は H の正の固有値 λ_i $(i \in [d])$ を対角成分にもつ対角行列です．$Q^\top Q = I$ から，$H^{\frac{1}{2}} := Q\mathrm{diag}(\sqrt{\lambda_i})Q^\top \in \mathbb{S}_{++}^d$ となります．

$$\|\boldsymbol{x}\| := \sqrt{\langle \boldsymbol{x}, \boldsymbol{x}\rangle} \tag{2.4}$$

で定義します．**ユークリッドノルム**（2‒ノルムとも呼ばれます）(the Euclidean norm) は，内積 (2.2) により導出された距離，すなわち，

$$\|\boldsymbol{x}\|_2 := \sqrt{\langle \boldsymbol{x}, \boldsymbol{x}\rangle_2} = \sqrt{\sum_{i\in[d]} x_i^2} \tag{2.5}$$

で与えられ，また，**H‒ノルム** (the H‒norm) は，内積 (2.3) により導出された距離，すなわち，

$$\|\boldsymbol{x}\|_H := \sqrt{\langle \boldsymbol{x}, \boldsymbol{x}\rangle_H} = \left\|H^{\frac{1}{2}}\boldsymbol{x}\right\|_2 \tag{2.6}$$

で与えられます．

二乗ノルム展開については，次の命題 2.1.1 が成立します（演習問題 2.2）．

命題2.1.1　〈二乗ノルム展開〉

内積空間 $\mathbb{R}^d$ の任意のベクトル $\boldsymbol{x}, \boldsymbol{y}$ に対して，

$$\|\boldsymbol{x} \pm \boldsymbol{y}\|^2 = \|\boldsymbol{x}\|^2 \pm 2\langle \boldsymbol{x}, \boldsymbol{y}\rangle + \|\boldsymbol{y}\|^2 \tag{2.7}$$

が成立します．さらに，内積空間 $\mathbb{R}^d$ の任意のベクトル $\boldsymbol{x}, \boldsymbol{y}$ と任意の実数 α に対して，

$$\|\alpha\boldsymbol{x} + (1-\alpha)\boldsymbol{y}\|^2 = \alpha\|\boldsymbol{x}\|^2 + (1-\alpha)\|\boldsymbol{y}\|^2 - \alpha(1-\alpha)\|\boldsymbol{x}-\boldsymbol{y}\|^2$$

が成立します．ただし，$\|\cdot\|$ は式 (2.4) で定義されます．

また，命題 2.1.1 の等式 (2.7) を足し合わせることで，**平行四辺形の法則** (the parallelogram law) と呼ばれる次の命題 2.1.2 の等式が得られます．

命題2.1.2　〈平行四辺形の法則〉

内積空間 $\mathbb{R}^d$ の任意のベクトル $\boldsymbol{x}, \boldsymbol{y}$ に対して，

$$\|\boldsymbol{x} + \boldsymbol{y}\|^2 + \|\boldsymbol{x} - \boldsymbol{y}\|^2 = 2\|\boldsymbol{x}\|^2 + 2\|\boldsymbol{y}\|^2$$

が成立します．ただし，$\|\cdot\|$ は式 (2.4) で定義されます．

さらに，内積とノルム (2.4) の関係性を示す，**Cauchy–Schwarz の不等式**
(the Cauchy–Schwarz inequality) と呼ばれる次の命題 2.1.3 に述べる重要な
不等式が成立します（演習問題 2.3）．

命題 2.1.3 ⟨Cauchy–Schwarz の不等式⟩

内積空間 $\mathbb{R}^d$ の任意のベクトル $\boldsymbol{x}, \boldsymbol{y}$ に対して，Cauchy–Schwarz の不等式

$$|\langle \boldsymbol{x}, \boldsymbol{y} \rangle| \leq \|\boldsymbol{x}\| \|\boldsymbol{y}\|$$

が成立します．ただし，$\|\cdot\|$ は式 (2.4) で定義されます．

$\boldsymbol{x}, \boldsymbol{y} \in \mathbb{R}^d$ と $\alpha \in \mathbb{R}$ に対して，式 (2.4) で定義されるノルム $\|\cdot\|$ が，次の
三つの性質 (N1)–(N3) を満たすことを確認しましょう．

(N1) $\|\boldsymbol{x}\| \geq 0; \quad \|\boldsymbol{x}\| = 0 \Longleftrightarrow \boldsymbol{x} = \boldsymbol{0}$
(N2) $\|\alpha \boldsymbol{x}\| = |\alpha| \|\boldsymbol{x}\|$
(N3) $\|\boldsymbol{x} + \boldsymbol{y}\| \leq \|\boldsymbol{x}\| + \|\boldsymbol{y}\|$

性質 (N1) と (N2) は，ノルムの定義 (2.4) と内積の性質 (I1), (I3), (I4) から証
明できます．また，**三角不等式**(the triangle inequality) と呼ばれる性質 (N3)
は，二乗ノルム展開（命題 2.1.1）と Cauchy–Schwarz の不等式（命題 2.1.3）
から，次のように証明できます．

性質 (N3) の証明． 命題 2.1.1 と命題 2.1.3 から，

$$\begin{aligned}
\|\boldsymbol{x} + \boldsymbol{y}\|^2 &= \|\boldsymbol{x}\|^2 + 2\langle \boldsymbol{x}, \boldsymbol{y} \rangle + \|\boldsymbol{y}\|^2 \\
&\leq \|\boldsymbol{x}\|^2 + 2\|\boldsymbol{x}\|\|\boldsymbol{y}\| + \|\boldsymbol{y}\|^2 \\
&= (\|\boldsymbol{x}\| + \|\boldsymbol{y}\|)^2
\end{aligned}$$

が成り立つので，性質 (N3) が得られます． □

式 (2.5) や式 (2.6) のように，ノルム (2.4) が内積 $\langle \cdot, \cdot \rangle$ から導出されるとき，
内積空間 $\mathbb{R}^d$ を**ユークリッド空間**(Euclidean space) と呼びます．そこで以下
より，$\mathbb{R}^d$ は d 次元ユークリッド空間を表します．

命題 2.1.2 と性質 (N1) から，次の命題 2.1.4 の不等式が得られます．

> **命題2.1.4**
>
> ユークリッド空間 $\mathbb{R}^d$ の任意のベクトル $\boldsymbol{x}, \boldsymbol{y}$ に対して,
>
> $$\|\boldsymbol{x} \pm \boldsymbol{y}\|^2 \le 2\|\boldsymbol{x}\|^2 + 2\|\boldsymbol{y}\|^2$$
>
> が成立します.

2.1.2 ● 行列全体からなる集合

実数を成分とする $m \times n$ 行列全体の集合 $\mathbb{R}^{m \times n}$ を

$$\mathbb{R}^{m \times n} := \left\{ A := \begin{pmatrix} a_{11} & a_{12} & \cdots & a_{1n} \\ a_{21} & a_{22} & \cdots & a_{2n} \\ \vdots & \vdots & \ddots & \vdots \\ a_{m1} & a_{m2} & \cdots & a_{mn} \end{pmatrix} : a_{ij} \in \mathbb{R} \ (i \in [m], j \in [n]) \right\}$$

とします. 第 (i,j) 成分 a_{ij} を用いて, $A \in \mathbb{R}^{m \times n}$ を $A = (a_{ij})$ と書くことにします. $A = (a_{ij}), B = (b_{ij}) \in \mathbb{R}^{m \times n}$ と実数 α に対して, A と B の**和**と α と A の**スカラー倍**をそれぞれ

$$A + B := (a_{ij} + b_{ij}) \in \mathbb{R}^{m \times n}, \quad \alpha A := (\alpha a_{ij}) \in \mathbb{R}^{m \times n}$$

と定義します. $\mathbb{R}^{m \times n}$ を $\mathbb{R}^{mn}$ と見なすことにより, $\mathbb{R}^{m \times n}$ がベクトル空間となることがわかります.

$A, B \in \mathbb{R}^{m \times n}$ に対して, A と B の**内積**を

$$A \bullet B := \mathrm{Tr}\left(A^\top B\right) = \sum_{i=1}^{m} \sum_{j=1}^{n} a_{ij} b_{ij} \tag{2.8}$$

と定義します. ただし, 正方行列 $A = (a_{ij}) \in \mathbb{R}^{n \times n}$ に対して

$$\mathrm{Tr}(A) := \sum_{i=1}^{n} a_{ii}$$

で定義される正方行列の**対角和** (trace) は, 任意の $A, B \in \mathbb{R}^{n \times n}$, 任意の $\alpha \in \mathbb{R}$, 任意の $C \in \mathbb{R}^{m \times n}$, および, 任意の $D \in \mathbb{R}^{n \times m}$ に対して,

(T1)　$\mathrm{Tr}(A + B) = \mathrm{Tr}(A) + \mathrm{Tr}(B)$

(T2)　$\mathrm{Tr}(\alpha A) = \alpha \mathrm{Tr}(A)$

(T3)　$\mathrm{Tr}(CD) = \mathrm{Tr}(DC)$

を満たします. このとき, $A, B, C \in \mathbb{R}^{m \times n}$ と $\alpha \in \mathbb{R}$ に対して, 式 (2.8) は次の四つの性質 (P1)–(P4) を満たします（$\mathrm{Tr}(\cdot)$ の線形性 (T1), (T2) を利用することで確認できます）.

(P1)　$A \bullet A \geq 0; \quad A \bullet A = 0 \Longleftrightarrow A = O$

(P2)　$(A + B) \bullet C = A \bullet C + B \bullet C$

(P3)　$(\alpha A) \bullet B = \alpha(A \bullet B)$

(P4)　$A \bullet B = B \bullet A$

よって, $\mathbb{R}^{m \times n}$ は内積空間となります.

内積 (2.8) から導出されるノルム

$$\|A\|_{\mathrm{F}} := \sqrt{\mathrm{Tr}(A^{\top} A)} = \sqrt{\sum_{i=1}^{m} \sum_{j=1}^{n} a_{ij}^2} \tag{2.9}$$

を **Frobenius ノルム** (the Frobenius norm) と呼びます. $\mathbb{R}^{m \times n}$ が内積空間であることから, 前項と同様の議論（命題 2.1.1, 命題 2.1.3, および, 内積の性質）により, Frobenius ノルム (2.9) は, $A, B \in \mathbb{R}^{m \times n}$ と $\alpha \in \mathbb{R}$ に対して,

(F1)　$\|A\|_{\mathrm{F}} \geq 0; \quad \|A\|_{\mathrm{F}} = 0 \Longleftrightarrow A = O$

(F2)　$\|\alpha A\|_{\mathrm{F}} = |\alpha| \|A\|_{\mathrm{F}}$

(F3)　$\|A + B\|_{\mathrm{F}} \leq \|A\|_{\mathrm{F}} + \|B\|_{\mathrm{F}}$

を満たします. $\mathbb{R}^{m \times n}$ は内積 (2.8) から導出される Frobenius ノルム (2.9) をもつユークリッド空間となります.

行列 $A \in \mathbb{R}^{m \times n}$ と, $\mathbb{R}^m$ および $\mathbb{R}^n$ 上のユークリッドノルムに対して,

$$\|A\|_2 := \sup \left\{ \frac{\|A\boldsymbol{x}\|_2}{\|\boldsymbol{x}\|_2} : \boldsymbol{x} \in \mathbb{R}^n \backslash \{\boldsymbol{0}\} \right\} \tag{2.10}$$

を A の **誘導ノルム** (induced norm) といいます. 誘導ノルム (2.10) は

$$\|A\|_2 = \max \{\|A\boldsymbol{x}\|_2 : \|\boldsymbol{x}\|_2 \leq 1\} = \max \{\|A\boldsymbol{x}\|_2 : \|\boldsymbol{x}\|_2 = 1\} \tag{2.11}$$

を満たします（演習問題 2.4）. また, 任意の $A \in \mathbb{R}^{m \times n}$ と任意の $B \in \mathbb{R}^{n \times m}$ に対して, 誘導ノルムの劣乗法性と呼ばれる不等式

$$\|AB\|_2 \le \|A\|_2 \|B\|_2 \tag{2.12}$$

が成立します（演習問題 2.4）．$A \in \mathbb{R}^{m \times n}$ の誘導ノルム $\|A\|_2$ は，

$$\|A\|_2 = \sqrt{\lambda_{\max}(A^\top A)} \tag{2.13}$$

のように，実半正定値対称行列 $A^\top A \in \mathbb{S}_+^n$ の**スペクトル半径** (spectral radius) と呼ぶ $A^\top A$ の最大固有値の平方根と一致します（演習問題 2.5）．これより，行列の誘導ノルム $\|\cdot\|_2$ は**スペクトルノルム** (spectral norm) とも呼びます．

行列 $A \in \mathbb{S}_+^d$ においては，任意の $\boldsymbol{x} \in \mathbb{R}^d$ に対して，

$$\lambda_{\min}(A)\|\boldsymbol{x}\|_2^2 \le \langle \boldsymbol{x}, A\boldsymbol{x} \rangle_2 \le \lambda_{\max}(A)\|\boldsymbol{x}\|_2^2 \tag{2.14}$$

が成立します（付録 B 演習問題解答例 2.5 の式 (B.5) を参照）．

2.1.3 ● 点列の収束性

ユークリッド空間 $\mathbb{R}^d$ における**点列** (sequence) $(\boldsymbol{x}_0, \boldsymbol{x}_1, \boldsymbol{x}_2, \dots)$（ただし，$\boldsymbol{x}_k \in \mathbb{R}^d, k \in \mathbb{N}$）を $(\boldsymbol{x}_k)_{k \in \mathbb{N}}$ と表すことにします．点列 $(\boldsymbol{x}_k)_{k \in \mathbb{N}}$ の部分的な点列 $(\boldsymbol{x}_{k_0}, \boldsymbol{x}_{k_1}, \boldsymbol{x}_{k_2}, \dots)$（ただし，$k_0 < k_1 < k_2 < \cdots$）を $(\boldsymbol{x}_k)_{k \in \mathbb{N}}$ の**部分列** (subsequence) と呼び，$(\boldsymbol{x}_{k_i})_{i \in \mathbb{N}}$ と表します．$(\boldsymbol{x}_k)_{k \in \mathbb{N}}$ を $\mathbb{R}^d$ における点列とし，$\boldsymbol{x}^* \in \mathbb{R}^d$ とします．

$$\|\boldsymbol{x}_k - \boldsymbol{x}^*\| \to 0 \quad (k \to +\infty) \tag{2.15}$$

を満たすとき，$\boldsymbol{x}^*$ を点列 $(\boldsymbol{x}_k)_{k \in \mathbb{N}}$ の**極限** (limit) と呼び，点列 $(\boldsymbol{x}_k)_{k \in \mathbb{N}}$ が $\boldsymbol{x}^*$ に**収束** (convergence) するといいます．式 (2.15) を

$$\lim_{k \to +\infty} \|\boldsymbol{x}_k - \boldsymbol{x}^*\| = 0, \ もしくは, \boldsymbol{x}_k \to \boldsymbol{x}^*$$

と表すことにします．また，式 (2.15) は

$$\forall \varepsilon > 0 \ \exists k_0 \in \mathbb{N} \ \forall k \in \mathbb{N} \ (k \ge k_0 \implies \|\boldsymbol{x}_k - \boldsymbol{x}^*\| \le \varepsilon) \tag{2.16}$$

と書くことができます．$\boldsymbol{x}^*$ が点列 $(\boldsymbol{x}_k)_{k \in \mathbb{N}}$ の**集積点** (accumulation point) であるとは，$\boldsymbol{x}^*$ に収束するような点列 $(\boldsymbol{x}_k)_{k \in \mathbb{N}}$ の部分列 $(\boldsymbol{x}_{k_i})_{i \in \mathbb{N}}$ が存在することをいいます．点列 $(\boldsymbol{x}_k)_{k \in \mathbb{N}} \subset \mathbb{R}^d$ が**有界** (bounded) であるとは，

$$\exists M \in \mathbb{R} \ \forall k \in \mathbb{N} \ (\|\boldsymbol{x}_k\| \le M)$$

が成り立つときをいいます.

有界点列と収束点列の関係は，次の命題 2.1.5 のとおりです（演習問題2.6）.

命題2.1.5 〈有界点列と収束点列の関係〉

$(\boldsymbol{x}_k)_{k \in \mathbb{N}} \subset \mathbb{R}^d$ とするとき，次の性質 (1)–(3) が成立します.

(1) $(\boldsymbol{x}_k)_{k \in \mathbb{N}}$ が収束するならば，$(\boldsymbol{x}_k)_{k \in \mathbb{N}}$ は有界です.

(2) 有界な点列 $(\boldsymbol{x}_k)_{k \in \mathbb{N}}$ は収束する部分列 $(\boldsymbol{x}_{k_i})_{i \in \mathbb{N}}$ をもちます（つまり，$(\boldsymbol{x}_k)_{k \in \mathbb{N}}$ の集積点が存在します）.

(3) 有界な点列 $(\boldsymbol{x}_k)_{k \in \mathbb{N}}$ が収束するための必要十分条件は，$(\boldsymbol{x}_k)_{k \in \mathbb{N}}$ の収束する部分列が全て同じ点に収束することです.

$(a_k)_{k \in \mathbb{N}}$ を実数列とします. $(a_k)_{k \in \mathbb{N}}$ が上に有界な単調増加数列，つまり，

$$\exists M \in \mathbb{R} \ (a_0 \le a_1 \le \cdots \le M)$$

ならば，$(a_k)_{k \in \mathbb{N}}$ は $(a_k)_{k \in \mathbb{N}}$ の上限 $\sup_k a_k = \sup\{a_k : k \in \mathbb{N}\}$ に収束します. また，$(a_k)_{k \in \mathbb{N}}$ が下に有界な単調減少数列，つまり，

$$\exists M \in \mathbb{R} \ (a_0 \ge a_1 \ge \cdots \ge M)$$

ならば，$(a_k)_{k \in \mathbb{N}}$ は $(a_k)_{k \in \mathbb{N}}$ の下限 $\inf_k a_k = \inf\{a_k : k \in \mathbb{N}\}$ に収束します. 一方で，以下で定義される実数列 $(a_k)_{k \in \mathbb{N}}$ の**上極限** (limit superior) $\overline{a}$，および，**下極限** (limit inferior) $\underline{a}$ は，実数列の極限が存在しない場合でも常に定義することができます.

$$\overline{a} = \limsup_{k \to +\infty} a_k = \varlimsup_{k \to +\infty} a_k := \inf_k \sup_{k \le n} a_n$$

$$\underline{a} = \liminf_{k \to +\infty} a_k = \varliminf_{k \to +\infty} a_k := \sup_k \inf_{k \le n} a_n$$

上極限と下極限の関係は

$$\inf_k a_k \le \varliminf_{k \to +\infty} a_k \le \varlimsup_{k \to +\infty} a_k \le \sup_k a_k \tag{2.17}$$

であり，実数列が収束するための必要十分条件は，その上極限と下極限が一致する，つまり，

$$a_k \to a \iff \varliminf_{k \to +\infty} a_k = \varlimsup_{k \to +\infty} a_k \tag{2.18}$$

となります. ただし, $a \in \mathbb{R}$ とします. なお, 上極限と下極限の定義から, $\underline{\lim}(-a_k) = -\overline{\lim}\, a_k$, $\overline{\lim}(-a_k) = -\underline{\lim}\, a_k$ が成立します.

上極限と下極限の有用な性質は, 次の命題 2.1.6–命題 2.1.8 のとおりです[*2].

命題 2.1.6　〈上極限の性質〉

$\overline{a}$ は有界な実数列 $(a_k)_{k \in \mathbb{N}}$ の上極限とします. このとき, 次の (1), (2) が成立します.

(1)　$\exists (a_{k_i})_{i \in \mathbb{N}} \subset (a_k)_{k \in \mathbb{N}}$　$\left(\overline{a} = \overline{\lim_{k \to +\infty}}\, a_k = \lim_{i \to +\infty} a_{k_i} \right)$

(2)　$\forall \varepsilon > 0\ \exists k_0 \in \mathbb{N}\ \forall k \in \mathbb{N}\ (k \geq k_0 \Longrightarrow a_k \leq \overline{a} + \varepsilon)$

命題 2.1.7　〈下極限の性質〉

$\underline{a}$ は有界な実数列 $(a_k)_{k \in \mathbb{N}}$ の下極限とします. このとき, 次の (1), (2) が成立します.

(1)　$\exists (a_{k_j})_{j \in \mathbb{N}} \subset (a_k)_{k \in \mathbb{N}}$　$\left(\underline{a} = \underline{\lim_{k \to +\infty}}\, a_k = \lim_{j \to +\infty} a_{k_j} \right)$

(2)　$\forall \varepsilon > 0\ \exists k_0 \in \mathbb{N}\ \forall k \in \mathbb{N}\ (k \geq k_0 \Longrightarrow \underline{a} - \varepsilon \leq a_k)$

命題 2.1.8　〈上極限と下極限に関する不等式と等式〉

$(a_k)_{k \in \mathbb{N}}$ と $(b_k)_{k \in \mathbb{N}}$ を有界な実数列とします. このとき, 次の (1)–(5) が成立します.

(1)　$a_k \leq b_k \Longrightarrow \overline{\lim_{k \to +\infty}}\, a_k \leq \overline{\lim_{k \to +\infty}}\, b_k,\ \underline{\lim_{k \to +\infty}}\, a_k \leq \underline{\lim_{k \to +\infty}}\, b_k$

(2)　$\overline{\lim_{k \to +\infty}}\, (a_k + b_k) \leq \overline{\lim_{k \to +\infty}}\, a_k + \overline{\lim_{k \to +\infty}}\, b_k$

(3)　$\underline{\lim_{k \to +\infty}}\, (a_k + b_k) \geq \underline{\lim_{k \to +\infty}}\, a_k + \underline{\lim_{k \to +\infty}}\, b_k$

(4)　$a_k \to a \Longrightarrow \overline{\lim_{k \to +\infty}}\, (a_k + b_k) = a + \overline{\lim_{k \to +\infty}}\, b_k$

(5)　$a_k \to a \Longrightarrow \underline{\lim_{k \to +\infty}}\, (a_k + b_k) = a + \underline{\lim_{k \to +\infty}}\, b_k$

[*2]　証明は, 例えば文献 [6, 1.4 節] を参照.

2.2 微分可能性と平滑性

d 次元ユークリッド空間 $\mathbb{R}^d$ のベクトル $\boldsymbol{x} := (x_1, x_2, \ldots, x_d)^\top$ を変数にもつ実数値関数 $f\colon \mathbb{R}^d \to \mathbb{R}$ を考察します．本書では，特に断りがない限り，f の定義域 $\mathrm{dom}(f) := \{\boldsymbol{x} \in \mathbb{R}^d\colon f(\boldsymbol{x}) \in \mathbb{R}\}$ は $\mathbb{R}^d$ と一致するものとします．

与えられた方向ベクトル $\boldsymbol{d} \in \mathbb{R}^d$ に対して，$f\colon \mathbb{R}^d \to \mathbb{R}$ の $\boldsymbol{x} \subset \mathbb{R}^d$ での**方向微分係数** (directional derivative) は

$$f'(\boldsymbol{x}; \boldsymbol{d}) := \lim_{\alpha \downarrow 0} \frac{f(\boldsymbol{x} + \alpha \boldsymbol{d}) - f(\boldsymbol{x})}{\alpha} \tag{2.19}$$

として定義されます．なお，方向微分係数の存在性は一般には保証されません．$f\colon \mathbb{R}^d \to \mathbb{R}$ が $\boldsymbol{x} \in \mathbb{R}^d$ で**微分可能** (differentiable) であるとは，ある $\boldsymbol{g} \in \mathbb{R}^d$ が存在して，

$$\lim_{\boldsymbol{h} \to \boldsymbol{0}} \frac{f(\boldsymbol{x} + \boldsymbol{h}) - f(\boldsymbol{x}) - \langle \boldsymbol{g}, \boldsymbol{h} \rangle}{\|\boldsymbol{h}\|} = 0 \tag{2.20}$$

を満たすときをいいます．この $\boldsymbol{g}$ を $\nabla f(\boldsymbol{x})$ と書くことにし，$\nabla f(\boldsymbol{x})$ を f の $\boldsymbol{x}$ における**勾配** (gradient) と呼びます．方向微分係数と勾配の関係は次の命題 2.2.1 のとおりです（演習問題 2.7）．

命題 2.2.1 〈方向微分係数と勾配の関係〉

$f\colon \mathbb{R}^d \to \mathbb{R}$ が $\boldsymbol{x} \in \mathbb{R}^d$ で微分可能ならば，任意の $\boldsymbol{d} \in \mathbb{R}^d$ に対して，f の $\boldsymbol{x}$ での方向微分係数 $f'(\boldsymbol{x}; \boldsymbol{d})$ は

$$f'(\boldsymbol{x}; \boldsymbol{d}) = \langle \nabla f(\boldsymbol{x}), \boldsymbol{d} \rangle$$

として表現できます．また，$h\colon \mathbb{R}_+ \to \mathbb{R}$ を任意の $\alpha \geq 0$ に対して，

$$h(\alpha) := f(\boldsymbol{x} + \alpha \boldsymbol{d})$$

と定義します．ただし，f は $\boldsymbol{x} + \alpha \boldsymbol{d} \in \mathbb{R}^d$ で微分可能であるとします．このとき，任意の $\alpha \geq 0$ に対して，

$$h'(\alpha) = f'(\boldsymbol{x} + \alpha \boldsymbol{d}; \boldsymbol{d}) = \langle \nabla f(\boldsymbol{x} + \alpha \boldsymbol{d}), \boldsymbol{d} \rangle$$

が成立します．

$f\colon \mathbb{R}^d \to \mathbb{R}$ の偏微分係数

$$\frac{\partial f(\boldsymbol{x})}{\partial x_i} := \lim_{\alpha \to 0} \frac{f(\boldsymbol{x} + \alpha \boldsymbol{e}_i) - f(\boldsymbol{x})}{\alpha} \quad (i \in [d])$$

が存在するとし，それらを元にもつベクトルを

$$D_f(\boldsymbol{x}) := \begin{pmatrix} \dfrac{\partial f(\boldsymbol{x})}{\partial x_1} \\ \dfrac{\partial f(\boldsymbol{x})}{\partial x_2} \\ \vdots \\ \dfrac{\partial f(\boldsymbol{x})}{\partial x_d} \end{pmatrix} \in \mathbb{R}^d \tag{2.21}$$

として定義します．ただし，$\boldsymbol{e}_i \in \mathbb{R}^d$ は，第 i 成分が 1 で，それ以外の成分は 0 のベクトルです．式 (2.21) で定義される $D_f(\boldsymbol{x})$ と式 (2.20) で定義される勾配 $\boldsymbol{g} := \nabla f(\boldsymbol{x})$ の関係は，命題 2.2.1 を用いることで，次の命題 2.2.2 のように特徴付けられます（演習問題 2.8）．

命題2.2.2　〈内積による勾配の特徴付け〉

$f\colon \mathbb{R}^d \to \mathbb{R}$ が $\boldsymbol{x} \in \mathbb{R}^d$ で微分可能であるとします．このとき，

$$\nabla f(\boldsymbol{x}) = \begin{cases} D_f(\boldsymbol{x}) & (\text{内積がユークリッド内積 (2.2) のとき}) \\ H^{-1} D_f(\boldsymbol{x}) & (\text{内積が } H\text{-内積 (2.3) のとき}) \end{cases}$$

が成立します．

$f\colon \mathbb{R}^d \to \mathbb{R}$ が **連続的微分可能** (continuously differentiable) であるとは，$\nabla f\colon \mathbb{R}^d \to \mathbb{R}^d$ が存在して，それが連続[*3] であるときをいいます．以下では，$\boldsymbol{x}$ から f の $\boldsymbol{x}$ での勾配 $\nabla f(\boldsymbol{x})$ への写像 $\nabla f\colon \mathbb{R}^d \to \mathbb{R}^d$ を f の勾配と呼ぶことにします．また，連続的微分可能な $\mathbb{R}^d$ 上の実数値関数全体の集合を $C^1(\mathbb{R}^d)$ と書くことにします．

いま，$f\colon \mathbb{R}^d \to \mathbb{R}$ が連続的微分可能，すなわち，$f \in C^1(\mathbb{R}^d)$ とし，$L > 0$

[*3]　$T\colon \mathbb{R}^d \to \mathbb{R}^d$ が $\boldsymbol{x} \in \mathbb{R}^d$ で連続であるための必要十分条件は，$(\boldsymbol{x}_k)_{k \in \mathbb{N}} \subset \mathbb{R}^d$ が $\boldsymbol{x}$ に収束するならば，$(T(\boldsymbol{x}_k))_{k \in \mathbb{N}}$ が $T(\boldsymbol{x})$ に収束することです．全てのベクトルに対して T が連続であるとき，T は連続であるといいます．

とします. $\nabla f\colon \mathbb{R}^d \to \mathbb{R}^d$ が,任意の $\boldsymbol{x}, \boldsymbol{y} \in \mathbb{R}^d$ に対して,

$$\|\nabla f(\boldsymbol{x}) - \nabla f(\boldsymbol{y})\| \leq L\|\boldsymbol{x} - \boldsymbol{y}\|$$

を満たすとき,f は**平滑** (smooth),もしくは,∇f は **Lipschitz 連続** (Lipschitz continuous) であるといい,L を Lipschitz 定数といいます. Lipschitz 定数 L を明確に示したいときは,L–平滑(L–Lipschitz 連続)と書くことにします. また,$f \in C^1(\mathbb{R}^d)$ の勾配 ∇f が Lipschitz 連続であるときは,$f \in C_L^1(\mathbb{R}^d)$ と書くことにします.

平滑性については,次の命題 2.2.3 が成立します(演習問題 2.9).

> **命題 2.2.3** 〈平滑性の必要条件〉
>
> f は L–平滑(つまり,$f \in C_L^1(\mathbb{R}^d)$)とします. このとき,任意の $\boldsymbol{x}, \boldsymbol{y} \in \mathbb{R}^d$ に対して,
>
> $$\langle \nabla f(\boldsymbol{x}) - \nabla f(\boldsymbol{y}), \boldsymbol{x} - \boldsymbol{y} \rangle \leq L\|\boldsymbol{x} - \boldsymbol{y}\|^2 \tag{2.22}$$
>
> を満たします. 式 (2.22) の同値表現は次の不等式です.
>
> $$f(\boldsymbol{y}) \leq f(\boldsymbol{x}) + \langle \nabla f(\boldsymbol{x}), \boldsymbol{y} - \boldsymbol{x} \rangle + \frac{L}{2}\|\boldsymbol{y} - \boldsymbol{x}\|^2 \tag{2.23}$$

任意の $\boldsymbol{x} \in \mathbb{R}^d$ に対して,$f\colon \mathbb{R}^d \to \mathbb{R}$ の 2 次偏微分係数を元にもつ行列

$$\nabla^2 f(\boldsymbol{x}) := \begin{pmatrix} \dfrac{\partial^2 f(\boldsymbol{x})}{\partial x_1^2} & \dfrac{\partial^2 f(\boldsymbol{x})}{\partial x_1 \partial x_2} & \cdots & \dfrac{\partial^2 f(\boldsymbol{x})}{\partial x_1 \partial x_d} \\ \dfrac{\partial^2 f(\boldsymbol{x})}{\partial x_2 \partial x_1} & \dfrac{\partial^2 f(\boldsymbol{x})}{\partial x_2^2} & \cdots & \dfrac{\partial^2 f(\boldsymbol{x})}{\partial x_2 \partial x_d} \\ \vdots & \vdots & \ddots & \vdots \\ \dfrac{\partial^2 f(\boldsymbol{x})}{\partial x_d \partial x_1} & \dfrac{\partial^2 f(\boldsymbol{x})}{\partial x_d \partial x_2} & \cdots & \dfrac{\partial^2 f(\boldsymbol{x})}{\partial x_d^2} \end{pmatrix} \in \mathbb{R}^{d \times d}$$

を,f の $\boldsymbol{x}$ における **Hesse 行列** (Hessian matrix) と呼びます. なお,Hesse 行列の存在性は一般には保証されません. 関数 $f\colon \mathbb{R}^d \to \mathbb{R}$ が **2 回連続的微分可能** (twice continuously differentiable) であるとは,

$$\lim_{\boldsymbol{h} \to \boldsymbol{0}} \frac{f(\boldsymbol{x} + \boldsymbol{h}) - f(\boldsymbol{x}) - \langle \nabla f(\boldsymbol{x}), \boldsymbol{h} \rangle_2 - 2^{-1}\langle \boldsymbol{h}, \nabla^2 f(\boldsymbol{x})\boldsymbol{h} \rangle_2}{\|\boldsymbol{h}\|_2^2} = 0$$

を満たす $\nabla^2 f\colon \mathbb{R}^d \to \mathbb{R}^{d \times d}$ が存在して，それが連続であるときをいいます．なお，2回連続的微分可能な $\mathbb{R}^d$ 上の実数値関数全体の集合を $C^2(\mathbb{R}^d)$ と書くことにします．また，f の2回連続的微分可能性から，$\nabla^2 f(\boldsymbol{x})$ は対称行列，すなわち，$\nabla^2 f(\boldsymbol{x}) \in \mathbb{S}^d$ です．さらに，$L > 0$ とするとき，$\nabla^2 f\colon \mathbb{R}^d \to \mathbb{R}^{d \times d}$ が **Lipschitz 連続**（Lipschitz continuous）であるとは，任意の $\boldsymbol{x}, \boldsymbol{y} \in \mathbb{R}^d$ に対して，

$$\left\| \nabla^2 f(\boldsymbol{x}) - \nabla^2 f(\boldsymbol{y}) \right\|_2 \le L \|\boldsymbol{x} - \boldsymbol{y}\|_2$$

を満たすときをいいます．

　関数値 $f(\boldsymbol{x})$，勾配ベクトル $\nabla f(\boldsymbol{x})$，および，Hesse 行列 $\nabla^2 f(\boldsymbol{x})$ の関係は，**平均値の定理**（mean value theorems）と **Taylor の定理**（Taylor's theorem）から示されます（証明は付録 A.1 を参照）．

命題 2.2.4　〈平均値の定理，Taylor の定理〉

　$f \in C^1(\mathbb{R}^d)$ とするとき，任意の $\boldsymbol{x}, \boldsymbol{y} \in \mathbb{R}^d$ に対して，

$$f(\boldsymbol{y}) = f(\boldsymbol{x}) + \langle \nabla f(\tau \boldsymbol{y} + (1 - \tau)\boldsymbol{x}), \boldsymbol{y} - \boldsymbol{x} \rangle$$

を満たす $\tau \in (0, 1)$ が存在します（平均値の定理）．

　さらに，$f \in C^2(\mathbb{R}^d)$ とするとき，任意の $\boldsymbol{x}, \boldsymbol{y} \in \mathbb{R}^d$ に対して，

$$f(\boldsymbol{y}) = f(\boldsymbol{x}) + \langle \nabla f(\boldsymbol{x}), \boldsymbol{y} - \boldsymbol{x} \rangle_2 + \frac{1}{2} \langle \boldsymbol{y} - \boldsymbol{x}, \nabla^2 f(\tau \boldsymbol{y} + (1 - \tau)\boldsymbol{x})(\boldsymbol{y} - \boldsymbol{x}) \rangle_2$$

を満たす $\tau \in (0, 1)$ が存在し，また，

$$\nabla f(\boldsymbol{y}) = \nabla f(\boldsymbol{x}) + \int_0^1 \nabla^2 f(t\boldsymbol{y} + (1 - t)\boldsymbol{x})(\boldsymbol{y} - \boldsymbol{x})\mathrm{d}t$$

が成立します（Taylor の定理）．

　Taylor の定理（命題 2.2.4）から，平滑性（勾配の Lipschitz 連続性）と Hesse 行列のノルムに関する次の命題 2.2.5 が成立します（演習問題 2.10）．

> **命題2.2.5** ⟨平滑性の必要十分条件⟩
>
> $L > 0$ とし, $f \in C^2(\mathbb{R}^d)$ とします. このとき, ∇f がユークリッドノルムの意味で L–Lipschitz 連続であること (つまり, $f \in C_L^2(\mathbb{R}^d)$) の必要十分条件は, 任意の $\boldsymbol{x} \in \mathbb{R}^d$ に対して
>
> $$\left\| \nabla^2 f(\boldsymbol{x}) \right\|_2 \leq L \tag{2.24}$$
>
> が成り立つことです. また, Hesse 行列 $\nabla^2 f(\boldsymbol{x})$ が
>
> $$\forall \boldsymbol{x} \in \mathbb{R}^d \ (O \prec \nabla^2 f(\boldsymbol{x}) \preceq LI) \tag{2.25}$$
>
> を満たすことの必要条件は, 式 (2.24) が成り立つことです.

例 2.2.1 (2次関数). $A \in \mathbb{S}^d$, $\boldsymbol{b} \in \mathbb{R}^d$, $c \in \mathbb{R}$ とします. 任意の $\boldsymbol{x} \in \mathbb{R}^d$ に対して, 関数 $f\colon \mathbb{R}^d \to \mathbb{R}$ を

$$f(\boldsymbol{x}) := \frac{1}{2} \langle \boldsymbol{x}, A\boldsymbol{x} \rangle_2 + \langle \boldsymbol{b}, \boldsymbol{x} \rangle_2 + c$$

という2次関数とします. このとき, ユークリッド内積 (2.2) に対して, $f \in C^2(\mathbb{R}^d)$ であり, 任意の $\boldsymbol{x} \in \mathbb{R}^d$ に対して,

$$\begin{aligned} \nabla f(\boldsymbol{x}) &= \frac{1}{2} \left(A + A^\top \right) \boldsymbol{x} + \boldsymbol{b} = A\boldsymbol{x} + \boldsymbol{b} \\ \nabla^2 f(\boldsymbol{x}) &= A \end{aligned} \tag{2.26}$$

となります (演習問題 2.11). $\lambda_{\max}(A) > 0$ とすると,

$$\left\| \nabla^2 f(\boldsymbol{x}) \right\|_2 = \|A\|_2 = \sqrt{\lambda_{\max}(A^\top A)} = \sqrt{\lambda_{\max}(A^2)} = \lambda_{\max}(A)$$

なので, 命題 2.2.5 から, $f \in C_L^2(\mathbb{R}^d)$ の勾配 ∇f の Lipschitz 定数は A の最大固有値, つまり, f は $\lambda_{\max}(A)$–平滑となります.

2.3 凸性

$f\colon \mathbb{R}^d \to \mathbb{R}$ が**凸関数** (convex function) であるとは, 任意の $\boldsymbol{x}, \boldsymbol{y} \in \mathbb{R}^d$ と任意の $\lambda \in [0, 1]$ に対して,

$$f(\lambda \boldsymbol{x} + (1 - \lambda)\boldsymbol{y}) \leq \lambda f(\boldsymbol{x}) + (1 - \lambda)f(\boldsymbol{y})$$

が成り立つときをいいます（凸関数の例は例 2.3.1 を参照）．$\mathbb{R}^d$ 上で定義された凸関数は連続関数です（付録 A.1 参照）．また，方向ベクトル $\boldsymbol{d} \in \mathbb{R}^d$ に対して，凸関数 f の $\boldsymbol{x} \in \mathbb{R}^d$ での方向微分係数 (2.19) が存在します（演習問題 2.12）．

$f: \mathbb{R}^d \to \mathbb{R}$ が**狭義凸関数** (strictly convex function) であるとは，$\boldsymbol{x} \neq \boldsymbol{y}$ となる任意の $\boldsymbol{x}, \boldsymbol{y} \in \mathbb{R}^d$ と任意の $\lambda \in (0, 1)$ に対して，

$$f(\lambda \boldsymbol{x} + (1 - \lambda)\boldsymbol{y}) < \lambda f(\boldsymbol{x}) + (1 - \lambda)f(\boldsymbol{y})$$

が成り立つときをいいます．また，$c > 0$ として，$f: \mathbb{R}^d \to \mathbb{R}$ が任意の $\boldsymbol{x}, \boldsymbol{y} \in \mathbb{R}^d$ と任意の $\lambda \in [0, 1]$ に対して，

$$f(\lambda \boldsymbol{x} + (1 - \lambda)\boldsymbol{y}) \leq \lambda f(\boldsymbol{x}) + (1 - \lambda)f(\boldsymbol{y}) - \frac{c}{2}\lambda(1 - \lambda)\|\boldsymbol{x} - \boldsymbol{y}\|^2$$

を満たすとき，f は**強凸関数** (strongly convex function) であるといいます．強凸関数のパラメータ c を明確に示すとき，c–強凸と書くことにします．

$f \in C^1(\mathbb{R}^d)$ が凸であるための必要十分条件は

$$\forall \boldsymbol{x}, \boldsymbol{y} \in \mathbb{R}^d \ (f(\boldsymbol{y}) \geq f(\boldsymbol{x}) + \langle \nabla f(\boldsymbol{x}), \boldsymbol{y} - \boldsymbol{x} \rangle) \tag{2.27}$$

であることが確認できます（演習問題 2.13）．ここで，微分不可能な凸関数 $f: \mathbb{R}^d \to \mathbb{R}$ の $\boldsymbol{x} \in \mathbb{R}^d$ での**劣微分** (subdifferential) を次のように定義します[*4]．

$$\partial f(\boldsymbol{x}) := \left\{ \boldsymbol{g} \in \mathbb{R}^d : \forall \boldsymbol{y} \in \mathbb{R}^d \ (f(\boldsymbol{y}) \geq f(\boldsymbol{x}) + \langle \boldsymbol{g}, \boldsymbol{y} - \boldsymbol{x} \rangle) \right\} \neq \emptyset \tag{2.28}$$

ベクトル $\boldsymbol{g} \in \partial f(\boldsymbol{x})$ を f の $\boldsymbol{x}$ における**劣勾配** (subgradient) と呼びます．

次の命題 2.3.1 は，連続的微分可能な凸関数の勾配は劣勾配と一致することを示しています（演習問題 2.14）．

命題 2.3.1 ＜連続的微分可能凸関数の勾配と劣勾配の関係＞

$f \in C^1(\mathbb{R}^d)$ が凸ならば，任意の $\boldsymbol{x} \in \mathbb{R}^d$ に対して，$\partial f(\boldsymbol{x}) = \{\nabla f(\boldsymbol{x})\}$ が成立します．

[*4]　$f: \mathbb{R}^d \to \mathbb{R}$ が凸ならば，任意の $\boldsymbol{x} \in \mathbb{R}^d$ に対して $\partial f(\boldsymbol{x}) \neq \emptyset$，つまり，$f$ の $\boldsymbol{x}$ での劣微分が定義可能です [14, Corollary 3.15]．

また，次の命題 2.3.2 は，凸関数と劣勾配，および，Hesse 行列の関係を示しています（演習問題 2.15）．

命題 2.3.2 〈凸関数の必要十分条件〉

$f\colon \mathbb{R}^d \to \mathbb{R}$ が凸であるための必要十分条件は次の (1)，(2) です．

(1) $\forall \boldsymbol{x}, \boldsymbol{y} \in \mathbb{R}^d \; \forall \boldsymbol{g} \in \partial f(\boldsymbol{x}) \; (f(\boldsymbol{y}) \geq f(\boldsymbol{x}) + \langle \boldsymbol{g}, \boldsymbol{y} - \boldsymbol{x} \rangle)$

(2) $\forall \boldsymbol{x}, \boldsymbol{y} \in \mathbb{R}^d \; \forall \boldsymbol{g_x} \in \partial f(\boldsymbol{x}) \; \forall \boldsymbol{g_y} \in \partial f(\boldsymbol{y}) \; (\langle \boldsymbol{g_x} - \boldsymbol{g_y}, \boldsymbol{x} - \boldsymbol{y} \rangle \geq 0)$

また，$f \in C^2(\mathbb{R}^d)$ が凸であるための必要十分条件は次の (3) です．

(3) $\forall \boldsymbol{x} \in \mathbb{R}^d \; (\nabla^2 f(\boldsymbol{x}) \in \mathbb{S}_+^d)$

$f \in C^1(\mathbb{R}^d)$ が凸ならば，命題 2.3.1 と命題 2.3.2(1) から式 (2.27) を満たすので，命題 2.3.2(1) は微分可能な凸関数の性質の自然な拡張であるといえます．命題 2.3.2(2) の性質は，∂f の**単調性** (monotonicity) と呼ばれます．

次の命題 2.3.3 （命題 2.3.4）は，狭義凸（強凸）と劣勾配，および，Hesse 行列の関係を示しています（演習問題 2.16, 2.17）．命題 2.3.3(2)，および，命題 2.3.4(2) の性質は，それぞれ ∂f の**狭義単調性** (strict monotonicity)，**強単調性** (strong monotonicity) と呼ばれます．

命題 2.3.3 〈狭義凸関数の必要十分および十分条件〉

$f\colon \mathbb{R}^d \to \mathbb{R}$ は凸とするとき，$f \in C^1(\mathbb{R}^d)$ が狭義凸であるための必要十分条件は次の (1)，(2) です．

(1) $\forall \boldsymbol{x}, \boldsymbol{y} \in \mathbb{R}^d \; (\boldsymbol{x} \neq \boldsymbol{y}) \; \forall \boldsymbol{g} \in \partial f(\boldsymbol{x}) \; (f(\boldsymbol{y}) > f(\boldsymbol{x}) + \langle \boldsymbol{g}, \boldsymbol{y} - \boldsymbol{x} \rangle)$

(2) $\forall \boldsymbol{x}, \boldsymbol{y} \in \mathbb{R}^d \; (\boldsymbol{x} \neq \boldsymbol{y}) \; \forall \boldsymbol{g_x} \in \partial f(\boldsymbol{x}) \; \forall \boldsymbol{g_y} \in \partial f(\boldsymbol{y}) \; (\langle \boldsymbol{g_x} - \boldsymbol{g_y}, \boldsymbol{x} - \boldsymbol{y} \rangle > 0)$

また，$f \in C^2(\mathbb{R}^d)$ とすると，任意の $\boldsymbol{x} \in \mathbb{R}^d$ に対して $\nabla^2 f(\boldsymbol{x}) \in \mathbb{S}_{++}^d$ ならば，f は狭義凸です．

> **命題 2.3.4** ─〈**強凸関数の必要十分条件**〉
>
> $f: \mathbb{R}^d \to \mathbb{R}$ は凸とし，$c > 0$ とします．このとき，f が c–強凸であるための必要十分条件は次の (1)，(2) です．
>
> (1) $\forall \boldsymbol{x}, \boldsymbol{y} \in \mathbb{R}^d \ \forall \boldsymbol{g} \in \partial f(\boldsymbol{x}) \ (f(\boldsymbol{y}) \geq f(\boldsymbol{x}) + \langle \boldsymbol{g}, \boldsymbol{y} - \boldsymbol{x} \rangle + \dfrac{c}{2} \|\boldsymbol{y} - \boldsymbol{x}\|^2)$
>
> (2) $\forall \boldsymbol{x}, \boldsymbol{y} \in \mathbb{R}^d \ \forall \boldsymbol{g_x} \in \partial f(\boldsymbol{x}) \ \forall \boldsymbol{g_y} \in \partial f(\boldsymbol{y}) \ (\langle \boldsymbol{g_x} - \boldsymbol{g_y}, \boldsymbol{x} - \boldsymbol{y} \rangle \geq c\|\boldsymbol{x} - \boldsymbol{y}\|^2)$
>
> また，$f \in C^2(\mathbb{R}^d)$ が c–強凸であるための必要十分条件は次の (3) です．
>
> (3) $\forall \boldsymbol{x} \in \mathbb{R}^d \ (\nabla^2 f(\boldsymbol{x}) - cI \in \mathbb{S}_+^d)$

例 2.3.1 (2次凸関数). $A \in \mathbb{S}^d$, $\boldsymbol{b} \in \mathbb{R}^d$, $c \in \mathbb{R}$ とします．任意の $\boldsymbol{x} \in \mathbb{R}^d$ に対して，関数 $f: \mathbb{R}^d \to \mathbb{R}$ を

$$f(\boldsymbol{x}) := \frac{1}{2}\langle \boldsymbol{x}, A\boldsymbol{x} \rangle_2 + \langle \boldsymbol{b}, \boldsymbol{x} \rangle_2 + c \tag{2.29}$$

という2次関数とします．このとき，例 2.2.1 から，ユークリッド内積 (2.2) に対して，式 (2.26)，特に，$\nabla^2 f(\boldsymbol{x}) = A \ (\boldsymbol{x} \in \mathbb{R}^d)$ が成立します．式 (2.14) から，$A \in \mathbb{S}_+^d$ ならば，任意の $\boldsymbol{x} \in \mathbb{R}^d$ に対して $\lambda_{\min}(A)\|\boldsymbol{x}\|_2^2 \leq \langle \boldsymbol{x}, A\boldsymbol{x} \rangle_2$ なので，

$$\langle \boldsymbol{x}, (A - \lambda_{\min}(A)I)\boldsymbol{x} \rangle_2 \geq 0$$

つまり，$A - \lambda_{\min}(A)I \in \mathbb{S}_+^d$ が成立します[*5]．命題 2.3.2(3)，および，命題 2.3.4(3) から，

$$f \text{ は} \begin{cases} \text{凸} & (A \in \mathbb{S}_+^d) \\ \lambda_{\min}(A)\text{–強凸} & (A \in \mathbb{S}_{++}^d) \end{cases}$$

となります．例 2.2.1 と合わせると，$A \in \mathbb{S}_{++}^d$ ならば，2次関数 f は $\lambda_{\min}(A)$–強凸であり，$\lambda_{\max}(A)$–平滑な関数です．

　例として，2次凸関数 (2.29) において

[*5] $H \in \mathbb{S}^d$ が半正定値（つまり，H の固有値が全て非負のとき；$H \in \mathbb{S}_+^d$）であることの必要十分条件は，$\langle \boldsymbol{x}, H\boldsymbol{x} \rangle_2 \geq 0 \ (\boldsymbol{x} \in \mathbb{R}^d)$ が成り立つことです．なお，$H \in \mathbb{S}^d$ が正定値（つまり，H の固有値が全て正のとき；$H \in \mathbb{S}_{++}^d$）であることの必要十分条件は $\langle \boldsymbol{x}, H\boldsymbol{x} \rangle_2 > 0 \ ((\boldsymbol{0} \neq) \ \boldsymbol{x} \in \mathbb{R}^d)$ が成り立つことです．

$$A = \begin{pmatrix} 10 & 6 \\ 6 & 10 \end{pmatrix} \in \mathbb{S}^2_{++}, \; \boldsymbol{b} = \begin{pmatrix} -16 \\ -16 \end{pmatrix} \in \mathbb{R}^2, \; c = 0 \tag{2.30}$$

の場合を考察します．方程式 $A\boldsymbol{x} = \lambda\boldsymbol{x}$ を満たす固有値 λ と固有ベクトル $\boldsymbol{x}$ はそれぞれ，$\lambda_{\min}(A) = 4$ のとき $\boldsymbol{x} = (1, -1)^\top$，$\lambda_{\max}(A) = 16$ のとき $\boldsymbol{x} = (1, 1)^\top$ です．よって，2次凸関数 (2.29) は $\lambda_{\min}(A)$–強凸な $\lambda_{\max}(A)$–平滑関数です．図2.1は，式 (2.30) からなる2次凸関数 (2.29) の等高線を2次元平面に描いたものです．$\boldsymbol{x}^\star = (1, 1)^\top$ が，2次凸関数 (2.29) を最小にするベクトルです．f の等高線が楕円を描くことは2次凸関数 (2.29) の形状からもわかります．この楕円の中心は $\boldsymbol{x}^\star = (1, 1)^\top$ です．この楕円の軸の方向は $A = \nabla^2 f(\boldsymbol{x})$ の固有ベクトルの方向（$(1, -1)^\top$ と $(1, 1)^\top$）で，軸の長さの比は $A = \nabla^2 f(\boldsymbol{x})$ の固有値の平方根の逆数の比（$1/\sqrt{4} : 1/\sqrt{16} = 2 : 1$）です．

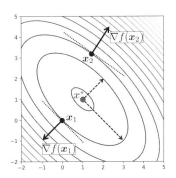

図 2.1 ■ 式 (2.30) からなる2次凸関数 (2.29) の等高線と勾配．$\boldsymbol{x}^\star = (1, 1)^\top$ が 2次凸関数 (2.29) を最小にするベクトルである．等高線は A の固有ベクトルの方向の長軸と短軸（破線）をもつ楕円であり，軸の長さの比は A の固有値の平方根の逆数の比と一致する．

式 (2.30) からなる2次凸関数 (2.29) の勾配 $\nabla f(\boldsymbol{x})$ は，式 (2.26) から $\nabla f(\boldsymbol{x}) = A\boldsymbol{x} + \boldsymbol{b}$ です．例えば，$\boldsymbol{x}_1 = (0, 0)^\top$ のとき，$\nabla f(\boldsymbol{x}_1) = \boldsymbol{b} = (-16, -16)^\top$ です．ベクトル $\boldsymbol{x}$ での f の勾配 $\nabla f(\boldsymbol{x})$ は $\boldsymbol{x}$ において関数 f の値を増加させる方向であることがわかります．

命題 2.2.5 や例 2.2.1 では，必ずしも凸とは限らない2回連続的微分可能な関数の L–平滑性を考察しました．次の命題 2.3.5 は，1回連続的微分可能な凸関数が L–平滑であるための必要十分条件を示しています（演習問題 2.18）．

命題2.3.5 ───〈 平滑凸関数の必要十分条件 〉

$f \in C^1(\mathbb{R}^d)$ は凸とし，$L > 0$ とします．このとき，f が L–平滑であるための必要十分条件は次の (1)–(4) です．

(1)　$\forall \boldsymbol{x}, \boldsymbol{y} \in \mathbb{R}^d \ (f(\boldsymbol{y}) \leq f(\boldsymbol{x}) + \langle \nabla f(\boldsymbol{x}), \boldsymbol{y} - \boldsymbol{x} \rangle + \dfrac{L}{2} \|\boldsymbol{x} - \boldsymbol{y}\|^2)$

(2)　$\forall \boldsymbol{x}, \boldsymbol{y} \in \mathbb{R}^d \ (f(\boldsymbol{y}) \geq f(\boldsymbol{x}) + \langle \nabla f(\boldsymbol{x}), \boldsymbol{y} - \boldsymbol{x} \rangle + \dfrac{1}{2L} \|\nabla f(\boldsymbol{x}) - \nabla f(\boldsymbol{y})\|^2)$

(3)　$\forall \boldsymbol{x}, \boldsymbol{y} \in \mathbb{R}^d \ (\langle \nabla f(\boldsymbol{x}) - \nabla f(\boldsymbol{y}), \boldsymbol{x} - \boldsymbol{y} \rangle \geq \dfrac{1}{L} \|\nabla f(\boldsymbol{x}) - \nabla f(\boldsymbol{y})\|^2)$

(4)　$\forall \boldsymbol{x}, \boldsymbol{y} \in \mathbb{R}^d \ \forall \lambda \in [0, 1] \ (f(\lambda \boldsymbol{x} + (1 - \lambda)\boldsymbol{y}) \geq \lambda f(\boldsymbol{x}) + (1 - \lambda)f(\boldsymbol{y}) - \dfrac{L}{2}\lambda(1 - \lambda)\|\boldsymbol{x} - \boldsymbol{y}\|^2)$

命題 2.2.3 から，$f \in C_L^1(\mathbb{R}^d)$ ならば，式 (2.23)，つまり，命題 2.3.5(1) が成立します．逆が成り立つには f の凸性を必要とします．$f \in C^1(\mathbb{R}^d)$ が凸であるための必要十分条件は式 (2.27) が成り立つことでしたが，このとき，f の L–平滑性を仮定すると，式 (2.27) よりも強い性質である命題 2.3.5(2) が成立します．命題 2.3.5(3) の性質は，∇f の**逆強単調性**(inverse strong monotonicity, co-coercivity) と呼ばれます．$f \in C^1(\mathbb{R}^d)$ が c–強凸，かつ，L–平滑とします．このとき，命題 2.3.5(4) から，任意の $\boldsymbol{x}, \boldsymbol{y} \in \mathbb{R}^d$ と任意の $\lambda \in [0, 1]$ に対して，

$$\lambda f(\boldsymbol{x}) + (1 - \lambda)f(\boldsymbol{y}) - \frac{L}{2}\lambda(1 - \lambda)\|\boldsymbol{x} - \boldsymbol{y}\|^2$$
$$\leq f(\lambda \boldsymbol{x} + (1 - \lambda)\boldsymbol{y}) \leq \lambda f(\boldsymbol{x}) + (1 - \lambda)f(\boldsymbol{y}) - \frac{c}{2}\lambda(1 - \lambda)\|\boldsymbol{x} - \boldsymbol{y}\|^2$$

つまり，

$$c \leq L \tag{2.31}$$

が成立します．この結果は，平滑強凸2次関数（例 2.3.1）が満足する

$$c = \lambda_{\min}(A) \leq \lambda_{\max}(A) = L$$

の一般化となっています．

凸関数 $f\colon \mathbb{R}^d \to \mathbb{R}$ の**近接写像**(proximal mapping) を次のように定義します[*6]. 任意の $\boldsymbol{x} \in \mathbb{R}^d$ に対して,

$$
\mathrm{prox}_f(\boldsymbol{x}) = \underset{\boldsymbol{p}\in\mathbb{R}^d}{\mathrm{argmin}} \Big\{ \underbrace{f(\boldsymbol{p}) + \frac{1}{2}\|\boldsymbol{p}-\boldsymbol{x}\|^2}_{g_{\boldsymbol{x}}(\boldsymbol{p})} \Big\} \tag{2.32}
$$
$$
= \Big\{ \boldsymbol{p}^\star \in \mathbb{R}^d \colon g_{\boldsymbol{x}}(\boldsymbol{p}^\star) = \min_{\boldsymbol{p}\in\mathbb{R}^d} g_{\boldsymbol{x}}(\boldsymbol{p}) \Big\}
$$

近接写像については,次の命題 2.3.6 の性質が成立します(演習問題 2.19).

> **命題 2.3.6** — 近接写像の性質
>
> $f\colon \mathbb{R}^d \to \mathbb{R}$ を凸とし,$\mathrm{prox}_f\colon \mathbb{R}^d \to \mathbb{R}^d$ は式 (2.32) で定義される近接写像とします.$\boldsymbol{x}, \boldsymbol{p} \in \mathbb{R}^d$ とするとき,次の (1)–(3) が成立します.
>
> (1) $\boldsymbol{p} = \mathrm{prox}_f(\boldsymbol{x}) \iff \boldsymbol{x}-\boldsymbol{p} \in \partial f(\boldsymbol{p})$
> (2) $\forall \boldsymbol{x},\boldsymbol{y} \in \mathbb{R}^d \,(\|\mathrm{prox}_f(\boldsymbol{x})-\mathrm{prox}_f(\boldsymbol{y})\|^2 \le \langle \boldsymbol{x}-\boldsymbol{y}, \mathrm{prox}_f(\boldsymbol{x})-\mathrm{prox}_f(\boldsymbol{y})\rangle)$
> (3) $\mathrm{Fix}(\mathrm{prox}_f) := \{\boldsymbol{x}\in\mathbb{R}^d \colon \mathrm{prox}_f(\boldsymbol{x})=\boldsymbol{x}\} = \underset{\boldsymbol{x}\in\mathbb{R}^d}{\mathrm{argmin}}\, f(\boldsymbol{x})$

命題 2.3.6(1) は近接写像と劣勾配の関係を,命題 2.3.6(2) は近接写像の**堅非拡大性**(詳細は 2.5 節参照)を示しています.命題 2.3.6(3) は近接写像を作用させても変化のないベクトルは非平滑凸最適問題(3 章)の大域的最適解となることを示していますが,このようなベクトルを近接写像の**不動点**と呼びます(詳細は 2.5 節参照).

2.4 射影

$\mathbb{R}^d$ の部分集合 C が**凸集合**(convex set) であるとは,任意の $\boldsymbol{x},\boldsymbol{y} \in C$ と任意の $\lambda \in [0,1]$ に対して,

---

[*6] $\boldsymbol{x}\in\mathbb{R}^d$ に対して $\mathrm{prox}_f(\boldsymbol{x})$ の存在性と一意性が保証されます(付録 A.1 参照).式 (2.32) の右辺は集合なので,厳密には,$\{\mathrm{prox}_f(\boldsymbol{x})\} = \mathrm{argmin}_{\boldsymbol{p}\in\mathbb{R}^d}\{f(\boldsymbol{p})+(1/2)\|\boldsymbol{p}-\boldsymbol{x}\|^2\}$ と書きますが,便宜上,式 (2.32) のように表記することにします.

$$\lambda \boldsymbol{x} + (1 - \lambda)\boldsymbol{y} \in C$$

が成り立つときをいいます. 例えば, 閉球 (2.36) や半空間 (2.37) のような凹みのない集合は凸集合です. また, $C \subset \mathbb{R}^d$ が**有界** (bounded) であるとは, ある実数 M が存在して, 任意の $\boldsymbol{x} \in C$ に対して $\|\boldsymbol{x}\| \leq M$ が成り立つときをいいます. $C \subset \mathbb{R}^d$ を空でない閉凸集合*7とし, $\boldsymbol{x} \in \mathbb{R}^d$ とします. このとき, C 上で関数 $f(\boldsymbol{y}) := \|\boldsymbol{y} - \boldsymbol{x}\|$ を最小にするベクトルを $P_C(\boldsymbol{x})$ と表すと,

$$
\begin{aligned}
&P_C(\boldsymbol{x}) \in C \\
&\|P_C(\boldsymbol{x}) - \boldsymbol{x}\| = \mathrm{d}(\boldsymbol{x}, C) := \inf\{\|\boldsymbol{y} - \boldsymbol{x}\| : \boldsymbol{y} \in C\}
\end{aligned}
\tag{2.33}
$$

となります. 任意の $\boldsymbol{x} \in \mathbb{R}^d$ に対して式 (2.33) で定義される $P_C(\boldsymbol{x}) \in C$ の存在性と一意性が, C の閉凸性とユークリッド空間上で成り立つ性質（平行四辺形の法則（命題 2.1.2）や完備性）を用いて確認できます（演習問題 2.20）. もしくは,

$$
\delta_C(\boldsymbol{x}) :=
\begin{cases}
0 & (\boldsymbol{x} \in C) \\
+\infty & (\boldsymbol{x} \notin C)
\end{cases}
\tag{2.34}
$$

で定義される C の**標示関数** (indicator function) δ_C の近接写像*8の定義から,

$$
\mathrm{prox}_{\delta_C}(\boldsymbol{x}) = \underset{\boldsymbol{y} \in \mathbb{R}^d}{\mathrm{argmin}} \left\{ \delta_C(\boldsymbol{y}) + \frac{1}{2}\|\boldsymbol{y} - \boldsymbol{x}\|^2 \right\} = \underset{\boldsymbol{y} \in C}{\mathrm{argmin}} \|\boldsymbol{y} - \boldsymbol{x}\|^2 = P_C(\boldsymbol{x})
$$

が成立します. $\mathrm{prox}_{\delta_C}(\boldsymbol{x})$ の存在性と一意性（付録 A.1 参照）から, $P_C(\boldsymbol{x})$ の存在性と一意性がいえます.

　式 (2.33) で定義される写像 $P_C \colon \mathbb{R}^d \to C$ を C への**射影** (projection) と呼び, $P_C(\boldsymbol{x})$ を $\boldsymbol{x}$ から C への**射影点** (projected point) と呼びます. 図 2.2 から, 射影 P_C が最短距離の意味でベクトル $\boldsymbol{x}$ を C へ写す写像であることがわかります. $\boldsymbol{x} \in C$ のときは, 距離が生じない, つまり, 距離が 0 のときが最短距離になるので, $P_C(\boldsymbol{x}) = \boldsymbol{x}$ を満たします.

　射影については, 次の命題 2.4.1 の性質が成立します（演習問題 2.21）.

---

*7　集合 $C \subset \mathbb{R}^d$ が閉であるための必要十分条件は, $(\boldsymbol{x}_k)_{k \in \mathbb{N}} \subset \mathbb{R}^d$ が $\bar{\boldsymbol{x}} \in \mathbb{R}^d$ に収束するならば, $\bar{\boldsymbol{x}} \in C$ が成り立つことです.

*8　本書では実数値をとる凸関数に焦点を合わせていますが, $(-\infty, +\infty]$ に値をとる凸関数についても自然に近接写像を定義することができます [6, 定理 7.5.2].

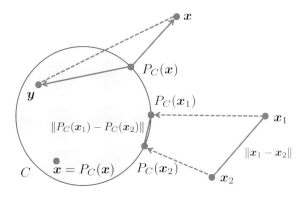

図 2.2 ■ 射影．射影 P_C はベクトルを閉凸集合 C へ最短距離の意味で写す写像となる（$\|P_C(\boldsymbol{x}) - \boldsymbol{x}\| \leq \|\boldsymbol{y} - \boldsymbol{x}\|$）．ベクトル $\boldsymbol{x} - P_C(\boldsymbol{x})$ とベクトル $\boldsymbol{y} - P_C(\boldsymbol{x})$ のなす角は鈍角になることがわかる（命題 2.4.1(1)）．$\boldsymbol{x} \in C$ のとき $\boldsymbol{x} = P_C(\boldsymbol{x})$ を満たす（命題 2.4.1(3)）．射影 P_C は非拡大性（$\|P_C(\boldsymbol{x}_1) - P_C(\boldsymbol{x}_2)\| \leq \|\boldsymbol{x}_1 - \boldsymbol{x}_2\|$）を有する（命題 2.4.1(2)，式 (2.35)）

命題 2.4.1 ⟨射影の性質⟩

$C \subset \mathbb{R}^d$ を空でない閉凸集合とし，$P_C \colon \mathbb{R}^d \to C$ は式 (2.33) で定義される射影とします．$\boldsymbol{x} \in \mathbb{R}^d$ とし，$\boldsymbol{p} \in C$ とするとき，次の (1)–(3) が成立します．

(1) $\boldsymbol{p} = P_C(\boldsymbol{x}) \Longleftrightarrow \forall \boldsymbol{y} \in C \ (\langle \boldsymbol{x} - \boldsymbol{p}, \boldsymbol{y} - \boldsymbol{p} \rangle \leq 0)$

(2) $\forall \boldsymbol{x}_1, \boldsymbol{x}_2 \in \mathbb{R}^d \ (\|P_C(\boldsymbol{x}_1) - P_C(\boldsymbol{x}_2)\|^2 \leq \langle \boldsymbol{x}_1 - \boldsymbol{x}_2, P_C(\boldsymbol{x}_1) - P_C(\boldsymbol{x}_2) \rangle)$

(3) $\mathrm{Fix}(P_C) := \{\boldsymbol{x} \in \mathbb{R}^d \colon P_C(\boldsymbol{x}) = \boldsymbol{x}\} = C$

命題 2.4.1(1) の性質は，**図 2.2** からもわかるように，ベクトル $\boldsymbol{x} - P_C(\boldsymbol{x})$ とベクトル $\boldsymbol{y} - P_C(\boldsymbol{x})$ の内積が負，つまり，それらのベクトルのなす角が鈍角になることを示しています．命題 2.4.1(2) と Cauchy–Schwarz の不等式（命題 2.1.3）から，任意の $\boldsymbol{x}_1, \boldsymbol{x}_2 \in \mathbb{R}^d$ に対して，

$$\|P_C(\boldsymbol{x}_1) - P_C(\boldsymbol{x}_2)\|^2 \leq \langle \boldsymbol{x}_1 - \boldsymbol{x}_2, P_C(\boldsymbol{x}_1) - P_C(\boldsymbol{x}_2) \rangle$$
$$\leq \|\boldsymbol{x}_1 - \boldsymbol{x}_2\| \|P_C(\boldsymbol{x}_1) - P_C(\boldsymbol{x}_2)\|$$

つまり，

$$\|P_C(\boldsymbol{x}_1) - P_C(\boldsymbol{x}_2)\| \leq \|\boldsymbol{x}_1 - \boldsymbol{x}_2\| \tag{2.35}$$

を満たします[*9]. 式 (2.35) は, 射影を作用させた点 $P_C(\boldsymbol{x}_1)$ と $P_C(\boldsymbol{x}_2)$ との距離が, $\boldsymbol{x}_1$ と $\boldsymbol{x}_2$ との距離と同じになるか小さくなることを示しています (図 2.2). このような性質をもつ写像を**非拡大写像**と呼びます (詳細は 2.5 節を参照). 命題 2.4.1(3) は, C の任意のベクトル $\boldsymbol{x}$ に射影 P_C を作用させても動かない, つまり, $P_C(\boldsymbol{x}) = \boldsymbol{x}$ を示しています (図 2.2). $P_C(\boldsymbol{x}) = \boldsymbol{x}$ を満たす $\boldsymbol{x}$ を P_C の**不動点**と呼びます (詳細は 2.5 節を参照).

式 (2.33) で定義される射影が有限回の代数演算で計算可能な閉凸集合には, 例えば, 中心 $\boldsymbol{c} \in \mathbb{R}^d$ と半径 $r > 0$ からなる閉球

$$B(\boldsymbol{c}; r) := \left\{ \boldsymbol{x} \in \mathbb{R}^d : \|\boldsymbol{x} - \boldsymbol{c}\| \leq r \right\} \tag{2.36}$$

や法線ベクトル $\boldsymbol{a} \in \mathbb{R}^d$ (ただし, $\boldsymbol{a} \neq \boldsymbol{0}$) と $b \in \mathbb{R}$ からなる半空間

$$H(\boldsymbol{a}; b) := \left\{ \boldsymbol{x} \in \mathbb{R}^d : \langle \boldsymbol{a}, \boldsymbol{x} \rangle \leq b \right\} \tag{2.37}$$

があります.

例 2.4.1 (射影の計算). 閉球 (2.36) への射影は

$$P_{B(\boldsymbol{c};r)}(\boldsymbol{x}) = \begin{cases} \boldsymbol{c} + \dfrac{r}{\|\boldsymbol{x} - \boldsymbol{c}\|}(\boldsymbol{x} - \boldsymbol{c}) & (\boldsymbol{x} \notin B(\boldsymbol{c}; r)) \\ \boldsymbol{x} & (\boldsymbol{x} \in B(\boldsymbol{c}; r)) \end{cases}$$

と陽に書くことができ, 半空間 (2.37) への射影は

$$P_{H(\boldsymbol{a};b)}(\boldsymbol{x}) = \begin{cases} \boldsymbol{x} + \dfrac{b - \langle \boldsymbol{a}, \boldsymbol{x} \rangle}{\|\boldsymbol{a}\|^2} \boldsymbol{a} & (\boldsymbol{x} \notin H(\boldsymbol{a}; b)) \\ \boldsymbol{x} & (\boldsymbol{x} \in H(\boldsymbol{a}; b)) \end{cases}$$

のように陽に書くことができます (演習問題 2.22).

2.5 非拡大写像

$T \colon \mathbb{R}^d \to \mathbb{R}^d$ が**非拡大写像** (nonexpansive mapping) であるとは, 任意の

[*9] $\|P_C(\boldsymbol{x}_1) - P_C(\boldsymbol{x}_2)\| = 0$ のとき, 式 (2.35) が成り立つことに注意します.

$\boldsymbol{x}, \boldsymbol{y} \in \mathbb{R}^d$ に対して，

$$\|T(\boldsymbol{x}) - T(\boldsymbol{y})\| \le \|\boldsymbol{x} - \boldsymbol{y}\|$$

が成り立つときをいいます．また，T が**堅非拡大写像**(firmly nonexpansive mapping)であるとは，任意の $\boldsymbol{x}, \boldsymbol{y} \in \mathbb{R}^d$ に対して，

$$\|T(\boldsymbol{x}) - T(\boldsymbol{y})\|^2 \le \langle \boldsymbol{x} - \boldsymbol{y}, T(\boldsymbol{x}) - T(\boldsymbol{y}) \rangle$$

が成り立つときをいいます．式 (2.35) の導出と同様の議論（Cauchy–Schwarz の不等式の利用）により，堅非拡大写像は非拡大性を満たすことがわかります．さらに，$T(\boldsymbol{x}) = \boldsymbol{x}$ を満たす $\boldsymbol{x} \in \mathbb{R}^d$ を T の**不動点**(fixed point) と呼び，集合

$$\mathrm{Fix}(T) := \left\{ \boldsymbol{x} \in \mathbb{R}^d : T(\boldsymbol{x}) = \boldsymbol{x} \right\}$$

を T の**不動点集合**(fixed point set) といいます．

ここで，$S \colon \mathbb{R}^d \to \mathbb{R}^d$ とします．このとき，

$$S \text{ が堅非拡大} \iff T := 2S - \mathrm{Id} \text{ が非拡大} \tag{2.38}$$

を満たし，$\mathrm{Fix}(S) = \mathrm{Fix}(T)$ となります（演習問題2.23）．ただし，$\mathrm{Id} \colon \mathbb{R}^d \to \mathbb{R}^d$ は，$\mathrm{Id}(\boldsymbol{x}) = \boldsymbol{x}$ $(\boldsymbol{x} \in \mathbb{R}^d)$ として定義される恒等写像(identity mapping)です．命題 (2.38) により，非拡大写像 T から堅非拡大写像 $S := (1/2)(\mathrm{Id} + T)$ を生成することができます．

非拡大写像の例は，次の命題 2.5.1 のとおりです（射影と近接写像の非拡大性は前節を参照．命題 2.5.1(3) の証明は演習問題2.24）．

命題 2.5.1　〈非拡大写像の例〉

$C \subset \mathbb{R}^d$ を空でない閉凸集合とし，$f \in C_L^1(\mathbb{R}^d)$ を凸関数とし，$g \colon \mathbb{R}^d \to \mathbb{R}$ を凸関数とするとき，次の (1)–(3) が成立します．

(1)　P_C は堅非拡大写像であり，$\mathrm{Fix}(P_C) = C$ です．

(2)　$\mathrm{prox}_{\alpha g}$ は堅非拡大写像であり，$\mathrm{Fix}(\mathrm{prox}_{\alpha g}) = \underset{\boldsymbol{x} \in \mathbb{R}^d}{\mathrm{argmin}}\, g(\boldsymbol{x})$ です．ただし，$\alpha > 0$ です．

(3)　写像 $\mathrm{Id} - \alpha \nabla f$ は非拡大写像であり，$\mathrm{Fix}(\mathrm{Id} - \alpha \nabla f) = \underset{\boldsymbol{x} \in \mathbb{R}^d}{\mathrm{argmin}}\, f(\boldsymbol{x})$ です．ただし，$\alpha \in (0, 2/L]$，$L > 0$ は ∇f の Lipschitz 定数です．

演習問題

2.1 式 (2.3) で定義される $\langle \cdot, \cdot \rangle_H$ が内積の性質 (I1)–(I4) を満たすことを証明しなさい.

2.2 命題 2.1.1（二乗ノルム展開）を証明しなさい.

2.3 命題 2.1.3（Cauchy–Schwarz の不等式）を証明しなさい.

2.4 式 (2.11) と式 (2.12) を証明しなさい.

2.5 式 (2.13) を証明しなさい.

2.6 命題 2.1.5（有界点列と収束点列の関係）を証明しなさい.

2.7 命題 2.2.1（方向微分係数と勾配の関係）を証明しなさい.

2.8 命題 2.2.2（内積による勾配の特徴付け）を証明しなさい.

2.9 命題 2.2.3（平滑性の必要条件）を証明しなさい.

2.10 命題 2.2.5（平滑性の必要十分条件）を証明しなさい.

2.11 式 (2.26) を証明しなさい.

2.12 $f: \mathbb{R}^d \to \mathbb{R}$ が凸ならば, 方向ベクトル $\boldsymbol{d} \in \mathbb{R}^d$ に対して, f の $\boldsymbol{x} \in \mathbb{R}^d$ での方向微分係数 (2.19) が存在することを証明しなさい.

2.13 式 (2.27) を証明しなさい.

2.14 命題 2.3.1（連続的微分可能凸関数の勾配と劣勾配の関係）を証明しなさい.

2.15 命題 2.3.2（凸関数の必要十分条件）を証明しなさい.

2.16 命題 2.3.3（狭義凸関数の必要十分および十分条件）を証明しなさい.

2.17 命題 2.3.4（強凸関数の必要十分条件）を証明しなさい.

2.18 命題 2.3.5（平滑凸関数の必要十分条件）を証明しなさい.

2.19 命題 2.3.6（近接写像の性質）を証明しなさい.

2.20 式 (2.33) を満たす $P_C(\boldsymbol{x})$ が一意に存在することを証明しなさい.

2.21 命題 2.4.1（射影の性質）を証明しなさい.

2.22 例 2.4.1（射影の計算）を証明しなさい.

2.23 関係 (2.38) と $\mathrm{Fix}(S) = \mathrm{Fix}(T)$ を証明しなさい.

2.24 命題 2.5.1(3)（非拡大写像の例）を証明しなさい.

3 章

連続最適化と関連する問題

　本章ではまず，2 章の数学的準備に基づいて，連続最適化問題とその最適解を定義します．ユークリッド空間上で対象とする関数（目的関数）を最小化する制約なし最適化問題と制約条件下で目的関数を最小化する制約付き最適化問題を考察し，最適化問題の最適解であるための必要および十分条件（最適性条件）を示します．

　本章では，4 章以降で扱う連続最適化アルゴリズムの基点にも位置付けられます．例えば，3.2 節で扱う制約なし最適化問題に関する最適性条件を満足する停留点を見つける手法の一つに，8 章で扱う深層学習最適化法があります．また，本章では，目的関数が凸関数のときの最適化問題の最適解が存在するための十分条件についても示します．さらに，連続最適化と密接な関連がある変分不等式と不動点問題についても考察します．

3.1 連続最適化問題と最適解

1.1 節で述べたように，目的関数 $f\colon \mathbb{R}^d \to \mathbb{R}$ と実行可能領域（制約集合）$C \subset \mathbb{R}^d$ に関する連続最適化問題を

$$\text{目的関数：} \quad f(\boldsymbol{x}) \longrightarrow \ 最小$$
$$\text{制約条件：} \quad \boldsymbol{x} \in C \tag{3.1}$$

のように書きます．ただし，ここでは集合 C は空でない凸集合とします．$C = \mathbb{R}^d$ のとき，問題 (3.1) を**制約なし最適化問題**(unconstrained optimization problem) と呼びます．また，f が微分可能な非凸関数のとき，問題 (3.1) を**平滑非凸最適化問題**(smooth nonconvex optimization problem)，f が微分不可能な凸関数のとき，問題 (3.1) を**非平滑凸最適化問題**(nonsmooth convex optimization problem)，f が微分可能な凸関数のとき，問題 (3.1) を**平滑凸最適化問題**(smooth convex optimization problem) と呼びます．

ベクトル $\boldsymbol{x}^\star \in C$ が問題 (3.1) の**大域的最適解**(global optimal solution)，もしくは，**大域的最小解**(global minimum solution) であるとは，

$$\forall \boldsymbol{x} \in C \ (f(\boldsymbol{x}^\star) \leq f(\boldsymbol{x}))$$

を満たすときをいいます．つまり，大域的最適解とは実行可能領域 C 全体において目的関数 f の値を最も小さくするベクトルのことです．大域的最適解での目的関数の値を**最適値**(optimal value)，もしくは，**最小値**(minimum value) と呼びます．一方で，ベクトル $\boldsymbol{x}_\star \in C$ が問題 (3.1) の**局所的最適解**(local optimal solution)，もしくは，**局所的最小解**(local minimum solution) であるとは，$\boldsymbol{x}_\star$ のある局所的な範囲に限った場合，その範囲で目的関数 f の値を最も小さくするベクトル $\boldsymbol{x}_\star$ と定義します．よって，$\boldsymbol{x}_\star$ のある ε–近傍 $N(\boldsymbol{x}_\star; \varepsilon) := \{\boldsymbol{x} \in \mathbb{R}^d \colon \|\boldsymbol{x} - \boldsymbol{x}_\star\| < \varepsilon\}$ が存在して，任意の $\boldsymbol{x} \in C \cap N(\boldsymbol{x}_\star; \varepsilon)$ に対して $f(\boldsymbol{x}_\star) \leq f(\boldsymbol{x})$ を満たすとき，すなわち，

$$\exists \varepsilon > 0 \ \forall \boldsymbol{x} \in \mathbb{R}^d \ (\boldsymbol{x} \in C \cap N(\boldsymbol{x}_\star; \varepsilon) \implies f(\boldsymbol{x}_\star) \leq f(\boldsymbol{x}))$$

を満たす $\boldsymbol{x}_\star \in C$ を，問題 (3.1) の局所的最適解といいます．問題 (3.1) の最適解（最小解）が存在するとき，目的関数 f が制約集合 C 上で最適解（最小解）

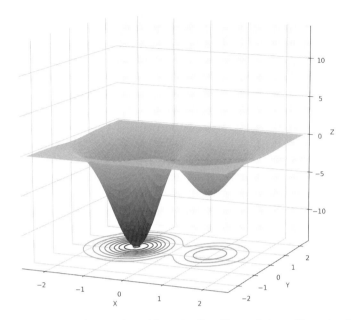

図 3.1 ■ $z = f(x, y) = -3(1-x)^2 \exp(-x^2 - y^2) + 20(x/5 - x^2) \exp(-x^2 - y^2)$ の大域的最適解（左側）と局所的最適解（右側）．大域的最適解は局所的最適解になるが，局所的最適解は大域的最適解にならない．局所的最適解での f の勾配は $\mathbf{0}$ である．

をもつといいます．

図 3.1 は，

$$z = f(x, y) = -3(1-x)^2 \exp(-x^2 - y^2) + 20\left(\frac{x}{5} - x^2\right)\exp(-x^2 - y^2)$$

と $C = \mathbb{R}^2$ からなる問題 (3.1) の大域的最適解（左側）と局所的最適解（右側）を示しています．一般には，大域的最適解は局所的最適解になりますが，局所的最適解が必ずしも大域的最適解にならないことは図 3.1 からもわかります．凸最適化では，次の命題 3.1.1 が示すように，局所的最適解が大域的最適解となります（演習問題 3.1）．

◢ **命題 3.1.1** ⟩──⟨ 凸最適化での局所的最適解は大域的最適解 ⟩

凸関数 $f\colon \mathbb{R}^d \to \mathbb{R}$ と空でない凸集合 $C \subset \mathbb{R}^d$ からなる凸最適化問題 (3.1) の局所的最適解は大域的最適解となります．

3.2 制約なし平滑最適化問題

目的関数 $f\colon \mathbb{R}^d \to \mathbb{R}$ に関する**制約なし平滑非凸最適化問題**(unconstrained smooth nonconvex optimiztion problem)

$$
\begin{aligned}
&\text{平滑非凸目的関数：} \ f(\boldsymbol{x}) \longrightarrow \ \text{最小}\\
&\text{条件：} \ \boldsymbol{x} \in \mathbb{R}^d
\end{aligned}
\tag{3.2}
$$

では，f が非凸[*1]であることから，存在し得る全ての局所的最適解を見つけ出し，その中から大域的最適解を見つけることは大変困難です．そこで，問題 (3.2) の局所的最適解を見つけることを目標とします．局所的最適解のための必要条件や十分条件である**最適性条件**(optimality conditions) は，次の命題 3.2.1 として示すことができます（演習問題 3.2）．

> **命題 3.2.1** ─〈制約なし平滑最適化に関する最適性条件〉
>
> $\boldsymbol{x}^\star \in \mathbb{R}^d$ とし，$f \in C^1(\mathbb{R}^d)$ に関する問題 (3.2) を考えます．このとき，以下が成立します．
>
> (1) [局所的最適性のための 1 次の必要条件] $\boldsymbol{x}^\star \in \mathbb{R}^d$ が $f \in C^1(\mathbb{R}^d)$ に関する問題 (3.2) の局所的最適解ならば，$\boldsymbol{x}^\star \in \mathbb{R}^d$ は
>
> $$\nabla f(\boldsymbol{x}^\star) = \boldsymbol{0} \tag{3.3}$$
>
> を満たします．
>
> (2) [大域的最適性のための 1 次の必要十分条件] $\boldsymbol{x}^\star \in \mathbb{R}^d$ が凸関数 $f \in C^1(\mathbb{R}^d)$ に関する問題 (3.2) の局所的最適解（すなわち，大域的最適解（命題 3.1.1））であるための必要十分条件は式 (3.3) です．
>
> (3) [局所的最適性のための 2 次の必要条件] $\boldsymbol{x}^\star \in \mathbb{R}^d$ が $f \in C^2(\mathbb{R}^d)$ に関する問題 (3.2) の局所的最適解ならば，$\nabla^2 f(\boldsymbol{x}^\star) \in \mathbb{S}^d_+$ となります．
>
> (4) [局所的最適性のための 2 次の十分条件] $f \in C^2(\mathbb{R}^d)$ に関する問題 (3.2) に対して，$\boldsymbol{x}^\star \in \mathbb{R}^d$ が式 (3.3) と $\nabla^2 f(\boldsymbol{x}^\star) \in \mathbb{S}^d_{++}$ を満たすなら

[*1] もし f が凸であれば，命題 3.1.1 から局所的最適化は大域的最適解であるので，比較的扱いやすい問題でしょう．

ば，$x^\star$ は問題 (3.2) の局所的最適解となります.

命題 3.2.1(1) は，局所的最適解 $x^\star$ で f の勾配が $\mathbf{0}$（零ベクトル）になることを示していますが，実際，図 3.1 で示されるように関数 f の局所的最適解ではその勾配が $\mathbf{0}$（お椀の底）です．図 2.1 で示した 2 次凸関数 f の大域的最適解 $x^\star = (1,1)^\top$ は $\nabla f(x^\star) = Ax^\star + b = \mathbf{0}$ を満たします．また，$\nabla f(x) = Ax + b = \mathbf{0}$ を満たす $x = -A^{-1}b$ が $x^\star$ と一致することを確認できます．これは命題 3.2.1(2) を裏付ける一例となります．命題 3.2.1(3) と命題 2.3.2(3) から，f は $x^\star$ で凸関数の性質を保つことがわかります．これは，図 3.1 にある局所的最適解の周りの f の形状（お椀型）からもわかります．命題 3.2.1(4) は，4 章以降で扱う連続最適化アルゴリズムの性能評価に利用できます．例えば，連続最適化アルゴリズムによって得られた近似解 x^* がノルムの意味で $\nabla f(x^*) \approx \mathbf{0}$ を満たし，かつ，$\nabla^2 f(x^*)$ の固有値（のほとんど）が正であれば，連続最適化アルゴリズムは局所的最適解を十分に近似できたと判定できます．

式 (3.3) を満足する $x^\star \in \mathbb{R}^d$ を関数 f の**停留点** (stationary point) と呼び，停留点を見つける問題を**停留点問題** (stationary point problem) と呼びます．また，停留点問題の解集合を

$$\nabla f^{-1}(\mathbf{0}) := \{x^\star \in \mathbb{R}^d : \nabla f(x^\star) = \mathbf{0}\}$$

と書くことにします．停留点問題の解集合は，次の命題 3.2.2 のように表現できます（演習問題 3.3）.

命題 3.2.2 〈停留点の特徴付け〉

$f \in C^1(\mathbb{R}^d)$ とするとき，

$$\nabla f^{-1}(\mathbf{0}) = \{x^\star \in \mathbb{R}^d : \forall x \in \mathbb{R}^d \, (\langle \nabla f(x^\star), x - x^\star \rangle \geq 0)\}$$

が成立します.

3.3 制約なし非平滑最適化問題

次に，目的関数 $f\colon \mathbb{R}^d \to \mathbb{R}$ に関する**制約なし非平滑凸最適化問題**
(unconstrained nonsmooth convex optimization problem)

$$\text{非平滑凸目的関数:}\ f(\boldsymbol{x}) \longrightarrow\ \text{最小}$$
$$\text{条件:}\ \boldsymbol{x} \in \mathbb{R}^d \tag{3.4}$$

を考察します．命題 3.2.1(2) から，凸関数 f に関して，$\boldsymbol{x}^\star \in \mathbb{R}^d$ が制約なし平滑凸最適化問題の大域的最適解であることと，$\nabla f(\boldsymbol{x}^\star) = \boldsymbol{0}$ は同値です．次の命題 3.3.1 は，非平滑凸最適化に関する最適性条件です（演習問題 3.4）.

命題3.3.1 ⟨制約なし非平滑凸最適化に関する最適性条件⟩

$\boldsymbol{x}^\star \in \mathbb{R}^d$ とし，凸関数 $f\colon \mathbb{R}^d \to \mathbb{R}$ に関する問題 (3.4) を考えます．$\boldsymbol{x}^\star$ が問題 (3.4) の大域的最適解であるための必要十分条件は

$$\partial f(\boldsymbol{x}^\star) \ni \boldsymbol{0}$$

です.

$f \in C^1(\mathbb{R}^d)$ が凸ならば，命題 2.3.1 と命題 3.3.1 から，命題 3.2.1(2) が導かれるので，命題 3.3.1 は命題 3.2.1(2) の自然な拡張といえます.

関数 $f \in C^1(\mathbb{R}^d)$ と凸関数 $g\colon \mathbb{R}^d \to \mathbb{R}$ の和を目的関数にもつ制約なし最適化問題

$$\text{非平滑非凸目的関数:}\ f(\boldsymbol{x}) + g(\boldsymbol{x}) \longrightarrow\ \text{最小}$$
$$\text{条件:}\ \boldsymbol{x} \in \mathbb{R}^d \tag{3.5}$$

に関する最適性条件は，次の命題 3.3.2 のとおりです（演習問題 3.5）.

命題 3.3.2 ⟩ ⟨制約なし関数和最適化に関する最適性条件⟩

$\boldsymbol{x}^{\star} \in \mathbb{R}^d$ とし，$f \in C^1(\mathbb{R}^d)$ と凸関数 $g\colon \mathbb{R}^d \to \mathbb{R}$ に関する問題 (3.5) を考えます．このとき，次の (1)，(2) が成立します．

(1) [局所的最適性のための 1 次の必要条件] $\boldsymbol{x}^{\star} \in \mathbb{R}^d$ が問題 (3.5) の局所的最適解ならば，$\boldsymbol{x}^{\star} \in \mathbb{R}^d$ は

$$-\nabla f(\boldsymbol{x}^{\star}) \in \partial g(\boldsymbol{x}^{\star}) \qquad (3.6)$$

を満たします．

(2) [大域的最適性のための 1 次の必要十分条件] $\boldsymbol{x}^{\star} \in \mathbb{R}^d$ が凸関数 $f \in C^1(\mathbb{R}^d)$ と凸関数 g に関する問題 (3.5) の局所的最適解（すなわち，大域的最適解（命題 3.1.1））であるための必要十分条件は，式 (3.6) です．

次の命題 3.3.3 は，制約なし凸最適化問題の大域的最適解が存在するための十分条件を示します（証明は付録 A.2 を参照）．

命題 3.3.3 ⟩ ⟨制約なし凸最適化問題の大域的最適解の存在性⟩

$f\colon \mathbb{R}^d \to \mathbb{R}$ は凸とするとき，次の (1)，(2) が成立します．

(1) f が狭義凸ならば，f はたかだか一つの大域的最適解をもちます．
(2) f が強凸ならば，f はただ一つの大域的最適解をもちます．

3.2 節で考察した制約なし平滑最適化問題に対しても，上記命題が成立します．

3.4 制約付き非平滑最適化問題

目的関数 $f\colon \mathbb{R}^d \to \mathbb{R}$ と空でない凸集合 $C \subset \mathbb{R}^d$ に関する**制約付き非平滑非凸最適化問題** (constrained nonsmooth nonconvex optimization problem)

$$非平滑非凸目的関数： f(\boldsymbol{x}) \longrightarrow \ 最小$$
$$制約条件： \boldsymbol{x} \in C \tag{3.7}$$

の最適性条件は，次の命題 3.4.1 のとおりです（演習問題 3.6）．

命題 3.4.1 〈制約付き非平滑最適化に関する最適性条件〉

$f\colon \mathbb{R}^d \to \mathbb{R}$ と空でない凸集合 $C \subset \mathbb{R}^d$ に関する問題 (3.7) を考えます．$\boldsymbol{x}^\star \in C$ とするとき，次の (1)，(2) が成立します．

(1) [局所的最適性のための1次の必要条件] $\boldsymbol{x}^\star \in C$ が問題 (3.7) の局所的最適解ならば，$\boldsymbol{x}^\star \in C$ は

$$\forall \boldsymbol{x} \in C \ (f'(\boldsymbol{x}^\star; \boldsymbol{x} - \boldsymbol{x}^\star) \geq 0) \tag{3.8}$$

を満たします．ただし，式 (2.19) で定義される f の方向微分係数が存在するとします[*2]．

(2) [大域的最適性のための1次の必要十分条件] $\boldsymbol{x}^\star \in C$ が凸関数 $f \in \mathbb{R}^d \to \mathbb{R}$ に関する問題 (3.7) の局所的最適解（すなわち，大域的最適解（命題 3.1.1））であるための必要十分条件は式 (3.8) です．

命題 3.4.1 において $C = \mathbb{R}^d$ とすると，制約なし非平滑最適化 (3.3 節) に関する最適性条件が得られます．命題 3.4.1(2) は，凸関数 $f\colon \mathbb{R}^d \to \mathbb{R}$ と空でない凸集合 $C \subset \mathbb{R}^d$ に関する**制約付き非平滑凸最適化問題** (constrained nonsmooth convex optimization problem) に関する最適性条件を示しています．

次の命題 3.4.2 は，制約付き凸最適化問題の大域的最適解が存在するための十分条件を示します（証明は付録 A.2 を参照）．

命題 3.4.2 〈制約付き凸最適化問題の大域的最適解の存在性〉

$f\colon \mathbb{R}^d \to \mathbb{R}$ を凸とし，$C \subset \mathbb{R}^d$ を空でない有界閉凸集合とします．このとき，f は C 上で大域的最適解をもちます．さらに，f が狭義凸（または，強凸）のとき，f は C 上でただ一つの大域的最適解をもちます．

[*2]　f が凸ならば，f の方向微分係数が存在します（2.3 節参照）．

3.5 制約付き平滑最適化問題と変分不等式

次に，目的関数 $f \in C^1(\mathbb{R}^d)$ と空でない凸集合 $C \subset \mathbb{R}^d$ に関する**制約付き平滑非凸最適化問題** (constrained smooth nonconvex optimization problem)

$$\text{平滑非凸目的関数：} \quad f(\boldsymbol{x}) \longrightarrow \text{最小}$$
$$\text{制約条件：} \quad \boldsymbol{x} \in C \tag{3.9}$$

を考察します．命題 2.2.1，つまり，

$$\forall \boldsymbol{x}^\star \in \mathbb{R}^d \ \forall \boldsymbol{x} \in \mathbb{R}^d \ (f'(\boldsymbol{x}^\star; \boldsymbol{x} - \boldsymbol{x}^\star) = \langle \nabla f(\boldsymbol{x}^\star), \boldsymbol{x} - \boldsymbol{x}^\star \rangle)$$

と命題 3.4.1 から，次の命題 3.5.1を得ます．

命題3.5.1 〈制約付き平滑最適化に関する最適性条件〉

$\boldsymbol{x}^\star \in C$ とし，$f \in C^1(\mathbb{R}^d)$ と空でない凸集合 $C \subset \mathbb{R}^d$ に関する問題 (3.9) を考えます．このとき，次の (1)，(2) が成立します．

(1) [局所的最適性のための1次の必要条件] $\boldsymbol{x}^\star \in C$ が問題 (3.9) の局所的最適解ならば，$\boldsymbol{x}^\star \in C$ は

$$\forall \boldsymbol{x} \in C \ (\langle \nabla f(\boldsymbol{x}^\star), \boldsymbol{x} - \boldsymbol{x}^\star \rangle \geq 0) \tag{3.10}$$

を満たします．

(2) [大域的最適性のための1次の必要十分条件] $\boldsymbol{x}^\star \in C$ が凸関数 $f \in C^1(\mathbb{R}^d)$ に関する問題 (3.9) の局所的最適解（すなわち，大域的最適解（命題 3.1.1））であるための必要十分条件は式 (3.10) です．

式 (3.10) を ∇f における C 上の**変分不等式** (variational inequality)，式 (3.10) を満たす $\boldsymbol{x}^\star \in C$ を ∇f における C 上の変分不等式の解といいます．∇f における C 上の変分不等式の解集合を

$$\text{VI}(C, \nabla f) := \{\boldsymbol{x}^\star \in C : \forall \boldsymbol{x} \in C \ (\langle \nabla f(\boldsymbol{x}^\star), \boldsymbol{x} - \boldsymbol{x}^\star \rangle \geq 0)\}$$

と書くことにします．命題 3.5.1(2) は，凸関数 $f \in C^1(\mathbb{R}^d)$ と空でない凸集合 $C \subset \mathbb{R}^d$ に関する**制約付き平滑凸最適化問題** (constrained smooth convex optimization problem) に関する最適性条件を示しています.

　平滑最適化問題と変分不等式の関係は，次の命題 3.5.2 のとおりです. 命題 3.5.2(1) は，命題 3.2.2 から得られます. 命題 3.5.2(2) は，命題 3.2.1(2)（もしくは，命題 3.3.1 と命題 2.3.1）と命題 3.5.2(1) から得られます. 命題 3.5.2(3) は，命題 3.5.1(2) のいい換えです.

命題 3.5.2 〈平滑最適化問題と変分不等式の関係〉

　$f \in C^1(\mathbb{R}^d)$ とし，$C \subset \mathbb{R}^d$ を空でない凸集合とします. このとき，次の (1)–(3) が成立します.

(1)　$\nabla f^{-1}(\mathbf{0}) = \mathrm{VI}(\mathbb{R}^d, \nabla f)$

(2)　f が凸ならば，$\displaystyle\operatorname*{argmin}_{\boldsymbol{x} \in \mathbb{R}^d} f(\boldsymbol{x}) = \mathrm{VI}(\mathbb{R}^d, \nabla f)$

(3)　f が凸ならば，$\displaystyle\operatorname*{argmin}_{\boldsymbol{x} \in C} f(\boldsymbol{x}) = \mathrm{VI}(C, \nabla f)$

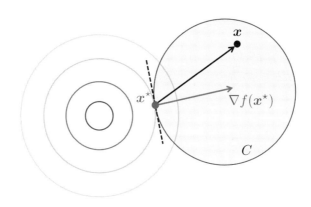

図 3.2 ■ 制約付き凸最適化問題と変分不等式 $\langle \nabla f(\boldsymbol{x}^\star), \boldsymbol{x} - \boldsymbol{x}^\star \rangle \geq 0 \ (\boldsymbol{x} \in C)$. 図では，ベクトル $\boldsymbol{x} - \boldsymbol{x}^\star$ と勾配 $\nabla f(\boldsymbol{x}^\star)$ の内積が正である.

　命題 3.5.2(2) から，凸目的関数に関する制約なし平滑凸最適化問題の大域的最適解は，凸関数の勾配における全空間上の変分不等式の解と一致します. また，命題 3.5.2(3) から，凸目的関数に関する制約付き平滑凸最適化問題の大域的最適解は，凸関数の勾配における制約集合上の変分不等式の解と一致します. 図 3.2 は，制約付き凸最適化問題と変分不等式の関係を示し

ています．ベクトル $\boldsymbol{x} - \boldsymbol{x}^\star$ と勾配 $\nabla f(\boldsymbol{x}^\star)$ の内積が正，つまり，変分不等式 $\langle \nabla f(\boldsymbol{x}^\star), \boldsymbol{x} - \boldsymbol{x}^\star \rangle \geq 0$ を満たすことがわかります．

命題 3.3.3 と命題 3.5.2(2) から，f が強凸のとき，$\mathrm{VI}(\mathbb{R}^d, \nabla f)$ は 1 点からなる集合となります．また，命題 3.4.2 と命題 3.5.2(3) により，C が有界ならば，$\mathrm{VI}(C, \nabla f)$ は空でない集合になります．

3.6 不動点問題

2.5 節で紹介した非拡大写像 $T: \mathbb{R}^d \to \mathbb{R}^d$ に対する**不動点問題** (fixed point problem)，つまり，

$$\boldsymbol{x}^\star \in \mathrm{Fix}(T) := \left\{ \boldsymbol{x} \in \mathbb{R}^d : T(\boldsymbol{x}) = \boldsymbol{x} \right\} \tag{3.11}$$

を満たす T の不動点 $\boldsymbol{x}^\star$ を見つける問題を考察します．不動点集合の性質は，次の命題 3.6.1 のとおりです（演習問題 3.7）．

命題 3.6.1 〈不動点集合の性質〉

$C \subset \mathbb{R}^d$ を空でない閉凸集合とし，$T: \mathbb{R}^d \to C$ を非拡大写像とします．このとき，次の (1)，(2) の性質が成立します．

(1) $\mathrm{Fix}(T)$ は閉凸集合
(2) C が有界ならば，$\mathrm{Fix}(T) \neq \emptyset$

以下では，不動点問題の四例（命題 3.6.2–命題 3.6.5）を定式化します．なお，以下にはない制約なし平滑凸最適化問題が不動点問題として定式化できることは，命題 2.5.1(3) で示しました．

次の命題 3.6.2 は，制約付き平滑凸最適化問題（3.5 節参照）が不動点問題として表現できることを示しています（演習問題 3.8）．なお，命題 3.6.2 において，$C = \mathbb{R}^d$ とおくと命題 2.5.1(3) が得られます．

命題3.6.2 〈制約付き平滑凸最適化問題の不動点問題への定式化〉

$C \subset \mathbb{R}^d$ を空でない閉凸集合とし, $f \in C_L^1(\mathbb{R}^d)$ を凸関数とします. 写像 $T \colon \mathbb{R}^d \to \mathbb{R}^d$ を

$$T := P_C(\mathrm{Id} - \alpha \nabla f)$$

と定義します. ただし, $\alpha \in (0, 2/L]$ とし, $L > 0$ は ∇f の Lipschitz 定数とします. このとき, T は非拡大写像であり,

$$\mathrm{Fix}(T) = \operatorname*{argmin}_{\boldsymbol{x} \in C} f(\boldsymbol{x})$$

が成立します. C が有界ならば, $\mathrm{Fix}(T) = \operatorname*{argmin}_{\boldsymbol{x} \in C} f(\boldsymbol{x}) \neq \emptyset$ です.

次の命題 3.6.3 は, 凸関数の和を最小にする問題が不動点問題として表現できることを示しています (演習問題 3.9).

命題3.6.3 〈凸関数和最適化問題の不動点問題への定式化〉

$f \in C_L^1(\mathbb{R}^d)$, $g \colon \mathbb{R}^d \to \mathbb{R}$ はいずれも凸関数とします. 写像 $S \colon \mathbb{R}^d \to \mathbb{R}^d$ を

$$S := \mathrm{prox}_{\alpha g}(\mathrm{Id} - \alpha \nabla f)$$

と定義します. ただし, $\alpha \in (0, 2/L]$ とし, $L > 0$ は ∇f の Lipschitz 定数とします. このとき, S は非拡大写像であり,

$$\mathrm{Fix}(S) = \operatorname*{argmin}_{\boldsymbol{x} \in \mathbb{R}^d} (f + g)(\boldsymbol{x})$$

が成立します.

$C_i \subset \mathbb{R}^d$ $(i \in [m])$ を空でない閉凸集合とします. C_i の共通部分集合が空でないとき,

$$\boldsymbol{x}^\star \in \bigcap_{i \in [m]} C_i \tag{3.12}$$

を満たすベクトル $\boldsymbol{x}^\star$ を見つける問題を**凸実行可能問題**(convex feasibility problem) と呼びます．次の命題 3.6.4 から，凸実行可能問題は不動点問題として表現可能です（演習問題 3.10）．

命題 3.6.4 　凸実行可能問題の不動点問題への定式化

$C_i \subset \mathbb{R}^d$ $(i \in [m])$ を空でない閉凸集合とします．写像 $T \colon \mathbb{R}^d \to \mathbb{R}^d$ を

$$T := \sum_{i=1}^{m} w_i P_{C_i}$$

または，

$$T := P_{C_1} P_{C_2} \cdots P_{C_m}$$

と定義します．ただし，$(w_i)_{i \in [m]} \subset (0,1)$ は $\sum_{i=1}^{m} w_i = 1$ を満たすとします．このとき，T は非拡大写像であり，

$$\mathrm{Fix}(T) = \bigcap_{i \in [m]} C_i$$

が成立します．

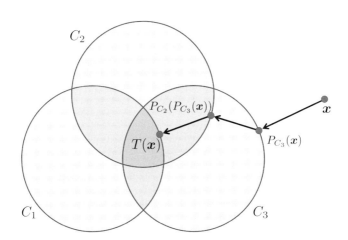

図 3.3 ■ $i = 3$ のときの凸実行可能問題 (3.12) と写像 $T = P_{C_1} P_{C_2} P_{C_3}$．各 C_i の射影 P_{C_i} の計算が容易であっても共通部分 $\bigcap C_i$ への射影 $P_{\bigcap C_i}$ の計算は一般には容易ではないが，$T = P_{C_1} P_{C_2} P_{C_3}$ の計算は可能である．

　図3.3は閉球 C_i $(i = 1, 2, 3)$ からなる共通部分集合 $\bigcap C_i$ の具体例と写像 $T = P_{C_1} P_{C_2} P_{C_3}$ の挙動を示します．閉球 C_i への射影 P_{C_i} は容易に計算が可能（例 2.4.1）ですが，共通部分 $\bigcap C_i$ の形状が閉球のように単純ではないので，共通部分への射影 $P_{\bigcap C_i}$ の計算は容易ではありません．一方で，P_{C_i} の計算可能性により，命題 3.6.4 で定義される写像 $T = P_{C_1} P_{C_2} P_{C_3}$ の計算は容易です．また，図3.3から，ベクトル $\boldsymbol{x}$ を写像 $T = P_{C_1} P_{C_2} P_{C_3}$ で写すベクトル $T(\boldsymbol{x})$ は共通部分集合 $\bigcap C_i$ に近づくことがわかります．より詳細な凸実行可能問題 (3.12) の解法については，7 章（特に7.4.2項）で扱います．

　凸実行可能問題 (3.12) では，C_i $(i \in [m])$ の共通部分が空でないことを仮定しました．次に，必ずしも C_i $(i \in [m])$ に共通部分があるとは限らない，つまり，

$$\bigcap_{i \in [m]} C_i = \emptyset \tag{3.13}$$

のような状況下での**実行不可能問題** (infeasibility problem) について議論します．m 個の制約集合の中で満たすべき条件を有する**絶対集合** (absolute set) を C_1 とし，**補助集合** (subsidiary sets) を C_i $(i = 2, 3, \ldots, m)$ とします．このとき，実行不可能集合 (3.13) の代わりに，補助集合 C_i $(i = 2, 3, \ldots, m)$ に平均二乗距離の意味で最も近いベクトルを要素としてもつ絶対集合 C_1 の部分集合，つまり，

$$C_g := \left\{ \boldsymbol{x} \in C_1 : \sum_{i=2}^{m} w_i \mathrm{d}(\boldsymbol{x}, C_i)^2 = \inf_{\boldsymbol{y} \in C_1} \underbrace{\sum_{i=2}^{m} w_i \mathrm{d}(\boldsymbol{y}, C_i)^2}_{g(\boldsymbol{y})} \right\} \tag{3.14}$$

を考察することは妥当でしょう．ただし，$(w_i)_{i=2}^{m} \subset (0, 1)$ は $\sum_{i=2}^{m} w_i = 1$ を満たすとします．式 (3.14) で定義される集合 C_g は，凸関数 $g : \mathbb{R}^d \to \mathbb{R}$ の C_1 上の最適解の集合なので，命題 3.6.2 から，C_1 が有界ならば $C_g \neq \emptyset$，つまり，C_g の実行可能性が保証されます．また，$\bigcap C_i$ が空でないとき，$C_g = \bigcap C_i$ が成立します．そのことから，式 (3.14) で定義される集合 C_g を**一般化凸実行可能集合** (generalized convex feasible set) と呼びます．

　次の命題 3.6.5 から，一般化凸実行可能集合は不動点集合として表現可能です（演習問題 3.11）．

> **命題 3.6.5** ⟩—⟨ 一般化凸実行可能集合の不動点集合への定式化 ⟩
>
> $C_i \subset \mathbb{R}^d$ $(i \in [m])$ を空でない閉凸集合とします．写像 $T \colon \mathbb{R}^d \to \mathbb{R}^d$ を
>
> $$T := P_{C_1} \sum_{i=2}^{m} w_i P_{C_i}$$
>
> と定義します．ただし，$(w_i)_{i=2}^{m} \subset (0,1)$ は $\sum_{i=2}^{m} w_i = 1$ を満たすとします．このとき，T は非拡大写像であり，
>
> $$\mathrm{Fix}(T) = C_g$$
>
> が成立します．

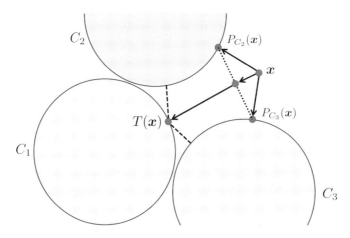

図 3.4 ■ $i = 3$ のときの実行不可能問題と写像 $T = P_{C_1}(w_2 P_{C_2} + w_3 P_{C_3})$．各 C_i の射影 P_{C_i} の計算が容易であっても一般化凸実行可能集合 (3.14) への射影 P_{C_g} の計算は一般には容易ではないが，$T = P_{C_1}(w_2 P_{C_2} + w_3 P_{C_3})$ の計算は可能である．$T(\boldsymbol{x})$ は補助集合 C_2 と C_3 に平均二乗距離の意味で最も近い C_1 内のベクトルに近づくことがわかる．

　図 3.4 は，閉球 C_i $(i = 1, 2, 3)$ からなる実行不可能問題の具体例と写像 $T = P_{C_1}(w_2 P_{C_2} + w_3 P_{C_3})$ の挙動を示したものです．閉球 C_i への射影 P_{C_i} は容易に計算が可能（例 2.4.1）ですが，凸関数 g の C_1 上の最適解集合である一般化凸実行可能集合 C_g への射影 P_{C_g} の計算は容易ではあり

ません．一方で，P_{C_i} の計算可能性により，命題 3.6.5 で定義される写像 $T = P_{C_1}(w_2 P_{C_2} + w_3 P_{C_3})$ の計算は容易です．また，図 3.4 から，ベクトル $\boldsymbol{x}$ を写像 $T = P_{C_1}(w_2 P_{C_2} + w_3 P_{C_3})$ で写したベクトル $T(\boldsymbol{x})$ は一般化凸実行可能集合 C_g に近づくことがわかります．より詳細な一般化凸実行可能集合 (3.14) の点を見つけるための解法は，7 章（特に 7.4.3 項）で扱います．

演習問題

3.1 命題 3.1.1（凸最適化での局所的最適解は大域的最適解）を証明しなさい．

3.2 命題 3.2.1（制約なし平滑最適化に関する最適性条件）を証明しなさい．

3.3 命題 3.2.2（停留点の特徴付け）を証明しなさい．

3.4 命題 3.3.1（制約なし非平滑凸最適化に関する最適性条件）を証明しなさい．

3.5 命題 3.3.2（制約なし関数和最適化に関する最適性条件）を証明しなさい．

3.6 命題 3.4.1（制約付き非平滑最適化に関する最適性条件）を証明しなさい．

3.7 命題 3.6.1（不動点集合の性質）を証明しなさい．

3.8 命題 3.6.2（制約付き平滑凸最適化問題の不動点問題への定式化）を証明しなさい．

3.9 命題 3.6.3（凸関数和最適化問題の不動点問題への定式化）を証明しなさい．

3.10 命題 3.6.4（凸実行可能問題の不動点問題への定式化）を証明しなさい．

3.11 命題 3.6.5（一般化凸実行可能集合の不動点集合への定式化）を証明しなさい．

4 章

反復法

　3章で議論したさまざまな最適化問題の最適解を見つけるための手法の一つに，反復法があります．本章ではまず，反復法の基本的概念を説明し，反復法の一種である非凸最適化のための勾配法を定義します．勾配法とは，目的関数の値を下げる探索方向（降下方向）とその方向に進む度合い（ステップサイズ）を用いて最適解を近似する手法です．降下方向へ進む反復法の性能を高めるためには，適切なステップサイズを利用することが求められます．そこで，ステップサイズの種類（定数ステップサイズ，減少ステップサイズ，直線探索ステップサイズ）とその性質についても考察します．また，凸最適化のための劣勾配法と近接点法を定義し，反復法の収束性と収束率についても定義します．

4.1 | 反復法の基本的概念

3章で議論した最適化問題の最適解を見つけるための**反復法**(iterative methods) とは,

(S1)　【初期点】$\boldsymbol{x}_0 \in \mathbb{R}^d$

(S2)　【ステップサイズ】$\alpha_k > 0$ $(k \in \mathbb{N})$

(S3)　【探索方向】$\boldsymbol{d}_k \in \mathbb{R}^d$ $(k \in \mathbb{N})$

を用いた漸化式

$$\boldsymbol{x}_{k+1} := \mathcal{R}(\boldsymbol{x}_k, \alpha_k, \boldsymbol{d}_k) \quad (k \in \mathbb{N}) \tag{4.1}$$

により, 点列 $(\boldsymbol{x}_k)_{k \in \mathbb{N}} \subset \mathbb{R}^d$ を生成し, 反復回数 k を十分大きくしたとき, $\boldsymbol{x}_k$ が最適化問題の最適解 $\boldsymbol{x}^\star$ を近似できるようにする最適化手法のことです. 設定 (S1) と (S2) は, 反復法を用いるうえで事前に設定をする必要があり, 設定 (S3) は解を近似するうえで利用可能なベクトルである必要があります. 設定 (S3) の $\boldsymbol{d}_k$ が目的関数の勾配（もしくは, 劣勾配）に基づいているときの反復法を**勾配法**(gradient methods)（もしくは, **劣勾配法**(subgradient methods)）と呼び, 設定 (S3) の $\boldsymbol{d}_k$ が目的関数の近接写像に基づいているときの反復法を**近接点法**(proximal point methods) と呼びます.

4.2 | 勾配法と降下方向

目的関数 $f \in C^1(\mathbb{R}^d)$ に関する制約なし最適化問題(3.2)の（局所的もしくは大域的）最適解を見つけるための勾配法について考察しましょう. ここでは, 勾配 $\nabla f(\boldsymbol{x})$ $(\boldsymbol{x} \in \mathbb{R}^d)$ が計算可能であることを仮定し, 設定 (S3) のベクトル $\boldsymbol{d}_k$ は $\nabla f(\boldsymbol{x}_k)$ に依存するものとします. ベクトル $\boldsymbol{x}_k$ を現在点とします. 設定 (S2) で与えた $\alpha_k > 0$ の大きさで, 設定 (S3) の $\boldsymbol{d}_k$ ベクトル方向へ進むことで次点 $\boldsymbol{x}_{k+1}$ へと更新すると, 勾配法を

$$\boldsymbol{x}_{k+1} = \mathcal{R}(\boldsymbol{x}_k, \alpha_k, \boldsymbol{d}_k) = \boldsymbol{x}_k + \alpha_k \boldsymbol{d}_k \quad (k \in \mathbb{N}) \tag{4.2}$$

のように書くことができます．ベクトル $\boldsymbol{d}_k$ を反復回数 k での**探索方向** (search direction) と呼び，$\alpha_k > 0$ を反復回数 k での**ステップサイズ** (stepsize) と呼びます．なお，機械学習の分野では，ステップサイズのことを**学習率** (learning rate) と呼びます．

それでは，探索方向はどのような性質を満たすべきでしょうか．目的関数 $f \in C^1(\mathbb{R}^d)$ の最小化を目的としているので，$\boldsymbol{x}_k$ での f の値よりも $\boldsymbol{x}_{k+1}$ での f の値の方が小さくなること，すなわち，

$$f(\boldsymbol{x}_{k+1}) = f(\boldsymbol{x}_k + \alpha_k \boldsymbol{d}_k) < f(\boldsymbol{x}_k)$$

を満たすような探索方向 $\boldsymbol{d}_k$ を利用することが望ましいでしょう．ところで，ベクトル $\boldsymbol{d}$ $(\neq \boldsymbol{0})$ が $\boldsymbol{x} \in \mathbb{R}^d$ における f の**降下方向** (descent direction) であるとは，f の $\boldsymbol{x}$ での方向微分係数 (2.19) が負のとき，つまり，命題 2.2.1 から，

$$f'(\boldsymbol{x}; \boldsymbol{d}) = \langle \nabla f(\boldsymbol{x}), \boldsymbol{d} \rangle < 0 \tag{4.3}$$

を満たす探索方向のことをいいます．式 (4.3) を満たす方向 $\boldsymbol{d}$ が f の降下方向，すなわち，f の値を下げる方向であることは，次の命題 4.2.1 から保証されます（演習問題 4.1）．

命題 4.2.1 ＞──＜ 降下方向による降下性 ＞

$f \in C^1(\mathbb{R}^d)$，$\boldsymbol{x} \in \mathbb{R}^d$ とし，$\boldsymbol{d}$ $(\neq \boldsymbol{0})$ は $\boldsymbol{x}$ における f の降下方向であるとします．このとき，ある $\delta > 0$ が存在して，任意の $\alpha \in (0, \delta]$ に対して

$$f(\boldsymbol{x} + \alpha \boldsymbol{d}) < f(\boldsymbol{x})$$

が成立します．

以上のことから，勾配法 (4.2) で利用される探索方向 $\boldsymbol{d}_k$ $(\neq \boldsymbol{0})$ が $\boldsymbol{x}_k$ での f の降下方向であるとは，

$$\forall k \in \mathbb{N} \, (\langle \nabla f(\boldsymbol{x}_k), \boldsymbol{d}_k \rangle < 0) \tag{4.4}$$

を満たすときをいいます．図 4.1 にも見られるように，式 (4.4) を満たすような降下方向 $\boldsymbol{d}_k$ の候補は数多く存在します．命題 4.2.1 から，式 (4.4) を満たす降下方向 $\boldsymbol{d}_k$ を用いた勾配法 (4.2) が f の値を下げること，すなわち，

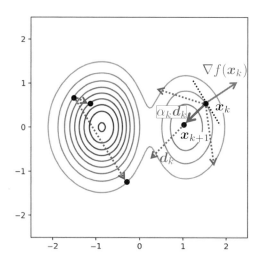

図 4.1 ■ 図 3.1 の関数 f を最小化するための勾配法 $\boldsymbol{x}_{k+1} = \boldsymbol{x}_k + \alpha_k \boldsymbol{d}_k$. 勾配 $\nabla f(\boldsymbol{x}_k)$ との内積が負になるような探索方向 $\boldsymbol{d}_k$ を用いる勾配法では，$f(\boldsymbol{x}_{k+1}) < f(\boldsymbol{x}_k)$ を満たすようなステップサイズ α_k が存在する（右側，命題 4.2.1）. 適切な探索方向 $\boldsymbol{d}_k$ の利用であっても，ステップサイズ α_k を適切に設定しないと，f の値が増加したり，f の値を十分に小さくすることができなかったりする（左側）.

$$\forall k \in \mathbb{N} \ (f(\boldsymbol{x}_{k+1}) = f(\boldsymbol{x}_k + \alpha_k \boldsymbol{d}_k) < f(\boldsymbol{x}_k)) \tag{4.5}$$

を満たすようなステップサイズ α_k の存在が常に保証されます．図 4.1 にも見られるように，適切な降下方向 $\boldsymbol{d}_k$ の利用であっても，ステップサイズ α_k が大きすぎると $f(\boldsymbol{x}_{k+1})$ の値が増加したり，また，ステップサイズ α_k が小さすぎると $f(\boldsymbol{x}_{k+1})$ の値を十分に小さくすることができなかったりします．このように，反復法の挙動はステップサイズの選び方に強く依存するため，ステップサイズの設定 (S2) は反復法の高速収束性や安定性を決めるうえで大変重要な要因となります．そこで次節では，ステップサイズの設定法について説明します．

4.3 | ステップサイズ

4.3.1 ● 定数ステップサイズ

ベクトル $\boldsymbol{x}_k \in \mathbb{R}^d$ が与えられているとき，探索方向 $\boldsymbol{d}_k$ が式 (4.4) を満たす降下方向であるとします．ここでは，反復回数 k に依存しない**定数ステップサイズ** (constant stepsize, fixed stepsize)

$$\alpha_k := \alpha > 0 \quad (k \in \mathbb{N}) \tag{4.6}$$

について考察します．図 4.1 や命題 4.2.1 からもわかるように，小さな定数ステップサイズであれば，f の値を下げる（すなわち，式 (4.5) を満たす）ような勾配法の更新が期待できます．

具体例を用いて，小さな定数ステップサイズの利用が式 (4.5) を満たすことを示します．$f \in C_L^1(\mathbb{R}^d)$ とし，$\boldsymbol{d}_k \ (\neq \boldsymbol{0})$ を

$$\boldsymbol{d}_k := -\nabla f(\boldsymbol{x}_k) \tag{4.7}$$

と定義すると，内積の性質 (I3), (I4) とノルムの定義 (2.4) から，

$$\langle \nabla f(\boldsymbol{x}_k), \boldsymbol{d}_k \rangle = \langle \nabla f(\boldsymbol{x}_k), -\nabla f(\boldsymbol{x}_k) \rangle = -\|\nabla f(\boldsymbol{x}_k)\|^2 < 0 \tag{4.8}$$

を満たすので，$\boldsymbol{d}_k := -\nabla f(\boldsymbol{x}_k)$ は降下方向を満たします．さらに，∇f の L–Lipschitz 連続性と命題 2.2.3 の式 (2.23) から，任意の $k \in \mathbb{N}$ に対して，

$$f(\boldsymbol{x}_{k+1}) \leq f(\boldsymbol{x}_k) + \langle \boldsymbol{x}_{k+1} - \boldsymbol{x}_k, \nabla f(\boldsymbol{x}_k) \rangle + \frac{L}{2}\|\boldsymbol{x}_{k+1} - \boldsymbol{x}_k\|^2$$

が成立します．勾配法 (4.2) と定数ステップサイズ (4.6) の定義から，

$$\boldsymbol{x}_{k+1} := \boldsymbol{x}_k + \alpha \boldsymbol{d}_k = \boldsymbol{x}_k - \alpha \nabla f(\boldsymbol{x}_k)$$

つまり，$\boldsymbol{x}_{k+1} - \boldsymbol{x}_k = -\alpha \nabla f(\boldsymbol{x}_k)$ を満たすので，

$$\begin{aligned}
f(\boldsymbol{x}_{k+1}) &\leq f(\boldsymbol{x}_k) - \alpha \langle \nabla f(\boldsymbol{x}_k), \nabla f(\boldsymbol{x}_k) \rangle + \frac{L}{2}\|\alpha \nabla f(\boldsymbol{x}_k)\|^2 \\
&= f(\boldsymbol{x}_k) - \alpha\|\nabla f(\boldsymbol{x}_k)\|^2 + \frac{L\alpha^2}{2}\|\nabla f(\boldsymbol{x}_k)\|^2 \\
&= f(\boldsymbol{x}_k) + \left(\frac{L\alpha}{2} - 1\right)\alpha\|\nabla f(\boldsymbol{x}_k)\|^2
\end{aligned}$$

が任意の $k \in \mathbb{N}$ に対して成立します．以上のことから，式 (4.5)，すなわち，

$$\forall k \in \mathbb{N} \; (f(\boldsymbol{x}_{k+1}) < f(\boldsymbol{x}_k)) \tag{4.9}$$

を満たすための十分条件は，

$$\alpha \in \left(0, \frac{2}{L}\right) \tag{4.10}$$

とわかります．Lipschitz 定数 L が大きければ，定数ステップサイズ α は小さく設定することを式 (4.10) は示しています．仮に，Lipschitz 定数 L が小さい場合であっても，小さい定数ステップサイズ α は式 (4.10) を満たします．

　なお，式 (4.7) で定義される探索方向を有する勾配法 (4.2) を**最急降下法** (the steepest descent method) と呼びます．最急降下法の詳細は 5 章で説明します．

　また，機械学習の分野では，小さな定数ステップサイズ（学習率），例えば，

$$\alpha = 10^{-2}, 10^{-3}$$

を用いてニューラルネットワークの訓練，特に，損失最小化を行っています．その根拠となる理論解析の詳細は 8 章で説明します．

4.3.2 ● 減少ステップサイズ

　反復回数 k が増加するごとに

$$\lim_{k \to +\infty} \alpha_k = 0 \tag{4.11}$$

を満たすような**減少（減衰）ステップサイズ** (diminishing stepsize, decaying stepsize) の数列 $(\alpha_k)_{k \in \mathbb{N}} \subset \mathbb{R}_{++}$ を考察します．例えば，

$$\alpha_k = \frac{1}{(k+1)^a} \quad (a \in (0, 1])$$

は式 (4.11) を満たします．前項で示したとおり，式 (4.7) で定義した探索方向 $\boldsymbol{d}_k := -\nabla f(\boldsymbol{x}_k)$ は，ステップサイズの設定に関わりなく，式 (4.8) を満たすような降下方向の資格をもちます．さらに，式 (4.10) を示す過程と同様の議論から，式 (4.11) で定義された減少ステップサイズと降下方向 $\boldsymbol{d}_k := -\nabla f(\boldsymbol{x}_k)$ を利用した勾配法 (4.2) は，任意の $k \in \mathbb{N}$ に対して，

$$f(\boldsymbol{x}_{k+1}) \leq f(\boldsymbol{x}_k) + \left(\frac{L\alpha_k}{2} - 1\right)\alpha_k \|\nabla f(\boldsymbol{x}_k)\|^2$$

を満たします．ここで，式 (4.11) から，$(\alpha_k)_{k\in\mathbb{N}}$ は反復回数 k の増加に伴い減少する数列なので，ある番号 k_0 が存在して，k_0 よりも先の任意の番号 k に対して，

$$\frac{L\alpha_k}{2} < 1$$

の成立が保証されます．よって，

$$\exists k_0 \in \mathbb{N} \, \forall k \in \mathbb{N} \; (k \geq k_0 \implies f(\boldsymbol{x}_{k+1}) < f(\boldsymbol{x}_k)) \tag{4.12}$$

となります．すなわち，減少ステップサイズを利用した勾配法（最急降下法）は，十分大きい反復回数 k に対しては，f の値を下げるように更新が可能となります．

本項の最後に，減少ステップサイズを利用した反復法の収束解析で使用する命題を二つ（命題 4.3.1，命題 4.3.2）示します（演習問題 4.2）．

命題 4.3.1

$(\alpha_k)_{k\in\mathbb{N}} \subset \mathbb{R}_{++}$ と $(\beta_k)_{k\in\mathbb{N}} \subset \mathbb{R}$ は，

$$\sum_{k=0}^{+\infty} \alpha_k = +\infty, \quad \sum_{k=0}^{+\infty} \alpha_k \beta_k < +\infty$$

を満たす数列とします．このとき，

$$\liminf_{k\to+\infty} \beta_k \leq 0$$

が成立します．

> **命題4.3.2**
>
> $(\alpha_k)_{k\in\mathbb{N}} \subset [0,1)$ は,
>
> $$\sum_{k=0}^{+\infty} \alpha_k = +\infty$$
>
> を満たす数列とします. このとき,
>
> $$\prod_{k=0}^{+\infty} (1-\alpha_k) = 0$$
>
> が成立します. ただし, $\prod_{k=0}^{K}\omega_k := \omega_0\omega_1\cdots\omega_K$ とします.

4.3.3 ● 直線探索ステップサイズ

前項と前々項で説明した定数ステップサイズ (4.6) や減少ステップサイズ (4.11) の設定は, 探索方向 $\boldsymbol{d}_k$ に依存しません. 本項では, 探索方向 $\boldsymbol{d}_k$ の情報を活用したステップサイズの設定方法である**直線探索** (line search) を説明します.

ベクトル $\boldsymbol{x}_k \in \mathbb{R}^d$ を反復回数 k での最適解 $\boldsymbol{x}^\star$ の近似解とし, 探索方向 $\boldsymbol{d}_k$ が式 (4.4) を満たす降下方向であるとします. ベクトル $\boldsymbol{d}_k$ の方向で目的関数 $f \in C^1(\mathbb{R}^d)$ を最小にするような反復回数 $k+1$ の近似解 $\boldsymbol{x}_{k+1} = \boldsymbol{x}_k + \alpha_k\boldsymbol{d}_k$ を生成するためのステップサイズ α_k は,

$$f(\boldsymbol{x}_k + \alpha_k\boldsymbol{d}_k) = \min_{\alpha\geq 0} f(\boldsymbol{x}_k + \alpha\boldsymbol{d}_k) =: \min_{\alpha\geq 0} h(\alpha) \tag{4.13}$$

を満たすことが理想です. 式 (4.13) を満足する α_k を求めるための探索を**正確な直線探索** (exact line search) と呼びます. 正確な直線探索を行うには, 式 (4.13) から, 1変数 α に関する最適化を要求します. この最適化の達成は関数 f の形状に依存することも, 式 (4.13) は示しています. 例えば, 式 (4.13) を満たす α_k の近傍で h が凸ならば, 命題 2.2.1 から,

$$0 = h'(\alpha) = \frac{\mathrm{d}}{\mathrm{d}\alpha} f(\boldsymbol{x}_k + \alpha\boldsymbol{d}_k) = \langle \nabla f(\boldsymbol{x}_k + \alpha\boldsymbol{d}_k), \boldsymbol{d}_k \rangle \tag{4.14}$$

を満たす $\alpha = \alpha_k$ が理想のステップサイズになります. 例えば, 関数 f が, $A \in \mathbb{S}_{++}^d$, $\boldsymbol{b} \in \mathbb{R}^d$, および, $c \in \mathbb{R}$ からなる2次凸関数 (例 2.3.1)

$$f(\boldsymbol{x}) = \frac{1}{2}\langle \boldsymbol{x}, A\boldsymbol{x}\rangle_2 + \langle \boldsymbol{b}, \boldsymbol{x}\rangle_2 + c$$

として定義されているとします．このとき，f の凸性から，$h(\alpha) = f(\boldsymbol{x}_k + \alpha\boldsymbol{d}_k)$ ($\alpha \geq 0$) で定義される $h\colon \mathbb{R}_+ \to \mathbb{R}$ は凸なので，式 (4.14) と式 (2.26) から，

$$0 = \langle \nabla f(\boldsymbol{x}_k + \alpha\boldsymbol{d}_k), \boldsymbol{d}_k \rangle_2 = \langle A(\boldsymbol{x}_k + \alpha\boldsymbol{d}_k) + \boldsymbol{b}, \boldsymbol{d}_k \rangle_2$$
$$= \langle \nabla f(\boldsymbol{x}_k) + \alpha A\boldsymbol{d}_k, \boldsymbol{d}_k \rangle_2$$

を満たす $\alpha = \alpha_k$ が，正確な直線探索によるステップサイズとなります．$A \in \mathbb{S}_{++}^d$ と，探索方向 $\boldsymbol{d}_k$ ($\neq \boldsymbol{0}$) が式 (4.4) を満たす降下方向であることに注意して，

$$\alpha_k = -\frac{\langle \nabla f(\boldsymbol{x}_k), \boldsymbol{d}_k \rangle_2}{\langle \boldsymbol{d}_k, A\boldsymbol{d}_k \rangle_2} = -\frac{\langle A\boldsymbol{x}_k + \boldsymbol{b}, \boldsymbol{d}_k \rangle_2}{\langle \boldsymbol{d}_k, A\boldsymbol{d}_k \rangle_2} > 0$$

となります．

　一般の関数 f に対して，式 (4.13) を満たす理想のステップサイズを反復回数ごとに計算することは，関数 h（関数 f）の形状に依存するので易しくはないでしょう．そこで，式 (4.13) の派生から得られる条件式が利用されています．一つ目は，式 (4.15) で定義される **Armijo 条件** (the Armijo condition) です．与えられた $c_1 \in (0, 1)$ に対して，

$$f(\boldsymbol{x}_k + \alpha\boldsymbol{d}_k) \leq f(\boldsymbol{x}_k) + c_1\alpha\langle \nabla f(\boldsymbol{x}_k), \boldsymbol{d}_k \rangle \tag{4.15}$$

を満たす $\alpha = \alpha_k$ をステップサイズとして採用します．Armijo 条件 (4.15) は，図 4.2 が示すように，$\alpha \geq 0$ の関数

$$h(\alpha) := f(\boldsymbol{x}_k + \alpha\boldsymbol{d}_k),$$
$$l(\alpha) := c_1 h'(0)\alpha + h(0) = c_1\langle \nabla f(\boldsymbol{x}_k), \boldsymbol{d}_k \rangle\alpha + f(\boldsymbol{x}_k)$$

の関係式 $h(\alpha) \leq l(\alpha)$ で表現できます．命題 2.2.1 と降下方向 $\boldsymbol{d}_k$ から，l の傾き $c_1 h'(0) = c_1\langle \nabla f(\boldsymbol{x}_k), \boldsymbol{d}_k \rangle$ は負の値になることに注意します．

　図 4.2 から，$c_1 \in (0, 1)$ の値によっては式 (4.13) を満たすような理想のステップサイズが Armijo 条件の範囲内に入らないことがあります．理想のステップサイズが Armijo 条件を満たすようにするには，c_1 を小さく設定する必要があります．数値実験では，例えば，

$$c_1 = 10^{-4}$$

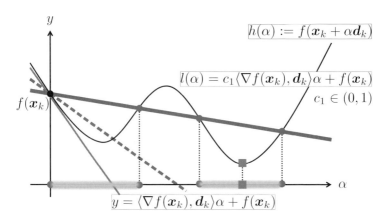

図 4.2 ■ Armijo 条件 $h(\alpha) \leq l(\alpha)$. $c_1 \in (0, 1)$ の設定によっては理想のステップサイズ（■点）が Armijo 条件を満たさないおそれがある（太い破線）が，c_1 を小さく設定すると理想のステップサイズは Armijo 条件を満たす（太い実線）. 小さいステップサイズは Armijo 条件を満たす.

のような小さな c_1 が利用されています（例えば，文献 [7] を参照）. さらに，図 4.2 と次の命題 4.3.3 で示されるように，小さいステップサイズは Armijo 条件を満たします（演習問題 4.3）.

命題 4.3.3 ⟨Armijo 条件によるステップサイズの存在性⟩

$f \in C^1(\mathbb{R}^d)$，$\boldsymbol{x}_k \in \mathbb{R}^d$ とし，$\boldsymbol{d}_k\ (\neq \boldsymbol{0})$ は $\boldsymbol{x}_k$ における f の降下方向であるとします. $c_1 \in (0, 1)$ とするとき，ある $\delta > 0$ が存在して，任意の $\alpha \in (0, \delta]$ に対して，c_1 に関する Armijo 条件 (4.15) が成立します.

Armijo 条件 (4.15) と降下方向 $\boldsymbol{d}_k$ から，

$$f(\boldsymbol{x}_{k+1}) = f(\boldsymbol{x}_k + \alpha_k \boldsymbol{d}_k) \leq f(\boldsymbol{x}_k) + c_1 \alpha \langle \nabla f(\boldsymbol{x}_k), \boldsymbol{d}_k \rangle < f(\boldsymbol{x}_k)$$

が成り立つので，式 (4.5)，すなわち，

$$\forall k \in \mathbb{N}\ (f(\boldsymbol{x}_{k+1}) < f(\boldsymbol{x}_k)) \tag{4.16}$$

を満たすための十分条件は，Armijo 条件 (4.15) であることがわかります.

図 4.2 と命題 4.3.3 から示されたように，Armijo 条件を満たすステップサイズ α_k は十分小さくなる可能性があるため，勾配法 (4.2) による反復回数 $k + 1$

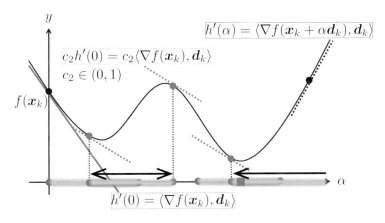

$$h'(\alpha) = \langle \nabla f(\boldsymbol{x}_k + \alpha \boldsymbol{d}_k), \boldsymbol{d}_k \rangle$$

$$c_2 h'(0) = c_2 \langle \nabla f(\boldsymbol{x}_k), \boldsymbol{d}_k \rangle$$
$$c_2 \in (0,1)$$

$$f(\boldsymbol{x}_k)$$

$$h'(0) = \langle \nabla f(\boldsymbol{x}_k), \boldsymbol{d}_k \rangle$$

図4.3 ■ Wolfe条件 $h(\alpha) \le l(\alpha)$ （図4.2）と $h'(\alpha) \ge c_2 h'(0)$. Wolfe条件（←→ の範囲）は小さいステップサイズの範囲を取り除くことができる．理想 のステップサイズ（■点）はWolfe条件を満たす．

の近似解は，

$$\boldsymbol{x}_{k+1} = \boldsymbol{x}_k + \alpha_k \boldsymbol{d}_k \approx \boldsymbol{x}_k$$

のように f の最適解へ十分に更新できないおそれがあります．

　この問題点を解決するために，一つ目のArmijo条件 (4.15) に二つ目の条件 (4.18) を加えた，式 (4.17) と式 (4.18) のペアで定義される**Wolfe条件** (the Wolfe conditions) が利用されています．この場合，$0 < c_1 < c_2 < 1$ を満たす c_1, c_2 に対して，

$$f(\boldsymbol{x}_k + \alpha \boldsymbol{d}_k) \le f(\boldsymbol{x}_k) + c_1 \alpha \langle \nabla f(\boldsymbol{x}_k), \boldsymbol{d}_k \rangle \tag{4.17}$$

$$\langle \nabla f(\boldsymbol{x}_k + \alpha \boldsymbol{d}_k), \boldsymbol{d}_k \rangle \ge c_2 \langle \nabla f(\boldsymbol{x}_k), \boldsymbol{d}_k \rangle \tag{4.18}$$

を満たす $\alpha = \alpha_k$ をステップサイズとして採用します．条件 (4.18) は，命題 2.2.1 から，$\alpha \ge 0$ の関数

$$h(\alpha) := f(\boldsymbol{x}_k + \alpha \boldsymbol{d}_k)$$

の関係式 $h'(\alpha) \ge c_2 h'(0)$ のように表現できます．図4.3が示すように，条件 (4.18) により，ステップサイズ α_k の採用範囲から0に近い範囲を取り除くことができます．数値実験では，例えば，

$$c_2 = 0.9 > c_1 = 10^{-4}$$

が利用[*1]されています.

関数 $f\colon \mathbb{R}^d \to \mathbb{R}$ が集合 $C \subset \mathbb{R}^d$ で**下に有界** (bounded below) であるとは,ある実数 $f_\star$ が存在して,任意の $\boldsymbol{x} \in C$ に対して,$f(\boldsymbol{x}) \geq f_\star$ となるときをいいます.次の命題 4.3.4 で示されるように,下に有界な目的関数に対する勾配法については,Wolfe条件を満たすステップサイズが存在します(演習問題 4.4).

命題4.3.4　〈Wolfe条件によるステップサイズの存在性〉

$\boldsymbol{x}_k \in \mathbb{R}^d$ とし,$\boldsymbol{d}_k\ (\neq \boldsymbol{0})$ は $\boldsymbol{x}_k$ における $\mathbb{R}^d$ で下に有界な関数 $f \in C^1(\mathbb{R}^d)$ の降下方向であるとします.$c_1 < c_2$ を満たす $c_1, c_2 \in (0,1)$ をとるとき,c_1, c_2 に関するWolfe条件 (4.17), (4.18) を満たすステップサイズが存在します.

本項の最後に,直線探索ステップサイズを利用した勾配法の収束解析で使用される **Zoutendijk の定理** (Zoutendijk's theorem) を示します.

定理4.3.1　Zoutendijk の定理

$\mathbb{R}^d$ で下に有界な関数 $f \in C_L^1(\mathbb{R}^d)$ を最小化するための勾配法 (4.2) を考えます.ただし,探索方向 $\boldsymbol{d}_k\ (\neq \boldsymbol{0})$ は式 (4.3) を満たす降下方向であり,ステップサイズ α_k はWolfe条件 (4.17), (4.18) を満たします.このとき,任意の整数 $K \geq 1$ に対して,

$$\sum_{k=0}^{K-1} \left(\frac{\langle \nabla f(\boldsymbol{x}_k), \boldsymbol{d}_k \rangle}{\|\boldsymbol{d}_k\|} \right)^2 \leq \frac{L(f(\boldsymbol{x}_0) - f_\star)}{c_1(1 - c_2)} < +\infty$$

であり,特に,

$$\sum_{k=0}^{+\infty} \left(\frac{\langle \nabla f(\boldsymbol{x}_k), \boldsymbol{d}_k \rangle}{\|\boldsymbol{d}_k\|} \right)^2 < +\infty$$

が成立します.ただし,$L > 0$ は ∇f の Lipschitz 定数とし,$f_\star$ は f の有

限な下限値とします.

定理 4.3.1 の証明. 勾配法の定義 (4.2) と式 (4.18) から任意の $k \in \mathbb{N}$ に対して

$$\langle \nabla f(\boldsymbol{x}_{k+1}), \boldsymbol{d}_k \rangle = \langle \nabla f(\boldsymbol{x}_k + \alpha_k \boldsymbol{d}_k), \boldsymbol{d}_k \rangle \geq c_2 \langle \nabla f(\boldsymbol{x}_k), \boldsymbol{d}_k \rangle$$

なので, Cauchy–Schwarz の不等式 (命題 2.1.3), ∇f の L–Lipschitz 連続性, および, 勾配法の定義 (4.2) から,

$$\begin{aligned}
0 < (c_2 - 1)\langle \nabla f(\boldsymbol{x}_k), \boldsymbol{d}_k \rangle &\leq \langle \nabla f(\boldsymbol{x}_{k+1}) - \nabla f(\boldsymbol{x}_k), \boldsymbol{d}_k \rangle \\
&\leq \|\nabla f(\boldsymbol{x}_{k+1}) - \nabla f(\boldsymbol{x}_k)\|\|\boldsymbol{d}_k\| \\
&\leq L\|\boldsymbol{x}_{k+1} - \boldsymbol{x}_k\|\|\boldsymbol{d}_k\| \\
&= L\alpha_k\|\boldsymbol{d}_k\|^2
\end{aligned}$$

を満たします. ただし, $c_2 < 1$ と $\langle \nabla f(\boldsymbol{x}_k), \boldsymbol{d}_k \rangle < 0 \ (k \in \mathbb{N})$ から, $(c_2 - 1)\langle \nabla f(\boldsymbol{x}_k), \boldsymbol{d}_k \rangle > 0$ と $\boldsymbol{d}_k \neq \boldsymbol{0}$ が任意の $k \in \mathbb{N}$ に対して成立します. よって, 任意の $k \in \mathbb{N}$ に対して,

$$\alpha_k \geq \frac{(c_2 - 1)\langle \nabla f(\boldsymbol{x}_k), \boldsymbol{d}_k \rangle}{L\|\boldsymbol{d}_k\|^2} > 0$$

となります. $\langle \nabla f(\boldsymbol{x}_k), \boldsymbol{d}_k \rangle < 0 \ (k \in \mathbb{N})$ に注意して, 式 (4.2) と式 (4.17) を用いると,

$$\begin{aligned}
f(\boldsymbol{x}_{k+1}) &\leq f(\boldsymbol{x}_k) + c_1 \alpha_k \langle \nabla f(\boldsymbol{x}_k), \boldsymbol{d}_k \rangle \\
&\leq f(\boldsymbol{x}_k) + c_1 \frac{(c_2 - 1)\langle \nabla f(\boldsymbol{x}_k), \boldsymbol{d}_k \rangle^2}{L\|\boldsymbol{d}_k\|^2} \\
&= f(\boldsymbol{x}_k) - \frac{c_1(1 - c_2)}{L}\left(\frac{\langle \nabla f(\boldsymbol{x}_k), \boldsymbol{d}_k \rangle}{\|\boldsymbol{d}_k\|}\right)^2
\end{aligned}$$

が成立します. 上記の不等式を $k = 0$ から $k = K - 1 \ (K \geq 1)$ まで足し合わせると,

$$\frac{c_1(1 - c_2)}{L} \sum_{k=0}^{K-1} \left(\frac{\langle \nabla f(\boldsymbol{x}_k), \boldsymbol{d}_k \rangle}{\|\boldsymbol{d}_k\|}\right)^2 \leq f(\boldsymbol{x}_0) - f(\boldsymbol{x}_K)$$

となります. f は下に有界なので, f の有限な下限値 $f_\star$ が存在します. よって, 任意の整数 $K \geq 1$ に対して,

$$\sum_{k=0}^{K-1} \left(\frac{\langle \nabla f(\boldsymbol{x}_k), \boldsymbol{d}_k \rangle}{\|\boldsymbol{d}_k\|} \right)^2 \leq \frac{L(f(\boldsymbol{x}_0) - f_\star)}{c_1(1 - c_2)} < +\infty$$

となります. K を発散させることで,

$$\sum_{k=0}^{+\infty} \left(\frac{\langle \nabla f(\boldsymbol{x}_k), \boldsymbol{d}_k \rangle}{\|\boldsymbol{d}_k\|} \right)^2 \leq \frac{L(f(\boldsymbol{x}_0) - f_\star)}{c_1(1 - c_2)} < +\infty$$

が成立します. $\qquad\qquad\qquad\qquad\qquad\qquad\qquad\qquad\qquad\qquad\qquad$ □

4.3.4 ● その他のステップサイズ

Wolfe条件の一つである条件 (4.18) をより強い条件 (4.20) で置き換えた, 次の**強 Wolfe 条件** (the strong Wolfe conditions) は, 最適化アルゴリズムの収束解析をするうえで必要なときがあります. この場合, $0 < c_1 < c_2 < 1$ を満たす c_1, c_2 に対して,

$$f(\boldsymbol{x}_k + \alpha \boldsymbol{d}_k) \leq f(\boldsymbol{x}_k) + c_1 \alpha \langle \nabla f(\boldsymbol{x}_k), \boldsymbol{d}_k \rangle \tag{4.19}$$

$$|\langle \nabla f(\boldsymbol{x}_k + \alpha \boldsymbol{d}_k), \boldsymbol{d}_k \rangle| \leq c_2 |\langle \nabla f(\boldsymbol{x}_k), \boldsymbol{d}_k \rangle| \tag{4.20}$$

を満たす $\alpha = \alpha_k$ をステップサイズとして採用します.

また, ニューラルネットワークに現れる損失最小化 (8 章参照) では, 次の式で定義される減少ステップサイズを利用することもあります.

$$\alpha_k = \begin{cases} \left(1 - (1 - \alpha)\dfrac{k}{K}\right)\alpha_0 & (k \leq K) \\ \alpha\alpha_0 & (k > K) \end{cases}$$

$$\alpha_k = (\underbrace{\alpha\gamma^k, \alpha\gamma^k, \dots, \alpha\gamma^k}_{T})$$

ただし, $\alpha, \alpha_0 > 0$, $\gamma \in (0, 1)$, および, $K, T \geq 1$ とします.

4.4 劣勾配法

凸目的関数 $f \colon \mathbb{R}^d \to \mathbb{R}$ に関する非平滑凸最適化問題 (3.4 節, 命題 3.4.1(2) 参照) の最適解を見つけるための劣勾配法は, 次のとおりです. ここでは, 劣勾配 (2.3 節参照) $\boldsymbol{g} \in \partial f(\boldsymbol{x})$ $(\boldsymbol{x} \in \mathbb{R}^d)$ が計算可能であることを仮定し, 設

定 (S3) の探索方向 $\boldsymbol{d}_k$ は

$$
\begin{aligned}
\boldsymbol{g}_k &\in \partial f(\boldsymbol{x}_k) \\
\boldsymbol{d}_k &= -\boldsymbol{g}_k
\end{aligned}
\tag{4.21}
$$

とします．設定 (S2) のステップサイズ（4.3 節参照）α_k の大きさで，設定 (S3) の $\boldsymbol{d}_k\,(=-\boldsymbol{g}_k)$ ベクトル方向へ進むことで次点 $\boldsymbol{x}_{k+1}$ へと更新する

$$
\boldsymbol{x}_{k+1} = \mathcal{R}(\boldsymbol{x}_k, \alpha_k, \boldsymbol{d}_k) = \boldsymbol{x}_k - \alpha_k \boldsymbol{g}_k \quad (k \in \mathbb{N})
\tag{4.22}
$$

を劣勾配法と呼びます．また，空でない閉凸制約集合 C を有する制約付き非平滑凸最適化問題を解くために**射影劣勾配法**（projected subgradient method）

$$
\boldsymbol{x}_{k+1} = P_C(\boldsymbol{x}_k - \alpha_k \boldsymbol{g}_k) \quad (k \in \mathbb{N})
\tag{4.23}
$$

を用いることがあります．射影劣勾配法の収束解析は，6.1 節で扱います．

4.5 近接点法

4.4 節で紹介した劣勾配法で利用する劣勾配を近接写像（2.3 節参照）で置き換えた，制約なし非平滑凸最適化のための手法

$$
\boldsymbol{x}_{k+1} = \mathrm{prox}_{\alpha_k f}(\boldsymbol{x}_k)
\tag{4.24}
$$

を近接点法と呼び，制約付き非平滑凸最適化のための手法

$$
\boldsymbol{x}_{k+1} = P_C(\mathrm{prox}_{\alpha_k f}(\boldsymbol{x}_k))
\tag{4.25}
$$

を**射影近接点法**（projected proximal point method, projected proximal point algorithm）と呼びます．射影近接点法の収束解析は，6.2 節で扱います．

4.6 収束性と収束率

反復法の収束性 (convergence) は初期点の選び方に関連します．最適化問

題に関する反復法が問題の最適解 $\boldsymbol{x}^\star \in \mathbb{R}^d$ に**大域的収束** (global convergence) するとは，任意の初期点 $\boldsymbol{x}_0 \in \mathbb{R}^d$ に対して，反復法で生成される点列 $(\boldsymbol{x}_k)_{k\in\mathbb{N}} \subset \mathbb{R}^d$ が，

(G1) 有限回の反復で $\boldsymbol{x}^\star$ に達する，すなわち，ある番号 k_0 が存在して $\boldsymbol{x}_{k_0} = \boldsymbol{x}^\star$ が成り立つ

もしくは，

(G2) $\boldsymbol{x}_k \to \boldsymbol{x}^\star$

のいずれかを満たすときをいいます．

制約なし平滑非凸最適化問題 (3.2) に関する反復法については，探索方向が降下方向になるときは，目的関数 $f \in C^1(\mathbb{R}^d)$ の停留点 (3.3)，つまり，

$$\nabla f(\boldsymbol{x}^\star) = \boldsymbol{0}$$

となる $\boldsymbol{x}^\star \in \mathbb{R}^d$ を見つけることが目標となります（3.2 節参照）．よって，制約なし平滑非凸最適化問題に関する反復法が大域的収束するとは，任意の初期点 $\boldsymbol{x}_0$ に対して反復法で生成される点列 $(\boldsymbol{x}_k)_{k\in\mathbb{N}}$ が，

(G3) $\displaystyle\lim_{k\to+\infty} \|\nabla f(\boldsymbol{x}_k)\| = 0,$ もしくは，$\displaystyle\liminf_{k\to+\infty} \|\nabla f(\boldsymbol{x}_k)\| = 0$

を満たすときをいいます．さらに，命題 3.2.2 から，$f \in C^1(\mathbb{R}^d)$ の停留点 $\boldsymbol{x}^\star \in \mathbb{R}^d$ については，

$$\nabla f(\boldsymbol{x}^\star) = \boldsymbol{0} \iff \forall \boldsymbol{x} \in \mathbb{R}^d \ (\langle \nabla f(\boldsymbol{x}^\star), \boldsymbol{x}^\star - \boldsymbol{x} \rangle \leq 0)$$

が成立します．よって，任意の初期点 $\boldsymbol{x}_0$ に対して反復法で生成される点列 $(\boldsymbol{x}_k)_{k\in\mathbb{N}}$ が，任意の $\boldsymbol{x} \in \mathbb{R}^d$ に対して，

(G4) $\displaystyle\lim_{k\to+\infty} \langle \nabla f(\boldsymbol{x}_k), \boldsymbol{x}_k - \boldsymbol{x} \rangle \leq 0,$ もしくは，$\displaystyle\liminf_{k\to+\infty} \langle \nabla f(\boldsymbol{x}_k), \boldsymbol{x}_k - \boldsymbol{x} \rangle \leq 0$

が成り立つとき，反復法が大域的収束すると呼ぶことにします．

制約集合 $C \subset \mathbb{R}^d$ に関する制約付き平滑非凸最適化問題（3.5 節）については，命題 3.5.1 により，任意の $\boldsymbol{x} \in C$ に対して，

(G5) $\displaystyle\lim_{k\to+\infty} \langle \nabla f(\boldsymbol{x}_k), \boldsymbol{x}_k - \boldsymbol{x} \rangle \leq 0,$ もしくは，$\displaystyle\liminf_{k\to+\infty} \langle \nabla f(\boldsymbol{x}_k), \boldsymbol{x}_k - \boldsymbol{x} \rangle \leq 0$

が成り立つとき，反復法が大域的収束すると呼ぶことにします.

制約付き凸最適化問題（3.4 節，3.5 節）については，任意の初期点 $\boldsymbol{x}_0$ に対して反復法で生成される点列 $(\boldsymbol{x}_k)_{k \in \mathbb{N}}$ が，

$$(G6) \quad \lim_{k \to +\infty} f(\boldsymbol{x}_k) \leq f^\star, \quad \text{もしくは,} \quad \liminf_{k \to +\infty} f(\boldsymbol{x}_k) \leq f^\star$$

を満たすとき，反復法が大域的収束すると呼ぶことにします．ただし，$f^\star$ は問題の最適解 $\boldsymbol{x}^\star \in C$ での最適値です．$f \in C^1(\mathbb{R}^d)$ が凸のとき，命題 2.3.1 と命題 2.3.2(1) により，$\boldsymbol{x} := \boldsymbol{x}^\star$ のもとでの (G5) が (G6) を導きます.

大域的収束性とは対照的に，最適化問題に関する反復法が問題の最適解 $\boldsymbol{x}^\star \in \mathbb{R}^d$ に**局所的収束** (local convergence) するとは，$\boldsymbol{x}^\star$ の十分近くに初期点 $\boldsymbol{x}_0$ を選ぶとき，(G1) から (G6) のいずれかが成り立つ場合をいいます.

ここで，反復法の**収束率** (convergence rate) について定義します．最適化問題に関する反復法で生成される点列 $(\boldsymbol{x}_k)_{k \in \mathbb{N}} \subset \mathbb{R}^d$ と問題の最適解 $\boldsymbol{x}^\star \in \mathbb{R}^d$ に対して，$\boldsymbol{x}_k \neq \boldsymbol{x}^\star \ (k \in \mathbb{N})$，かつ，$\boldsymbol{x}_k \to \boldsymbol{x}^\star$ とします．$(\boldsymbol{x}_k)_{k \in \mathbb{N}}$ が $\boldsymbol{x}^\star$ に**1次収束** (linear convergence) するとは，

$$\exists c \in (0, 1) \ \exists k_0 \in \mathbb{N} \ \forall k \in \mathbb{N} \ (k \geq k_0 \implies \|\boldsymbol{x}_{k+1} - \boldsymbol{x}^\star\| \leq c\|\boldsymbol{x}_k - \boldsymbol{x}^\star\|)$$

が成り立つときをいいます．一方，$(\boldsymbol{x}_k)_{k \in \mathbb{N}}$ が $\boldsymbol{x}^\star$ に**2次収束** (quadratic convergence) するとは，

$$\exists c > 0 \ \exists k_0 \in \mathbb{N} \ \forall k \in \mathbb{N} \ (k \geq k_0 \implies \|\boldsymbol{x}_{k+1} - \boldsymbol{x}^\star\| \leq c\|\boldsymbol{x}_k - \boldsymbol{x}^\star\|^2)$$

が成り立つときをいいます．2次収束性を有する反復法は，更新するごとに最適解 $\boldsymbol{x}^\star$ へ急速に近づくことが期待できます．局所的2次収束性を有する反復法の一つに Newton 法があります（5.3 節）.

また，$(\boldsymbol{x}_k)_{k \in \mathbb{N}}$ が $\boldsymbol{x}^\star$ に**超1次収束** (superlinear convergence) するとは，

$$\exists (c_k)_{k \in \mathbb{N}} \subset \mathbb{R}_{++} \ (c_k \to 0) \ \exists k_0 \in \mathbb{N}$$
$$\forall k \in \mathbb{N} \ (k \geq k_0 \implies \|\boldsymbol{x}_{k+1} - \boldsymbol{x}^\star\| \leq c_k\|\boldsymbol{x}_k - \boldsymbol{x}^\star\|)$$

つまり，

$$\lim_{k \to +\infty} \frac{\|\boldsymbol{x}_{k+1} - \boldsymbol{x}^\star\|}{\|\boldsymbol{x}_k - \boldsymbol{x}^\star\|} = 0$$

が成り立つときをいいます．大域的超1次収束性を有する反復法の一つに，準
Newton法があります（5.4節）．

　さらにここで，$(a_k)_{k\in\mathbb{N}}, (b_k)_{k\in\mathbb{N}} \subset \mathbb{R}_+$ とし，**Landauの記号** (Landau
symbols) O と o を次のように定義します．

$$b_k = O(a_k) \Longleftrightarrow \exists c > 0 \; \exists k_0 \in \mathbb{N} \; \forall k \in \mathbb{N} \; (k \geq k_0 \Longrightarrow b_k \leq ca_k)$$

$$b_k = o(a_k) \Longleftrightarrow \forall \varepsilon > 0 \; \exists k_0 \in \mathbb{N} \; \forall k \in \mathbb{N} \; (k \geq k_0 \Longrightarrow b_k \leq \varepsilon a_k)$$

また，$b_k = O(a_k)$ のとき，$(b_k)_{k\in\mathbb{N}}$ は a_k の**オーダー** (order)，もしくは，**レー
ト** (rate) を有すると呼ぶことにします．

　以下に，Landauの記号を用いた反復法の収束率を説明します．

　まずは，制約なし平滑非凸最適化問題に関する反復法の収束率を評価する指
標について考察しましょう．制約なし平滑非凸最適化問題の停留点を $\boldsymbol{x}^\star \in \mathbb{R}^d$
とします．(G3) から，実数列 $(\|\nabla f(\boldsymbol{x}_k)\|)_{k=0}^{K-1} \; (K \geq 1)$ と $\|\nabla f(\boldsymbol{x}^\star)\| = 0$ と
の**平均二乗誤差** (mean squared error; MSE)

$$\frac{1}{K}\sum_{k=0}^{K-1}\|\nabla f(\boldsymbol{x}_k)\|^2 = \frac{1}{K}\sum_{k=0}^{K-1}(\|\nabla f(\boldsymbol{x}_k)\| - \|\nabla f(\boldsymbol{x}^\star)\|)^2 \tag{4.26}$$

を，反復法の収束率を評価する指標として用います．$\|\nabla f(\boldsymbol{x}_k)\|^2 \; (k \in [0 : K-1])$ の中で最も小さい値になる番号を K' とします．このとき，式 (4.26) から，

$$\|\nabla f(\boldsymbol{x}_{K'})\|^2 = \min_{k\in[0:K-1]}\|\nabla f(\boldsymbol{x}_k)\|^2 \leq \frac{1}{K}\sum_{k=0}^{K-1}\|\nabla f(\boldsymbol{x}_k)\|^2 \tag{4.27}$$

を満たすので，実数列 $(\|\nabla f(\boldsymbol{x}_k)\|)_{k=0}^{K-1} \; (K \geq 1)$ の**最小二乗誤差** (minimum
squared error)

$$\min_{k\in[0:K-1]}\|\nabla f(\boldsymbol{x}_k)\|^2 = \|\nabla f(\boldsymbol{x}_{K'})\|^2 = (\|\nabla f(\boldsymbol{x}_{K'})\| - \|\nabla f(\boldsymbol{x}^\star)\|)^2 \tag{4.28}$$

を反復法の収束率を評価する指標としても利用します．平均二乗誤差 (4.26) や
最小二乗誤差 (4.28) のほかに，制約なし平滑非凸最適化問題に関する反復法の
収束率を評価する指標については，(G4) から，実数列 $(\langle\nabla f(\boldsymbol{x}_k), \boldsymbol{x}_k - \boldsymbol{x}\rangle)_{k=0}^{K-1}$
$(K \geq 1)$ と $\langle\nabla f(\boldsymbol{x}^\star), \boldsymbol{x}^\star - \boldsymbol{x}\rangle = 0$ の**平均誤差** (mean error)

$$\frac{1}{K}\sum_{k=0}^{K-1}\langle\nabla f(\boldsymbol{x}_k),\boldsymbol{x}_k-\boldsymbol{x}\rangle = \frac{1}{K}\sum_{k=0}^{K-1}(\langle\nabla f(\boldsymbol{x}_k),\boldsymbol{x}_k-\boldsymbol{x}\rangle - \langle\nabla f(\boldsymbol{x}^\star),\boldsymbol{x}^\star-\boldsymbol{x}\rangle)$$
(4.29)

を用いることができます．ただし，$\boldsymbol{x}\in\mathbb{R}^d$ とします．同様にして，制約集合 $C\subset\mathbb{R}^d$ に関する制約付き平滑非凸最適化問題に関する反復法の収束率を評価する指標については，(G5) から，式 (4.29) を利用します．ただし，この場合は $\boldsymbol{x}\in C$ とします．

また，$(a_k)_{k\in\mathbb{N}}\subset\mathbb{R}_+$ とします．反復法において，平均二乗誤差 (4.26)，最小二乗誤差 (4.28)，または，平均誤差 (4.29) の上界が $O(a_K)$ となるとき，反復法は**収束率** $O(a_K)$ を有すると呼ぶことにします．例えば，最急降下法（5.1 節，表 5.1）で生成される点列 $(\boldsymbol{x}_k)_{k\in\mathbb{N}}$ は，

$$\|\nabla f(\boldsymbol{x}_{K'})\|^2 = \min_{k\in[0:K-1]}\|\nabla f(\boldsymbol{x}_k)\|^2 \le \frac{1}{K}\sum_{k=0}^{K-1}\|\nabla f(\boldsymbol{x}_k)\|^2 = O\left(\frac{1}{K}\right)$$

を満たします．K を発散させるとき，平均二乗誤差や最小二乗誤差は $1/K$ の収束速度で 0 に収束することがわかります．このとき，最急降下法は平均二乗誤差や最小二乗誤差の意味で収束率 $O(1/K)$ を有するといいます．

制約付き凸最適化問題に関する反復法の収束率を評価する指標については，(G6) から，実数列 $(f(\boldsymbol{x}_k))_{k=0}^{K-1}$ $(K\ge 1)$ と最適値 $f^\star$ との**平均誤差** (mean error)

$$\frac{1}{K}\sum_{k=0}^{K-1}(f(\boldsymbol{x}_k)-f^\star)$$
(4.30)

を用います．$f(\boldsymbol{x}_k)$ $(k\in[0:K-1])$ の中で最も小さい値になる番号を K' とします．このとき，式 (4.30) から，

$$f(\boldsymbol{x}_{K'})-f^\star = \min_{k\in[0:K-1]}f(\boldsymbol{x}_k)-f^\star \le \frac{1}{K}\sum_{k=0}^{K-1}(f(\boldsymbol{x}_k)-f^\star)$$
(4.31)

を満たし，また，f の凸性から，

$$f\left(\frac{1}{K}\sum_{k=0}^{K-1}\boldsymbol{x}_k\right)-f^\star \le \frac{1}{K}\sum_{k=0}^{K-1}(f(\boldsymbol{x}_k)-f^\star)$$
(4.32)

を満たします．よって，制約付き凸最適化問題に関する反復法の収束率を評価

する指標として，式 (4.31) と式 (4.32) を合わせた

$$
\max\left\{f\left(\frac{1}{K}\sum_{k=0}^{K-1}\boldsymbol{x}_k\right),\ \min_{k\in[0:K-1]}f(\boldsymbol{x}_k)\right\}-f^\star \tag{4.33}
$$

を用います．例えば，ステップサイズ $\alpha_k = 1/(k+1)^a$ $(a\in[1/2,1))$ を利用する射影劣勾配法（6.1 節, 表 6.1）で生成される点列 $(\boldsymbol{x}_k)_{k\in\mathbb{N}}$ は，

$$
\max\left\{f\left(\frac{1}{K}\sum_{k=0}^{K-1}\boldsymbol{x}_k\right),\ \min_{k\in[0:K-1]}f(\boldsymbol{x}_k)\right\}\le f^\star+O\left(\frac{1}{K^{\min\{a,1-a\}}}\right)
$$

を満たします．よって，射影劣勾配法は $a=1/2$ のとき式 (4.33) の評価指標の意味で収束率 $O(1/\sqrt{K})$ を有します．

演習問題

4.1　命題 4.2.1（降下方向による降下性）を証明しなさい．

4.2　命題 4.3.1 と命題 4.3.2 を証明しなさい．

4.3　命題 4.3.3（Armijo 条件によるステップサイズの存在性）を証明しなさい．

4.4　命題 4.3.4（Wolfe 条件によるステップサイズの存在性）を証明しなさい．

5 章

平滑非凸最適化のための
反復法

　本章では，平滑非凸最適化のための反復法とその収束解析について，反復法の性能を左右するステップサイズの種類で分けて示します．まず，探索方向が目的関数の勾配の逆ベクトルで定義される最急降下法の大域的収束性とその収束率を示します．最急降下法は，8 章で説明する深層学習最適化法の基盤ともいえる重要な反復法です．次に，探索方向に目的関数の Hesse 行列を利用する Newton 法の局所的 2 次収束性を示します．また，最急降下法の大域的収束性と Newton 法の高速収束性を併せもつ準Newton 法が大域的超 1 次収束性を有することを示します．さらに，最急降下法，Newton 法，および，準 Newton 法の探索方向が降下方向であるのに対して，より目的関数の値を減少させるような降下方向（十分な降下方向）を有する共役勾配法の大域的収束性を詳解します．

5.1 | 最急降下法（Lipschitz連続勾配）

(S1) 【任意初期点】$\boldsymbol{x}_0 \in \mathbb{R}^d$

(S2) 【ステップサイズ】$\alpha_k > 0$ $(k \in \mathbb{N})$

(S3) 【探索方向】$\boldsymbol{d}_k := -\nabla f(\boldsymbol{x}_k)$ $(k \in \mathbb{N})$

を用いた勾配法(4.2)である**最急降下法** (the steepest descent method)（もしくは，**勾配降下法** (the gradient descent method)）

$$\boldsymbol{x}_{k+1} = \boldsymbol{x}_k + \alpha_k \boldsymbol{d}_k = \boldsymbol{x}_k - \alpha_k \nabla f(\boldsymbol{x}_k) \quad (k \in \mathbb{N}) \tag{5.1}$$

について考察します．設定 (S3) の探索方向 $\boldsymbol{d}_k := -\nabla f(\boldsymbol{x}_k)$ は，式 (4.8) で示されたとおり，常に $\langle \nabla f(\boldsymbol{x}_k), \boldsymbol{d}_k \rangle < 0$ を満たすので降下方向になります．最急降下法の目標は，$f \in C^1(\mathbb{R}^d)$ の停留点 (3.3)，つまり，

$$\nabla f(\boldsymbol{x}^\star) = \boldsymbol{0}$$

を満たす $\boldsymbol{x}^\star \in \mathbb{R}^d$ を見つけることです（3.2節，4.6節参照）．設定 (S1) に見られるように，どのような初期点に対しても収束性（4.6節）が保証される点が最急降下法の利点です（表5.1，表5.2参照）．

　設定 (S2) が定数または減少ステップサイズのときの最急降下法をアルゴリズム 5.1に，設定 (S2) が直線探索ステップサイズのときの最急降下法をアルゴリズム 5.2に示します．一般の反復法は解を近似すること（4.1節）を目的としているため，勾配法のコンピュータへの適用に関しては，十分小さい $\varepsilon > 0$ を事前に設定し，例えば，

$$\|\nabla f(\boldsymbol{x}_{k+1})\| \le \varepsilon, \text{ もしくは，} \quad \|\boldsymbol{x}_{k+1} - \boldsymbol{x}_k\| \le \varepsilon \tag{5.2}$$

といった条件（アルゴリズム 5.1のステップ6）が満たされたとき，アルゴリズムを停止します．

アルゴリズム 5.1 ▓ 定数または減少ステップサイズを利用した最急降下法

Require: $(\alpha_k)_{k\in\mathbb{N}} \subset \mathbb{R}_{++}$, $\boldsymbol{x}_0 \in \mathbb{R}^d$ （ステップサイズと初期点の設定）
Ensure: $\boldsymbol{x}_K$ （停止条件を満たすベクトル）
1: $k \leftarrow 0$
2: **repeat**
3:    $\boldsymbol{d}_k := -\nabla f(\boldsymbol{x}_k)$
4:    $\boldsymbol{x}_{k+1} := \boldsymbol{x}_k + \alpha_k \boldsymbol{d}_k$
5:    $k \leftarrow k+1$
6: **until** 停止条件 (5.2) を満たす

アルゴリズム 5.2 ▓ 直線探索ステップサイズを利用した最急降下法

Require: $c_1, c_2: 0 < c_1 < c_2 < 1$, $\boldsymbol{x}_0 \in \mathbb{R}^d$ （パラメータと初期点の設定）
Ensure: $\boldsymbol{x}_K$ （停止条件を満たすベクトル）
1: $k \leftarrow 0$
2: **repeat**
3:    $\boldsymbol{d}_k := -\nabla f(\boldsymbol{x}_k)$
4:    $\alpha_k > 0$: 直線探索の条件 (4.17), (4.18) を満たす
5:    $\boldsymbol{x}_{k+1} := \boldsymbol{x}_k + \alpha_k \boldsymbol{d}_k$
6:    $k \leftarrow k+1$
7: **until** 停止条件 (5.2) を満たす

　本節では，勾配が Lipschitz 連続となる目的関数 f の停留点問題を考察します．本節で示す定理と 4.3 節で示した降下性を，表 5.1 にまとめます．どのステップサイズの選び方においても，最急降下法は降下性と大域的収束性（4.6 節の (G3)）が保証されることを示しています．また，アルゴリズムの停留点問題に関する最小二乗誤差 (4.28)，つまり，

$$\|\nabla f(\boldsymbol{x}_{K'})\|^2 = \min_{k\in[0:K-1]} \|\nabla f(\boldsymbol{x}_k)\|^2 \tag{5.3}$$

が $1/K$ もしくは $1/K^{1-a}$ （ただし，$a \in (0,1)$）のオーダー（4.6 節参照）を有することも示しています．

表 5.1 ■ $f \in C_L^1(\mathbb{R}^d)$ の停留点を見つけるための最急降下法（Lipschitz 連続勾配）. 定数ステップサイズは Lipschitz 定数 L に依存するが，減少および直線探索ステップサイズは L に依存しない. 収束率は最小二乗誤差 (5.3) に関する収束率であり，収束性については $a \in (1/2, 1]$，収束率については $a \in (0,1)$ とする（ただし，$K \geq 1$）.

ステップ	降下性	大域的収束性	収束率
定数 $(\alpha = O(L^{-1}))$	式 (4.9) $f(\boldsymbol{x}_{k+1}) < f(\boldsymbol{x}_k)$	定理 5.1.1 $\lim_{k \to +\infty} \|\nabla f(\boldsymbol{x}_k)\| = 0$	定理 5.1.1 $O\left(\dfrac{1}{K}\right)$
減少 $(\alpha_k = (k+1)^{-a})$	式 (4.12) $f(\boldsymbol{x}_{k+1}) < f(\boldsymbol{x}_k)$	定理 5.1.2 $\lim_{k \to +\infty} \|\nabla f(\boldsymbol{x}_k)\| = 0$	定理 5.1.2 $O\left(\dfrac{1}{K^{1-a}}\right)$
直線探索 (Wolfe 条件)	式 (4.16) $f(\boldsymbol{x}_{k+1}) < f(\boldsymbol{x}_k)$	定理 5.1.3 $\lim_{k \to +\infty} \|\nabla f(\boldsymbol{x}_k)\| = 0$	定理 5.1.3 $O\left(\dfrac{1}{K}\right)$

本節の定理を示すために，次の補助定理 5.1.1 を証明します.

補助定理 5.1.1

$f \in C_L^1(\mathbb{R}^d)$ は $\mathbb{R}^d$ で下に有界であるとし，∇f の Lipschitz 定数を $L > 0$ とします. 最急降下法で生成される点列を $(\boldsymbol{x}_k)_{k \in \mathbb{N}}$ とするとき，任意の整数 $K \geq 1$ に対して，

$$\sum_{k=0}^{K-1} \alpha_k \left(1 - \frac{L\alpha_k}{2}\right) \|\nabla f(\boldsymbol{x}_k)\|^2 \leq f(\boldsymbol{x}_0) - f_\star$$

が成立します. ただし，$f_\star$ は f の有限な下限値です.

補助定理 5.1.1 の証明. ∇f の L–Lipschitz 連続性と命題 2.2.3 の式 (2.23) から，任意の $k \in \mathbb{N}$ に対して，

$$f(\boldsymbol{x}_{k+1}) \leq f(\boldsymbol{x}_k) + \langle \boldsymbol{x}_{k+1} - \boldsymbol{x}_k, \nabla f(\boldsymbol{x}_k) \rangle + \frac{L}{2} \|\boldsymbol{x}_{k+1} - \boldsymbol{x}_k\|^2$$

が成立します. 式 (5.1) から，$\boldsymbol{x}_{k+1} - \boldsymbol{x}_k = -\alpha_k \nabla f(\boldsymbol{x}_k)$ なので，

$$f(\boldsymbol{x}_{k+1}) \leq f(\boldsymbol{x}_k) - \alpha_k \langle \nabla f(\boldsymbol{x}_k), \nabla f(\boldsymbol{x}_k) \rangle + \frac{L}{2} \|\alpha_k \nabla f(\boldsymbol{x}_k)\|^2$$
$$= f(\boldsymbol{x}_k) - \alpha_k \|\nabla f(\boldsymbol{x}_k)\|^2 + \frac{L\alpha_k^2}{2} \|\nabla f(\boldsymbol{x}_k)\|^2$$

$$= f(\boldsymbol{x}_k) + \left(\frac{L\alpha_k}{2} - 1\right)\alpha_k \|\nabla f(\boldsymbol{x}_k)\|^2$$

が任意の $k \in \mathbb{N}$ に対して成立します．上記の不等式を $k = 0$ から $k = K - 1$ ($K \geq 1$) まで足し合わせると，

$$\sum_{k=0}^{K-1}\left(1 - \frac{L\alpha_k}{2}\right)\alpha_k\|\nabla f(\boldsymbol{x}_k)\|^2 \leq f(\boldsymbol{x}_0) - f(\boldsymbol{x}_K)$$

を満たします．f は下に有界なので，f の有限な下限値 $f_\star$ が存在します．よって，任意の整数 $K \geq 1$ に対して，

$$\sum_{k=0}^{K-1}\left(1 - \frac{L\alpha_k}{2}\right)\alpha_k\|\nabla f(\boldsymbol{x}_k)\|^2 \leq f(\boldsymbol{x}_0) - f_\star$$

となります． □

　定数ステップサイズを利用した最急降下法の収束解析は，次の定理 5.1.1 のとおりです．

定理 5.1.1 ── 定数ステップサイズを利用した最急降下法の大域的収束性

　$f \in C_L^1(\mathbb{R}^d)$ は $\mathbb{R}^d$ で下に有界であるとし，∇f の Lipschitz 定数を $L > 0$ とします．定数ステップサイズ α が

$$\alpha \in \left(0, \frac{2}{L}\right) \tag{5.4}$$

を満たすならば，最急降下法（アルゴリズム 5.1）で生成される点列 $(\boldsymbol{x}_k)_{k\in\mathbb{N}}$ は，

$$\lim_{k\to+\infty}\|\nabla f(\boldsymbol{x}_k)\| = 0$$

および，任意の整数 $K \geq 1$ に対して，

$$\min_{k\in[0:K-1]}\|\nabla f(\boldsymbol{x}_k)\|^2 \leq \frac{1}{K}\sum_{k=0}^{K-1}\|\nabla f(\boldsymbol{x}_k)\|^2 \leq \frac{2(f(\boldsymbol{x}_0) - f_\star)}{(2 - L\alpha)\alpha K}$$

を満たします．ただし，$f_\star$ は f の有限な下限値です．

定理 5.1.1 の証明. 補助定理 5.1.1 から，任意の整数 $K \geq 1$ に対して，

$$\alpha \left(1 - \frac{L\alpha}{2}\right) \sum_{k=0}^{K-1} \|\nabla f(\boldsymbol{x}_k)\|^2 \leq f(\boldsymbol{x}_0) - f_\star \tag{5.5}$$

が成立します．

$$0 < \alpha < \frac{2}{L} \tag{5.6}$$

なので，

$$0 < 2 - L\alpha$$

です．したがって，式 (5.5) から，

$$\sum_{k=0}^{K-1} \|\nabla f(\boldsymbol{x}_k)\|^2 \leq \frac{2(f(\boldsymbol{x}_0) - f_\star)}{(2 - L\alpha)\alpha} < +\infty$$

を満たします．よって，

$$\sum_{k=0}^{+\infty} \|\nabla f(\boldsymbol{x}_k)\|^2 < +\infty$$

すなわち，

$$\lim_{k \to +\infty} \|\nabla f(\boldsymbol{x}_k)\| = 0$$

を導きます．また，式 (5.5) と式 (5.6)，および，式 (4.27) から，

$$\min_{k \in [0:K-1]} \|\nabla f(\boldsymbol{x}_k)\|^2 \leq \frac{1}{K} \sum_{k=0}^{K-1} \|\nabla f(\boldsymbol{x}_k)\|^2 \leq \frac{2(f(\boldsymbol{x}_0) - f_\star)}{(2 - L\alpha)\alpha} \frac{1}{K}$$

が成立します． □

　減少ステップサイズを利用した最急降下法の収束解析は，次の定理 5.1.2 のとおりです．

定理 5.1.2 ─── 減少ステップサイズを利用した最急降下法の大域的収束性

$f \in C_L^1(\mathbb{R}^d)$ は $\mathbb{R}^d$ で下に有界であるとし，∇f の Lipschitz 定数を $L > 0$ とします．ステップサイズの数列 $(\alpha_k)_{k \in \mathbb{N}}$ が，

$$\sum_{k=0}^{+\infty} \alpha_k = +\infty, \quad \sum_{k=0}^{+\infty} \alpha_k^2 < +\infty \tag{5.7}$$

を満たすならば，最急降下法（アルゴリズム 5.1）で生成される点列 $(\boldsymbol{x}_k)_{k \in \mathbb{N}}$ は，

$$\liminf_{k \to +\infty} \|\nabla f(\boldsymbol{x}_k)\| = 0$$

を満たします．また，0 に収束する単調減少数列 $(\alpha_k)_{k \in \mathbb{N}} \subset (0, 1)$ を利用する最急降下法（アルゴリズム 5.1）で生成される点列 $(\boldsymbol{x}_k)_{k \in \mathbb{N}}$ は，任意の整数 $K \geq 1$ に対して，

$$\min_{k \in [0:K-1]} \|\nabla f(\boldsymbol{x}_k)\|^2 \leq \frac{1}{K} \sum_{k=0}^{K-1} \|\nabla f(\boldsymbol{x}_k)\|^2$$

$$\leq \left\{ \frac{2(f(\boldsymbol{x}_0) - f_\star + L \sum_{k=0}^{k_0-1} \alpha_k^2 \|\nabla f(\boldsymbol{x}_k)\|^2)}{2 - L\alpha_{k_0}} + \sum_{k=0}^{k_0-1} \|\nabla f(\boldsymbol{x}_k)\|^2 \right\} \frac{1}{K\alpha_{K-1}}$$

を満たします．ただし，$k_0 \geq 1$ は K に依存しない番号であり，$f_\star$ は f の有限な下限値です．

$a > 0$ に対して，単調減少ステップサイズを

$$\alpha_k := \frac{1}{(k+1)^a} \tag{5.8}$$

と定義します．$a \in (1/2, 1]$ のとき，式 (5.7) を満たすので，定理 5.1.2 から，最急降下法は下極限の意味で大域的収束します（4.6 節の (G3)）．一方で，$a \in (0, 1)$ のとき，定理 5.1.2 から，

$$\|\nabla f(\boldsymbol{x}_{K'})\|^2 = \min_{k \in [0:K-1]} \|\nabla f(\boldsymbol{x}_k)\|^2 = O\left(\frac{1}{K^{1-a}}\right)$$

となります．よって，$a \in (1/2, 1)$ を設定すれば，最急降下法は大域的収束と最小二乗誤差の意味で収束率 $O(1/K^{1-a})$ が保証されます．

定理 5.1.1 の式 (5.4) や表 5.1 に見られるように，最急降下法の大域的収束性を保証するような定数ステップサイズは，Lipschitz 定数 L に依存しているので，定数ステップサイズの利用においては L を事前に計算する必要があります．その一方で，最急降下法の大域的収束性を保証するような減少ステップサイズは，式 (5.8) のように L に依存することなく設定できるので，事前に L を計算する必要はありません．また，直線探索のための Wolfe 条件 (4.17), (4.18) にはパラメータ c_1, c_2 の設定を事前に要求しますが，L の情報は利用しません（詳細は定理 5.1.3 を参照）．

定理 5.1.2 の証明． $(\alpha_k)_{k \in \mathbb{N}}$ は 0 に収束するので，ある番号 k_0 が存在して，任意の $k \geq k_0$ に対して，

$$\alpha_k < \frac{2}{L}$$

を満たします．補助定理 5.1.1 から，任意の $K \geq k_0 + 1$ に対して，

$$
\begin{aligned}
&\sum_{k=k_0}^{K-1} \alpha_k \left(1 - \frac{L\alpha_k}{2}\right) \|\nabla f(\boldsymbol{x}_k)\|^2 \\
&\leq f(\boldsymbol{x}_0) - f_\star - \sum_{k=0}^{k_0-1} \alpha_k \left(1 - \frac{L\alpha_k}{2}\right) \|\nabla f(\boldsymbol{x}_k)\|^2 < +\infty
\end{aligned}
\tag{5.9}
$$

が成立します．$\sum_{k=0}^{+\infty} \alpha_k = +\infty$ と $\sum_{k=0}^{+\infty} \alpha_k^2 < +\infty$ から，

$$\sum_{k=k_0}^{+\infty} \alpha_k \left(1 - \frac{L\alpha_k}{2}\right) = +\infty$$

なので，式 (5.9) と命題 4.3.1 から，

$$\liminf_{k \to +\infty} \|\nabla f(\boldsymbol{x}_k)\| = 0$$

が得られます．また，式 (5.9) と単調減少数列 $(\alpha_k)_{k \in \mathbb{N}} \subset (0, 1)$ から，

$$
\begin{aligned}
&\alpha_{K-1} \left(1 - \frac{L\alpha_{k_0}}{2}\right) \sum_{k=k_0}^{K-1} \|\nabla f(\boldsymbol{x}_k)\|^2 \\
&\leq f(\boldsymbol{x}_0) - f_\star + \sum_{k=0}^{k_0-1} \alpha_k \left(\frac{L\alpha_k}{2} - 1\right) \|\nabla f(\boldsymbol{x}_k)\|^2
\end{aligned}
$$

$$\leq f(\boldsymbol{x}_0) - f_\star + \sum_{k=0}^{k_0-1} L\alpha_k^2 \|\nabla f(\boldsymbol{x}_k)\|^2$$

なので,

$$\sum_{k=k_0}^{K-1} \|\nabla f(\boldsymbol{x}_k)\|^2 \leq \frac{2(f(\boldsymbol{x}_0) - f_\star + \sum_{k=0}^{k_0-1} L\alpha_k^2 \|\nabla f(\boldsymbol{x}_k)\|^2)}{2 - L\alpha_{k_0}} \frac{1}{\alpha_{K-1}}$$

が成立します. $\alpha_{K-1} < 1$ に注意して, 式 (4.27) から,

$$\min_{k \in [0:K-1]} \|\nabla f(\boldsymbol{x}_k)\|^2 \leq \frac{1}{K} \sum_{k=0}^{K-1} \|\nabla f(\boldsymbol{x}_k)\|^2$$

$$\leq \left\{ \frac{2(f(\boldsymbol{x}_0) - f_\star + \sum_{k=0}^{k_0-1} L\alpha_k^2 \|\nabla f(\boldsymbol{x}_k)\|^2)}{2 - L\alpha_{k_0}} + \sum_{k=0}^{k_0-1} \|\nabla f(\boldsymbol{x}_k)\|^2 \right\} \frac{1}{K\alpha_{K-1}}$$

を満たします. □

直線探索ステップサイズを利用した最急降下法の収束解析は, 次の定理 5.1.3 のとおりです.

定理 5.1.3 ── 直線探索ステップサイズを利用した最急降下法の大域的収束性

$f \in C_L^1(\mathbb{R}^d)$ は $\mathbb{R}^d$ で下に有界であるとします. ステップサイズの数列 $(\alpha_k)_{k \in \mathbb{N}}$ が式 (4.17) と式 (4.18) で定義される Wolfe 条件を満たすならば, 最急降下法（アルゴリズム 5.2）で生成される点列 $(\boldsymbol{x}_k)_{k \in \mathbb{N}}$ は有限回の反復で f の停留点に達するか, あるいは,

$$\lim_{k \to +\infty} \|\nabla f(\boldsymbol{x}_k)\| = 0$$

を満たします. さらに, 任意の整数 $K \geq 1$ に対して $\nabla f(\boldsymbol{x}_K) \neq \boldsymbol{0}$ のとき,

$$\min_{k \in [0:K-1]} \|\nabla f(\boldsymbol{x}_k)\|^2 \leq \frac{1}{K} \sum_{k=0}^{K-1} \|\nabla f(\boldsymbol{x}_k)\|^2 \leq \frac{L(f(\boldsymbol{x}_0) - f_\star)}{c_1(1 - c_2)K}$$

を満たします.

定理 5.1.3の証明. ある反復回数 k_0 が存在して $\nabla f(\boldsymbol{x}_{k_0}) = \boldsymbol{0}$ ならば，定理 5.1.3の結論を得ます．任意の $k \in \mathbb{N}$ に対して $\nabla f(\boldsymbol{x}_k) \neq \boldsymbol{0}$ とします．$\boldsymbol{d}_k := -\nabla f(\boldsymbol{x}_k) \ (\neq \boldsymbol{0}) \ (k \in \mathbb{N})$ をZoutendijkの定理（定理4.3.1）に適用すると，任意の整数 $K \geq 1$ に対して，

$$\sum_{k=0}^{K-1} \|\nabla f(\boldsymbol{x}_k)\|^2 = \sum_{k=0}^{K-1} \left(\frac{\langle \nabla f(\boldsymbol{x}_k), \boldsymbol{d}_k \rangle}{\|\boldsymbol{d}_k\|} \right)^2 \leq \frac{L(f(\boldsymbol{x}_0) - f_\star)}{c_1(1-c_2)} < +\infty \quad (5.10)$$

なので，式 (4.27) から，

$$\min_{k \in [0:K-1]} \|\nabla f(\boldsymbol{x}_k)\|^2 \leq \frac{1}{K}\sum_{k=0}^{K-1} \|\nabla f(\boldsymbol{x}_k)\|^2 \leq \frac{L(f(\boldsymbol{x}_0)-f_\star)}{c_1(1-c_2)}\frac{1}{K}$$

を得ます．式 (5.10) から

$$\sum_{k=0}^{+\infty} \|\nabla f(\boldsymbol{x}_k)\|^2 < +\infty$$

が得られるので，

$$\lim_{k \to +\infty} \|\nabla f(\boldsymbol{x}_k)\| = 0$$

が成立します． □

5.2 最急降下法（非Lipschitz連続勾配）

5.1 節では，勾配がLipschitz連続となる目的関数 f に関する最急降下法の性質について紹介しました．特に，定数ステップサイズの利用においては，Lipschitz連続勾配 ∇f のLipschitz定数 L を事前に計算する必要があります（表5.1，定理5.1.1）．命題2.2.5から，∇f が L–Lipschitz連続であることの必要十分条件は，

$$\forall \boldsymbol{x} \in \mathbb{R}^d \ \left(\|\nabla^2 f(\boldsymbol{x})\|_2 \leq L \right)$$

です．上記の不等式から，L の値を得るには，ユークリッド空間の全てのベクトル $\boldsymbol{x}$ に対して f のHesse行列のスペクトルノルムを計算する必要がありま

表5.2 ■ $f \in C^1(\mathbb{R}^d)$ の停留点を見つけるための最急降下法（非 Lipschitz 連続勾配）. 収束性の指標は $V_k := \langle \nabla f(\boldsymbol{x}_k), \boldsymbol{x}_k - \boldsymbol{x} \rangle$, 収束率は平均誤差 (5.11) に関する収束率であり, 収束性については $a \in (1/2, 1]$, 収束率については $a \in [1/2, 1)$ とする（ただし, $K \geq 1$）.

ステップ	降下性	収束性	収束率
定数 $(\alpha > 0)$	式 (4.8) $\langle \nabla f(\boldsymbol{x}_k), \boldsymbol{d}_k \rangle < 0$	定理 5.2.1 $\varlimsup_{k \to +\infty} V_k \leq O(\alpha)$	定理 5.2.1 $O\left(\dfrac{1}{K} + \alpha\right)$
減少 $(\alpha_k = (k+1)^{-a})$	式 (4.8) $\langle \nabla f(\boldsymbol{x}_k), \boldsymbol{d}_k \rangle < 0$	定理 5.2.2 $\varliminf_{k \to +\infty} V_k \leq 0$	定理 5.2.2 $O\left(\dfrac{1}{K^{\min\{a, 1-a\}}}\right)$

す. f が例 2.3.1 のような 2 次凸関数であれば正定値対称行列の最大固有値の計算で十分ですが, 一般に f は凸関数とは限らないため, Lipschitz 定数 L の事前計算は易しくないでしょう[*1].

本節では, 勾配が Lipschitz 連続ではない一般の連続的微分可能目的関数 f の停留点問題を考察します.

本節で示す定理の結果を**表5.2**にまとめます. 定数および減少ステップサイズを有する最急降下法は降下性を満たし, 減少ステップサイズの利用では, $V_k(\boldsymbol{x}) = V_k := \langle \nabla f(\boldsymbol{x}_k), \boldsymbol{x}_k - \boldsymbol{x} \rangle$ $(\boldsymbol{x} \in \mathbb{R}^d, k \in \mathbb{N})$ の指標の意味で大域的収束します (4.6 節の (G4)). 定数ステップサイズの利用では, 大域的収束の保証はありませんが, $\varlimsup V_k$ の上界が定数ステップサイズ α の定数倍であることが保証されます. よって, 小さい定数ステップサイズ（例えば, $\alpha = 10^{-2}, 10^{-3}$）の設定が, $\varlimsup V_k$ の上界を小さくする意味で望ましいことが示唆されます. さらに, 5.1 節（**表5.1**）の議論とは異なり, Lipschitz 定数 L に依存することなく定数ステップサイズ α を自由に設定することができます. また, アルゴリズムの停留点問題に関する平均誤差 (4.29), すなわち,

$$\frac{1}{K} \sum_{k=0}^{K-1} \langle \nabla f(\boldsymbol{x}_k), \boldsymbol{x}_k - \boldsymbol{x} \rangle \quad (\text{ただし}, K \geq 1) \tag{5.11}$$

の上界が, 減少ステップサイズ (5.8) の利用（$a = 1/2$）においては, $1/\sqrt{K}$ のオーダーとなることを示しています. 定数ステップサイズ α の利用において

[*1]　深層ニューラルネットワークに関する最適化での L の計算困難性は, 8.3 節を参照.

は，厳密には，平均誤差 (5.11) の上界が

$$\frac{\|\boldsymbol{x}_0 - \boldsymbol{x}\|^2}{2\alpha K} + \frac{G^2}{2}\alpha \tag{5.12}$$

となります（定理 5.2.1）．0 に十分近い定数ステップサイズ α（例えば，$\alpha = 10^{-10}$）を利用するとき，平均誤差 (5.11) の上界を小さくする（$\|\boldsymbol{x}_0 - \boldsymbol{x}\|^2/(2\alpha K)$ を小さくする）には，十分大きい反復回数 K を必要とします．とはいえ，K はできるだけ小さく抑えて f の停留点を近似することが理想なので，0 に十分近い定数ステップサイズの利用は適切ではないでしょう．実際，深層ニューラルネットワークの訓練では，$\alpha = 10^{-2}, 10^{-3}$ といった適度に小さいステップサイズが利用されています（8 章参照）．

5.1 節（表 5.1）では，勾配の Lipschitz 連続性や Lipschitz 定数 L を利用することで最急降下法の大域的収束性を示しました．具体的には，最急降下法の大域的収束性は，勾配の Lipschitz 連続性に基づいた補助定理 5.1.1 を用いて証明しました．特に，直線探索ステップサイズにおける最急降下法の収束性については，勾配の Lipschitz 連続性に基づいた Zoutendijk の定理（定理 4.3.1）から保証されます（定理 5.1.3 証明参照）．そのため，本節（非 Lipschitz 連続な勾配）では，定数および減少ステップサイズを利用した最急降下法の収束解析について示します．

次の補助定理 5.2.1 を用いて，本節の定理を示します．

補助定理 5.2.1

$f \in C^1(\mathbb{R}^d)$ とし，最急降下法（アルゴリズム 5.1）で生成される点列を $(\boldsymbol{x}_k)_{k \in \mathbb{N}}$ とします．このとき，任意の $\boldsymbol{x} \in \mathbb{R}^d$ と任意の整数 $K \geq 1$ に対して，

$$\sum_{k=0}^{K-1} \alpha_k \langle \nabla f(\boldsymbol{x}_k), \boldsymbol{x}_k - \boldsymbol{x} \rangle \leq \frac{1}{2}\|\boldsymbol{x}_0 - \boldsymbol{x}\|^2 + \frac{1}{2}\sum_{k=0}^{K-1} \alpha_k^2 \|\nabla f(\boldsymbol{x}_k)\|^2$$

および，

$$\frac{1}{K}\sum_{k=0}^{K-1} \langle \nabla f(\boldsymbol{x}_k), \boldsymbol{x}_k - \boldsymbol{x} \rangle$$

$$= \frac{1}{K}\sum_{k=0}^{K-1} \frac{1}{2\alpha_k}\left(\|\boldsymbol{x}_k - \boldsymbol{x}\|^2 - \|\boldsymbol{x}_{k+1} - \boldsymbol{x}\|^2\right) + \frac{1}{K}\sum_{k=0}^{K-1} \frac{\alpha_k}{2}\|\nabla f(\boldsymbol{x}_k)\|^2$$

が成立します.

補助定理 5.2.1 の証明. 式 (5.1) とノルムの展開（命題 2.1.1）から，任意の $\boldsymbol{x} \in \mathbb{R}^d$ と任意の $k \in \mathbb{N}$ に対して，

$$
\begin{aligned}
&\|\boldsymbol{x}_{k+1} - \boldsymbol{x}\|^2 \\
&= \|(\boldsymbol{x}_k - \boldsymbol{x}) - \alpha_k \nabla f(\boldsymbol{x}_k)\|^2 \\
&= \|\boldsymbol{x}_k - \boldsymbol{x}\|^2 - 2\langle \boldsymbol{x}_k - \boldsymbol{x}, \alpha_k \nabla f(\boldsymbol{x}_k)\rangle + \|\alpha_k \nabla f(\boldsymbol{x}_k)\|^2 \\
&= \|\boldsymbol{x}_k - \boldsymbol{x}\|^2 - 2\alpha_k \langle \boldsymbol{x}_k - \boldsymbol{x}, \nabla f(\boldsymbol{x}_k)\rangle + \alpha_k^2 \|\nabla f(\boldsymbol{x}_k)\|^2
\end{aligned}
\tag{5.13}
$$

が成立します. よって，

$$
\alpha_k \langle \boldsymbol{x}_k - \boldsymbol{x}, \nabla f(\boldsymbol{x}_k)\rangle = \frac{1}{2}\left(\|\boldsymbol{x}_k - \boldsymbol{x}\|^2 - \|\boldsymbol{x}_{k+1} - \boldsymbol{x}\|^2\right) + \frac{\alpha_k^2}{2}\|\nabla f(\boldsymbol{x}_k)\|^2
$$

$$
\langle \boldsymbol{x}_k - \boldsymbol{x}, \nabla f(\boldsymbol{x}_k)\rangle = \frac{1}{2\alpha_k}\left(\|\boldsymbol{x}_k - \boldsymbol{x}\|^2 - \|\boldsymbol{x}_{k+1} - \boldsymbol{x}\|^2\right) + \frac{\alpha_k}{2}\|\nabla f(\boldsymbol{x}_k)\|^2
$$

が成立します. 以上のことから，任意の $K \geq 1$ に対して，

$$
\sum_{k=0}^{K-1} \alpha_k \langle \boldsymbol{x}_k - \boldsymbol{x}, \nabla f(\boldsymbol{x}_k)\rangle \leq \frac{1}{2}\|\boldsymbol{x}_0 - \boldsymbol{x}\|^2 + \frac{1}{2}\sum_{k=0}^{K-1} \alpha_k^2 \|\nabla f(\boldsymbol{x}_k)\|^2
$$

および，

$$
\begin{aligned}
&\frac{1}{K}\sum_{k=0}^{K-1} \langle \boldsymbol{x}_k - \boldsymbol{x}, \nabla f(\boldsymbol{x}_k)\rangle \\
&= \frac{1}{K}\sum_{k=0}^{K-1} \frac{1}{2\alpha_k}\left(\|\boldsymbol{x}_k - \boldsymbol{x}\|^2 - \|\boldsymbol{x}_{k+1} - \boldsymbol{x}\|^2\right) + \frac{1}{K}\sum_{k=0}^{K-1} \frac{\alpha_k}{2}\|\nabla f(\boldsymbol{x}_k)\|^2
\end{aligned}
$$

が成立します. $\qquad\square$

定数ステップサイズを利用した最急降下法の収束解析は，次の定理 5.2.1 のとおりです.

> **定理5.2.1** ─ 定数ステップサイズを利用した最急降下法の収束解析 ─
>
> $f \in C^1(\mathbb{R}^d)$ とし，定数ステップサイズ $\alpha > 0$ を利用した最急降下法（アルゴリズム 5.1）で生成される点列 $(\boldsymbol{x}_k)_{k\in\mathbb{N}}$ を考察します．ある $G > 0$ が存在して，任意の $k \in \mathbb{N}$ に対して，$\|\nabla f(\boldsymbol{x}_k)\|^2 \leq G^2$ を満たすものとします[*2]．このとき，任意の $\boldsymbol{x} \in \mathbb{R}^d$ に対して，
>
> $$\liminf_{k\to+\infty}\langle\nabla f(\boldsymbol{x}_k),\boldsymbol{x}_k-\boldsymbol{x}\rangle \leq \frac{G^2}{2}\alpha$$
>
> および，任意の $\boldsymbol{x} \in \mathbb{R}^d$ と任意の整数 $K \geq 1$ に対して，
>
> $$\frac{1}{K}\sum_{k=0}^{K-1}\langle\nabla f(\boldsymbol{x}_k),\boldsymbol{x}_k-\boldsymbol{x}\rangle \leq \frac{\|\boldsymbol{x}_0-\boldsymbol{x}\|^2}{2\alpha K} + \frac{G^2}{2}\alpha$$
>
> を満たします．

定理 5.2.1 の証明. ある番号 $k_0 \in \mathbb{N}$ が存在して，$\nabla f(\boldsymbol{x}_{k_0}) = \boldsymbol{0}$ とすると，$\boldsymbol{x}_{k_0}$ が局所的最適解となります．そこで以下では，任意の $k \in \mathbb{N}$ に対して，$\nabla f(\boldsymbol{x}_k) \neq \boldsymbol{0}$ の場合を考えます．任意の $\varepsilon > 0$ と任意の $\boldsymbol{x} \in \mathbb{R}^d$ に対して，

$$\liminf_{k\to+\infty}\langle\boldsymbol{x}_k-\boldsymbol{x},\nabla f(\boldsymbol{x}_k)\rangle \leq \frac{G^2}{2}\alpha+\varepsilon \tag{5.14}$$

であることを，背理法を用いて証明します．いま，式 (5.14) が成立しない，すなわち，ある $\varepsilon_0 > 0$ とある $\bar{\boldsymbol{x}} \in \mathbb{R}^d$ が存在して，

$$\liminf_{k\to+\infty}\langle\boldsymbol{x}_k-\bar{\boldsymbol{x}},\nabla f(\boldsymbol{x}_k)\rangle > \frac{G^2}{2}\alpha+\varepsilon_0 \tag{5.15}$$

が成り立つと仮定します．下極限の性質（命題 2.1.7）から，ある番号 k_0 が存在して，任意の $k \geq k_0$ に対して，

$$\liminf_{k\to+\infty}\langle\boldsymbol{x}_k-\bar{\boldsymbol{x}},\nabla f(\boldsymbol{x}_k)\rangle - \frac{\varepsilon_0}{2} \leq \langle\boldsymbol{x}_k-\bar{\boldsymbol{x}},\nabla f(\boldsymbol{x}_k)\rangle$$

を満たすので，式 (5.15) から，任意の $k \geq k_0$ に対して，

[*2] $(\boldsymbol{x}_k)_{k\in\mathbb{N}}$ がある有界閉集合 C（例えば，中心 $\boldsymbol{c} \in \mathbb{R}^d$ と十分大きい半径 $r > 0$ からなる閉球 $C = \{\boldsymbol{x} \in \mathbb{R}^d : \|\boldsymbol{x}-\boldsymbol{c}\| \leq r\}$）に含まれるとき，$\nabla f$ の連続性から $\|\nabla f(\boldsymbol{x}_k)\|^2 \leq G^2$ となる $G > 0$ が存在します（点列の有界性は付録 A.3 を参照）．

$$\langle \boldsymbol{x}_k - \bar{\boldsymbol{x}}, \nabla f(\boldsymbol{x}_k)\rangle > \frac{G^2}{2}\alpha + \frac{\varepsilon_0}{2}$$

が成立します．定数ステップサイズ $\alpha_k := \alpha$，G の定義，および，式 (5.13) から，任意の $k \geq k_0$ に対して，

$$
\begin{aligned}
\|\boldsymbol{x}_{k+1} - \bar{\boldsymbol{x}}\|^2 &\leq \|\boldsymbol{x}_k - \bar{\boldsymbol{x}}\|^2 - 2\alpha\langle \boldsymbol{x}_k - \bar{\boldsymbol{x}}, \nabla f(\boldsymbol{x}_k)\rangle + G^2\alpha^2 \\
&< \|\boldsymbol{x}_k - \bar{\boldsymbol{x}}\|^2 - 2\alpha\left(\frac{G^2}{2}\alpha + \frac{\varepsilon_0}{2}\right) + G^2\alpha^2 \\
&= \|\boldsymbol{x}_k - \bar{\boldsymbol{x}}\|^2 - \alpha\varepsilon_0
\end{aligned}
$$

なので，

$$\|\boldsymbol{x}_{k+1} - \bar{\boldsymbol{x}}\|^2 < \|\boldsymbol{x}_{k_0} - \bar{\boldsymbol{x}}\|^2 - \alpha\varepsilon_0(k + 1 - k_0) \tag{5.16}$$

が任意の $k \geq k_0$ に対して成立します．k を発散させると，式 (5.16) の右辺は $-\infty$ に達しますが，式 (5.16) の左辺はノルムの性質 (N1) から常に 0 以上の値をとります．このことから，式 (5.15) により矛盾が生じたので，式 (5.14) が成り立つことになります．$\varepsilon > 0$ は任意なので，式 (5.14) は

$$\liminf_{k\to+\infty}\langle \boldsymbol{x}_k - \boldsymbol{x}, \nabla f(\boldsymbol{x}_k)\rangle \leq \frac{G^2}{2}\alpha$$

を導きます．さらに，定数ステップサイズ $\alpha_k := \alpha$，G の定義，および，補助定理 5.2.1 から，

$$
\begin{aligned}
\frac{1}{K}\sum_{k=0}^{K-1}\langle \boldsymbol{x}_k - \boldsymbol{x}, \nabla f(\boldsymbol{x}_k)\rangle &\leq \frac{1}{2\alpha K}\sum_{k=0}^{K-1}\left(\|\boldsymbol{x}_k - \boldsymbol{x}\|^2 - \|\boldsymbol{x}_{k+1} - \boldsymbol{x}\|^2\right) + \frac{G^2\alpha}{2} \\
&= \frac{1}{2\alpha K}\left(\|\boldsymbol{x}_0 - \boldsymbol{x}\|^2 - \|\boldsymbol{x}_K - \boldsymbol{x}\|^2\right) + \frac{G^2\alpha}{2} \\
&\leq \frac{\|\boldsymbol{x}_0 - \boldsymbol{x}\|^2}{2\alpha K} + \frac{G^2\alpha}{2}
\end{aligned}
$$

が任意の $\boldsymbol{x} \in \mathbb{R}^d$ と任意の $K \geq 1$ に対して成立します． $\qquad\square$

減少ステップサイズを利用した最急降下法の収束解析は，次の定理 5.2.2 のとおりです．

> **定理 5.2.2** ── 減少ステップサイズを利用した最急降下法の大域的収束性
>
> $f \in C^1(\mathbb{R}^d)$ として,
>
> $$\sum_{k=0}^{+\infty} \alpha_k = +\infty, \quad \sum_{k=0}^{+\infty} \alpha_k^2 < +\infty \qquad (5.17)$$
>
> を満たす減少ステップサイズの数列 $(\alpha_k)_{k \in \mathbb{N}}$ を利用した最急降下法 (アルゴリズム 5.1) で生成される点列 $(\boldsymbol{x}_k)_{k \in \mathbb{N}}$ を考察します. ある $G > 0$ が存在して, 任意の $k \in \mathbb{N}$ に対して, $\|\nabla f(\boldsymbol{x}_k)\|^2 \leq G^2$ を満たすものとします. このとき, 任意の $\boldsymbol{x} \in \mathbb{R}^d$ に対して,
>
> $$\liminf_{k \to +\infty} \langle \nabla f(\boldsymbol{x}_k), \boldsymbol{x}_k - \boldsymbol{x} \rangle \leq 0$$
>
> が成立します. さらに, $(\alpha_k)_{k \in \mathbb{N}}$ が単調減少のとき, 任意の $\boldsymbol{x} \in \mathbb{R}^d$ と任意の整数 $K \geq 1$ に対して,
>
> $$\frac{1}{K} \sum_{k=0}^{K-1} \langle \nabla f(\boldsymbol{x}_k), \boldsymbol{x}_k - \boldsymbol{x} \rangle \leq \frac{\mathrm{Dist}(\boldsymbol{x})}{2K\alpha_{K-1}} + \frac{G^2}{2K} \sum_{k=0}^{K-1} \alpha_k$$
>
> を満たします. ただし, $\mathrm{Dist}(\boldsymbol{x}) := \sup\{\|\boldsymbol{x}_k - \boldsymbol{x}\|^2 \colon k \in \mathbb{N}\} > 0$ とします[*3].

$a > 0$ に対して, ステップサイズを

$$\alpha_k := \frac{1}{(k+1)^a}$$

と定義します. $a \in (1/2, 1]$ のとき, 式 (5.17) を満たすので, 定理 5.2.2 から, 最急降下法は下極限の意味で大域的収束します (4.6 節の (G4)). 一方で, $a \in [1/2, 1)$ のとき,

$$\frac{1}{K} \sum_{k=0}^{K-1} \langle \nabla f(\boldsymbol{x}_k), \boldsymbol{x}_k - \boldsymbol{x} \rangle \leq \frac{\mathrm{Dist}(\boldsymbol{x})}{2} \frac{K^a}{K} + \frac{G^2}{2K} \sum_{k=0}^{K-1} \frac{1}{(k+1)^a}$$

$$\leq \frac{\mathrm{Dist}(\boldsymbol{x})}{2} \frac{1}{K^{1-a}} + \frac{G^2}{2K} \left(1 + \int_0^{K-1} \frac{1}{(t+1)^a} \mathrm{d}t \right)$$

[*3] 仮定 $\mathrm{Dist}(\boldsymbol{x}) > 0$ は点列 $(\boldsymbol{x}_k)_{k \in \mathbb{N}}$ の有界性を意味します (点列の有界性は付録 A.3 を参照).

$$\leq \frac{\mathrm{Dist}(\boldsymbol{x})}{2} \frac{1}{K^{1-a}} + \frac{G^2}{2(1-a)} \frac{K^{1-a}}{K}$$

$$= \frac{\mathrm{Dist}(\boldsymbol{x})}{2} \frac{1}{K^{1-a}} + \frac{G^2}{2(1-a)} \frac{1}{K^a}$$

つまり,

$$\frac{1}{K} \sum_{k=0}^{K-1} \langle \nabla f(\boldsymbol{x}_k), \boldsymbol{x}_k - \boldsymbol{x} \rangle \leq O\left(\frac{1}{K^{\min\{a, 1-a\}}} \right) \tag{5.18}$$

となります. $a = 1/2$, すなわち,

$$\alpha_k = \frac{1}{\sqrt{k+1}}$$

のとき, $\min\{a, 1-a\}$ が最大値 $1/2$ に達するので, 平均評価の収束率の意味で最も良いステップサイズのとり方であると考えられます. このとき, 任意の整数 $K \geq 1$ に対して, 最急降下法は

$$\frac{1}{K} \sum_{k=0}^{K-1} \langle \nabla f(\boldsymbol{x}_k), \boldsymbol{x}_k - \boldsymbol{x} \rangle \leq O\left(\frac{1}{\sqrt{K}} \right)$$

の収束率を有することが保証されます.

定理 5.2.2 の証明. 補助定理 5.2.1 と G の定義から, 任意の $\boldsymbol{x} \in \mathbb{R}^d$ と任意の整数 $K \geq 1$ に対して,

$$\sum_{k=0}^{K-1} \alpha_k \langle \boldsymbol{x}_k - \boldsymbol{x}, \nabla f(\boldsymbol{x}_k) \rangle \leq \frac{1}{2} \|\boldsymbol{x}_0 - \boldsymbol{x}\|^2 + \frac{G^2}{2} \sum_{k=0}^{K-1} \alpha_k^2$$

が成り立つので, $\sum_{k=0}^{+\infty} \alpha_k^2 < +\infty$ から,

$$\sum_{k=0}^{+\infty} \alpha_k \langle \boldsymbol{x}_k - \boldsymbol{x}, \nabla f(\boldsymbol{x}_k) \rangle \leq \frac{1}{2} \|\boldsymbol{x}_0 - \boldsymbol{x}\|^2 + \frac{G^2}{2} \sum_{k=0}^{+\infty} \alpha_k^2 < +\infty$$

を満たします. $\sum_{k=0}^{+\infty} \alpha_k = +\infty$ と命題 4.3.1 から, 任意の $\boldsymbol{x} \in \mathbb{R}^d$ に対して

$$\liminf_{k \to +\infty} \langle \boldsymbol{x}_k - \boldsymbol{x}, \nabla f(\boldsymbol{x}_k) \rangle \leq 0$$

となります. さらに, 補助定理 5.2.1 と G の定義から, 任意の $\boldsymbol{x} \in \mathbb{R}^d$ と任意の整数 $K \geq 1$ に対して,

$$\frac{1}{K} \sum_{k=0}^{K-1} \langle \boldsymbol{x}_k - \boldsymbol{x}, \nabla f(\boldsymbol{x}_k) \rangle$$

$$\leq \underbrace{\frac{1}{2K} \sum_{k=0}^{K-1} \frac{1}{\alpha_k} \left(\|\boldsymbol{x}_k - \boldsymbol{x}\|^2 - \|\boldsymbol{x}_{k+1} - \boldsymbol{x}\|^2 \right)}_{X_K(\boldsymbol{x})} + \frac{G^2}{2K} \sum_{k=0}^{K-1} \alpha_k$$

が成立します. $(\alpha_k)_{k \in \mathbb{N}}$ が単調減少であることから,

$$\frac{1}{\alpha_k} - \frac{1}{\alpha_{k-1}} \geq 0$$

が任意の $k \in \mathbb{N}$ に対して成立することに注意して,$\mathrm{Dist}(\boldsymbol{x})$ の定義から,

$$X_K(\boldsymbol{x}) = \frac{\|\boldsymbol{x}_0 - \boldsymbol{x}\|^2}{\alpha_0} + \sum_{k=1}^{K} \left(\frac{\|\boldsymbol{x}_k - \boldsymbol{x}\|^2}{\alpha_k} - \frac{\|\boldsymbol{x}_k - \boldsymbol{x}\|^2}{\alpha_{k-1}} \right) - \frac{\|\boldsymbol{x}_K - \boldsymbol{x}\|^2}{\alpha_{K-1}}$$

$$\leq \frac{\mathrm{Dist}(\boldsymbol{x})}{\alpha_0} + \mathrm{Dist}(\boldsymbol{x}) \sum_{k=1}^{K} \left(\frac{1}{\alpha_k} - \frac{1}{\alpha_{k-1}} \right)$$

$$= \frac{\mathrm{Dist}(\boldsymbol{x})}{\alpha_0} + \frac{\mathrm{Dist}(\boldsymbol{x})}{\alpha_{K-1}} - \frac{\mathrm{Dist}(\boldsymbol{x})}{\alpha_0}$$

$$= \frac{\mathrm{Dist}(\boldsymbol{x})}{\alpha_{K-1}}$$

となります. よって,任意の $\boldsymbol{x} \in \mathbb{R}^d$ と任意の整数 $K \geq 1$ に対して,

$$\frac{1}{K} \sum_{k=0}^{K-1} \langle \boldsymbol{x}_k - \boldsymbol{x}, \nabla f(\boldsymbol{x}_k) \rangle \leq \frac{\mathrm{Dist}(\boldsymbol{x})}{2K\alpha_{K-1}} + \frac{G^2}{2K} \sum_{k=0}^{K-1} \alpha_k$$

が成立します. □

5.3 Newton法

(S1) 【最適解近傍初期点】$\boldsymbol{x}_0 \in \mathbb{R}^d$

(S2) 【ステップサイズ】$\alpha_k = 1$ $(k \in \mathbb{N})$

(S3) 【探索方向】$\boldsymbol{d}_k := -(\nabla^2 f(\boldsymbol{x}_k))^{-1} \nabla f(\boldsymbol{x}_k)$ $(k \in \mathbb{N})$

を用いた勾配法 (4.2) である **Newton法** (Newton's method)

$$\boldsymbol{x}_{k+1} = \boldsymbol{x}_k + \alpha_k \boldsymbol{d}_k = \boldsymbol{x}_k - (\nabla^2 f(\boldsymbol{x}_k))^{-1} \nabla f(\boldsymbol{x}_k) \quad (k \in \mathbb{N})$$

について考察します．最急降下法 (5.1 節, 5.2 節) は，任意の初期点に対して収束が保証される大域的収束性を有します．一方で，Newton 法は設定 (S1) に見られるように，初期点を最適解の近くに選ぶ必要があります．よって，Newton 法は局所的収束性（4.6 節）が保証されます．また，設定 (S2) に見られるように，Newton 法は定数ステップサイズ $\alpha_k = 1$ を利用することが可能です．なお，後述しますが，直線探索を用いたステップサイズを利用することも可能です．

　設定 (S3) にある探索方向 $\boldsymbol{d}_k$ の導出は以下のとおりです．$f \in C^2(\mathbb{R}^d)$ とし，$\boldsymbol{x}_k \in \mathbb{R}^d$ とします．命題 2.2.4 (Taylor の定理) を利用して，$f(\boldsymbol{x})$ を $\boldsymbol{x}_k$ のまわりで，次のように近似します．任意の $\boldsymbol{x} \in \mathbb{R}^d$ に対して，

$$f(\boldsymbol{x}) = f(\boldsymbol{x}_k) + \langle \nabla f(\boldsymbol{x}_k), \boldsymbol{x} - \boldsymbol{x}_k \rangle_2$$
$$+ \frac{1}{2}\langle \boldsymbol{x} - \boldsymbol{x}_k, \nabla^2 f(\tau \boldsymbol{x} + (1-\tau)\boldsymbol{x}_k)(\boldsymbol{x} - \boldsymbol{x}_k)\rangle_2$$
$$\approx f(\boldsymbol{x}_k) + \langle \nabla f(\boldsymbol{x}_k), \boldsymbol{x} - \boldsymbol{x}_k \rangle_2 + \frac{1}{2}\langle \boldsymbol{x} - \boldsymbol{x}_k, \nabla^2 f(\boldsymbol{x}_k)(\boldsymbol{x} - \boldsymbol{x}_k)\rangle_2$$

さらに，$\boldsymbol{d} := \boldsymbol{x} - \boldsymbol{x}_k$ とおき，任意の $\boldsymbol{d} \in \mathbb{R}^d$ に対して，関数 $q_k \colon \mathbb{R}^d \to \mathbb{R}$ を

$$q_k(\boldsymbol{d}) := f(\boldsymbol{x}_k) + \langle \nabla f(\boldsymbol{x}_k), \boldsymbol{d}\rangle_2 + \frac{1}{2}\langle \boldsymbol{d}, \nabla^2 f(\boldsymbol{x}_k)\boldsymbol{d}\rangle_2 \tag{5.19}$$

と定義します．関数 f を最小化することが目標であることを踏まえ，f の近似関数 q_k を最小化することを考えます．ここで，$\nabla^2 f(\boldsymbol{x}_k) \in \mathbb{S}^d_{++}$ と仮定すると，例 2.3.1 から，q_k は凸関数となります．このとき，命題 3.2.1(2) から，凸関数 q_k の大域的最適解 $\boldsymbol{d}_k$ は $\nabla q_k(\boldsymbol{d}) = \boldsymbol{0}$ を満たすベクトル $\boldsymbol{d}$ なので，式 (2.26) を用いて，

$$\nabla q_k(\boldsymbol{d}) = \nabla f(\boldsymbol{x}_k) + \nabla^2 f(\boldsymbol{x}_k)\boldsymbol{d} = \boldsymbol{0}$$

すなわち，

$$\boldsymbol{d}_k = -(\nabla^2 f(\boldsymbol{x}_k))^{-1}\nabla f(\boldsymbol{x}_k) \tag{5.20}$$

となります．ただし，仮定 $\nabla^2 f(\boldsymbol{x}_k) \in \mathbb{S}^d_{++}$ のもとでは，その逆行列も正定値，つまり，$(\nabla^2 f(\boldsymbol{x}_k))^{-1} \in \mathbb{S}^d_{++}$ であることに注意します．

　反復回数 k において f の停留点に達していない，つまり，$\nabla f(\boldsymbol{x}_k) \neq \boldsymbol{0}$ とします．そのとき，反復回数 k における探索方向 $\boldsymbol{d}_k = -(\nabla^2 f(\boldsymbol{x}_k))^{-1}\nabla f(\boldsymbol{x}_k)$

は，仮定 $\nabla^2 f(\boldsymbol{x}_k) \in \mathbb{S}^d_{++}$ のもとでは，

$$\langle \nabla f(\boldsymbol{x}_k), \boldsymbol{d}_k \rangle_2 = -\left\langle \nabla f(\boldsymbol{x}_k), (\nabla^2 f(\boldsymbol{x}_k))^{-1} \nabla f(\boldsymbol{x}_k) \right\rangle_2 < 0 \qquad (5.21)$$

となるので，探索方向 $\boldsymbol{d}_k = -(\nabla^2 f(\boldsymbol{x}_k))^{-1} \nabla f(\boldsymbol{x}_k)$ は式 (4.4) を満たす降下方向になります．4.3.3 項で述べたように，降下方向を有する勾配法は直線探索ステップサイズを利用することが可能なので，仮定 $\nabla^2 f(\boldsymbol{x}_k) \in \mathbb{S}^d_{++}$ のもとでは，Newton 法も直線探索ステップサイズを利用することができます．探索方向 $\boldsymbol{d}_k = -(\nabla^2 f(\boldsymbol{x}_k))^{-1} \nabla f(\boldsymbol{x}_k)$ は降下方向なので，最急降下法と同様に，$f \in C^2(\mathbb{R}^d)$ の停留点 (3.3)，つまり，

$$\nabla f(\boldsymbol{x}^\star) = \boldsymbol{0}$$

を満たす $\boldsymbol{x}^\star \in \mathbb{R}^d$ を見つけることが，Newton 法の目標となります．

　設定 (S2) で定義した定数ステップサイズ $\alpha_k = 1$ のときの Newton 法を，アルゴリズム 5.3 に示します．

アルゴリズム 5.3 ■ Newton 法

Require: $\boldsymbol{x}_0 \in \mathbb{R}^d$ （初期点の設定）
Ensure: $\boldsymbol{x}_K$ （停止条件を満たすベクトル）
1: $k \leftarrow 0$
2: **repeat**
3: 　$\nabla^2 f(\boldsymbol{x}_k) \boldsymbol{d}_k = -\nabla f(\boldsymbol{x}_k)$
4: 　$\boldsymbol{x}_{k+1} := \boldsymbol{x}_k + \boldsymbol{d}_k$
5: 　$k \leftarrow k + 1$
6: **until** 停止条件 (5.2) を満たす

　表 5.3 を用いて，本節で示す Newton 法の収束性と 5.1 節で示した最急降下法の収束性を比較します．

表5.3 ■ $f \in C_L^2(\mathbb{R}^d)$ の停留点を見つけるための最急降下法とNewton法の比較. 大域的収束性を有する最急降下法とは対照的に，Newton法は定数ステップサイズ1を利用可能で局所的2次収束性を有する（ただし，$c > 0$, $K' \geq 1$ は最小二乗誤差(5.3)を満たす自然数，$K \geq 1$）.

アルゴリズム	収束性	収束率
最急降下法	大域的収束性	定理 5.1.1
($\alpha_k = O(L^{-1})$)	$\displaystyle\lim_{k \to +\infty} \|\nabla f(\boldsymbol{x}_k)\| = 0$	$\|\nabla f(\boldsymbol{x}_{K'})\|^2 = O\left(\dfrac{1}{K}\right)$
Newton法	局所的収束性	定理 5.3.1（2次収束性）
($\alpha_k = 1$)	$\displaystyle\lim_{k \to +\infty} \|\nabla f(\boldsymbol{x}_k)\|_2 = 0$	$\|\nabla f(\boldsymbol{x}_{K+1})\|_2 \leq c\|\nabla f(\boldsymbol{x}_K)\|_2^2$

　最急降下法において定数ステップサイズを利用する場合，大域的収束性を保証するには勾配のLipschitz定数Lの情報を活用します．一方で，Newton法は常に1の定数ステップサイズを利用することが可能なので，ステップサイズの（複雑な）調整を必要としません．

　Newton法は2回連続的微分可能な目的関数を最小化するための反復法なので，ユークリッドノルム$\|\cdot\|_2$に基づいた収束性を議論します（2回連続的微分可能性については2.2節参照）．最急降下法は，任意の$K \geq 1$に対して，

$$\|\nabla f(\boldsymbol{x}_{K'})\| = \min_{k \in [0:K-1]} \|\nabla f(\boldsymbol{x}_k)\| = O\left(\frac{1}{\sqrt{K}}\right)$$

つまり，$1/\sqrt{K}$の収束速度でfの停留点に収束します．Newton法は局所的収束ではありますが，2次収束性という高速収束性を有します．実際には，局所的収束性（初期点$\boldsymbol{x}_0$での勾配ノルム$\varepsilon := \|\nabla f(\boldsymbol{x}_0)\|_2$が小さいこと）を考慮すると，

$$\|\nabla f(\boldsymbol{x}_1)\|_2 \leq c\|\nabla f(\boldsymbol{x}_0)\|_2^2 = c\varepsilon^2$$

から，ただ1回の反復でfの停留点に近づくことがわかります．このように，目的関数の2階微分（Hesse行列）の情報を取り入れることにより，Newton法の高速収束性が得られます．

　Newton法の収束解析は，次の定理5.3.1のとおりです．

> **定理 5.3.1** ─ Newton 法の局所的 2 次収束性 ─
>
> $f \in C^2(\mathbb{R}^d)$ とし，$\nabla^2 f$ は Lipschitz 連続であるとします．また，f の停留点 $\boldsymbol{x}^\star \in \mathbb{R}^d$ に対し，$\nabla^2 f(\boldsymbol{x}^\star) \in \mathbb{S}^d_{++}$ とします．このとき，初期点 $\boldsymbol{x}_0$ を $\boldsymbol{x}^\star$ の十分近くに選ぶことができれば，つまり，十分小さい $\varepsilon > 0$ が存在して $\boldsymbol{x}_0 \in N_2(\boldsymbol{x}^\star; \varepsilon)$ ならば，Newton 法（アルゴリズム 5.3）で生成される点列 $(\boldsymbol{x}_k)_{k \in \mathbb{N}}$ は，
>
> $$\lim_{k \to +\infty} \|\boldsymbol{x}_k - \boldsymbol{x}^\star\|_2 = 0, \quad \lim_{k \to +\infty} \|\nabla f(\boldsymbol{x}_k)\|_2 = 0$$
>
> および，ある正定数 q_1 と q_2 が存在して任意の $k \in \mathbb{N}$ に対して，
>
> $$\|\boldsymbol{x}_{k+1} - \boldsymbol{x}^\star\|_2 \le q_1 \|\boldsymbol{x}_k - \boldsymbol{x}^\star\|_2^2, \quad \|\nabla f(\boldsymbol{x}_{k+1})\|_2 \le q_2 \|\nabla f(\boldsymbol{x}_k)\|_2^2$$
>
> を満たします．

定理 5.3.1 の証明． $\nabla^2 f$ の Lipschitz 定数を $L > 0$ とします．このとき，$\nabla^2 f(\boldsymbol{x}^\star) \in \mathbb{S}^d_{++}$ から，

$$\left\|(\nabla^2 f(\boldsymbol{x}^\star))^{-1}\right\|_2 L\varepsilon \le \frac{1}{2} \tag{5.22}$$

を満たす $\varepsilon > 0$ が存在します．仮定から，$\boldsymbol{x}_0 \in N_2(\boldsymbol{x}^\star; \varepsilon)$ とします．

$$\forall k \in \mathbb{N} \ (\boldsymbol{x}_k \in N_2(\boldsymbol{x}^\star; \varepsilon)) \tag{5.23}$$

を数学的帰納法を用いて示します．ある番号 k に対して，$\boldsymbol{x}_k \in N_2(\boldsymbol{x}^\star; \varepsilon)$ とします．このとき，誘導ノルムの劣乗法性 (2.12)，$\nabla^2 f$ の Lipschitz 連続性，$\boldsymbol{x}_k \in N_2(\boldsymbol{x}^\star; \varepsilon)$，および，式 (5.22) から，

$$\begin{aligned}
&\left\|(\nabla^2 f(\boldsymbol{x}^\star))^{-1} \left(\nabla^2 f(\boldsymbol{x}_k) - \nabla^2 f(\boldsymbol{x}^\star)\right)\right\|_2 \\
&\le \left\|(\nabla^2 f(\boldsymbol{x}^\star))^{-1}\right\|_2 \left\|\nabla^2 f(\boldsymbol{x}_k) - \nabla^2 f(\boldsymbol{x}^\star)\right\|_2 \\
&\le \left\|(\nabla^2 f(\boldsymbol{x}^\star))^{-1}\right\|_2 L \left\|\boldsymbol{x}_k - \boldsymbol{x}^\star\right\|_2 \\
&\le \left\|(\nabla^2 f(\boldsymbol{x}^\star))^{-1}\right\|_2 L\varepsilon \\
&\le \frac{1}{2}
\end{aligned} \tag{5.24}$$

が成立します．よって，命題 A.3.2 から，$\nabla^2 f(\boldsymbol{x}_k)$ は正則となり，$\boldsymbol{x}_{k+1} = \boldsymbol{x}_k - (\nabla^2 f(\boldsymbol{x}_k))^{-1}\nabla f(\boldsymbol{x}_k)$ が定義できます．さらに，命題 A.3.2 と式 (5.24)

から，

$$\left\|(\nabla^2 f(\boldsymbol{x}_k))^{-1}\right\|_2 \le \frac{\left\|(\nabla^2 f(\boldsymbol{x}^\star))^{-1}\right\|_2}{1 - \left\|(\nabla^2 f(\boldsymbol{x}^\star))^{-1}\left(\nabla^2 f(\boldsymbol{x}_k) - \nabla^2 f(\boldsymbol{x}^\star)\right)\right\|_2} \quad (5.25)$$
$$\le 2 \left\|(\nabla^2 f(\boldsymbol{x}^\star))^{-1}\right\|_2$$

が成立します．誘導ノルムの定義 (2.10) と式 (5.25) から，

$$\begin{aligned}\|\boldsymbol{x}_{k+1} - \boldsymbol{x}^\star\|_2 &= \left\|(\nabla^2 f(\boldsymbol{x}_k))^{-1}\nabla f(\boldsymbol{x}_k) - (\boldsymbol{x}_k - \boldsymbol{x}^\star)\right\|_2 \\ &= \left\|(\nabla^2 f(\boldsymbol{x}_k))^{-1}\left\{\nabla f(\boldsymbol{x}_k) - \nabla^2 f(\boldsymbol{x}_k)(\boldsymbol{x}_k - \boldsymbol{x}^\star)\right\}\right\|_2 \\ &\le \left\|(\nabla^2 f(\boldsymbol{x}_k))^{-1}\right\|_2 \left\|\nabla f(\boldsymbol{x}_k) - \nabla^2 f(\boldsymbol{x}_k)(\boldsymbol{x}_k - \boldsymbol{x}^\star)\right\|_2 \\ &\le 2\left\|(\nabla^2 f(\boldsymbol{x}^\star))^{-1}\right\|_2 \underbrace{\left\|\nabla f(\boldsymbol{x}_k) - \nabla^2 f(\boldsymbol{x}_k)(\boldsymbol{x}_k - \boldsymbol{x}^\star)\right\|_2}_{N_k(\boldsymbol{x}^\star)}\end{aligned}$$

を満たします．ここで，$\boldsymbol{x}^\star$ が f の停留点，つまり，$\nabla f(\boldsymbol{x}^\star) = \boldsymbol{0}$ であることと，Taylor の定理（命題 2.2.4），式 (2.10) を利用すると

$$\begin{aligned}N_k(\boldsymbol{x}^\star) &= \left\|\nabla f(\boldsymbol{x}_k) - \nabla f(\boldsymbol{x}^\star) - \nabla^2 f(\boldsymbol{x}_k)(\boldsymbol{x}_k - \boldsymbol{x}^\star)\right\|_2 \\ &= \left\|\int_0^1 \nabla^2 f(t\boldsymbol{x}_k + (1-t)\boldsymbol{x}^\star)(\boldsymbol{x}_k - \boldsymbol{x}^\star)\mathrm{d}t - \nabla^2 f(\boldsymbol{x}_k)(\boldsymbol{x}_k - \boldsymbol{x}^\star)\right\|_2 \\ &= \left\|\int_0^1 \left\{\nabla^2 f(t\boldsymbol{x}_k + (1-t)\boldsymbol{x}^\star) - \nabla^2 f(\boldsymbol{x}_k)\right\}(\boldsymbol{x}_k - \boldsymbol{x}^\star)\mathrm{d}t\right\|_2 \\ &\le \int_0^1 \left\|\nabla^2 f(t\boldsymbol{x}_k + (1-t)\boldsymbol{x}^\star) - \nabla^2 f(\boldsymbol{x}_k)\right\|_2 \|\boldsymbol{x}_k - \boldsymbol{x}^\star\|_2\, \mathrm{d}t\end{aligned}$$

が成立します．さらに，$\nabla^2 f$ が L–Lipschitz 連続であることから，

$$N_k(\boldsymbol{x}^\star) \le L\|\boldsymbol{x}_k - \boldsymbol{x}^\star\|_2^2 \int_0^1 (1-t)\mathrm{d}t = \frac{L}{2}\|\boldsymbol{x}_k - \boldsymbol{x}^\star\|_2^2$$

となります．よって，

$$\begin{aligned}\|\boldsymbol{x}_{k+1} - \boldsymbol{x}^\star\|_2 &\le 2\left\|(\nabla^2 f(\boldsymbol{x}^\star))^{-1}\right\|_2 N_k(\boldsymbol{x}^\star) \\ &\le \underbrace{L\left\|(\nabla^2 f(\boldsymbol{x}^\star))^{-1}\right\|_2}_{q_1}\|\boldsymbol{x}_k - \boldsymbol{x}^\star\|_2^2\end{aligned}$$

を満たします．さらに，$\boldsymbol{x}_k \in N_2(\boldsymbol{x}^\star;\varepsilon)$ と式 (5.22) から，

$$\|\boldsymbol{x}_{k+1} - \boldsymbol{x}^\star\|_2 \le \left\|(\nabla^2 f(\boldsymbol{x}^\star))^{-1}\right\|_2 L\varepsilon\|\boldsymbol{x}_k - \boldsymbol{x}^\star\|_2 \le \frac{1}{2}\|\boldsymbol{x}_k - \boldsymbol{x}^\star\|_2 < \varepsilon$$

が成立します．よって，数学的帰納法により，式 (5.23) が成立します．以上により，任意の $k \in \mathbb{N}$ に対して，

$$\|\boldsymbol{x}_{k+1} - \boldsymbol{x}^\star\|_2 \leq q_1 \|\boldsymbol{x}_k - \boldsymbol{x}^\star\|_2^2$$

$$\|\boldsymbol{x}_{k+1} - \boldsymbol{x}^\star\|_2 \leq \frac{1}{2} \|\boldsymbol{x}_k - \boldsymbol{x}^\star\|_2 \leq \frac{1}{2^{k+1}} \|\boldsymbol{x}_0 - \boldsymbol{x}^\star\|_2$$

が成立します．また，k を発散させることで，

$$\lim_{k \to +\infty} \|\boldsymbol{x}_k - \boldsymbol{x}^\star\|_2 = 0 \tag{5.26}$$

を得ます．

$\nabla^2 f(\boldsymbol{x}_k)\boldsymbol{d}_k + \nabla f(\boldsymbol{x}_k) = \boldsymbol{0}$ と Taylor の定理（命題 2.2.4）から，任意の $k \in \mathbb{N}$ に対して，

$$\nabla f(\boldsymbol{x}_{k+1}) = \nabla f(\boldsymbol{x}_{k+1}) - \nabla f(\boldsymbol{x}_k) - \nabla^2 f(\boldsymbol{x}_k)\boldsymbol{d}_k$$

$$= \int_0^1 \nabla^2 f(t\boldsymbol{x}_{k+1} + (1-t)\boldsymbol{x}_k)(\boldsymbol{x}_{k+1} - \boldsymbol{x}_k)\mathrm{d}t - \nabla^2 f(\boldsymbol{x}_k)\boldsymbol{d}_k$$

が成立します．$\boldsymbol{x}_{k+1} = \boldsymbol{x}_k + \boldsymbol{d}_k$ と式 (2.10)，さらに $\nabla^2 f$ の L–Lipschitz 連続性から，

$$\|\nabla f(\boldsymbol{x}_{k+1})\|_2 = \left\| \int_0^1 \nabla^2 f(t\boldsymbol{x}_{k+1} + (1-t)\boldsymbol{x}_k)\boldsymbol{d}_k\mathrm{d}t - \nabla^2 f(\boldsymbol{x}_k)\boldsymbol{d}_k \right\|_2$$

$$= \left\| \int_0^1 \left\{ \nabla^2 f(t\boldsymbol{x}_{k+1} + (1-t)\boldsymbol{x}_k) - \nabla^2 f(\boldsymbol{x}_k) \right\} \boldsymbol{d}_k\mathrm{d}t \right\|_2$$

$$\leq \int_0^1 \left\| \nabla^2 f(t\boldsymbol{x}_{k+1} + (1-t)\boldsymbol{x}_k) - \nabla^2 f(\boldsymbol{x}_k) \right\|_2 \|\boldsymbol{d}_k\|_2 \,\mathrm{d}t$$

$$\leq L \|\boldsymbol{d}_k\|_2^2 \int_0^1 t\mathrm{d}t = \frac{L}{2} \|\boldsymbol{d}_k\|_2^2 \tag{5.27}$$

を満たします．$\boldsymbol{d}_k = \boldsymbol{x}_{k+1} - \boldsymbol{x}_k$ と三角不等式 (N3) から，任意の $k \in \mathbb{N}$ に対して，

$$\|\boldsymbol{d}_k\|_2 = \|(\boldsymbol{x}_{k+1} - \boldsymbol{x}^\star) + (\boldsymbol{x}^\star - \boldsymbol{x}_k)\|_2 \leq \|\boldsymbol{x}_{k+1} - \boldsymbol{x}^\star\|_2 + \|\boldsymbol{x}^\star - \boldsymbol{x}_k\|_2$$

なので，式 (5.26) から，

$$\lim_{k \to +\infty} \|\boldsymbol{d}_k\|_2 = 0$$

が成立します．よって，式 (5.27) から，

$$\lim_{k \to +\infty} \|\nabla f(\boldsymbol{x}_k)\|_2 = 0$$

となります．$\boldsymbol{d}_k = -(\nabla^2 f(\boldsymbol{x}_k))^{-1} \nabla f(\boldsymbol{x}_k)$，式 (5.25)，および，式 (5.27) から，

$$\|\nabla f(\boldsymbol{x}_{k+1})\|_2 \leq \frac{L}{2} \left\| (\nabla^2 f(\boldsymbol{x}_k))^{-1} \right\|_2^2 \|\nabla f(\boldsymbol{x}_k)\|_2^2$$

$$\leq \underbrace{2L \left\| (\nabla^2 f(\boldsymbol{x}^\star))^{-1} \right\|_2^2}_{q_2} \|\nabla f(\boldsymbol{x}_k)\|_2^2$$

が任意の $k \in \mathbb{N}$ に対して成立します． □

5.4 準Newton法

(S1) 【任意初期点】$\boldsymbol{x}_0 \in \mathbb{R}^d$

(S2) 【ステップサイズ】$\alpha_k > 0$ $(k \in \mathbb{N})$

(S3) 【探索方向】$\boldsymbol{d}_k := -B_k^{-1} \nabla f(\boldsymbol{x}_k)$ $(k \in \mathbb{N})$ （ただし，$B_k \in \mathbb{S}_{++}^d$）

を用いた勾配法 (4.2) である**準Newton法** (quasi-Newton methods)

$$\boldsymbol{x}_{k+1} = \boldsymbol{x}_k + \alpha_k \boldsymbol{d}_k = \boldsymbol{x}_k - \alpha_k B_k^{-1} \nabla f(\boldsymbol{x}_k) \quad (k \in \mathbb{N})$$

について考察します．Newton法（5.3 節）では，生成される探索方向

$$\boldsymbol{d}_k^{\mathrm{N}} = -(\nabla^2 f(\boldsymbol{x}_k))^{-1} \nabla f(\boldsymbol{x}_k)$$

が式 (5.21) を満足するような降下方向を生成し，結果として，Newton法が局所的2次収束するには，近似解 $\boldsymbol{x}_k$ が常に f の停留点 $\boldsymbol{x}^\star$ の十分近くにあることが必要であり，さらに，仮定 $\nabla^2 f(\boldsymbol{x}^\star) \in \mathbb{S}_{++}^d$ と $\nabla^2 f$ の連続性[*4]から

$$\forall k \in \mathbb{N} \; (\nabla^2 f(\boldsymbol{x}_k) \in \mathbb{S}_{++}^d)$$

が必要です（詳細は定理 5.3.1 の証明を参照）．しかしながら，一般の目的関数 f に対する Hesse 行列 $\nabla^2 f(\boldsymbol{x})$ の正定値性は保証されません．その一方で，

[*4] 付録 B 演習問題解答例 3.2(4) も参照.

Newton法の高速収束性に見られるように，目的関数の2階微分（Hesse行列）の情報をアルゴリズムに取り入れることができれば高速収束性が期待できます．準Newton法では，設定 (S3) に見られるように，$B_k \in \mathbb{S}_{++}^d$ を利用します．この B_k は

$$\nabla^2 f(\boldsymbol{x}_k) \approx B_k \in \mathbb{S}_{++}^d$$
$$\boldsymbol{d}_k^{\mathrm{N}} = -(\nabla^2 f(\boldsymbol{x}_k))^{-1}\nabla f(\boldsymbol{x}_k) \approx \boldsymbol{d}_k = -B_k^{-1}\nabla f(\boldsymbol{x}_k)$$

を満たすような，Hesse行列 $\nabla^2 f(\boldsymbol{x}_k)$ を近似するものです．

ある反復回数 $k \in \mathbb{N}$ において，$\nabla^2 f(\boldsymbol{x}_k) \approx B_k \in \mathbb{S}_{++}^d$ が満たされるときに，反復回数 $k+1$ での B_{k+1} が満たすべき条件について考察します．式 (5.19) で定義された f の近似関数 q_k と $\nabla^2 f(\boldsymbol{x}_k) \approx B_k \in \mathbb{S}_{++}^d$ を用いて，任意の $\boldsymbol{d} \in \mathbb{R}^d$ に対して

$$\begin{aligned}
q_k(\boldsymbol{d}) &:= f(\boldsymbol{x}_k) + \langle \nabla f(\boldsymbol{x}_k), \boldsymbol{d} \rangle_2 + \frac{1}{2}\langle \boldsymbol{d}, \nabla^2 f(\boldsymbol{x}_k)\boldsymbol{d} \rangle_2 \\
&\approx f(\boldsymbol{x}_k) + \langle \nabla f(\boldsymbol{x}_k), \boldsymbol{d} \rangle_2 + \frac{1}{2}\langle \boldsymbol{d}, B_k\boldsymbol{d} \rangle_2 =: \tilde{q}_k(\boldsymbol{d})
\end{aligned} \tag{5.28}$$

となる f の近似関数 $\tilde{q}_k$ を定義します．$B_k \in \mathbb{S}_{++}^d$ なので，例 2.3.1 から，$\tilde{q}_k$ は凸関数となります．よって，Newton法の探索方向 (5.20) を得る過程と同様の議論により，

$$\boldsymbol{d}_k = -B_k^{-1}\nabla f(\boldsymbol{x}_k)$$

が凸関数 $\tilde{q}_k$ の大域的最適解となります．ここで，反復回数 k において f の停留点に達していない，つまり，$\nabla f(\boldsymbol{x}_k) \neq \boldsymbol{0}$ とします．そのとき，反復回数 k における探索方向 $\boldsymbol{d}_k = -B_k^{-1}\nabla f(\boldsymbol{x}_k)$ は，仮定 $B_k \in \mathbb{S}_{++}^d$ から，

$$\langle \nabla f(\boldsymbol{x}_k), \boldsymbol{d}_k \rangle_2 = -\left\langle \nabla f(\boldsymbol{x}_k), B_k^{-1}\nabla f(\boldsymbol{x}_k) \right\rangle_2 < 0 \tag{5.29}$$

となるので，探索方向 $\boldsymbol{d}_k = -B_k^{-1}\nabla f(\boldsymbol{x}_k)$ は式 (4.4) を満たす降下方向になります．降下方向を有する勾配法は直線探索ステップサイズ α_k を利用することが可能（4.3 節参照）なので，

$$\boldsymbol{x}_{k+1} := \boldsymbol{x}_k + \alpha_k\boldsymbol{d}_k = \boldsymbol{x}_k - \alpha_k B_k^{-1}\nabla f(\boldsymbol{x}_k)$$

を $k+1$ 回目の近似解と定義できます．式 (5.28) で定義した f の近似関数 $\tilde{q}_k$ から，任意の $\boldsymbol{d} \in \mathbb{R}^d$ に対して

$$\tilde{q}_{k+1}(\boldsymbol{d}) = f(\boldsymbol{x}_{k+1}) + \langle \nabla f(\boldsymbol{x}_{k+1}), \boldsymbol{d} \rangle_2 + \frac{1}{2} \langle \boldsymbol{d}, B_{k+1} \boldsymbol{d} \rangle_2$$

なので，$B_{k+1} \in \mathbb{S}^d$ を仮定すると，$\nabla \tilde{q}_{k+1}(\boldsymbol{d}) = \nabla f(\boldsymbol{x}_{k+1}) + B_{k+1} \boldsymbol{d}$ が成立します．よって，

$$\nabla \tilde{q}_{k+1}(\boldsymbol{x}_k - \boldsymbol{x}_{k+1}) = \nabla \tilde{q}_{k+1}(-\alpha_k \boldsymbol{d}_k)$$
$$= \nabla f(\boldsymbol{x}_{k+1}) - B_{k+1}(\alpha_k \boldsymbol{d}_k) = \nabla f(\boldsymbol{x}_k)$$

となります．ただし，最後の等式は，ベクトル $\boldsymbol{x}_k - \boldsymbol{x}_{k+1} = -\alpha_k \boldsymbol{d}_k$ の方向は $f(\boldsymbol{x}_{k+1})$ から $f(\boldsymbol{x}_k)$ へ増加させる方向であるとすれば，$\nabla \tilde{q}_{k+1}(-\alpha_k \boldsymbol{d}_k)$ が $\nabla f(\boldsymbol{x}_k)$ と一致するであろうという仮定のもとで成立します．

以上のことから，Hesse 行列 $\nabla^2 f(\boldsymbol{x}_{k+1})$ の情報を B_{k+1} に取り込むための**セカント条件** (the secant condition)

$$B_{k+1}(\underbrace{\boldsymbol{x}_{k+1} - \boldsymbol{x}_k}_{\boldsymbol{s}_k}) = \underbrace{\nabla f(\boldsymbol{x}_{k+1}) - \nabla f(\boldsymbol{x}_k)}_{\boldsymbol{y}_k} \tag{5.30}$$

を B_{k+1} に課すことにします．セカント条件 (5.30) を満たす B_{k+1} の中で有名な更新式は

$$B_{k+1} := B_k - \frac{B_k \boldsymbol{s}_k \boldsymbol{s}_k^\top B_k}{\langle \boldsymbol{s}_k, B_k \boldsymbol{s}_k \rangle_2} + \frac{\boldsymbol{y}_k \boldsymbol{y}_k^\top}{\langle \boldsymbol{y}_k, \boldsymbol{s}_k \rangle_2} \tag{5.31}$$

で定義される **BFGS 公式** (the Broyden–Fletcher–Goldfarb–Shanno formula) です．

次の命題 5.4.1 は，BFGS 公式 (5.31) で定義される正定値対称行列の点列 $(B_k)_{k \in \mathbb{N}}$ が Hesse 行列の情報を取り入れていることを示しています（演習問題 5.1）．

命題 5.4.1　〈BFGS 公式の正定値対称性〉

$B_k \in \mathbb{S}_{++}^d$ とし，$\langle \boldsymbol{y}_k, \boldsymbol{s}_k \rangle_2 \neq 0$ とします．ただし，$\boldsymbol{s}_k$ と $\boldsymbol{y}_k$ は式 (5.30) で定義されるベクトルとします．このとき，BFGS 公式 (5.31) で生成される B_{k+1} は，次の性質 (1)–(3) を満たします．

(1)　［セカント条件 (5.30)］$B_{k+1} \boldsymbol{s}_k = \boldsymbol{y}_k$
(2)　［対称性の保証］$B_{k+1} \in \mathbb{S}^d$
(3)　［正定値性の保証］$\langle \boldsymbol{y}_k, \boldsymbol{s}_k \rangle_2 > 0$ ならば $B_{k+1} \in \mathbb{S}_{++}^d$

命題 5.4.1(3) にある条件 $\langle \boldsymbol{y}_k, \boldsymbol{s}_k \rangle_2 > 0$ は Wolfe 条件 (4.18) と $\boldsymbol{d}_k$ の降下性 ($B_k \in \mathbb{S}^d_{++}$ から式 (5.29) を満足する降下方向 $\boldsymbol{d}_k$ を生成します) のもとで成立します (演習問題 5.2). さらに, $B_k \in \mathbb{S}^d_{++}$ と $\langle \boldsymbol{y}_k, \boldsymbol{s}_k \rangle_2 > 0$ から, 式 (5.31) による B_{k+1} は定義が常に可能です.

BFGS 公式に基づいた準 Newton 法である **BFGS 法** (BFGS method) をアルゴリズム 5.4 に示します.

アルゴリズム 5.4 ■ 準 Newton 法 (BFGS 法)

Require: $c_1, c_2 : 0 < c_1 < c_2 < 1,\ \boldsymbol{x}_0 \in \mathbb{R}^d$ (パラメータと初期点の設定) $B_0 \in \mathbb{S}^d_{++}$
   (初期正定値対称行列の設定, 例えば, $B_0 = I$)
Ensure: $\boldsymbol{x}_K$ (停止条件を満たすベクトル)
1: $k \leftarrow 0$
2: **repeat**
3:    $B_k \boldsymbol{d}_k = -\nabla f(\boldsymbol{x}_k)$
4:    $\alpha_k > 0$: 直線探索の条件 (4.17), (4.18) を満たす
5:    $\boldsymbol{x}_{k+1} := \boldsymbol{x}_k + \alpha_k \boldsymbol{d}_k$
6:    B_{k+1}: BFGS 公式 (5.31)
7:    $k \leftarrow k + 1$
8: **until** 停止条件 (5.2) を満たす

表 5.4 を用いて, 本節で示す準 Newton 法の収束性と 5.1 節で示した最急降下法, および, 5.3 節で示した Newton 法の収束性を比較します. 目的関数の 2 階微分 (Hesse 行列) の情報を直接取り入れた Newton 法は高速収束性が保証されますが, その収束性は局所的収束性に限定されます. 準 Newton 法は Hesse 行列の近似行列 B_k を利用することで, Newton 法の高速収束性を受け継いでいます. 特に, 準 Newton 法が収束するならば, それが超 1 次収束することを保証します. なお, 準 Newton 法の大域的収束性については, 2 回連続的微分可能な凸目的関数に関する制約なし凸最適化問題に対して保証されます. また, Newton 法や準ニュートン法は 2 回連続的微分可能な目的関数を最小化するための反復法なので, ユークリッドノルム $\| \cdot \|_2$ に基づいた収束性を議論します (2 回連続的微分可能性については 2.2 節参照).

表 5.4 ■ $f \in C_L^2(\mathbb{R}^d)$ の停留点を見つけるための最急降下法，Newton 法，および，準 Newton 法の比較．Newton 法の高速収束性と最急降下法の大域的収束性を合わせた手法が準 Newton 法であるといえる（ただし，$c > 0$，$K' \geq 1$ は最小二乗誤差 (5.3) を満たす自然数，$K \geq 1$）．

アルゴリズム	収束性	収束率
最急降下法 $(\alpha_k = O(L^{-1}))$	大域的収束性 $\lim_{k \to +\infty} \|\nabla f(\boldsymbol{x}_k)\| = 0$	定理 5.1.1 $\|\nabla f(\boldsymbol{x}_{K'})\|^2 = O\left(\dfrac{1}{K}\right)$
Newton 法 $(\alpha_k = 1)$	局所的収束性 $\lim_{k \to +\infty} \|\nabla f(\boldsymbol{x}_k)\|_2 = 0$	定理 5.3.1（2 次収束性） $\|\nabla f(\boldsymbol{x}_{K+1})\|_2 \leq c\|\nabla f(\boldsymbol{x}_K)\|_2^2$
準 Newton 法 （直線探索）	大域的収束性（凸最適） $\lim_{k \to +\infty} \|\boldsymbol{x}_k - \boldsymbol{x}^\star\|_2 = 0$	定理 5.4.1（超 1 次収束性） $\lim_{k \to +\infty} \dfrac{\|\boldsymbol{x}_{k+1} - \boldsymbol{x}^\star\|_2}{\|\boldsymbol{x}_k - \boldsymbol{x}^\star\|_2} = 0$

準 Newton 法の収束解析は，次の定理 5.4.1 のとおりです．

定理 5.4.1 ── 準 Newton 法の大域的超 1 次収束性

$f \in C^2(\mathbb{R}^d)$ とします．

(1) ある $m > 0$ と $M > 0$ が存在して，任意の $\boldsymbol{x} \in \mathbb{R}^d$ に対して

$$mI \preceq \nabla^2 f(\boldsymbol{x}) \preceq MI \tag{5.32}$$

ならば，準 Newton 法（アルゴリズム 5.4）は f に関する制約なし凸最適化問題の一意解 $\boldsymbol{x}^\star$ に大域的収束します．

(2) $\nabla^2 f$ は Lipschitz 連続とし，準 Newton 法（アルゴリズム 5.4）で生成される点列 $(\boldsymbol{x}_k)_{k \in \mathbb{N}}$ が $\nabla^2 f(\boldsymbol{x}^*) \in \mathbb{S}_{++}^d$ を満たす f の停留点[*5] $\boldsymbol{x}^*$ に収束し，さらに，

$$\sum_{k=0}^{+\infty} \|\boldsymbol{x}_k - \boldsymbol{x}^*\|_2 < +\infty \tag{5.33}$$

を満たすとします．このとき，十分大きい k に対して $\alpha_k = 1$ ならば，

$$\lim_{k \to +\infty} \frac{\|\boldsymbol{x}_{k+1} - \boldsymbol{x}^*\|_2}{\|\boldsymbol{x}_k - \boldsymbol{x}^*\|_2} = 0$$

が成立します．

定理 5.4.1(1) は，式 (5.32) と命題 2.3.4(3) から，準 Newton 法の大域的収束性は目的関数が強凸のときに保証されることを示しています．式 (5.32) の仮定のもとでは，命題 3.3.3(2) から制約なし凸最適化問題の最適解は一意に存在します．一方で，定理 5.4.1(2) は，準 Newton 法が式 (5.33) の意味で収束した場合，（必ずしも凸ではない）2 回連続的微分可能な目的関数の停留点に超 1 次収束することを示しています．

以下では，(1) の証明を示します（(2) の証明は付録 A.3 参照）

定理 5.4.1 の証明.　(1) ある番号 k_0 に対して $\boldsymbol{d}_{k_0} = \boldsymbol{0}$ とします．このとき，準 Newton 法の定義から，$\nabla f(\boldsymbol{x}_{k_0}) = -B_{k_0}\boldsymbol{0} = \boldsymbol{0}$ となります．また，命題 3.2.1(2) から，$\boldsymbol{x}_{k_0}$ は制約なし凸最適化問題の一意解となります．

任意の $k \in \mathbb{N}$ に対して $\boldsymbol{d}_k \neq \boldsymbol{0}$ とします．Taylor の定理（命題 2.2.4），$\boldsymbol{y}_k := \nabla f(\boldsymbol{x}_{k+1}) - \nabla f(\boldsymbol{x}_k)$，および，$\boldsymbol{s}_k := \boldsymbol{x}_{k+1} - \boldsymbol{x}_k = \alpha_k \boldsymbol{d}_k \ (\neq \boldsymbol{0})$ から，

$$\boldsymbol{y}_k = \left\{ \int_0^1 \nabla^2 f(\boldsymbol{x}_k + t\alpha_k \boldsymbol{d}_k)\mathrm{d}t \right\} \alpha_k \boldsymbol{d}_k =: G_k \alpha_k \boldsymbol{d}_k = G_k \boldsymbol{s}_k \tag{5.34}$$

が任意の $k \in \mathbb{N}$ に対して成立します．式 (5.32) から，$m\|\boldsymbol{z}\|_2^2 \leq \langle \boldsymbol{z}, \nabla^2 f(\boldsymbol{x})\boldsymbol{z} \rangle_2 \leq M\|\boldsymbol{z}\|_2^2 \ (\boldsymbol{x}, \boldsymbol{z} \in \mathbb{R}^d)$ なので，任意の $\boldsymbol{z} \in \mathbb{R}^d$ に対して，

$$\langle \boldsymbol{z}, G_k \boldsymbol{z} \rangle_2 = \int_0^1 \langle \boldsymbol{z}, \nabla^2 f(\boldsymbol{x}_k + t\alpha_k \boldsymbol{d}_k)\boldsymbol{z} \rangle_2 \mathrm{d}t$$

$$m\|\boldsymbol{z}\|_2^2 \leq \int_0^1 \langle \boldsymbol{z}, \nabla^2 f(\boldsymbol{x}_k + t\alpha_k \boldsymbol{d}_k)\boldsymbol{z} \rangle_2 \mathrm{d}t \leq M\|\boldsymbol{z}\|_2^2$$

つまり，$O \prec mI \preceq G_k \preceq MI$ となります．よって，任意の $k \in \mathbb{N}$ に対して，

$$\underbrace{\frac{\langle \boldsymbol{y}_k, \boldsymbol{s}_k \rangle_2}{\|\boldsymbol{s}_k\|_2^2}}_{m_k} = \frac{\langle \boldsymbol{s}_k, G_k \boldsymbol{s}_k \rangle_2}{\|\boldsymbol{s}_k\|_2^2} \geq m$$

が成立します．さらに，$G_k \in \mathbb{S}_{++}^d$ から，$G_k = (G_k^{\frac{1}{2}})^2$ を満たす $G_k^{\frac{1}{2}} \in \mathbb{S}_{++}^d$ が存在します．式 (5.34) から，$\boldsymbol{y}_k = G_k \boldsymbol{s}_k = G_k^{\frac{1}{2}} G_k^{\frac{1}{2}} \boldsymbol{s}_k =: G_k^{\frac{1}{2}} \boldsymbol{z}_k$ となることを利用して，

---

*5　命題 3.2.1(4) から，$\boldsymbol{x}^*$ は制約なし平滑非凸最適化問題の局所的最適解となります．

$$\underbrace{\frac{\|\boldsymbol{y}_k\|_2^2}{\langle \boldsymbol{y}_k, \boldsymbol{s}_k \rangle_2}}_{M_k} = \frac{\langle G_k \boldsymbol{s}_k, G_k \boldsymbol{s}_k \rangle_2}{\langle \boldsymbol{s}_k, G_k \boldsymbol{s}_k \rangle_2} = \frac{\left\langle G_k^{\frac{1}{2}} \boldsymbol{s}_k, G_k G_k^{\frac{1}{2}} \boldsymbol{s}_k \right\rangle_2}{\left\langle G_k^{\frac{1}{2}} \boldsymbol{s}_k, G_k^{\frac{1}{2}} \boldsymbol{s}_k \right\rangle_2} = \frac{\langle \boldsymbol{z}_k, G_k \boldsymbol{z}_k \rangle_2}{\|\boldsymbol{z}_k\|_2^2} \leq M$$

が任意の $k \in \mathbb{N}$ に対して成立します．BFGS 公式 (5.31) と対角和の性質から，

$$\mathrm{Tr}(B_{k+1}) = \mathrm{Tr}(B_k) - \mathrm{Tr}\left(\frac{B_k \boldsymbol{s}_k \boldsymbol{s}_k^\top B_k}{\langle \boldsymbol{s}_k, B_k \boldsymbol{s}_k \rangle_2}\right) + \mathrm{Tr}\left(\frac{\boldsymbol{y}_k \boldsymbol{y}_k^\top}{\langle \boldsymbol{y}_k, \boldsymbol{s}_k \rangle_2}\right)$$
$$= \mathrm{Tr}(B_k) - \frac{\|B_k \boldsymbol{s}_k\|_2^2}{\langle \boldsymbol{s}_k, B_k \boldsymbol{s}_k \rangle_2} + \frac{\|\boldsymbol{y}_k\|_2^2}{\langle \boldsymbol{y}_k, \boldsymbol{s}_k \rangle_2}$$
$$= \mathrm{Tr}(B_k) - \frac{\|B_k \boldsymbol{s}_k\|_2^2}{\langle \boldsymbol{s}_k, B_k \boldsymbol{s}_k \rangle_2} + M_k$$

を満たします．さらに，ユークリッド内積の定義から，ベクトル $\boldsymbol{s}_k$ とベクトル $B_k \boldsymbol{s}_k$ のなす角を θ_k とおくと，$0 < \langle \boldsymbol{s}_k, B_k \boldsymbol{s}_k \rangle_2 = \|\boldsymbol{s}_k\|_2 \|B_k \boldsymbol{s}_k\|_2 \cos\theta_k$ と書くことができるので，

$$\frac{\|B_k \boldsymbol{s}_k\|_2^2}{\langle \boldsymbol{s}_k, B_k \boldsymbol{s}_k \rangle_2} = \frac{\|B_k \boldsymbol{s}_k\|_2^2 \|\boldsymbol{s}_k\|_2^2}{\langle \boldsymbol{s}_k, B_k \boldsymbol{s}_k \rangle_2^2} \underbrace{\frac{\langle \boldsymbol{s}_k, B_k \boldsymbol{s}_k \rangle_2}{\|\boldsymbol{s}_k\|_2^2}}_{p_k} =: \frac{p_k}{\cos^2\theta_k}$$

から，

$$\mathrm{Tr}(B_{k+1}) = \mathrm{Tr}(B_k) - \frac{p_k}{\cos^2\theta_k} + M_k \tag{5.35}$$

となります．一方で，BFGS 公式 (5.31) と行列式の性質から，

$$\mathrm{Det}(B_{k+1}) = \mathrm{Det}(B_k) \frac{\langle \boldsymbol{y}_k, \boldsymbol{s}_k \rangle_2}{\langle \boldsymbol{s}_k, B_k \boldsymbol{s}_k \rangle_2} = \mathrm{Det}(B_k) \frac{m_k}{p_k} \tag{5.36}$$

が成立します（演習問題 5.3）．式 (5.35) と式 (5.36) から，任意の $k \in \mathbb{N}$ に対して，

$$C(B_{k+1}) := \mathrm{Tr}(B_{k+1}) - \log \mathrm{Det}(B_{k+1})$$
$$= \mathrm{Tr}(B_k) - \frac{p_k}{\cos^2\theta_k} + M_k - \log \mathrm{Det}(B_k) - \log m_k + \log p_k$$
$$= C(B_k) + M_k - \log m_k - \frac{p_k}{\cos^2\theta_k} + \log p_k$$
$$= C(B_k) + (M_k - \log m_k - 1) + \left(1 - \frac{p_k}{\cos^2\theta_k} + \log p_k\right)$$
$$= C(B_k) + (M_k - \log m_k - 1)$$

$$+ \left(1 - \frac{p_k}{\cos^2 \theta_k} + \log \frac{p_k}{\cos^2 \theta_k} \right) + \log \cos^2 \theta_k$$

が成立します. 任意の $k \in \mathbb{N}$ に対して,

$$C(B_{k+1}) > 0, \ 1 - \frac{p_k}{\cos^2 \theta_k} + \log \frac{p_k}{\cos^2 \theta_k} \leq 0 \tag{5.37}$$

が成り立つ（演習問題 5.4）ことと $m \leq m_k$, および, $M_k \leq M$ から,

$$0 < C(B_{k+1}) \leq C(B_k) + \underbrace{(M - \log m - 1)}_{c} + \log \cos^2 \theta_k$$

$$\leq C(B_0) + c(k+1) + \sum_{j=0}^{k} \log \cos^2 \theta_j$$

を満たします. ただし, $c \leq 0$ のときは $c(k+1) \leq 0$ により上記の不等式から取り除くことができるので, $c > 0$ として議論します. ここで, $\lim_{k \to +\infty} \cos^2 \theta_k = 0$, つまり,

$$\forall \varepsilon > 0 \ \exists j_0 \in \mathbb{N} \ \forall j \in \mathbb{N} \ (j \geq j_0 \Longrightarrow \cos^2 \theta_j \leq \varepsilon) \tag{5.38}$$

を仮定します. $\varepsilon = e^{-2c}$ とすると, 任意の $j \geq j_0$ に対して $\log \cos^2 \theta_j \leq -2c$ が成り立つので,

$$0 < C(B_{k+1}) \leq C(B_0) + c(k+1) + \sum_{j=0}^{j_0-1} \log \cos^2 \theta_j - 2c(k - j_0 + 1)$$

が任意の $k \geq j_0$ に対して成立します. k を発散させると, 上の不等式の右辺は $-\infty$ に達しますが, 左辺は常に 0 より大きい値を取ります. このことから, 式 (5.38) により矛盾が生じたので, 式 (5.38) の否定命題

$$\exists \varepsilon > 0 \ \forall j_0 \in \mathbb{N} \ \exists j \in \mathbb{N} \ (j \geq j_0 \wedge \cos^2 \theta_j > \varepsilon)$$

つまり, $(\theta_k)_{k \in \mathbb{N}}$ の部分列 $(\theta_{k_j})_{j \in \mathbb{N}}$ が存在して, 任意の $j \in \mathbb{N}$ に対して,

$$\cos^2 \theta_{k_j} > \varepsilon \tag{5.39}$$

を得ます. $s_k = \alpha_k d_k$ と $B_k s_k = \alpha_k B_k d_k = -\alpha_k \nabla f(x_k)$ から,

$$\cos^2 \theta_k = \left(\frac{\langle s_k, B_k s_k \rangle_2}{\|s_k\|_2 \|B_k s_k\|_2} \right)^2 = \left(\frac{\langle d_k, \nabla f(x_k) \rangle_2}{\|d_k\|_2} \right)^2 \frac{1}{\|\nabla f(x_k)\|_2^2} \tag{5.40}$$

を満たします. 式 (5.39) と式 (5.40) から, 任意の $j \in \mathbb{N}$ に対して,

$$\varepsilon\|\nabla f(\boldsymbol{x}_{k_j})\|_2^2 < \left(\frac{\langle \nabla f(\boldsymbol{x}_{k_j}), \boldsymbol{d}_{k_j}\rangle_2}{\|\boldsymbol{d}_{k_j}\|_2}\right)^2 \tag{5.41}$$

が成立します. 仮定 (5.32), 命題 2.3.4(3), および, 命題 3.3.3(2) から, f の大域的最適解 $\boldsymbol{x}^\star$ が一意に存在するので, 任意の $\boldsymbol{x} \in \mathbb{R}^d$ に対して $f(\boldsymbol{x}^\star) \leq f(\boldsymbol{x})$, つまり, f は下に有界となります. ここで, 命題 2.2.5 と仮定 (5.32) から, ∇f の M–Lipschitz 連続性が保証されます. よって, Zoutendijk の定理 (定理 4.3.1) により,

$$\lim_{k \to +\infty} \left(\frac{\langle \nabla f(\boldsymbol{x}_k), \boldsymbol{d}_k\rangle_2}{\|\boldsymbol{d}_k\|_2}\right)^2 = 0 \tag{5.42}$$

が保証されるので, 式 (5.42) と式 (5.41) から,

$$\lim_{j \to +\infty} \|\nabla f(\boldsymbol{x}_{k_j})\|_2 = 0 \tag{5.43}$$

が成立します. また, 命題 2.3.4(3) と仮定 (5.32) から, f の m–強凸性が保証されるので, 命題 2.3.4(2) と Cauchy–Schwarz の不等式 (命題 2.1.3) より,

$$m\|\boldsymbol{x}_{k_j} - \boldsymbol{x}^\star\|_2^2 \leq \langle \boldsymbol{x}_{k_j} - \boldsymbol{x}^\star, \nabla f(\boldsymbol{x}_{k_j})\rangle_2 \leq \|\boldsymbol{x}_{k_j} - \boldsymbol{x}^\star\|_2\|\nabla f(\boldsymbol{x}_{k_j})\|_2$$

つまり,

$$m\|\boldsymbol{x}_{k_j} - \boldsymbol{x}^\star\|_2 \leq \|\nabla f(\boldsymbol{x}_{k_j})\|_2$$

が任意の $j \in \mathbb{N}$ に対して成立し, さらに, 式 (5.43) から, $\boldsymbol{x}_{k_j} \to \boldsymbol{x}^\star$ が得られます.

Wolfe 条件 (4.17), (4.18) と式 (5.29), および, 命題 5.4.1(3) から,

$$f(\boldsymbol{x}^\star) \leq f(\boldsymbol{x}_{k+1}) \leq f(\boldsymbol{x}_k) + c_1\alpha_k\langle \nabla f(\boldsymbol{x}_k), \boldsymbol{d}_k\rangle_2 < f(\boldsymbol{x}_k)$$

なので, $(f(\boldsymbol{x}_k))_{k\in\mathbb{N}}$ は下に有界な単調減少数列です. よって, $(f(\boldsymbol{x}_k))_{k\in\mathbb{N}}$ は収束します (2.1 節参照). f の連続性と $\boldsymbol{x}_{k_j} \to \boldsymbol{x}^\star$ から,

$$\lim_{k \to +\infty} f(\boldsymbol{x}_k) = \lim_{j \to +\infty} f(\boldsymbol{x}_{k_j}) = f\left(\lim_{j \to +\infty} \boldsymbol{x}_{k_j}\right) = f(\boldsymbol{x}^\star) \tag{5.44}$$

となります. f の m–強凸性, 命題 2.3.4(1), および, $\nabla f(\boldsymbol{x}^\star) = \boldsymbol{0}$ から,

$$f(\boldsymbol{x}_k) \geq f(\boldsymbol{x}^\star) + \langle \nabla f(\boldsymbol{x}^\star), \boldsymbol{x}_k - \boldsymbol{x}^\star\rangle_2 + \frac{m}{2}\|\boldsymbol{x}_k - \boldsymbol{x}^\star\|_2^2$$

$$= f(\boldsymbol{x}^{\star}) + \frac{m}{2}\|\boldsymbol{x}_k - \boldsymbol{x}^{\star}\|_2^2$$

なので，命題 2.1.8(1) と式 (5.44) から，

$$\limsup_{k \to +\infty} \|\boldsymbol{x}_k - \boldsymbol{x}^{\star}\|_2^2 \le \limsup_{k \to +\infty} \frac{2}{m}\left(f(\boldsymbol{x}_k) - f(\boldsymbol{x}^{\star})\right) = 0 \le \liminf_{k \to +\infty} \|\boldsymbol{x}_k - \boldsymbol{x}^{\star}\|_2^2$$

が成立します．式 (2.17) と式 (2.18) から，$(\boldsymbol{x}_k)_{k \in \mathbb{N}}$ が $\boldsymbol{x}^{\star}$ に収束します．　□

5.5 | 共役勾配法

(S1)　【任意初期点】$\boldsymbol{x}_0 \in \mathbb{R}^d$

(S2)　【ステップサイズ】$\alpha_k > 0 \ (k \in \mathbb{N})$

(S3)　【探索方向】$\boldsymbol{d}_k := -\nabla f(\boldsymbol{x}_k) + \beta_k \boldsymbol{d}_{k-1} \ (k \in \mathbb{N})$　（ただし，$\beta_k \in \mathbb{R}$）

を用いた勾配法 (4.2) である**共役勾配法** (conjugate gradient (CG) methods)

$$\boldsymbol{x}_{k+1} = \boldsymbol{x}_k + \alpha_k \boldsymbol{d}_k = \boldsymbol{x}_k + \alpha_k\left(-\nabla f(\boldsymbol{x}_k) + \beta_k \boldsymbol{d}_{k-1}\right) \quad (k \in \mathbb{N})$$

について考察します．この共役勾配法は二つに分類されます．一つ目は，次の制約なし凸最適化問題

$$\text{平滑凸目的関数：} \ f(\boldsymbol{x}) := \frac{1}{2}\langle \boldsymbol{x}, A\boldsymbol{x}\rangle_2 + \langle \boldsymbol{b}, \boldsymbol{x}\rangle_2 + c \longrightarrow \ \text{最小}$$

$$\text{条件：} \ \boldsymbol{x} \in \mathbb{R}^d$$

を解くための**線形共役勾配法** (linear conjugate gradient (linear CG) method) です．ただし，$A \in \mathbb{S}_{++}^d$, $\boldsymbol{b} \in \mathbb{R}^d$, $c \in \mathbb{R}$ とします（例 2.3.1）．ここで，ベクトル $\boldsymbol{u}$ と $\boldsymbol{v}$ が A に関して直交する，すなわち，$\boldsymbol{u}$ と $\boldsymbol{v}$ の A–内積 (2.3) が $\langle \boldsymbol{u}, \boldsymbol{v}\rangle_A := \langle \boldsymbol{u}, A\boldsymbol{v}\rangle_2 = 0$ を満たすとき，$\boldsymbol{u}$ と $\boldsymbol{v}$ は A に関して互いに共役であると呼ぶことにします．互いに共役な探索方向

$$\boldsymbol{d}_0 = -\nabla f(\boldsymbol{x}_0)$$

$$\boldsymbol{d}_k = -\nabla f(\boldsymbol{x}_k) + \underbrace{\frac{\langle \nabla f(\boldsymbol{x}_k), \boldsymbol{d}_{k-1}\rangle_A}{\|\boldsymbol{d}_{k-1}\|_A^2}}_{\beta_k} \boldsymbol{d}_{k-1}$$

を生成する線形共役勾配法は，有限回の反復回数で制約なし凸最適化問題の最
適解に達します[*6]．

二つ目は，一般の制約なし平滑非凸最適化問題の停留点を見つけるための**非
線形共役勾配法**(nonlinear conjugate gradient (nonlinear CG) methods)で
す．本書では，非線形共役勾配法を単に共役勾配法と呼ぶことにします．
設定 (S3) のパラメータ β_k の設定公式としては，以下で定義される**FR 公式**
(Fletcher–Reeves (FR) formula), **PRP 公式**(Polak–Ribière–Polyak (PRP)
formula), **HS 公式**(Hestenes–Stiefel (HS) formula), **DY 公式**(Dai–Yuan (DY)
formula) があります．

$$
\begin{aligned}
\beta_{k+1}^{\mathrm{FR}} &:= \frac{\|\nabla f(\boldsymbol{x}_{k+1})\|^2}{\|\nabla f(\boldsymbol{x}_k)\|^2}, \quad \beta_{k+1}^{\mathrm{PRP}} := \frac{\langle \nabla f(\boldsymbol{x}_{k+1}), \boldsymbol{y}_k\rangle}{\|\nabla f(\boldsymbol{x}_k)\|^2} \\
\beta_{k+1}^{\mathrm{HS}} &:= \frac{\langle \nabla f(\boldsymbol{x}_{k+1}), \boldsymbol{y}_k\rangle}{\langle \boldsymbol{d}_k, \boldsymbol{y}_k\rangle}, \quad \beta_{k+1}^{\mathrm{DY}} := \frac{\|\nabla f(\boldsymbol{x}_{k+1})\|^2}{\langle \boldsymbol{d}_k, \boldsymbol{y}_k\rangle}
\end{aligned} \tag{5.45}
$$

ただし，$\boldsymbol{y}_k := \nabla f(\boldsymbol{x}_{k+1}) - \nabla f(\boldsymbol{x}_k)\ (\neq \boldsymbol{0})$，および，$\langle \boldsymbol{d}_k, \boldsymbol{y}_k\rangle \neq 0$ とします[*7]．

また，HS 公式を利用した，次のように定義される **HZ 公式**(Hager–Zhang
(HZ) formula)があります．

$$
\begin{aligned}
\beta_{k+1}^{\mathrm{HZ}} &:= \left\langle \boldsymbol{y}_k - \mu \boldsymbol{d}_k \frac{\|\boldsymbol{y}_k\|^2}{\langle \boldsymbol{d}_k, \boldsymbol{y}_k\rangle}, \frac{\nabla f(\boldsymbol{x}_{k+1})}{\langle \boldsymbol{d}_k, \boldsymbol{y}_k\rangle}\right\rangle \\
&= \beta_{k+1}^{\mathrm{HS}} - \mu \frac{\|\boldsymbol{y}_k\|^2 \langle \nabla f(\boldsymbol{x}_{k+1}), \boldsymbol{d}_k\rangle}{\langle \boldsymbol{d}_k, \boldsymbol{y}_k\rangle^2}
\end{aligned} \tag{5.46}
$$

ただし，$\mu > 1/4$ とします．

共役勾配法の大域的収束性を保証するために，設定 (S2) ではWolfe条件
(4.17), (4.18) (もしくは，強Wolfe条件(4.19), (4.20)) による直線探索ステッ
プサイズを利用します（表5.5参照）．共役勾配法を**アルゴリズム 5.5**に示し
ます．

表5.5を用いて，本節で示す共役勾配法の大域的収束性と5.1節で示した最
急降下法の大域的収束性を比較します（局所的収束性を保証するNewton法
や，凸最適化のもとで大域的収束性を保証する準Newton法は，5.3節と5.4節

[*6] 詳細は文献 [30, 4.6.1項] を参照.

[*7] Wolfe条件 (4.18) と降下方向 $\boldsymbol{d}_k$ のもとでは，$\langle \boldsymbol{d}_k, \boldsymbol{y}_k\rangle = \langle \boldsymbol{d}_k, \nabla f(\boldsymbol{x}_{k+1}) - \nabla f(\boldsymbol{x}_k)\rangle \geq (c_2 - 1)\langle \boldsymbol{d}_k, \nabla f(\boldsymbol{x}_k)\rangle > 0$ を満たします（演習問題 5.2 と付録B演習問題解答例 5.2 も参照）.

アルゴリズム 5.5 ■ 直線探索ステップサイズを利用した共役勾配法

Require: $c_1, c_2 : 0 < c_1 < c_2 < 1, \boldsymbol{x}_0 \in \mathbb{R}^d$　（パラメータと初期点の設定）
Ensure: $\boldsymbol{x}_K$　（停止条件を満たすベクトル）
 1: $k \leftarrow 0, \quad \boldsymbol{d}_0 := \nabla f(\boldsymbol{x}_0)$
 2: **for** $k = 0, 1, 2, \ldots$ **do**
 3:    $\alpha_k > 0$:　直線探索の条件 (4.17)，(4.18) を満たす
 4:    $\boldsymbol{x}_{k+1} := \boldsymbol{x}_k + \alpha_k \boldsymbol{d}_k$
 5:    **if** 停止条件 (5.2) を満たす **then**
 6:      $\boldsymbol{x}_K = \boldsymbol{x}_{k+1}$
 7:    **else**
 8:      β_{k+1}:　公式 (5.45)，(5.46) の中のいずれかを利用する
 9:      $\boldsymbol{d}_{k+1} := -\nabla f(\boldsymbol{x}_{k+1}) + \beta_{k+1} \boldsymbol{d}_k$
10:    **end if**
11: **end for**

表 5.5 ■ $f \in C_L^1(\mathbb{R}^d)$ の停留点を見つけるための直線探索に基づいた最急降下法と共役勾配法の比較．最急降下法と共役勾配法はともに大域的収束性が保証されるが，共役勾配法は探索方向が十分な降下性を満たすので高速収束性も保証される（ただし，$\bar{s} < 0$ は各共役勾配法に依存した定数）．

アルゴリズム	降下性	大域的収束性
最急降下法	式 (4.8) $\langle \nabla f(\boldsymbol{x}_k), \boldsymbol{d}_k \rangle < 0$	定理 5.1.3(Wolfe) $\lim_{k \to +\infty} \|\nabla f(\boldsymbol{x}_k)\| = 0$
FR 法	補助定理 5.5.1(強 Wolfe) $\langle \nabla f(\boldsymbol{x}_k), \boldsymbol{d}_k \rangle \leq \bar{s}\|\nabla f(\boldsymbol{x}_k)\|^2$	定理 5.5.1(強 Wolfe) $\lim_{k \to +\infty} \|\nabla f(\boldsymbol{x}_k)\| = 0$
DY 法	補助定理 5.5.1(強 Wolfe) $\langle \nabla f(\boldsymbol{x}_k), \boldsymbol{d}_k \rangle \leq \bar{s}\|\nabla f(\boldsymbol{x}_k)\|^2$	定理 5.5.2(Wolfe) $\lim_{k \to +\infty} \|\nabla f(\boldsymbol{x}_k)\| = 0$
HZ 法	補助定理 5.5.1 $\langle \nabla f(\boldsymbol{x}_k), \boldsymbol{d}_k \rangle \leq \bar{s}\|\nabla f(\boldsymbol{x}_k)\|^2$	定理 5.5.3(Wolfe) $\lim_{k \to +\infty} \|\nabla f(\boldsymbol{x}_k)\| = 0$

を参照）．共役勾配法の最大の利点は，探索方向 $\boldsymbol{d}_k$ が，近似解 $\boldsymbol{x}_k$ において目的関数 f の**十分な降下方向** (sufficient descent direction) になること，つまり，

$$\exists s > 0 \ \forall k \in \mathbb{N} \ (\langle \nabla f(\boldsymbol{x}_k), \boldsymbol{d}_k \rangle \leq -s\|\nabla f(\boldsymbol{x}_k)\|^2) \tag{5.47}$$

を満たすことです．式 (5.47) は，$\nabla f(\boldsymbol{x}_k) \neq \boldsymbol{0}$ から，式 (4.4) で定義される降下方向 $\langle \nabla f(\boldsymbol{x}_k), \boldsymbol{d}_k \rangle < 0$ を満たします．よって，降下条件 (4.4) を満たす手法

と比べて，十分な降下条件 (5.47) を満たす共役勾配法のほうが，より高速に f の停留点を見つけることができます．

表 5.5 に示すように，FR 公式を利用する共役勾配法（FR 法）と DY 公式を利用する共役勾配法（DY 法）は，強 Wolfe 条件 (4.19), (4.20) のもとで十分な降下方向を生成します．また，DY 法の大域的収束性は，Wolfe 条件 (4.17), (4.18) のもとで保証されます．一方で，PRP 法や HS 法の大域的収束性や PRP 法や HS 法で生成される探索方向が降下方向になることは，一般には保証されません．そこで，

$$\beta_{k+1}^{\mathrm{PRP+}} := \max\left\{0, \beta_{k+1}^{\mathrm{PRP}}\right\}, \quad \beta_{k+1}^{\mathrm{HS+}} := \max\left\{0, \beta_{k+1}^{\mathrm{HS}}\right\} \tag{5.48}$$

を利用した PRP+ 法や HS+ 法を定義し，探索方向が十分な降下条件を満たすという仮定のもとでは，PRP+ 法や HS+ 法の大域的収束性が保証されます．PRP+ 法や HS+ 法は実用上，高速性能を有することが確認できます．また，理論的に大域的収束性の保証がある FR 法や DY 法と実用的に有用な PRP 法や HS 法を混成することで得られる

$$\beta_{k+1}^{\mathrm{FR-PRP}} := \max\left\{0, \min\left\{\beta_{k+1}^{\mathrm{FR}}, \beta_{k+1}^{\mathrm{PRP}}\right\}\right\}$$
$$\beta_{k+1}^{\mathrm{DY-HS}} := \max\left\{0, \min\left\{\beta_{k+1}^{\mathrm{DY}}, \beta_{k+1}^{\mathrm{HS}}\right\}\right\} \tag{5.49}$$

を利用した共役勾配法も実用上，高速性能を有し，また，理論上，大域的収束性を保証します[*8]．

公式 (5.45), (5.48)，および，(5.49) を有する共役勾配法で利用するステップサイズの計算は，Wolfe 条件や強 Wolfe 条件といった直線探索法の条件に基づいています．一方で，HZ 法は，任意のステップサイズ[*9]に対しても十分な降下方向を生成することができるという特長があります．ただし，HZ 法の大域的収束性を保証するには，Wolfe 条件によるステップサイズの利用を必要とします．

共役勾配法で生成される探索方向が十分な探索条件を満たすことを，次の補助定理 5.5.1 で示します．

[*8] 公式 (5.48) や公式 (5.49) を利用した共役勾配法の収束解析は，文献 [16, Section 5, Section 6] を参照．

[*9] HZ 公式 (5.46) を定義可能にするには，$\langle \boldsymbol{d}_k, \boldsymbol{y}_k \rangle \neq 0$ が必要ですが，Wolfe 条件 (4.18) と降下方向 $\boldsymbol{d}_k$ のもとでは $\langle \boldsymbol{d}_k, \boldsymbol{y}_k \rangle > 0$ が保証されます（脚注 7 を参照）．

補助定理 5.5.1

$f \in C^1(\mathbb{R}^d)$ の停留点を見つけるための共役勾配法（アルゴリズム 5.5）を考察します．任意の $k \in \mathbb{N}$ に対して $\nabla f(\boldsymbol{x}_k) \neq \boldsymbol{0}$ とします．

(1) [FR法の十分な降下性] $\beta_k := \beta_k^{\mathrm{FR}}$，かつ，$\alpha_k$ が $0 < c_1 < c_2 < 1/2$ に関する強Wolfe条件 (4.19)，(4.20) を満たすならば，任意の $k \in \mathbb{N}$ に対して，
$$-\frac{1}{1-c_2}\|\nabla f(\boldsymbol{x}_k)\|^2 \leq \langle \nabla f(\boldsymbol{x}_k), \boldsymbol{d}_k \rangle \leq -\frac{1-2c_2}{1-c_2}\|\nabla f(\boldsymbol{x}_k)\|^2$$
が成立します．

(2) [DY法の十分な降下性] $\beta_k := \beta_k^{\mathrm{DY}}$，かつ，$\alpha_k$ が $0 < c_1 < c_2 < 1$ に関する強Wolfe条件 (4.19)，(4.20) を満たすならば，任意の $k \in \mathbb{N}$ に対して，
$$-\frac{1}{1-c_2}\|\nabla f(\boldsymbol{x}_k)\|^2 \leq \langle \nabla f(\boldsymbol{x}_k), \boldsymbol{d}_k \rangle \leq -\frac{1}{1+c_2}\|\nabla f(\boldsymbol{x}_k)\|^2$$
が成立します．

(3) [HZ法の十分な降下性] $\beta_k := \beta_k^{\mathrm{HZ}}$ のとき，任意の $k \in \mathbb{N}$ に対して $\langle \boldsymbol{d}_k, \boldsymbol{y}_k \rangle \neq 0$ ならば，
$$\langle \nabla f(\boldsymbol{x}_k), \boldsymbol{d}_k \rangle \leq -\left(1 - \frac{1}{4\mu}\right)\|\nabla f(\boldsymbol{x}_k)\|^2$$
が成立します．ただし，$\mu > 1/4$ とします．

補助定理 5.5.1 の証明． (1) 任意の $c \in [0, 1/2]$ に対して，$h(c) := (1-2c)/(1-c)$ で定義される関数 h は，$h'(c) = -(1-c)^{-2} < 0$ より，単調減少する関数で，$h(0) = 1$，かつ，$h(1/2) = 0$ を満たします．これを踏まえ，$c_2 \in (0, 1/2)$ に対して，
$$0 < \frac{1-2c_2}{1-c_2} < 1 < \frac{1}{1-c_2} < 2 \tag{5.50}$$
が成り立つことに注意します．以下，数学的帰納法を用いて証明します．

$\boldsymbol{d}_0 := -\nabla f(\boldsymbol{x}_0)$ と式 (5.50) から，$k = 0$ のときの結論を得ます．また，ある k に対して，
$$-\frac{1}{1-c_2}\|\nabla f(\boldsymbol{x}_k)\|^2 \leq \langle \nabla f(\boldsymbol{x}_k), \boldsymbol{d}_k \rangle \leq -\frac{1-2c_2}{1-c_2}\|\nabla f(\boldsymbol{x}_k)\|^2 < 0 \tag{5.51}$$
が成り立つとします．$\boldsymbol{d}_{k+1}$ の定義と FR 公式を用いて，

$$\langle \nabla f(\boldsymbol{x}_{k+1}), \boldsymbol{d}_{k+1}\rangle = \langle \nabla f(\boldsymbol{x}_{k+1}), -\nabla f(\boldsymbol{x}_{k+1}) + \beta_{k+1}^{\mathrm{FR}}\boldsymbol{d}_k\rangle$$

$$= -\|\nabla f(\boldsymbol{x}_{k+1})\|^2 + \frac{\|\nabla f(\boldsymbol{x}_{k+1})\|^2}{\|\nabla f(\boldsymbol{x}_k)\|^2}\langle \nabla f(\boldsymbol{x}_{k+1}), \boldsymbol{d}_k\rangle$$

$$= \left(-1 + \frac{\langle \nabla f(\boldsymbol{x}_{k+1}), \boldsymbol{d}_k\rangle}{\|\nabla f(\boldsymbol{x}_k)\|^2}\right)\|\nabla f(\boldsymbol{x}_{k+1})\|^2$$

が成立します. 強 Wolfe 条件 (4.20) と $\langle \nabla f(\boldsymbol{x}_k), \boldsymbol{d}_k\rangle < 0$ から,

$$c_2\frac{\langle \nabla f(\boldsymbol{x}_k), \boldsymbol{d}_k\rangle}{\|\nabla f(\boldsymbol{x}_k)\|^2} \leq \frac{\langle \nabla f(\boldsymbol{x}_{k+1}), \boldsymbol{d}_k\rangle}{\|\nabla f(\boldsymbol{x}_k)\|^2} \leq -c_2\frac{\langle \nabla f(\boldsymbol{x}_k), \boldsymbol{d}_k\rangle}{\|\nabla f(\boldsymbol{x}_k)\|^2}$$

なので,

$$\underbrace{\left(-1 + c_2\frac{\langle \nabla f(\boldsymbol{x}_k), \boldsymbol{d}_k\rangle}{\|\nabla f(\boldsymbol{x}_k)\|^2}\right)}_{\underline{c}}\|\nabla f(\boldsymbol{x}_{k+1})\|^2$$

$$\leq \langle \nabla f(\boldsymbol{x}_{k+1}), \boldsymbol{d}_{k+1}\rangle \leq \underbrace{\left(-1 - c_2\frac{\langle \nabla f(\boldsymbol{x}_k), \boldsymbol{d}_k\rangle}{\|\nabla f(\boldsymbol{x}_k)\|^2}\right)}_{\bar{c}}\|\nabla f(\boldsymbol{x}_{k+1})\|^2$$

を満たします. 式 (5.51) から,

$$\underline{c} \geq -1 - \frac{c_2}{1 - c_2} = -\frac{1}{1 - c_2}$$

$$\bar{c} \leq -1 + \frac{c_2}{1 - c_2} = -\frac{1 - 2c_2}{1 - c_2}$$

なので, $k+1$ のときの結論が成立します.

(2) Wolfe 条件 (4.17), (4.18) のもとで, 探索方向 $\boldsymbol{d}_k$ が降下方向, つまり,

$$\forall k \in \mathbb{N}\ (\langle \nabla f(\boldsymbol{x}_k), \boldsymbol{d}_k\rangle < 0) \tag{5.52}$$

を満たすことを, 数学的帰納法を用いて証明します.

$\boldsymbol{d}_0 := -\nabla f(\boldsymbol{x}_0)$ から, $k = 0$ のときの式 (5.52) を満足します. また, ある k に対して式 (5.52) が成り立つとします. $c_2 < 1$ に関する Wolfe 条件 (4.18) から,

$$\langle \boldsymbol{d}_k, \boldsymbol{y}_k\rangle = \langle \boldsymbol{d}_k, \nabla f(\boldsymbol{x}_{k+1}) - \nabla f(\boldsymbol{x}_k)\rangle \geq (c_2 - 1)\langle \boldsymbol{d}_k, \nabla f(\boldsymbol{x}_k)\rangle > 0$$

が成立します. よって, DY 公式が定義可能なので, $\boldsymbol{d}_{k+1}$ と $\boldsymbol{y}_k$ の定義から,

$$\langle \nabla f(\boldsymbol{x}_{k+1}), \boldsymbol{d}_{k+1}\rangle = \langle \nabla f(\boldsymbol{x}_{k+1}), -\nabla f(\boldsymbol{x}_{k+1}) + \beta_{k+1}^{\mathrm{DY}}\boldsymbol{d}_k\rangle$$

$$= -\|\nabla f(\boldsymbol{x}_{k+1})\|^2 + \frac{\|\nabla f(\boldsymbol{x}_{k+1})\|^2}{\langle \boldsymbol{d}_k, \boldsymbol{y}_k \rangle}\langle \nabla f(\boldsymbol{x}_{k+1}), \boldsymbol{d}_k \rangle$$

$$= \frac{\|\nabla f(\boldsymbol{x}_{k+1})\|^2}{\langle \boldsymbol{d}_k, \boldsymbol{y}_k \rangle}\left(\langle \nabla f(\boldsymbol{x}_{k+1}), \boldsymbol{d}_k \rangle - \langle \boldsymbol{d}_k, \boldsymbol{y}_k \rangle\right)$$

$$= \beta_{k+1}^{\mathrm{DY}}\langle \nabla f(\boldsymbol{x}_k), \boldsymbol{d}_k \rangle \tag{5.53}$$

$$< 0$$

を満たします．ただし，最後の不等式は，$\beta_{k+1}^{\mathrm{DY}} > 0$ と仮定 $\langle \boldsymbol{d}_k, \nabla f(\boldsymbol{x}_k) \rangle < 0$ から得られます．よって，式 (5.52) が成立します．なお，上記から，

$$\beta_{k+1}^{\mathrm{DY}} := \frac{\|\nabla f(\boldsymbol{x}_{k+1})\|^2}{\langle \boldsymbol{d}_k, \boldsymbol{y}_k \rangle} = \frac{\langle \nabla f(\boldsymbol{x}_{k+1}), \boldsymbol{d}_{k+1} \rangle}{\langle \nabla f(\boldsymbol{x}_k), \boldsymbol{d}_k \rangle} > 0 \tag{5.54}$$

を得ます．式 (5.53)，および，$\boldsymbol{y}_k$ の定義から，

$$\langle \nabla f(\boldsymbol{x}_{k+1}), \boldsymbol{d}_{k+1} \rangle = \frac{\langle \nabla f(\boldsymbol{x}_k), \boldsymbol{d}_k \rangle}{\langle \boldsymbol{d}_k, \boldsymbol{y}_k \rangle}\|\nabla f(\boldsymbol{x}_{k+1})\|^2$$

$$= \left(\frac{\langle \nabla f(\boldsymbol{x}_{k+1}), \boldsymbol{d}_k \rangle}{\langle \nabla f(\boldsymbol{x}_k), \boldsymbol{d}_k \rangle} - 1\right)^{-1}\|\nabla f(\boldsymbol{x}_{k+1})\|^2$$

が任意の $k \in \mathbb{N}$ に対して成立します．強 Wolfe 条件 (4.20) と式 (5.52) から，

$$-c_2 \leq \frac{\langle \nabla f(\boldsymbol{x}_{k+1}), \boldsymbol{d}_k \rangle}{\langle \nabla f(\boldsymbol{x}_k), \boldsymbol{d}_k \rangle} \leq c_2$$

なので，任意の $k \in \mathbb{N}$ に対して，

$$(c_2 - 1)^{-1}\|\nabla f(\boldsymbol{x}_{k+1})\|^2 \leq \langle \nabla f(\boldsymbol{x}_{k+1}), \boldsymbol{d}_{k+1} \rangle \leq (-c_2 - 1)^{-1}\|\nabla f(\boldsymbol{x}_{k+1})\|^2$$

を得ます．

(3) $k = 0$ のとき，$\boldsymbol{d}_0 := -\nabla f(\boldsymbol{x}_0)$ から，$\langle \nabla f(\boldsymbol{x}_0), \boldsymbol{d}_0 \rangle = -\|\nabla f(\boldsymbol{x}_0)\|^2 < -(1 - 1/(4\mu))\|\nabla f(\boldsymbol{x}_0)\|^2$ が成立します．以下，$k \geq 1$ とします．$\langle \boldsymbol{d}_k, \boldsymbol{y}_k \rangle \neq 0$ から，

$$\boldsymbol{z}_k := \frac{\boldsymbol{y}_k}{\langle \boldsymbol{d}_k, \boldsymbol{y}_k \rangle}$$

が定義可能であり，

$$\beta_{k+1}^{\mathrm{HZ}} := \left\langle \boldsymbol{y}_k - \mu \boldsymbol{d}_k \frac{\|\boldsymbol{y}_k\|^2}{\langle \boldsymbol{d}_k, \boldsymbol{y}_k \rangle}, \frac{\nabla f(\boldsymbol{x}_{k+1})}{\langle \boldsymbol{d}_k, \boldsymbol{y}_k \rangle} \right\rangle$$

$$= \beta_{k+1}^{\mathrm{HS}} - \mu \frac{\|\boldsymbol{y}_k\|^2 \langle \nabla f(\boldsymbol{x}_{k+1}), \boldsymbol{d}_k \rangle}{\langle \boldsymbol{d}_k, \boldsymbol{y}_k \rangle^2}$$

$$= \beta_{k+1}^{\mathrm{HS}} - \mu \|z_k\|^2 \langle \nabla f(x_{k+1}), d_k \rangle$$

$$\beta_{k+1}^{\mathrm{HS}} := \frac{\langle \nabla f(x_{k+1}), y_k \rangle}{\langle d_k, y_k \rangle} = \langle \nabla f(x_{k+1}), z_k \rangle$$

となります. d_k の定義から,

$$\begin{aligned} \langle \nabla f(x_k), d_k \rangle &= \langle \nabla f(x_k), -\nabla f(x_k) + \beta_k^{\mathrm{HZ}} d_{k-1} \rangle \\ &= -\|\nabla f(x_k)\|^2 + \beta_k^{\mathrm{HZ}} \langle \nabla f(x_k), d_{k-1} \rangle \\ &= -\|\nabla f(x_k)\|^2 + \langle \nabla f(x_k), z_{k-1} \rangle \langle \nabla f(x_k), d_{k-1} \rangle \\ &\quad - \mu \|z_{k-1}\|^2 \langle \nabla f(x_k), d_{k-1} \rangle^2 \end{aligned}$$

が成立します. 命題 2.1.1 から, 任意の $x, y \in \mathbb{R}^d$ に対して $\langle x, y \rangle \leq (1/2)(\|x\|^2 + \|y\|^2)$ が成り立つので,

$$\begin{aligned} &\langle \nabla f(x_k), z_{k-1} \rangle \langle \nabla f(x_k), d_{k-1} \rangle \\ &= \left\langle \frac{1}{\sqrt{2\mu}} \nabla f(x_k), \sqrt{2\mu} \langle \nabla f(x_k), d_{k-1} \rangle z_{k-1} \right\rangle \\ &\leq \frac{1}{2} \left(\frac{1}{2\mu} \|\nabla f(x_k)\|^2 + 2\mu \langle \nabla f(x_k), d_{k-1} \rangle^2 \|z_{k-1}\|^2 \right) \\ &= \frac{1}{4\mu} \|\nabla f(x_k)\|^2 + \mu \langle \nabla f(x_k), d_{k-1} \rangle^2 \|z_{k-1}\|^2 \end{aligned}$$

を満たします. よって,

$$\langle \nabla f(x_k), d_k \rangle \leq - \left(1 - \frac{1}{4\mu} \right) \|\nabla f(x_k)\|^2$$

が成立します. □

FR 法の収束解析は, 次の定理 5.5.1 のとおりです（証明は付録 A.3 参照）.

> **定理5.5.1** ┤ FR法の大域的収束性 ├
>
> $f \in C_L^1(\mathbb{R}^d)$ は $\mathbb{R}^d$ で下に有界であるとします．ステップサイズの数列 $(\alpha_k)_{k\in\mathbb{N}}$ が強Wolfe条件 (4.19), (4.20) を満たすならば，FR法（$\beta_k = \beta_k^{\mathrm{FR}}$ を利用する**アルゴリズム 5.5**）で生成される点列 $(\boldsymbol{x}_k)_{k\in\mathbb{N}}$ は，有限回の反復で f の停留点に達するか，あるいは，
>
> $$\liminf_{k\to+\infty} \|\nabla f(\boldsymbol{x}_k)\| = 0$$
>
> を満たします．

DY法の収束解析は，次の定理 5.5.2 のとおりです（証明は付録 A.3参照）．

> **定理5.5.2** ┤ DY法の大域的収束性 ├
>
> $f \in C_L^1(\mathbb{R}^d)$ は $\mathbb{R}^d$ で下に有界であるとします．ステップサイズの数列 $(\alpha_k)_{k\in\mathbb{N}}$ がWolfe条件 (4.17), (4.18) を満たすならば，DY法（$\beta_k = \beta_k^{\mathrm{DY}}$ を利用する**アルゴリズム 5.5**）で生成される点列 $(\boldsymbol{x}_k)_{k\in\mathbb{N}}$ は，有限回の反復で f の停留点に達するか，あるいは，
>
> $$\liminf_{k\to+\infty} \|\nabla f(\boldsymbol{x}_k)\| = 0$$
>
> を満たします．

HZ法の収束解析は，次の定理 5.5.3 のとおりです（証明は付録 A.3を参照）．

> **定理5.5.3** ┤ HZ法の大域的収束性 ├
>
> $f \in C_L^1(\mathbb{R}^d)$ の $f(\boldsymbol{x}_0)$ に対する下位集合 $\mathcal{L}_{f(\boldsymbol{x}_0)}(f)$ が有界であるとします．ステップサイズの数列 $(\alpha_k)_{k\in\mathbb{N}}$ がWolfe条件 (4.17), (4.18) を満たすならば，HZ法（$\beta_k = |\beta_k^{\mathrm{HZ}}|$ を利用する**アルゴリズム 5.5**）[*10]で生成される点列 $(\boldsymbol{x}_k)_{k\in\mathbb{N}}$ は，有限回の反復で f の停留点に達するか，あるいは，
>
> $$\liminf_{k\to+\infty} \|\nabla f(\boldsymbol{x}_k)\| = 0$$
>
> を満たします．

5.6 数値例

本章で紹介した幾つかの反復法を用いて，図 5.1 の形状をもつ平滑非凸関数

$$f(x_1, x_2) := \sin\left(\frac{1}{2}x_1^2 - \frac{1}{4}x_2^2 + 3\right)\cos(2x_1 + 1 - e^{x_2}) \tag{5.55}$$

の局所的最適解を近似します．プログラムコードについては，GitHub Organization の Mathematical Optimization Lab.（はしがき参照）の meiji-optim-theory にあります．

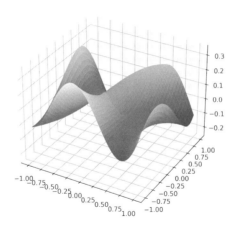

図 5.1 ■ 平滑非凸目的関数 (5.55) の形状

初めに，直線探索ステップサイズを用いた反復法の比較を行います．

図 5.2 は，初期点 $x_0 = (-0.3, 0.2)^\top$ における最急降下法 (SDM)，Newton 法 (Newton)，準 Newton 法 (BFGS)，および，FR 公式による共役勾配法 (CG) の挙動を 2 次元平面に描画したものです．準 Newton 法と共役勾配法は，最急降下法と比べて少ない反復回数で f の停留点に収束します．これは，準 Newton 法の超 1 次収束性（定理 5.4.1(2)）と共役勾配法の十分な降下性（補助定理 5.5.1）によるものと考えられます．一方で，局所的収束性を有する

---

*10 HZ 法の収束性を保証するために，パラメータ β_k は正であることが必要です．なお，FR 法や DY 法の収束性もパラメータ β_k が正であることを利用します（式 (5.54) 参照）

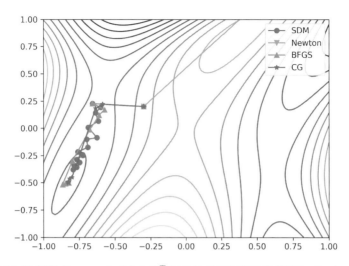

図 5.2 ■ 初期点 $\boldsymbol{x}_0 = (-0.3, 0.2)^\top$ における最急降下法 (SDM), Newton 法 (Newton), 準 Newton 法 (BFGS), および, 共役勾配法 (CG) の挙動.

Newton 法は, 初期点の選び方に依存して停留点に収束しないことがあります. 初期点を $\boldsymbol{x}_0 := (-0.75, -0.25)^\top$ のように f の停留点の近くに設定すると, Newton 法が高速に f の停留点へ収束することがわかります (演習問題 5.5).

次に, 直線探索ステップサイズ, 定数ステップサイズ $\alpha = 0.7$, および, 減少ステップサイズ $\alpha_k = 1/\sqrt{k+1}$ を利用した最急降下法の比較を行います.

図 5.3 は, 初期点 $\boldsymbol{x}_0 = (-0.3, 0.2)^\top$ における直線探索 (line search), 定数 (constant), 減少 (diminishing) ステップサイズを利用した最急降下法の挙動を 2 次元平面に描画したものです. どのステップサイズにおいても, 最急降下法は f の停留点に収束することがわかります. 定数ステップサイズのとり方によっては, 最急降下法が適切に収束できないことも確認できます (演習問題 5.5).

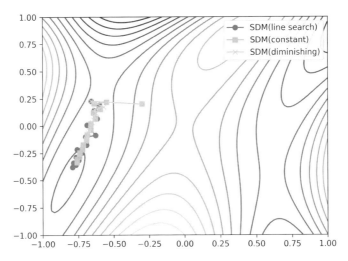

図 5.3 ■ 初期点 $x_0 = (-0.3, 0.2)^\top$ における直線探索 (line search)，定数 (constant)，減少 (diminishing) ステップサイズを利用した最急降下法 の挙動.

（ Advanced ） 複数の最適化問題に対する反復法の比較

5.6 節では，一つの平滑非凸最適化問題に対する反復法の挙動の比較を行いま した．反復法の性能を公平に比較するためには，複数の最適化問題に対する反 復法の挙動を調べる必要があるでしょう（大規模な最適化問題は，例えば，文献 [52] を参照）.

最適化問題の集合を P とし，最適化アルゴリズムの集合を S とします．また， 最適化アルゴリズム $s \in S$ が最適化問題 $p \in P$ を解くために必要な時間を $t_{p,s}$ とし，最適化問題 $p \in P$ に対する最適化アルゴリズム $s \in S$ の性能比率を

$$r_{p,s} := \frac{t_{p,s}}{\min_{s' \in S} t_{p,s'}}$$

と定義します．さらに，最適化アルゴリズム $s \in S$ の性能 $P_s(\tau) \in [0,1]$ $(\tau \in \mathbb{R})$ を次の値で定めます [51].

$$P_s(\tau) := \frac{\#\{p \in P : r_{p,s} \leq \tau\}}{\# P} \tag{5.56}$$

ただし，$\#A$ は集合 A の要素数を表します．$P_s(\tau)$ が 1 に速く達する最適化アルゴリズム s は，安定性と高速性の意味で高性能を有するといえます．性能指標 (5.56) に関するプログラムコードについては GitHub Organization の Mathematical Optimization Lab.（はしがき参照）の PPPy にありますので，複数の大規模な最適化問題に対する最適化アルゴリズムの性能比較の際にご利用ください．

演習問題

5.1　命題 5.4.1（BFGS 公式の正定値対称性）を証明しなさい．

5.2　目的関数 $f \in C^1(\mathbb{R}^d)$ を最小化するための反復法 $\boldsymbol{x}_{k+1} = \boldsymbol{x}_k + \alpha_k \boldsymbol{d}_k$ において，探索方向 $\boldsymbol{d}_k$ が降下方向であるとし，$\boldsymbol{y}_k$ と $\boldsymbol{s}_k$ は式 (5.30) で定義されているベクトルとします．このとき，式 (4.18) が成り立つならば，$\langle \boldsymbol{y}_k, \boldsymbol{s}_k \rangle > 0$ であることを示しなさい（命題 5.4.1(3) ではユークリッド内積 $\langle \boldsymbol{y}_k, \boldsymbol{s}_k \rangle_2$ を利用していますが，本問は一般の反復法に基づいた命題なので，一般の内積に関する議論で十分です）．

5.3　式 (5.36) を証明しなさい．

5.4　式 (5.37) を証明しなさい．

5.5　5.6 節で紹介した平滑非凸最適化のための反復法の挙動を，コンピュータを用いて確認しなさい．

6 章

非平滑凸最適化のための
反復法

　本章では，非平滑凸最適化のための反復法とその収束解析について，反復法の性能を左右するステップサイズの種類（4.3 節）で分けて示します．目的関数が凸で，かつ，制約集合が閉凸の場合を考察するので，目的関数の劣微分と近接写像（2.3 節），および，制約集合上の射影（2.4 節）を利用することができます．

　まず，探索方向が目的関数の劣勾配の逆ベクトルで定義される射影劣勾配法と探索方向が目的関数の近接写像で定義される射影近接点法の収束性能が同等であることを示します．次に，平滑凸関数と非平滑凸関数の和を最小化するための近接勾配法と高速近接勾配法を詳解します．最後に，非平滑凸最適化の応用例の一つである資源割当について議論し，射影劣勾配法と射影近接点法の資源割当への適用を考察します．

6.1 射影劣勾配法

6.1節と6.2節では，凸目的関数 $f\colon \mathbb{R}^d \to \mathbb{R}$ と空でない閉凸集合 $C \subset \mathbb{R}^d$ に関する制約付き非平滑凸最適化問題（3.4節，命題 3.4.1(2) 参照）

$$\begin{aligned}\text{非平滑凸目的関数：} \quad & f(\boldsymbol{x}) \longrightarrow \text{ 最小} \\ \text{閉凸制約条件：} \quad & \boldsymbol{x} \in C\end{aligned} \qquad (6.1)$$

の大域的最適解を見つけるための反復法の一つである射影法(projection methods)を解説します．問題(6.1)のための射影法は，制約集合 C への射影 P_C（2.4節参照）を用いるため，射影 P_C が容易に計算可能であることを仮定します．例えば，C が閉球（例 2.4.1），半空間（例 2.4.1），または，箱制約のような単純な形状をもつとき，C への射影は計算可能です．

(S1) 【任意初期点】$\boldsymbol{x}_0 \in \mathbb{R}^d$
(S2) 【ステップサイズ】$\alpha_k > 0 \ (k \in \mathbb{N})$
(S3) 【探索方向】$\boldsymbol{g}_k \in \partial f(\boldsymbol{x}_k),\ \boldsymbol{d}_k := -\boldsymbol{g}_k \ (k \in \mathbb{N})$

を用いた問題(6.1)の大域的最適解を見つけるための反復法である**射影劣勾配法**(projected subgradient method)

$$\boldsymbol{x}_{k+1} = P_C(\boldsymbol{x}_k + \alpha_k \boldsymbol{d}_k) = P_C(\boldsymbol{x}_k - \alpha_k \boldsymbol{g}_k) \quad (k \in \mathbb{N}) \qquad (6.2)$$

について考察します．

アルゴリズム 6.1 ■ 定数または減少ステップサイズを利用した射影劣勾配法

Require: $(\alpha_k)_{k \in \mathbb{N}} \subset \mathbb{R}_{++}$, $\boldsymbol{x}_0 \in \mathbb{R}^d$ （ステップサイズと初期点の設定）
Ensure: $\boldsymbol{x}_K$ （停止条件を満たすベクトル）
1: $k \leftarrow 0$
2: **repeat**
3: $\quad \boldsymbol{g}_k \in \partial f(\boldsymbol{x}_k)$
4: $\quad \boldsymbol{d}_k := -\boldsymbol{g}_k$
5: $\quad \boldsymbol{x}_{k+1} := P_C(\boldsymbol{x}_k + \alpha_k \boldsymbol{d}_k)$
6: $\quad k \leftarrow k + 1$
7: **until** 停止条件 (6.3) を満たす

　設定 (S2) が定数または減少ステップサイズのときの射影劣勾配法をアルゴリズム 6.1 に示します. 射影劣勾配法のコンピュータへの適用に関しては, 十分小さい $\varepsilon > 0$ を事前に設定して

$$\|\boldsymbol{x}_{k+1} - \boldsymbol{x}_k\| \leq \varepsilon \tag{6.3}$$

といった条件 (アルゴリズム 6.1 のステップ 7) が満たされたとき, アルゴリズムを停止します. 制約なし最適化における反復法の停止条件は, 例えば, $f \in C^1(\mathbb{R}^d)$ に対しては $\|\nabla f(\boldsymbol{x}_{k+1})\| \leq \varepsilon$ が利用されました (5 章, 式 (5.2) 参照). 一方で, 問題 (6.1) の最適解 $\boldsymbol{x}^\star \in C$ は, 仮に $f \in C^1(\mathbb{R}^d)$ のもとであっても, 変分不等式

$$\forall \boldsymbol{x} \in C \ (\langle \nabla f(\boldsymbol{x}^\star), \boldsymbol{x} - \boldsymbol{x}^\star \rangle \geq 0) \tag{6.4}$$

を満たします (命題 3.5.2(3)) が, $\nabla f(\boldsymbol{x}^\star) = \boldsymbol{0}$ を満たす保証はありません[*1]. f が微分不可能なとき, 問題 (6.1) の最適解 $\boldsymbol{x}^\star \in C$ は,

$$\forall \boldsymbol{x} \in C \ (f'(\boldsymbol{x}^\star; \boldsymbol{x} - \boldsymbol{x}^\star) \geq 0) \tag{6.5}$$

を満たします (命題 3.4.1(2)). しかしながら, 式 (6.4) と式 (6.5) は C に属する全てのベクトルに対して調べる必要があるため, 式 (6.3) のような停止条件が適切でしょう.

　本節で示す定理の結果を表 6.1 にまとめます. 減少ステップサイズの利用では, $\varliminf f(\boldsymbol{x}_k) = f^\star$ の意味で大域的収束します (式 (6.14), 4.6 節の (G6)). ただし, $f^\star$ は問題 (6.1) の最適値です. 定数ステップサイズの利用では, 大域的収束の保証はありませんが, $\varliminf f(\boldsymbol{x}_k) - f^\star$ の上界が定数ステップサイズ α の定数倍であることが保証されます. よって, 小さい定数ステップサイズ (例えば, $\alpha = 10^{-2}, 10^{-3}$) の設定が, $\varliminf f(\boldsymbol{x}_k) - f^\star$ の上界を小さくする意味で望ましいことが示唆されます. また, アルゴリズムの問題 (6.1) に関する指標 (4.31), つまり,

$$f(\boldsymbol{x}_{K'}) - f^\star = \min_{k \in [0:K-1]} f(\boldsymbol{x}_k) - f^\star \tag{6.6}$$

[*1]　例えば, $f(x) = x^2$ と $C = [1, +\infty)$ における問題 (6.1) の大域的最小解 $x^\star = 1$ において, $f'(x^\star) = 2x^\star = 2 \neq 0$ であり, 変分不等式 $f'(x^\star)(x - x^\star) = 2(x - 1) \geq 0 \ (x \in C)$ を満たします.

表 6.1 ■ 問題 (6.1) の大域的最適解を見つけるための射影劣勾配法. 収束率は式 (6.6) による指標の上界であり, 収束性については $a \in (1/2, 1]$, 収束率については $a \in [1/2, 1)$ とする (ただし, $K \geq 1$).

ステップ	収束性	収束率
定数 $(\alpha_k = \alpha)$	定理 6.1.1 $\displaystyle\lim_{k \to +\infty} f(\boldsymbol{x}_k) \leq f^\star + O(\alpha)$	定理 6.1.1 $O\left(\dfrac{1}{K} + \alpha\right)$
減少 $(\alpha_k = (k+1)^{-a})$	定理 6.1.2 $\displaystyle\lim_{k \to +\infty} f(\boldsymbol{x}_k) = f^\star$	定理 6.1.2 $O\left(\dfrac{1}{K^{\min\{a, 1-a\}}}\right)$
減少 $(\alpha_k = (k+1)^{-1})$	定理 6.1.2 $\displaystyle\lim_{k \to +\infty} f(\boldsymbol{x}_k) = f^\star$	定理 6.1.3 (強凸) $O\left(\dfrac{1}{K}\right)$

の上界が, 減少ステップサイズの利用 ($a = 1/2$) においては $1/\sqrt{K}$ のオーダーとなることを示しています. さらに, 目的関数 f が強凸のとき, 指標 (6.6) の上界が $1/K$ のオーダーになることも示しています (指標 (6.6) の評価に関する定数ステップサイズの設定 ($\alpha = 10^{-2}, 10^{-3}$ といった適度に小さいステップサイズの設定) は, 式 (5.12) にある議論と定理 6.1.1 を参照).

次の補助定理 6.1.1 を用いて, 本節の定理を示します.

補助定理 6.1.1

$f\colon \mathbb{R}^d \to \mathbb{R}$ は凸とし, $C \subset \mathbb{R}^d$ は空でない閉凸集合とします. また, 射影劣勾配法 (アルゴリズム 6.1) で生成される点列を $(\boldsymbol{x}_k)_{k \in \mathbb{N}}$ とします. このとき, 任意の $\boldsymbol{x} \in C$ と任意の整数 $K \geq 1$ に対して,

$$\sum_{k=0}^{K-1} \alpha_k (f(\boldsymbol{x}_k) - f(\boldsymbol{x})) \leq \frac{1}{2}\|\boldsymbol{x}_0 - \boldsymbol{x}\|^2 + \frac{1}{2}\sum_{k=0}^{K-1} \alpha_k^2 \|\boldsymbol{g}_k\|^2$$

および,

$$\frac{1}{K}\sum_{k=0}^{K-1}(f(\boldsymbol{x}_k) - f(\boldsymbol{x}))$$
$$\leq \frac{1}{K}\sum_{k=0}^{K-1} \frac{1}{2\alpha_k}\left(\|\boldsymbol{x}_k - \boldsymbol{x}\|^2 - \|\boldsymbol{x}_{k+1} - \boldsymbol{x}\|^2\right) + \frac{1}{K}\sum_{k=0}^{K-1} \frac{\alpha_k}{2}\|\boldsymbol{g}_k\|^2$$

が成立します.

補助定理 6.1.1 の証明. 式 (6.2)，P_C の非拡大性（式 (2.35)），および，命題 2.1.1 から，任意の $\boldsymbol{x} \in C$ と任意の $k \in \mathbb{N}$ に対して，

$$
\begin{aligned}
\|\boldsymbol{x}_{k+1} - \boldsymbol{x}\|^2 &= \|P_C(\boldsymbol{x}_k - \alpha_k \boldsymbol{g}_k) - P_C(\boldsymbol{x})\|^2 \\
&\leq \|(\boldsymbol{x}_k - \boldsymbol{x}) - \alpha_k \boldsymbol{g}_k\|^2 \\
&= \|\boldsymbol{x}_k - \boldsymbol{x}\|^2 - 2\alpha_k \langle \boldsymbol{x}_k - \boldsymbol{x}, \boldsymbol{g}_k \rangle + \alpha_k^2 \|\boldsymbol{g}_k\|^2
\end{aligned} \tag{6.7}
$$

が成立します．f の凸性と命題 2.3.2(1) から，

$$
\langle \boldsymbol{x} - \boldsymbol{x}_k, \boldsymbol{g}_k \rangle \leq f(\boldsymbol{x}) - f(\boldsymbol{x}_k)
$$

を満たすので，

$$
\|\boldsymbol{x}_{k+1} - \boldsymbol{x}\|^2 \leq \|\boldsymbol{x}_k - \boldsymbol{x}\|^2 + 2\alpha_k(f(\boldsymbol{x}) - f(\boldsymbol{x}_k)) + \alpha_k^2 \|\boldsymbol{g}_k\|^2 \tag{6.8}
$$

が成立します．よって，任意の $\boldsymbol{x} \in C$ と任意の $k \in \mathbb{N}$ に対して，

$$
\alpha_k(f(\boldsymbol{x}_k) - f(\boldsymbol{x})) \leq \frac{1}{2}\left(\|\boldsymbol{x}_k - \boldsymbol{x}\|^2 - \|\boldsymbol{x}_{k+1} - \boldsymbol{x}\|^2\right) + \frac{\alpha_k^2}{2}\|\boldsymbol{g}_k\|^2
$$

$$
f(\boldsymbol{x}_k) - f(\boldsymbol{x}) \leq \frac{1}{2\alpha_k}\left(\|\boldsymbol{x}_k - \boldsymbol{x}\|^2 - \|\boldsymbol{x}_{k+1} - \boldsymbol{x}\|^2\right) + \frac{\alpha_k}{2}\|\boldsymbol{g}_k\|^2
$$

が成立します．以上のことから，任意の $\boldsymbol{x} \in C$ と任意の整数 $K \geq 1$ に対して，

$$
\sum_{k=0}^{K-1} \alpha_k(f(\boldsymbol{x}_k) - f(\boldsymbol{x})) \leq \frac{1}{2}\|\boldsymbol{x}_0 - \boldsymbol{x}\|^2 + \frac{1}{2}\sum_{k=0}^{K-1} \alpha_k^2 \|\boldsymbol{g}_k\|^2
$$

および，

$$
\begin{aligned}
&\frac{1}{K}\sum_{k=0}^{K-1}(f(\boldsymbol{x}_k) - f(\boldsymbol{x})) \\
&\leq \frac{1}{K}\sum_{k=0}^{K-1}\frac{1}{2\alpha_k}\left(\|\boldsymbol{x}_k - \boldsymbol{x}\|^2 - \|\boldsymbol{x}_{k+1} - \boldsymbol{x}\|^2\right) + \frac{1}{K}\sum_{k=0}^{K-1}\frac{\alpha_k}{2}\|\boldsymbol{g}_k\|^2
\end{aligned}
$$

が成立します．　□

定数ステップサイズを利用した射影劣勾配法の収束解析は，次の定理 6.1.1 のとおりです．

> **定理 6.1.1** ━━ 定数ステップサイズを利用した射影劣勾配法の収束解析
>
> 凸関数 $f\colon \mathbb{R}^d \to \mathbb{R}$ と空でない閉凸集合 $C \subset \mathbb{R}^d$ に関する問題 (6.1) の大域的最適解が存在する[*2]とします. 定数ステップサイズ $\alpha > 0$ を利用した射影劣勾配法 (アルゴリズム 6.1) で生成される点列 $(\boldsymbol{x}_k)_{k \in \mathbb{N}}$ を考察します. ある $G > 0$ が存在して, 任意の $k \in \mathbb{N}$ に対して, $\|\boldsymbol{g}_k\|^2 \le G^2$ を満たすものとします[*3]. このとき,
>
> $$\liminf_{k \to +\infty} f(\boldsymbol{x}_k) \le f^\star + \frac{G^2}{2}\alpha$$
>
> および, 問題 (6.1) の任意の最適解 $\boldsymbol{x}^\star \in C$ と任意の整数 $K \ge 1$ に対して,
>
> $$\max\left\{ f\left(\frac{1}{K}\sum_{k=0}^{K-1} \boldsymbol{x}_k\right),\ \min_{k \in [0:K-1]} f(\boldsymbol{x}_k) \right\} \le f^\star + \frac{\|\boldsymbol{x}_0 - \boldsymbol{x}^\star\|^2}{2\alpha K} + \frac{G^2}{2}\alpha$$
>
> を満たします. ただし, $f^\star$ は問題 (6.1) の最適値です.

定理 6.1.1 の証明. ある番号 $k_0 \in \mathbb{N}$ が存在して, $f(\boldsymbol{x}_{k_0}) = f^\star$ とすると, $\boldsymbol{x}_{k_0} \in C$ が大域的最適解となります. そこで以下では, 任意の $k \in \mathbb{N}$ に対して, $f(\boldsymbol{x}_k) \ne f^\star$ となる場合を考えます. 任意の $\varepsilon > 0$ に対して,

$$\liminf_{k \to +\infty}(f(\boldsymbol{x}_k) - f^\star) \le \frac{G^2}{2}\alpha + \varepsilon \tag{6.9}$$

であることを, 背理法を用いて証明します. いま, 式 (6.9) が成立しない, すなわち, ある $\varepsilon_0 > 0$ が存在して,

$$\liminf_{k \to +\infty}(f(\boldsymbol{x}_k) - f^\star) > \frac{G^2}{2}\alpha + \varepsilon_0 \tag{6.10}$$

が成り立つと仮定します. 命題 2.1.7(2) から, ある番号 k_0 が存在して, 任意の $k \ge k_0$ に対して,

---

[*2] C が有界のとき大域的最適解が存在します (命題 3.4.2).

[*3] C を有界とします (例えば, 中心 $\boldsymbol{c} \in \mathbb{R}^d$ と半径 $r > 0$ からなる閉球 $C = \{\boldsymbol{x} \in \mathbb{R}^d\colon \|\boldsymbol{x} - \boldsymbol{c}\| \le r\}$ は有界閉凸集合です). C は有界閉集合なので, $\|\boldsymbol{g}_k\|^2 \le G^2$ となる $G > 0$ が存在します (詳細は文献 [14, Theorem 3.16] を参照).

$$\liminf_{k \to +\infty}(f(\boldsymbol{x}_k) - f^\star) - \frac{\varepsilon_0}{2} \leq f(\boldsymbol{x}_k) - f^\star$$

を満たすので，式 (6.10) から，任意の $k \geq k_0$ に対して，

$$f(\boldsymbol{x}_k) - f^\star > \frac{G^2}{2}\alpha + \frac{\varepsilon_0}{2}$$

が成立します．定数ステップサイズ $\alpha_k := \alpha$，G の定義，および，式 (6.8) から，任意の $k \geq k_0$ と問題 (6.1) の任意の最適解 $\boldsymbol{x}^\star \in C$ に対して，

$$
\begin{aligned}
\|\boldsymbol{x}_{k+1} - \boldsymbol{x}^\star\|^2 &\leq \|\boldsymbol{x}_k - \boldsymbol{x}^\star\|^2 + 2\alpha(f^\star - f(\boldsymbol{x}_k)) + G^2\alpha^2 \\
&< \|\boldsymbol{x}_k - \boldsymbol{x}^\star\|^2 - 2\alpha\left(\frac{G^2}{2}\alpha + \frac{\varepsilon_0}{2}\right) + G^2\alpha^2 \\
&= \|\boldsymbol{x}_k - \boldsymbol{x}^\star\|^2 - \alpha\varepsilon_0
\end{aligned}
$$

なので，

$$\|\boldsymbol{x}_{k+1} - \boldsymbol{x}^\star\|^2 < \|\boldsymbol{x}_{k_0} - \boldsymbol{x}^\star\|^2 - \alpha\varepsilon_0(k + 1 - k_0)$$

が任意の $k \geq k_0$ に対して成立しますが，k を発散させると矛盾が生じます（式 (5.16) の議論と同じです）．よって，式 (6.9) が成立します．$\varepsilon > 0$ が任意であることと命題 2.1.8(5) から，式 (6.9) は

$$\liminf_{k \to +\infty} f(\boldsymbol{x}_k) - f^\star = \liminf_{k \to +\infty}(f(\boldsymbol{x}_k) - f^\star) \leq \frac{G^2}{2}\alpha$$

を導きます．定数ステップサイズ $\alpha_k := \alpha$，G の定義，および，補助定理 6.1.1 から，

$$
\begin{aligned}
\frac{1}{K}\sum_{k=0}^{K-1}(f(\boldsymbol{x}_k) - f^\star) &\leq \frac{1}{2\alpha K}\sum_{k=0}^{K-1}\left(\|\boldsymbol{x}_k - \boldsymbol{x}^\star\|^2 - \|\boldsymbol{x}_{k+1} - \boldsymbol{x}^\star\|^2\right) + \frac{G^2\alpha}{2} \\
&= \frac{1}{2\alpha K}\left(\|\boldsymbol{x}_0 - \boldsymbol{x}^\star\|^2 - \|\boldsymbol{x}_K - \boldsymbol{x}^\star\|^2\right) + \frac{G^2\alpha}{2} \\
&\leq \frac{\|\boldsymbol{x}_0 - \boldsymbol{x}^\star\|^2}{2\alpha K} + \frac{G^2\alpha}{2}
\end{aligned}
$$

が任意の最適解 $\boldsymbol{x}^\star \in C$ と任意の整数 $K \geq 1$ に対して成立します．また，f の凸性から

$$\max\left\{f\left(\frac{1}{K}\sum_{k=0}^{K-1}\boldsymbol{x}_k\right), \min_{k \in [0:K-1]}f(\boldsymbol{x}_k)\right\} \leq \frac{1}{K}\sum_{k=0}^{K-1}f(\boldsymbol{x}_k)$$

を満たします.　　　　　　　　　　　　　　　　　　　　　　□

　減少ステップサイズを利用した射影劣勾配法の収束解析は，次の定理 6.1.2,
定理 6.1.3 のとおりです.

> **定理6.1.2**　減少ステップサイズを利用した射影劣勾配法の大域的収束性
>
> 凸関数 $f\colon \mathbb{R}^d \to \mathbb{R}$ と空でない閉凸集合 $C \subset \mathbb{R}^d$ に関する問題 (6.1) の大域的最適解が存在するとします.
>
> $$\sum_{k=0}^{+\infty} \alpha_k = +\infty, \quad \sum_{k=0}^{+\infty} \alpha_k^2 < +\infty \tag{6.11}$$
>
> を満たす減少ステップサイズの数列 $(\alpha_k)_{k\in\mathbb{N}}$ を利用した射影劣勾配法（アルゴリズム 6.1）で生成される点列 $(\boldsymbol{x}_k)_{k\in\mathbb{N}}$ を考察します. ある $G > 0$ が存在して，任意の $k \in \mathbb{N}$ に対して，$\|\boldsymbol{g}_k\|^2 \leq G^2$ を満たすものとします. このとき，
>
> $$\liminf_{k\to+\infty} f(\boldsymbol{x}_k) = f^\star \tag{6.12}$$
>
> が成立します. また，$(\alpha_k)_{k\in\mathbb{N}}$ が単調減少のとき，問題 (6.1) の任意の最適解 $\boldsymbol{x}^\star \in C$ と任意の整数 $K \geq 1$ に対して，
>
> $$\max\left\{ f\left(\frac{1}{K} \sum_{k=0}^{K-1} \boldsymbol{x}_k \right), \min_{k\in[0:K-1]} f(\boldsymbol{x}_k) \right\} \leq f^\star + \frac{\mathrm{Dist}(\boldsymbol{x}^\star)}{2K\alpha_{K-1}} + \frac{G^2}{2K} \sum_{k=0}^{K-1} \alpha_k$$
>
> を満たします. ただし，$f^\star$ は問題 (6.1) の最適値であり，$\mathrm{Dist}(\boldsymbol{x}^\star) := \sup\{\|\boldsymbol{x}_k - \boldsymbol{x}^\star\|^2 \colon k \in \mathbb{N}\} > 0$ とします*4.

　$a > 0$ に対して，ステップサイズを

$$\alpha_k := \frac{1}{(k+1)^a}$$

と定義します. $a \in (1/2, 1]$ のとき，式 (6.11) を満たすので，定理 6.1.2 から，

---

*4　C が有界のとき，$\mathrm{Dist}(\boldsymbol{x}^\star)$ は有限値です. また，$\sum_{k=0}^{+\infty} \alpha_k^2 < +\infty$，かつ，$G > 0$ ならば，$\mathrm{Dist}(\boldsymbol{x}^\star)$ は有限値です（式 (6.15) の考察参照）.

射影劣勾配法は式 (6.12) を満たします. 下極限の性質 (命題 2.1.7(1)) から,

$$\exists (\bm{x}_{k_i})_{i\in\mathbb{N}} \subset (\bm{x}_k)_{k\in\mathbb{N}} \ \left(\lim_{i\to+\infty} f(\bm{x}_{k_i}) = \liminf_{k\to+\infty} f(\bm{x}_k) = f^\star \right) \tag{6.13}$$

が成立します. $(\bm{x}_k)_{k\in\mathbb{N}} \subset C$ は $\sum_{k=0}^{+\infty} \alpha_k^2 < +\infty$ と $G > 0$ のもとでは有界な点列なので (式 (6.15) の考察参照), 命題 2.1.5(2) と C の閉性から,

$$\exists (\bm{x}_{k_{i_j}})_{j\in\mathbb{N}} \subset (\bm{x}_{k_i})_{i\in\mathbb{N}} \ \left(\bm{x}_{k_{i_j}} \to \bm{x}^* \in C \right)$$

が成立します. f の連続性と式 (6.13) により, $f(\bm{x}^*) = f^\star$, つまり,

$$\bm{x}_{k_{i_j}} \to \bm{x}^* \in \operatorname*{argmin}_{\bm{x}\in C} f(\bm{x}) \tag{6.14}$$

が成立します. 以上のことから, 減少ステップサイズを有する射影劣勾配法は大域的収束します (4.6 節の (G6)).

一方で, $a \in [1/2, 1)$ のとき, 式 (5.18) を導く過程と同様の議論から,

$$\frac{1}{K} \sum_{k=0}^{K-1} f(\bm{x}_k) \le f^\star + O\left(\frac{1}{K^{\min\{a,1-a\}}} \right)$$

となります. $a = 1/2$, すなわち,

$$\alpha_k = \frac{1}{\sqrt{k+1}}$$

のとき, $\min\{a, 1-a\}$ が最大値 $1/2$ に達するので, 平均評価の収束率の意味で最も良いステップサイズのとり方であると考えられます. このとき, 任意の整数 $K \ge 1$ に対して, 射影劣勾配法は, f の凸性を利用して,

$$\max\left\{ f\left(\frac{1}{K} \sum_{k=0}^{K-1} \bm{x}_k \right), \min_{k\in[0:K-1]} f(\bm{x}_k) \right\} \le f^\star + O\left(\frac{1}{\sqrt{K}} \right)$$

の収束率を有することが保証されます. この結果は, $(\bm{x}_k)_{k=0}^{K-1}$ の平均

$$\tilde{\bm{x}}_K := \frac{1}{K} \sum_{k=0}^{K-1} \bm{x}_k$$

や反復回数 $K-1$ までの最良の関数値

$$f^{(K-1)} := \min_{k\in[0:K-1]} f(\bm{x}_k)$$

で生成される点列が $O(1/\sqrt{K})$ の収束率で $f^\star$ へ収束することを意味します.

定理 6.1.2 の証明. 補助定理 6.1.1 と G の定義から, 任意の最適解 $\boldsymbol{x}^\star \in C$ と任意の整数 $K \geq 1$ に対して,

$$\sum_{k=0}^{K-1} \alpha_k (f(\boldsymbol{x}_k) - f^\star) \leq \frac{1}{2} \|\boldsymbol{x}_0 - \boldsymbol{x}^\star\|^2 + \frac{G^2}{2} \sum_{k=0}^{K-1} \alpha_k^2$$

が成り立つので, $\sum_{k=0}^{+\infty} \alpha_k^2 < +\infty$ から,

$$\sum_{k=0}^{+\infty} \alpha_k (f(\boldsymbol{x}_k) - f^\star) \leq \frac{1}{2} \|\boldsymbol{x}_0 - \boldsymbol{x}^\star\|^2 + \frac{G^2}{2} \sum_{k=0}^{+\infty} \alpha_k^2 < +\infty$$

を満たします. $\sum_{k=0}^{+\infty} \alpha_k = +\infty$, 命題 4.3.1, および, 命題 2.1.8(5) から,

$$\liminf_{k \to +\infty} f(\boldsymbol{x}_k) - f^\star = \liminf_{k \to +\infty} (f(\boldsymbol{x}_k) - f^\star) \leq 0$$

が成立し, さらに, $f^\star \leq f(\boldsymbol{x}_k)\ (k \in \mathbb{N})$ から,

$$\liminf_{k \to +\infty} f(\boldsymbol{x}_k) = f^\star$$

となります. 補助定理 6.1.1 と G の定義から, 任意の最適解 $\boldsymbol{x}^\star \in C$ と任意の整数 $K \geq 1$ に対して,

$$\frac{1}{K} \sum_{k=0}^{K-1} (f(\boldsymbol{x}_k) - f^\star)$$
$$\leq \frac{1}{2K} \underbrace{\sum_{k=0}^{K-1} \frac{1}{\alpha_k} \left(\|\boldsymbol{x}_k - \boldsymbol{x}^\star\|^2 - \|\boldsymbol{x}_{k+1} - \boldsymbol{x}^\star\|^2 \right)}_{X_K(\boldsymbol{x}^\star)} + \frac{G^2}{2K} \sum_{k=0}^{K-1} \alpha_k$$

が成立します. 定理 5.2.2 の証明と同様の議論 ($X_K(\boldsymbol{x})$ の評価方法) により, $(\alpha_k)_{k \in \mathbb{N}}$ が単調減少のとき,

$$X_K(\boldsymbol{x}^\star) \leq \frac{\mathrm{Dist}(\boldsymbol{x}^\star)}{\alpha_{K-1}}$$

が得られるので, 任意の最適解 $\boldsymbol{x}^\star \in C$ と任意の整数 $K \geq 1$ に対して,

$$\frac{1}{K} \sum_{k=0}^{K-1} (f(\boldsymbol{x}_k) - f^\star) \leq \frac{\mathrm{Dist}(\boldsymbol{x}^\star)}{2K\alpha_{K-1}} + \frac{G^2}{2K} \sum_{k=0}^{K-1} \alpha_k$$

が成立します. □

定理6.1.2では，劣勾配法で生成される点列の有界性，つまり，$\mathrm{Dist}(\boldsymbol{x}^\star) < +\infty$ を仮定しました．劣勾配法で生成される点列の有界性のための十分条件が，目的関数 f の凸性，$G > 0$，および，$\sum_{k=0}^{+\infty} \alpha_k^2 < +\infty$ であることを以下に示します.

目的関数 f の凸性から得られる式 (6.8) により，任意の最適解 $\boldsymbol{x}^\star \in C$ と任意の $k \in \mathbb{N}$ に対して，

$$\begin{aligned}
\|\boldsymbol{x}_{k+1} - \boldsymbol{x}^\star\|^2 &\leq \|\boldsymbol{x}_k - \boldsymbol{x}^\star\|^2 + 2\alpha_k(f^\star - f(\boldsymbol{x}_k)) + G^2\alpha_k^2 \\
&\leq \|\boldsymbol{x}_k - \boldsymbol{x}^\star\|^2 + G^2\alpha_k^2
\end{aligned} \tag{6.15}$$

を満たします．二つ目の不等式は $(\boldsymbol{x}_k)_{k\in\mathbb{N}} \subset C$ と $f(\boldsymbol{x}_k) \geq f^\star$ $(k \in \mathbb{N})$ から得られます．上記の不等式を $k = 0$ から $k = K - 1$ $(K \geq 1)$ まで足し合わせると，

$$\|\boldsymbol{x}_K - \boldsymbol{x}^\star\|^2 \leq \|\boldsymbol{x}_0 - \boldsymbol{x}^\star\|^2 + G^2 \sum_{k=0}^{K-1} \alpha_k^2$$

が任意の $K \geq 1$ に対して成立します．$\sum_{k=0}^{+\infty} \alpha_k^2 < +\infty$ ならば $(\|\boldsymbol{x}_k - \boldsymbol{x}^\star\|^2)_{k\in\mathbb{N}}$ の有界性が保証されます．つまり，$\mathrm{Dist}(\boldsymbol{x}^\star)$ は有限値となります．この証明における本質的な不等式は，目的関数の凸性を利用することで得られる式 (6.15) です．一方で，定理5.2.2 に見られるように，非凸最適化のための勾配法は，一般には点列の有界性を示すことができません（凸最適化のための最急降下法の有界性は付録 A.3 参照）.

f が強凸のときの射影劣勾配法は，任意の整数 $K \geq 2$ に対して，$O(1/K)$ の収束率

$$\min_{k\in[0:K-1]} f(\boldsymbol{x}_k) \leq \frac{2}{(K-1)K} \sum_{k=0}^{K-1} k f(\boldsymbol{x}_k) \leq f^\star + O\left(\frac{1}{K}\right)$$

を有します.

> **定理6.1.3** ── 減少ステップサイズを利用した強凸関数に対する 射影劣勾配法の大域的収束性
>
> $c > 0$ とし,c–強凸関数 $f\colon \mathbb{R}^d \to \mathbb{R}$ と空でない閉凸集合 $C \subset \mathbb{R}^d$ に関する問題 (6.1) のための,減少ステップサイズ
>
> $$\alpha_k := \frac{2}{c(k+1)} \quad (k \in \mathbb{N}) \tag{6.16}$$
>
> を利用した射影劣勾配法(アルゴリズム 6.1)を考察します.ある $G > 0$ が存在して,任意の $k \in \mathbb{N}$ に対して,$\|\boldsymbol{g}_k\|^2 \leq G^2$ を満たすものとします.このとき,任意の整数 $K \geq 2$ に対して,
>
> $$\max\left\{ f\left(\frac{2}{(K-1)K} \sum_{k=0}^{K-1} k\boldsymbol{x}_k \right), \min_{k \in [0:K-1]} f(\boldsymbol{x}_k) \right\} \leq f^\star + \frac{2G^2}{cK}$$
>
> を満たします.ただし,$f^\star$ は問題 (6.1) の最適値です.

定理 6.1.3 の証明. 式 (6.7) と G の定義から,任意の $k \in \mathbb{N}$ に対して,

$$\|\boldsymbol{x}_{k+1} - \boldsymbol{x}^\star\|^2 \leq \|\boldsymbol{x}_k - \boldsymbol{x}^\star\|^2 + 2\alpha_k \langle \boldsymbol{x}^\star - \boldsymbol{x}_k, \boldsymbol{g}_k \rangle + G^2 \alpha_k^2$$

なので,f の強凸性(命題 2.3.4(1))

$$\langle \boldsymbol{g}_k, \boldsymbol{x}^\star - \boldsymbol{x}_k \rangle \leq f^\star - f(\boldsymbol{x}_k) - \frac{c}{2}\|\boldsymbol{x}_k - \boldsymbol{x}^\star\|^2$$

と合わせて,

$$\|\boldsymbol{x}_{k+1} - \boldsymbol{x}^\star\|^2 \leq \|\boldsymbol{x}_k - \boldsymbol{x}^\star\|^2 + 2\alpha_k \left(f^\star - f(\boldsymbol{x}_k) - \frac{c}{2}\|\boldsymbol{x}_k - \boldsymbol{x}^\star\|^2 \right) + G^2 \alpha_k^2$$
$$= (1 - c\alpha_k)\|\boldsymbol{x}_k - \boldsymbol{x}^\star\|^2 + 2\alpha_k(f^\star - f(\boldsymbol{x}_k)) + G^2 \alpha_k^2$$

つまり,

$$f(\boldsymbol{x}_k) - f^\star \leq \frac{1}{2\alpha_k} \left\{ (1 - c\alpha_k)\|\boldsymbol{x}_k - \boldsymbol{x}^\star\|^2 - \|\boldsymbol{x}_{k+1} - \boldsymbol{x}^\star\|^2 \right\} + \frac{G^2}{2} \alpha_k$$

が任意の $k \in \mathbb{N}$ に対して成立します.式 (6.16) から,

$$\frac{1 - c\alpha_k}{2\alpha_k} = \frac{k-1}{k+1} \frac{c(k+1)}{4} = \frac{c(k-1)}{4}, \quad \frac{1}{2\alpha_k} = \frac{c(k+1)}{4}$$

なので,

$$f(\boldsymbol{x}_k) - f^\star \leq \frac{c(k-1)}{4}\|\boldsymbol{x}_k - \boldsymbol{x}^\star\|^2 - \frac{c(k+1)}{4}\|\boldsymbol{x}_{k+1} - \boldsymbol{x}^\star\|^2 + \frac{G^2}{c(k+1)}$$

つまり，

$$kf(\boldsymbol{x}_k) - kf^\star$$
$$\leq \frac{c(k-1)k}{4}\|\boldsymbol{x}_k - \boldsymbol{x}^\star\|^2 - \frac{ck(k+1)}{4}\|\boldsymbol{x}_{k+1} - \boldsymbol{x}^\star\|^2 + \frac{G^2 k}{c(k+1)}$$

が任意の$k \in \mathbb{N}$に対して成立します．上記の不等式を$k=0$から$k=K-1$（$K \geq 1$は整数）まで足し合わせると，

$$\sum_{k=0}^{K-1}(kf(\boldsymbol{x}_k) - kf^\star)$$
$$\leq \sum_{k=0}^{K-1}\left\{\frac{c(k-1)k}{4}\|\boldsymbol{x}_k - \boldsymbol{x}^\star\|^2 - \frac{ck(k+1)}{4}\|\boldsymbol{x}_{k+1} - \boldsymbol{x}^\star\|^2\right\} + \sum_{k=0}^{K-1}\frac{G^2 k}{c(k+1)}$$
$$= \frac{c(-1)0}{4}\|\boldsymbol{x}_0 - \boldsymbol{x}^\star\|^2 - \frac{c(K-1)K}{4}\|\boldsymbol{x}_K - \boldsymbol{x}^\star\|^2 + \frac{G^2}{c}\sum_{k=0}^{K-1}\frac{k}{k+1}$$
$$\leq \frac{G^2}{c}(K-1)$$

が成立します．任意の整数$K \geq 1$に対して，

$$\sum_{k=0}^{K-1}k = \frac{(K-1)K}{2} \tag{6.17}$$

から，任意の整数$K \geq 2$ に対して，

$$\frac{2}{(K-1)K}\sum_{k=0}^{K-1}kf(\boldsymbol{x}_k) - f^\star \leq \frac{G^2(K-1)}{c}\frac{2}{(K-1)K} = \frac{2G^2}{cK}$$

が成立します．fの凸性と式 (6.17) から，

$$f\left(\frac{2}{(K-1)K}\sum_{k=0}^{K-1}k\boldsymbol{x}_k\right) \leq \frac{2}{(K-1)K}\sum_{k=0}^{K-1}kf(\boldsymbol{x}_k)$$

であり，式 (6.17) から，

$$\min_{k\in[0:K-1]}f(\boldsymbol{x}_k) \leq \frac{2}{(K-1)K}\sum_{k=0}^{K-1}kf(\boldsymbol{x}_k)$$

となります. □

6.2 | 射影近接点法

(S1) 【任意初期点】$x_0 \in \mathbb{R}^d$

(S2) 【ステップサイズ】$\alpha_k > 0 \ (k \in \mathbb{N})$

(S3) 【探索方向】$p_k := \mathrm{prox}_{\alpha_k f}(x_k) \ (k \in \mathbb{N})$

を用いた問題 (6.1) の大域的最適解を見つけるための反復法である**射影近接点法**(projected proximal point method)

$$x_{k+1} = P_C(p_k) = P_C\left(\mathrm{prox}_{\alpha_k f}(x_k)\right) \quad (k \in \mathbb{N}) \tag{6.18}$$

について考察します.

設定 (S2) が定数または減少ステップサイズのときの射影近接点法をアルゴリズム 6.2 に示します.

アルゴリズム 6.2 ■ 定数または減少ステップサイズを利用した射影近接点法

Require: $(\alpha_k)_{k \in \mathbb{N}} \subset \mathbb{R}_{++}$, $x_0 \in \mathbb{R}^d$ （ステップサイズと初期点の設定）

Ensure: x_K 　（停止条件を満たすベクトル）

1: $k \leftarrow 0$

2: **repeat**

3: 　$p_k := \mathrm{prox}_{\alpha_k f}(x_k)$

4: 　$x_{k+1} := P_C(p_k)$

5: 　$k \leftarrow k + 1$

6: **until** 停止条件 (6.3) を満たす

本節で示す定理の結果を表 6.2 にまとめます. 射影近接点法は, 表 6.1 で示した射影劣勾配法と同等の性質を有することがわかります.

表 6.2 ■ 問題 (6.1) の大域的最適解を見つけるための射影近接点法．収束率は
式 (6.6) による指標の上界であり，収束性については $a \in (1/2, 1]$，収束
率については $a \in [1/2, 1)$ とする（ただし，$K \geq 1$）．射影近接点法は
表 6.1 で示した射影劣勾配法と同等の性質を満たすことがわかる．

ステップ	収束性	収束率
定数	定理 6.2.1	定理 6.2.1
$(\alpha_k = \alpha)$	$\displaystyle\lim_{k \to +\infty} f(\boldsymbol{x}_k) \leq f^\star + O(\alpha)$	$O\left(\dfrac{1}{K} + \alpha\right)$
減少	定理 6.2.2	定理 6.2.2
$(\alpha_k = (k+1)^{-a})$	$\displaystyle\lim_{k \to +\infty} f(\boldsymbol{x}_k) = f^\star$	$O\left(\dfrac{1}{K^{\min\{a, 1-a\}}}\right)$

次の補助定理 6.2.1 を用いて，本節の定理を示します．

補助定理 6.2.1

$f: \mathbb{R}^d \to \mathbb{R}$ は凸とし，$C \subset \mathbb{R}^d$ は空でない閉凸集合とします．射影近接点
法（アルゴリズム 6.2）で生成される点列を $(\boldsymbol{x}_k)_{k \in \mathbb{N}}$ とします．このとき，
任意の $\boldsymbol{x} \in C$ と任意の整数 $K \geq 1$ に対して，

$$\sum_{k=0}^{K-1} \alpha_k (f(\boldsymbol{x}_k) - f(\boldsymbol{x})) \leq \frac{1}{2}\|\boldsymbol{x}_0 - \boldsymbol{x}\|^2 + \frac{1}{2\tau}\sum_{k=0}^{K-1} \alpha_k^2 \|\boldsymbol{g}_k\|^2$$

および，

$$\frac{1}{K}\sum_{k=0}^{K-1}(f(\boldsymbol{x}_k) - f(\boldsymbol{x}))$$
$$\leq \frac{1}{K}\sum_{k=0}^{K-1}\frac{1}{2\alpha_k}\left(\|\boldsymbol{x}_k - \boldsymbol{x}\|^2 - \|\boldsymbol{x}_{k+1} - \boldsymbol{x}\|^2\right) + \frac{1}{K}\sum_{k=0}^{K-1}\frac{\alpha_k}{2\tau}\|\boldsymbol{g}_k\|^2$$

が成立します．ただし，$\tau > 0$ は $\mu > 1$ と $\tau + \mu < 2$ を満たす定数です．

補助定理 6.2.1 の証明． $\boldsymbol{p}_k := \mathrm{prox}_{\alpha_k f}(\boldsymbol{x}_k)$ $(k \in \mathbb{N})$ と命題 2.3.6(1) から，
任意の $k \in \mathbb{N}$ に対して $\boldsymbol{x}_k - \boldsymbol{p}_k \in \partial(\alpha_k f)(\boldsymbol{p}_k)$ なので，$\alpha_k f$ の $\boldsymbol{p}_k$ での劣微分
の定義から，

$$\alpha_k f(\boldsymbol{x}) \geq \alpha_k f(\boldsymbol{p}_k) + \langle \boldsymbol{x} - \boldsymbol{p}_k, \boldsymbol{x}_k - \boldsymbol{p}_k \rangle$$

を満たします．命題 2.1.1 から，

$$\alpha_k(f(\boldsymbol{x}) - f(\boldsymbol{p}_k)) \geq \langle \boldsymbol{x} - \boldsymbol{p}_k, \boldsymbol{x}_k - \boldsymbol{p}_k \rangle$$
$$= \frac{1}{2}\left(\|\boldsymbol{x} - \boldsymbol{p}_k\|^2 + \|\boldsymbol{x}_k - \boldsymbol{p}_k\|^2 - \|(\boldsymbol{x} - \boldsymbol{p}_k) - (\boldsymbol{x}_k - \boldsymbol{p}_k)\|^2\right)$$
$$= \frac{1}{2}\left(\|\boldsymbol{x} - \boldsymbol{p}_k\|^2 + \|\boldsymbol{x}_k - \boldsymbol{p}_k\|^2 - \|\boldsymbol{x} - \boldsymbol{x}_k\|^2\right)$$

つまり,

$$\|\boldsymbol{p}_k - \boldsymbol{x}\|^2 \leq \|\boldsymbol{x}_k - \boldsymbol{x}\|^2 + 2\alpha_k(f(\boldsymbol{x}) - f(\boldsymbol{p}_k)) - \|\boldsymbol{x}_k - \boldsymbol{p}_k\|^2$$

が任意の $k \in \mathbb{N}$ に対して成立します. 式 (6.18) と P_C の堅非拡大性（式 (B.12) 参照）から, 任意の $k \in \mathbb{N}$ に対して,

$$\|\boldsymbol{x}_{k+1} - \boldsymbol{x}\|^2$$
$$= \|P_C(\boldsymbol{p}_k) - P_C(\boldsymbol{x})\|^2$$
$$\leq \|\boldsymbol{p}_k - \boldsymbol{x}\|^2 - \|\boldsymbol{p}_k - \boldsymbol{x}_{k+1}\|^2 \tag{6.19}$$
$$\leq \|\boldsymbol{x}_k - \boldsymbol{x}\|^2 + \underbrace{2\alpha_k(f(\boldsymbol{x}) - f(\boldsymbol{p}_k))}_{A_k(\boldsymbol{x})} - \|\boldsymbol{x}_k - \boldsymbol{p}_k\|^2 - \|\boldsymbol{p}_k - \boldsymbol{x}_{k+1}\|^2$$

が成立します. $\boldsymbol{g}_k \in \partial f(\boldsymbol{x}_k)$ とすると, $f(\boldsymbol{p}_k) \geq f(\boldsymbol{x}_k) + \langle \boldsymbol{g}_k, \boldsymbol{p}_k - \boldsymbol{x}_k \rangle$ を満たすので,

$$A_k(\boldsymbol{x}) = 2\alpha_k(f(\boldsymbol{x}) - f(\boldsymbol{x}_k)) + 2\alpha_k(f(\boldsymbol{x}_k) - f(\boldsymbol{p}_k))$$
$$\leq 2\alpha_k(f(\boldsymbol{x}) - f(\boldsymbol{x}_k)) + 2\langle \alpha_k\boldsymbol{g}_k, \boldsymbol{x}_k - \boldsymbol{p}_k \rangle$$

が成立します. さらに, Cauchy–Schwarz の不等式（命題 2.1.3）と $2|a||b| \leq (1/\tau)a^2 + \tau b^2$ $(a, b \in \mathbb{R}, \tau > 0)$ を利用すると, 任意の $k \in \mathbb{N}$ と任意の $\tau > 0$ に対して,

$$A_k(\boldsymbol{x}) \leq 2\alpha_k(f(\boldsymbol{x}) - f(\boldsymbol{x}_k)) + 2\|\alpha_k\boldsymbol{g}_k\|\|\boldsymbol{x}_k - \boldsymbol{p}_k\|$$
$$\leq 2\alpha_k(f(\boldsymbol{x}) - f(\boldsymbol{x}_k)) + \frac{1}{\tau}\|\boldsymbol{g}_k\|^2\alpha_k^2 + \tau\|\boldsymbol{x}_k - \boldsymbol{p}_k\|^2 \tag{6.20}$$

が成立します. ここで, 式 (6.20) を得る過程と同様の議論と命題 2.1.1 により, 任意の $k \in \mathbb{N}$ と任意の $\mu > 0$ に対して,

$$\|\boldsymbol{p}_k - \boldsymbol{x}_{k+1}\|^2 = \|(\boldsymbol{p}_k - \boldsymbol{x}_k) + (\boldsymbol{x}_k - \boldsymbol{x}_{k+1})\|^2$$
$$= \|\boldsymbol{p}_k - \boldsymbol{x}_k\|^2 + \|\boldsymbol{x}_k - \boldsymbol{x}_{k+1}\|^2 + 2\langle \boldsymbol{p}_k - \boldsymbol{x}_k, \boldsymbol{x}_k - \boldsymbol{x}_{k+1} \rangle$$
$$\geq \|\boldsymbol{p}_k - \boldsymbol{x}_k\|^2 + \|\boldsymbol{x}_k - \boldsymbol{x}_{k+1}\|^2 - 2\|\boldsymbol{p}_k - \boldsymbol{x}_k\|\|\boldsymbol{x}_k - \boldsymbol{x}_{k+1}\|$$

$$\geq (1-\mu)\|\boldsymbol{p}_k - \boldsymbol{x}_k\|^2 + \left(1 - \frac{1}{\mu}\right)\|\boldsymbol{x}_k - \boldsymbol{x}_{k+1}\|^2 \qquad (6.21)$$

が成立します. 式 (6.19), 式 (6.20), および, 式 (6.21) から, 任意の $k \in \mathbb{N}$ と任意の $\tau, \mu > 0$ に対して,

$$\|\boldsymbol{x}_{k+1} - \boldsymbol{x}\|^2 \leq \|\boldsymbol{x}_k - \boldsymbol{x}\|^2 + 2\alpha_k(f(\boldsymbol{x}) - f(\boldsymbol{x}_k)) + \frac{1}{\tau}\|\boldsymbol{g}_k\|^2 \alpha_k^2$$
$$- (2 - \tau - \mu)\|\boldsymbol{x}_k - \boldsymbol{p}_k\|^2 - \left(1 - \frac{1}{\mu}\right)\|\boldsymbol{x}_k - \boldsymbol{x}_{k+1}\|^2$$

が成立します. 特に, $\mu > 1$ と $\tau + \mu < 2$ を満たす μ, τ に対して,

$$\|\boldsymbol{x}_{k+1} - \boldsymbol{x}\|^2 \leq \|\boldsymbol{x}_k - \boldsymbol{x}\|^2 + 2\alpha_k(f(\boldsymbol{x}) - f(\boldsymbol{x}_k)) + \frac{1}{\tau}\|\boldsymbol{g}_k\|^2 \alpha_k^2 \qquad (6.22)$$

となります. よって, 任意の $\boldsymbol{x} \in C$ と任意の $k \in \mathbb{N}$ に対して,

$$\alpha_k(f(\boldsymbol{x}_k) - f(\boldsymbol{x})) \leq \frac{1}{2}\left(\|\boldsymbol{x}_k - \boldsymbol{x}\|^2 - \|\boldsymbol{x}_{k+1} - \boldsymbol{x}\|^2\right) + \frac{\alpha_k^2}{2\tau}\|\boldsymbol{g}_k\|^2$$
$$f(\boldsymbol{x}_k) - f(\boldsymbol{x}) \leq \frac{1}{2\alpha_k}\left(\|\boldsymbol{x}_k - \boldsymbol{x}\|^2 - \|\boldsymbol{x}_{k+1} - \boldsymbol{x}\|^2\right) + \frac{\alpha_k}{2\tau}\|\boldsymbol{g}_k\|^2$$

が成立します. 以上のことから, 任意の $\boldsymbol{x} \in C$ と任意の整数 $K \geq 1$ に対して,

$$\sum_{k=0}^{K-1} \alpha_k(f(\boldsymbol{x}_k) - f(\boldsymbol{x})) \leq \frac{1}{2}\|\boldsymbol{x}_0 - \boldsymbol{x}\|^2 + \frac{1}{2\tau}\sum_{k=0}^{K-1}\alpha_k^2\|\boldsymbol{g}_k\|^2$$

および,

$$\frac{1}{K}\sum_{k=0}^{K-1}(f(\boldsymbol{x}_k) - f(\boldsymbol{x}))$$
$$\leq \frac{1}{K}\sum_{k=0}^{K-1}\frac{1}{2\alpha_k}\left(\|\boldsymbol{x}_k - \boldsymbol{x}\|^2 - \|\boldsymbol{x}_{k+1} - \boldsymbol{x}\|^2\right) + \frac{1}{K}\sum_{k=0}^{K-1}\frac{\alpha_k}{2\tau}\|\boldsymbol{g}_k\|^2$$

が成立します. □

　定数ステップサイズを利用した射影近接点法の収束解析は, 次の定理 6.2.1 のとおりです. 補助定理 6.2.1 と補助定理 6.1.1 が同等であるので, 定理 6.1.1 の証明から定理 6.2.1 を得ます.

定理6.2.1 ── 定数ステップサイズを利用した射影近接点法の収束解析

　凸関数 $f\colon \mathbb{R}^d \to \mathbb{R}$ と空でない閉凸集合 $C \subset \mathbb{R}^d$ に関する問題 (6.1) の大域的最適解が存在するとします．定数ステップサイズ $\alpha > 0$ を利用した射影近接点法（アルゴリズム 6.2）で生成される点列 $(\boldsymbol{x}_k)_{k \in \mathbb{N}}$ を考察します．ある $G > 0$ が存在して，任意の $k \in \mathbb{N}$ に対して，$\|\boldsymbol{g}_k\|^2 \leq G^2$ を満たすものとします．このとき，

$$\liminf_{k \to +\infty} f(\boldsymbol{x}_k) \leq f^\star + \frac{G^2}{2\tau}\alpha$$

および，問題 (6.1) の任意の最適解 $\boldsymbol{x}^\star \in C$ と任意の整数 $K \geq 1$ に対して，

$$\max\left\{ f\left(\frac{1}{K}\sum_{k=0}^{K-1}\boldsymbol{x}_k\right),\ \min_{k \in [0:K-1]} f(\boldsymbol{x}_k)\right\} \leq f^\star + \frac{\|\boldsymbol{x}_0 - \boldsymbol{x}^\star\|^2}{2\alpha K} + \frac{G^2}{2\tau}\alpha$$

を満たします．ただし，$f^\star$ は問題 (6.1) の最適値であり，$\tau > 0$ は $\mu > 1$ と $\tau + \mu < 2$ を満たす定数です．

　減少ステップサイズを利用した射影劣勾配法の収束解析は，次の定理 6.2.2 のとおりです．補助定理 6.2.1 と定理 6.1.2 の証明から定理 6.2.2 を得ます．

定理6.2.2 ── 減少ステップサイズを利用した射影近接点法の大域的収束性

　凸関数 $f\colon \mathbb{R}^d \to \mathbb{R}$ と空でない閉凸集合 $C \subset \mathbb{R}^d$ に関する問題 (6.1) の大域的最適解が存在するとします．

$$\sum_{k=0}^{+\infty}\alpha_k = +\infty, \quad \sum_{k=0}^{+\infty}\alpha_k^2 < +\infty$$

を満たす減少ステップサイズの数列 $(\alpha_k)_{k \in \mathbb{N}}$ を利用した射影近接点法（アルゴリズム 6.2）で生成される点列 $(\boldsymbol{x}_k)_{k \in \mathbb{N}}$ を考察します．ある $G > 0$ が存在して，任意の $k \in \mathbb{N}$ に対して，$\|\boldsymbol{g}_k\|^2 \leq G^2$ を満たすものとします．このとき，

$$\liminf_{k \to +\infty} f(\boldsymbol{x}_k) = f^\star$$

が成立します. また, $(\alpha_k)_{k \in \mathbb{N}}$ が単調減少のとき, 問題 (6.1) の任意の最適解 $\boldsymbol{x}^\star$ と任意の整数 $K \geq 1$ に対して,

$$\max\left\{ f\left(\frac{1}{K} \sum_{k=0}^{K-1} \boldsymbol{x}_k \right), \min_{k \in [0:K-1]} f(\boldsymbol{x}_k) \right\} \leq f^\star + \frac{\mathrm{Dist}(\boldsymbol{x}^\star)}{2K\alpha_{K-1}} + \frac{G^2}{2\tau K} \sum_{k=0}^{K-1} \alpha_k$$

を満たします. ただし, $f^\star$ は問題 (6.1) の最適値, $\tau > 0$ は $\mu > 1$ と $\tau + \mu < 2$ を満たす定数です. また, $\mathrm{Dist}(\boldsymbol{x}^\star) := \sup\{\|\boldsymbol{x}_k - \boldsymbol{x}^\star\|^2 : k \in \mathbb{N}\} > 0$ とします.

6.3 近接勾配法

L–平滑凸関数 $f \in C^1(\mathbb{R}^d)$ と非平滑凸関数 $g \colon \mathbb{R}^d \to \mathbb{R}$ の和を目的関数とする制約なし凸最適化問題 (3.3 節参照)

$$\begin{aligned} &\text{非平滑凸目的関数：} \quad F(\boldsymbol{x}) := f(\boldsymbol{x}) + g(\boldsymbol{x}) \longrightarrow \ \text{最小} \\ &\text{条件：} \quad \boldsymbol{x} \in \mathbb{R}^d \end{aligned} \tag{6.23}$$

を考察します. 問題 (6.23) の例としては, 機械学習等に現れる **ℓ_1–正則化付き最小化問題** (ℓ_1–regularized minimization)

$$\begin{aligned} &\text{非平滑凸目的関数：} \quad F(\boldsymbol{x}) := f(\boldsymbol{x}) + \lambda\|\boldsymbol{x}\|_1 \longrightarrow \ \text{最小} \\ &\text{条件：} \quad \boldsymbol{x} \in \mathbb{R}^d \end{aligned} \tag{6.24}$$

があります[*5]. ただし, $\lambda > 0$ とし, $\boldsymbol{x}$ の1–ノルム（ℓ_1–ノルム）は $\|\boldsymbol{x}\|_1 := \sum_{i=1}^{d} |x_i|$ （$\boldsymbol{x} := (x_1, x_2, \ldots, x_d)^\top \in \mathbb{R}^d$）で定義されます.

(S1) 【任意初期点】$\boldsymbol{x}_0 \in \mathbb{R}^d$

(S2) 【ステップサイズ】$\alpha_k > 0 \ (k \in \mathbb{N})$

(S3) 【計算可能な写像】$\nabla f, \mathrm{prox}_{\alpha_k g} \ (k \in \mathbb{N})$

を用いた問題 (6.23) の大域的最適解を見つけるための反復法である**近接勾配法**

[*5]　$A \in \mathbb{R}^{m \times d}$, $\boldsymbol{b} \in \mathbb{R}^m$ とし, $f \colon \mathbb{R}^d \to \mathbb{R}$ を $f(\boldsymbol{x}) := (1/2)\|A\boldsymbol{x} - \boldsymbol{b}\|_2^2$ と定義します. このとき, f は $\lambda_{\max}(A^\top A)$–平滑凸です（例 2.2.1 参照）. $f(\boldsymbol{x}) := (1/2)\|A\boldsymbol{x} - \boldsymbol{b}\|_2^2$ からなる問題 (6.24) を ℓ_1–正則化付き最小二乗問題と呼びます.

(proximal gradient method)

$$\boldsymbol{x}_{k+1} = \text{prox}_{\alpha_k g}\left(\boldsymbol{x}_k - \alpha_k \nabla f(\boldsymbol{x}_k)\right)$$
$$= \underbrace{(\text{Id} + \alpha_k \partial g)^{-1}}_{\text{後進ステップ}} \underbrace{(\text{Id} - \alpha_k \nabla f)}_{\text{前進ステップ}}(\boldsymbol{x}_k) \quad (k \in \mathbb{N}) \tag{6.25}$$

について考察します．$\alpha_k g$ の近接写像 $\text{prox}_{\alpha_k g}$ は $\text{Id} + \alpha_k \partial g$ の逆写像（付録 A.1, 式 (A.8), 式 (A.10) 参照）と表現できることから，$\text{prox}_{\alpha_k g}$ を利用する更新を後進ステップ (backward step) と呼び，逆写像を使わずに最急降下法（勾配降下法）（5.1 節, 5.2 節参照）を利用する更新を前進ステップ (forward step) と呼びます．そのため，近接勾配法を**forward–backward 法** (forward–backward algorithm) とも呼びます．

　設定 (S2) が定数または減少ステップサイズのときの近接勾配法をアルゴリズム 6.3 に示します．ここで，命題 3.6.3 は，問題 (6.23) の大域的最適解が $S := \text{prox}_{\alpha g}(\text{Id} - \alpha \nabla f)$ の不動点であることを示しています．よって，近接勾配法のコンピュータへの適用に関しては，十分小さい $\varepsilon > 0$ を事前に設定して

$$\|\boldsymbol{x}_{k+1} - S(\boldsymbol{x}_{k+1})\| = \|\boldsymbol{x}_{k+1} - \text{prox}_{\alpha g}(\boldsymbol{x}_{k+1} - \alpha \nabla f(\boldsymbol{x}_{k+1}))\| \le \varepsilon \tag{6.26}$$

といった条件（アルゴリズム 6.3 のステップ 6）が満たされたとき，アルゴリズムを停止します．ただし，$\alpha > 0$ とします．

アルゴリズム 6.3 ■ 定数または減少ステップサイズを利用した近接勾配法

Require: $(\alpha_k) \subset \mathbb{R}_{++}$, $\boldsymbol{x}_0 \in \mathbb{R}^d$ （ステップサイズと初期点の設定）
Ensure: $\boldsymbol{x}_K$ （停止条件を満たすベクトル）
1: $k \leftarrow 0$
2: **repeat**
3: 　$\boldsymbol{y}_k := \boldsymbol{x}_k - \alpha_k \nabla f(\boldsymbol{x}_k)$
4: 　$\boldsymbol{x}_{k+1} := \text{prox}_{\alpha_k g}(\boldsymbol{y}_k)$
5: 　$k \leftarrow k + 1$
6: **until** 停止条件 (6.26) を満たす

　本節で示す定理の結果を**表 6.3** にまとめます．定数および減少ステップサイズを利用する近接勾配法は，目的関数 $F := f + g$ の値を反復回数 k の増加に伴い減少させ，結果として，問題 (6.23) の最適解に大域的収束します（4.6 節の (G2)）．特に，定数ステップサイズの利用では，f が凸関数のとき，$F(\boldsymbol{x}_K) - F^\star$

表 6.3 ■ （強）凸関数 $f \in C_L^1(\mathbb{R}^d)$ と凸関数 g に関する問題 (6.23) の大域的最適解 $x^\star$ を見つけるための近接勾配法. 定数ステップサイズは Lipschitz 連続勾配 ∇f の Lipschitz 定数 L に依存するが, 減少ステップサイズは L に依存しない（ただし, 収束率は指標 $F(x_K) - F(x^\star)$ （$K \geq 1$ は整数）の上界であり, $a, c \in (0, 1)$, $K \geq 1$).

ステップ	降下性	収束性	収束率
定数 $(\alpha_k \leq L^{-1})$	式 (6.33) $F(x_{k+1}) \leq F(x_k)$	定理 6.3.1 $\displaystyle\lim_{k \to +\infty} x_k = x^\star$	定理 6.3.1 $O\left(\dfrac{1}{K}\right)$
定数 $(\alpha_k \leq L^{-1})$	式 (6.33) $F(x_{k+1}) \leq F(x_k)$	定理 6.3.1 $\displaystyle\lim_{k \to +\infty} x_k = x^\star$	定理 6.3.2（強凸） $O(c^K)$
減少 $(\alpha_k = (k+1)^{-a})$	式 (6.39) $F(x_{k+1}) \leq F(x_k)$	定理 6.3.3 $\displaystyle\lim_{k \to +\infty} x_k = x^\star$	定理 6.3.3 $O\left(\dfrac{1}{K^{1-a}}\right)$

の上界が $1/K$ のオーダーとなり, また, f が強凸関数のときは, その上界が c^K となることを示しています. ただし, $F^\star$ は問題 (6.23) の最適値とし, $c \in (0, 1)$ とします.

近接勾配法は, 次の二つの手法 (E1), (E2) を例にもちます.

(E1) **近接点法**：$f := 0$（つまり, 0–平滑）での近接勾配法は

$$x_{k+1} := \mathrm{prox}_{\alpha_k g}(x_k) \tag{6.27}$$

で定義される近接点法と一致します. 例えば, $\alpha_k := \alpha \in (0, +\infty)$ $(= (0, 1/0))$ を利用する近接点法 (6.27) は,

$$g(x_K) \leq g(x^\star) + \frac{\|x_0 - x^\star\|^2}{2\alpha K} \quad （ただし, K \geq 1 は整数）$$

の収束率を有しながら, 凸関数 g の大域的最適解 $x^\star$ に大域的収束します（表 6.3, 定理 6.3.1）.

(E2) **射影勾配法**：式 (2.34) で定義される空でない閉凸集合 $C \subset \mathbb{R}^d$ の標示関数 δ_C の近接写像が C への射影 P_C となること（2.4 節参照）から, $g := \delta_C$ での近接勾配法は

$$x_{k+1} := P_C(x_k - \alpha_k \nabla f(x_k)) \tag{6.28}$$

で定義される射影勾配法（付録 A.3）と一致します. 例えば, $\alpha_k := \alpha \in (0, 1/L]$ を利用する射影勾配法 (6.28) は,

$$f(\boldsymbol{x}_K) \leq f(\boldsymbol{x}^\star) + \frac{\|\boldsymbol{x}_0 - \boldsymbol{x}^\star\|^2}{2\alpha K} \quad (ただし, K \geq 1 は整数)$$

の収束率を有しながら, L–平滑凸関数 f と C に関する制約付き平滑凸最適化問題の大域的最適解 $\boldsymbol{x}^\star$ に大域的収束します (表6.3, 定理6.3.1).

定数ステップサイズを利用した近接勾配法の収束解析は, 次の定理6.3.1, 定理6.3.2のとおりです.

定理6.3.1 ― **定数ステップサイズを利用した近接勾配法の大域的収束性**

$L > 0$ とし, L–平滑凸関数 $f \in C_L^1(\mathbb{R}^d)$ と凸関数 $g\colon \mathbb{R}^d \to \mathbb{R}$ に関する問題 (6.23) の大域的最適解が存在するとします. 定数ステップサイズ

$$\alpha \in \left(0, \frac{1}{L}\right]$$

を利用した近接勾配法 (アルゴリズム6.3) で生成される点列 $(\boldsymbol{x}_k)_{k \in \mathbb{N}}$ を考察します. このとき,

$$\lim_{k \to +\infty} \boldsymbol{x}_k = \boldsymbol{x}^\star \in \underset{\boldsymbol{x} \in \mathbb{R}^d}{\operatorname{argmin}} F(\boldsymbol{x})$$

および, 任意の整数 $K \geq 1$ に対して,

$$F(\boldsymbol{x}_K) \leq F^\star + \frac{\|\boldsymbol{x}_0 - \boldsymbol{x}^\star\|^2}{2\alpha K}$$

を満たします. ただし, $F^\star := (f + g)(\boldsymbol{x}^\star)$ は問題 (6.23) の最適値です.

定理6.3.1の証明. 任意の $\boldsymbol{x} \in \mathbb{R}^d$ に対して, 関数 $\zeta_k\colon \mathbb{R}^d \to \mathbb{R}$ を

$$\zeta_k(\boldsymbol{x}) := f(\boldsymbol{x}_k) + \langle \nabla f(\boldsymbol{x}_k), \boldsymbol{x} - \boldsymbol{x}_k \rangle + g(\boldsymbol{x}) + \frac{1}{2\alpha_k}\|\boldsymbol{x} - \boldsymbol{x}_k\|^2 \tag{6.29}$$

と定義します. このとき, ζ_k は $1/\alpha_k$–強凸であり,

$$\boldsymbol{0} \in \partial \zeta_k(\boldsymbol{x}_{k+1})$$

であることが確認できます (補助定理A.4.1参照). ここで, $\alpha_k = \alpha$ とします. ζ_k の $1/\alpha$–強凸性と命題2.3.4(1) から, 任意の $\boldsymbol{x} \in \mathbb{R}^d$ に対して,

$$\zeta_k(\boldsymbol{x}) \geq \zeta_k(\boldsymbol{x}_{k+1}) + \langle \boldsymbol{0}, \boldsymbol{x} - \boldsymbol{x}_{k+1}\rangle + \frac{1}{2\alpha}\|\boldsymbol{x} - \boldsymbol{x}_{k+1}\|^2$$
$$= \zeta_k(\boldsymbol{x}_{k+1}) + \frac{1}{2\alpha}\|\boldsymbol{x} - \boldsymbol{x}_{k+1}\|^2 \tag{6.30}$$

となります．また，f の L–平滑性と命題 2.2.3（式 (2.23)）から，

$$f(\boldsymbol{x}_{k+1}) \leq f(\boldsymbol{x}_k) + \langle \nabla f(\boldsymbol{x}_k), \boldsymbol{x}_{k+1} - \boldsymbol{x}_k\rangle + \frac{L}{2}\|\boldsymbol{x}_{k+1} - \boldsymbol{x}_k\|^2$$
$$\leq f(\boldsymbol{x}_k) + \langle \nabla f(\boldsymbol{x}_k), \boldsymbol{x}_{k+1} - \boldsymbol{x}_k\rangle + \frac{1}{2\alpha}\|\boldsymbol{x}_{k+1} - \boldsymbol{x}_k\|^2$$

なので，ζ_k の定義 (6.29) から，

$$\zeta_k(\boldsymbol{x}_{k+1}) \geq f(\boldsymbol{x}_{k+1}) + g(\boldsymbol{x}_{k+1}) =: F(\boldsymbol{x}_{k+1})$$

が成立します．式 (6.30) と ζ_k の定義 (6.29) から，

$$f(\boldsymbol{x}_k) + \langle \nabla f(\boldsymbol{x}_k), \boldsymbol{x} - \boldsymbol{x}_k\rangle + g(\boldsymbol{x}) + \frac{1}{2\alpha}\|\boldsymbol{x} - \boldsymbol{x}_k\|^2$$
$$= \zeta_k(\boldsymbol{x}) \geq F(\boldsymbol{x}_{k+1}) + \frac{1}{2\alpha}\|\boldsymbol{x} - \boldsymbol{x}_{k+1}\|^2$$

なので，各辺に $f(\boldsymbol{x})$ を足して，

$$f(\boldsymbol{x}_k) + \langle \nabla f(\boldsymbol{x}_k), \boldsymbol{x} - \boldsymbol{x}_k\rangle + \underbrace{f(\boldsymbol{x}) + g(\boldsymbol{x})}_{F(\boldsymbol{x})} + \frac{1}{2\alpha}\|\boldsymbol{x} - \boldsymbol{x}_k\|^2$$
$$\geq F(\boldsymbol{x}_{k+1}) + \frac{1}{2\alpha}\|\boldsymbol{x} - \boldsymbol{x}_{k+1}\|^2 + f(\boldsymbol{x}) \tag{6.31}$$

が成立します．f の凸性と命題 2.3.2(1) から，$f(\boldsymbol{x}) - (f(\boldsymbol{x}_k) + \langle \nabla f(\boldsymbol{x}_k), \boldsymbol{x} - \boldsymbol{x}_k\rangle) \geq 0$ $(\boldsymbol{x} \in \mathbb{R}^d)$ より，

$$F(\boldsymbol{x}) \geq F(\boldsymbol{x}_{k+1}) + \frac{1}{2\alpha}\left(\|\boldsymbol{x}_{k+1} - \boldsymbol{x}\|^2 - \|\boldsymbol{x}_k - \boldsymbol{x}\|^2\right) \tag{6.32}$$

が任意の $\boldsymbol{x} \in \mathbb{R}^d$ が成立し，特に，$\boldsymbol{x} = \boldsymbol{x}_k$ のとき，

$$F(\boldsymbol{x}_k) \geq F(\boldsymbol{x}_{k+1}) + \frac{1}{2\alpha}\|\boldsymbol{x}_{k+1} - \boldsymbol{x}_k\|^2 \geq F(\boldsymbol{x}_{k+1}) \tag{6.33}$$

です．$\boldsymbol{x} = \boldsymbol{x}^\star \in \operatorname{argmin}_{\boldsymbol{x}\in\mathbb{R}^d} F(\boldsymbol{x})$ のとき，式 (6.32) から，

$$F(\boldsymbol{x}_{k+1}) \leq F^\star + \frac{1}{2\alpha}\left(\|\boldsymbol{x}_k - \boldsymbol{x}^\star\|^2 - \|\boldsymbol{x}_{k+1} - \boldsymbol{x}^\star\|^2\right)$$

が任意の $k \in \mathbb{N}$ に対して成り立つので，上記の不等式を $k = 0$ から $k = K - 1$

($K \geq 1$は整数) まで足し合わせると,

$$\sum_{k=0}^{K-1} F(\boldsymbol{x}_{k+1}) \leq KF^{\star} + \frac{1}{2\alpha} \sum_{k=0}^{K-1} \left(\|\boldsymbol{x}_k - \boldsymbol{x}^{\star}\|^2 - \|\boldsymbol{x}_{k+1} - \boldsymbol{x}^{\star}\|^2 \right)$$

$$= KF^{\star} + \frac{1}{2\alpha} \left(\|\boldsymbol{x}_0 - \boldsymbol{x}^{\star}\|^2 - \|\boldsymbol{x}_K - \boldsymbol{x}^{\star}\|^2 \right)$$

$$\leq KF^{\star} + \frac{\|\boldsymbol{x}_0 - \boldsymbol{x}^{\star}\|^2}{2\alpha}$$

が成立します. 式 (6.33) から, $F(\boldsymbol{x}_K) \leq F(\boldsymbol{x}_k)$ ($K \geq k$) より,

$$KF(\boldsymbol{x}_K) \leq KF^{\star} + \frac{\|\boldsymbol{x}_0 - \boldsymbol{x}^{\star}\|^2}{2\alpha}$$

つまり,

$$F(\boldsymbol{x}_K) \leq F^{\star} + \frac{\|\boldsymbol{x}_0 - \boldsymbol{x}^{\star}\|^2}{2\alpha K}$$

が任意の整数 $K \geq 1$ で成立します. さらに, $F^{\star} \leq F(\boldsymbol{x}_K)$ ($K \geq 1$) から,

$$F^{\star} \leq F(\boldsymbol{x}_K) \leq F^{\star} + \frac{\|\boldsymbol{x}_0 - \boldsymbol{x}^{\star}\|^2}{2\alpha K} \to F^{\star}$$

なので,

$$\lim_{k \to +\infty} F(\boldsymbol{x}_k) = F^{\star} \tag{6.34}$$

です. 式 (6.32) から,

$$\frac{1}{2\alpha} \left(\|\boldsymbol{x}_{k+1} - \boldsymbol{x}^{\star}\|^2 - \|\boldsymbol{x}_k - \boldsymbol{x}^{\star}\|^2 \right) \leq F^{\star} - F(\boldsymbol{x}_{k+1}) \leq 0$$

つまり, $(\|\boldsymbol{x}_k - \boldsymbol{x}^{\star}\|^2)_{k \in \mathbb{N}}$ は下に有界な単調減少数列なので, $\lim_{k \to +\infty} \|\boldsymbol{x}_k - \boldsymbol{x}^{\star}\|^2$ が存在します. したがって, 命題 2.1.5(1) から, $(\|\boldsymbol{x}_k - \boldsymbol{x}^{\star}\|^2)_{k \in \mathbb{N}}$ は有界であり, 命題 2.1.5(2) により, 有界点列 $(\boldsymbol{x}_k)_{k \in \mathbb{N}}$ の部分列で収束するものが存在します. その部分列を $(\boldsymbol{x}_{k_i})_{i \in \mathbb{N}}$ とし, $\boldsymbol{x}_{k_i} \to \boldsymbol{x}^* \in \mathbb{R}^d$ とします. $F := f + g$ の連続性と式 (6.34) から,

$$F^{\star} = \lim_{k \to +\infty} F(\boldsymbol{x}_k) = \lim_{i \to +\infty} F(\boldsymbol{x}_{k_i}) = F\left(\lim_{i \to +\infty} \boldsymbol{x}_{k_i} \right) = F(\boldsymbol{x}^*)$$

なので, $\boldsymbol{x}^* \in \mathrm{argmin}_{\boldsymbol{x} \in \mathbb{R}^d} F(\boldsymbol{x})$ です. また, $(\boldsymbol{x}_{k_i})_{i \in \mathbb{N}}$ とは別の収束する部分列を $(\boldsymbol{x}_{k_j})_{j \in \mathbb{N}}$ とし, $\boldsymbol{x}_{k_j} \to \boldsymbol{x}_* \in \mathbb{R}^d$ とすると, $\boldsymbol{x}^* \in \mathrm{argmin}_{\boldsymbol{x} \in \mathbb{R}^d} F(\boldsymbol{x})$ を示す過程と同様の議論から, $\boldsymbol{x}_* \in \mathrm{argmin}_{\boldsymbol{x} \in \mathbb{R}^d} F(\boldsymbol{x})$ が成立します. $\boldsymbol{x}^* = \boldsymbol{x}_*$ を示すことができれば, 命題 2.1.5(3) から, 全体点列 $(\boldsymbol{x}_k)_{k \in \mathbb{N}}$ が $\mathrm{argmin}_{\boldsymbol{x} \in \mathbb{R}^d} F(\boldsymbol{x})$ の点に収束することが保証されます. $\boldsymbol{x}^*, \boldsymbol{x}_* \in \mathrm{argmin}_{\boldsymbol{x} \in \mathbb{R}^d} F(\boldsymbol{x})$ なので,

$(\|\boldsymbol{x}_k - \boldsymbol{x}^\star\|)_{k\in\mathbb{N}}$ $(\boldsymbol{x}^\star \in \mathrm{argmin}_{\boldsymbol{x}\in\mathbb{R}^d} F(\boldsymbol{x}))$ の極限の存在性から，

$$
\lim_{k\to+\infty} \|\boldsymbol{x}_k - \boldsymbol{x}^*\| = \lim_{i\to+\infty} \|\boldsymbol{x}_{k_i} - \boldsymbol{x}^*\| = 0
$$
$$
\lim_{k\to+\infty} \|\boldsymbol{x}_k - \boldsymbol{x}_*\| = \lim_{j\to+\infty} \|\boldsymbol{x}_{k_j} - \boldsymbol{x}_*\| = 0
$$

(6.35)

が成り立つことに注意します．三角不等式 (N3) から，任意の $k \in \mathbb{N}$ に対して

$$
0 \le \|\boldsymbol{x}^* - \boldsymbol{x}_*\| \le \|\boldsymbol{x}^* - \boldsymbol{x}_k\| + \|\boldsymbol{x}_k - \boldsymbol{x}_*\|
$$

なので，式 (6.35) から，$\|\boldsymbol{x}^* - \boldsymbol{x}_*\| = 0$，つまり，$\boldsymbol{x}^* = \boldsymbol{x}_*$ が成立します．以上のことから，$(\boldsymbol{x}_k)_{k\in\mathbb{N}}$ が $\mathrm{argmin}_{\boldsymbol{x}\in\mathbb{R}^d} F(\boldsymbol{x})$ の点に収束します． □

定理 6.3.2 ── 定数ステップサイズを利用した強凸関数に対する近接勾配法の大域的収束性

$c, L > 0$ とします．L–平滑で c–強凸関数 $f \in C_L^1(\mathbb{R}^d)$ と凸関数 $g\colon \mathbb{R}^d \to \mathbb{R}$ に関する問題 (6.23) に関して，定数ステップサイズ

$$
\alpha \in \left(0, \frac{1}{L}\right]
$$

を利用した近接勾配法（アルゴリズム 6.3）で生成される点列 $(\boldsymbol{x}_k)_{k\in\mathbb{N}}$ は，

$$
\lim_{k\to+\infty} \boldsymbol{x}_k = \boldsymbol{x}^\star
$$

および，任意の $K \in \mathbb{N}$ に対して，

$$
\|\boldsymbol{x}_{K+1} - \boldsymbol{x}^\star\|^2 \le (1 - c\alpha) \|\boldsymbol{x}_K - \boldsymbol{x}^\star\|^2
$$
$$
F(\boldsymbol{x}_{K+1}) \le F^\star + \frac{(1-c\alpha)^{K+1}}{2\alpha} \|\boldsymbol{x}_0 - \boldsymbol{x}^\star\|^2
$$

を満たします．ただし，$\boldsymbol{x}^\star$ は問題 (6.23) の一意の大域的最適解であり，$F^\star := (f+g)(\boldsymbol{x}^\star)$ は問題 (6.23) の最適値です．

定理 6.3.2 の証明. まず，$\lim_{k \to +\infty} \boldsymbol{x}_k = \boldsymbol{x}^\star$ が成り立つことは，定理 6.3.1 の証明から保証されます.

式 (6.31)，つまり，

$$f(\boldsymbol{x}_k) + \langle \nabla f(\boldsymbol{x}_k), \boldsymbol{x} - \boldsymbol{x}_k \rangle + \underbrace{f(\boldsymbol{x}) + g(\boldsymbol{x})}_{F(\boldsymbol{x})} + \frac{1}{2\alpha}\|\boldsymbol{x} - \boldsymbol{x}_k\|^2$$

$$\geq F(\boldsymbol{x}_{k+1}) + \frac{1}{2\alpha}\|\boldsymbol{x} - \boldsymbol{x}_{k+1}\|^2 + f(\boldsymbol{x})$$

と f の c–強凸性（命題 2.3.4(1)）から得られる不等式 $f(\boldsymbol{x}) - (f(\boldsymbol{x}_k) + \langle \nabla f(\boldsymbol{x}_k), \boldsymbol{x} - \boldsymbol{x}_k \rangle) \geq (c/2)\|\boldsymbol{x}_k - \boldsymbol{x}\|^2$ $(\boldsymbol{x} \in \mathbb{R}^d)$ により，

$$F^\star \geq F(\boldsymbol{x}_{k+1}) + \frac{1}{2\alpha}\|\boldsymbol{x}_{k+1} - \boldsymbol{x}^\star\|^2 - \left(\frac{1}{2\alpha} - \frac{c}{2}\right)\|\boldsymbol{x}_k - \boldsymbol{x}^\star\|^2 \qquad (6.36)$$

が成立します. $F^\star \leq F(\boldsymbol{x}_{k+1})$ から，

$$\frac{1}{2\alpha}\|\boldsymbol{x}_{k+1} - \boldsymbol{x}^\star\|^2 \leq \left(\frac{1}{2\alpha} - \frac{c}{2}\right)\|\boldsymbol{x}_k - \boldsymbol{x}^\star\|^2$$

すなわち，

$$\|\boldsymbol{x}_{k+1} - \boldsymbol{x}^\star\|^2 \leq (1 - c\alpha)\|\boldsymbol{x}_k - \boldsymbol{x}^\star\|^2 \qquad (6.37)$$

となり，$\alpha \leq 1/L \leq 1/c$（式 (2.31)）から，$0 \leq 1 - c\alpha < 1$ が保証されます. また，式 (6.36) と式 (6.37) から，

$$F(\boldsymbol{x}_{k+1}) \leq F^\star + \left(\frac{1}{2\alpha} - \frac{c}{2}\right)\|\boldsymbol{x}_k - \boldsymbol{x}^\star\|^2 - \frac{1}{2\alpha}\|\boldsymbol{x}_{k+1} - \boldsymbol{x}^\star\|^2$$

$$\leq F^\star + \frac{1 - c\alpha}{2\alpha}\|\boldsymbol{x}_k - \boldsymbol{x}^\star\|^2$$

$$\leq F^\star + \frac{(1 - c\alpha)^2}{2\alpha}\|\boldsymbol{x}_{k-1} - \boldsymbol{x}^\star\|^2$$

$$\leq F^\star + \frac{(1 - c\alpha)^{k+1}}{2\alpha}\|\boldsymbol{x}_0 - \boldsymbol{x}^\star\|^2$$

が成立します. □

減少ステップサイズを利用した近接勾配法の収束解析は，次の定理 6.3.3 のとおりです.

定理 6.3.3 —— 減少ステップサイズを利用した近接勾配法の大域的収束性

$L > 0$ とし，L–平滑凸関数 $f \in C_L^1(\mathbb{R}^d)$ と凸関数 $g \colon \mathbb{R}^d \to \mathbb{R}$ に関する問題 (6.23) の大域的最適解が存在するとします．

$$\lim_{k \to +\infty} \alpha_k = 0, \quad \sum_{k=0}^{+\infty} \alpha_k = +\infty$$

を満たす単調減少ステップサイズ $(\alpha_k)_{k \in \mathbb{N}}$ を利用した近接勾配法（アルゴリズム 6.3）で生成される点列 $(\boldsymbol{x}_k)_{k \in \mathbb{N}}$ を考察します．このとき，

$$\lim_{k \to +\infty} \boldsymbol{x}_k = \boldsymbol{x}^\star \in \operatorname*{argmin}_{\boldsymbol{x} \in \mathbb{R}^d} F(\boldsymbol{x})$$

および，ある番号 k_0 が存在して，任意の整数 $K \geq 1$ に対して，

$$F(\boldsymbol{x}_{K+k_0}) \leq F^\star + \frac{\|\boldsymbol{x}_{k_0} - \boldsymbol{x}^\star\|^2}{2\alpha_{K+k_0} K}$$

を満たします．ただし，$F^\star$ は問題 (6.23) の最適値です．

定理 6.3.3 の証明． $\alpha_k \to 0$ なので，ある番号 k_0 が存在して，任意の $k \geq k_0$ に対して，

$$\alpha_k \leq \frac{1}{L}$$

を満たします．よって，式 (6.32) を得る過程と同様の議論により，

$$F(\boldsymbol{x}) \geq F(\boldsymbol{x}_{k+1}) + \frac{1}{2\alpha_k} \left(\|\boldsymbol{x}_{k+1} - \boldsymbol{x}\|^2 - \|\boldsymbol{x}_k - \boldsymbol{x}\|^2 \right) \tag{6.38}$$

が任意の $\boldsymbol{x} \in \mathbb{R}^d$ と任意の $k \geq k_0$ に対して成立します．特に，$\boldsymbol{x} = \boldsymbol{x}_k$ のとき，

$$F(\boldsymbol{x}_k) \geq F(\boldsymbol{x}_{k+1}) + \frac{1}{2\alpha_k} \|\boldsymbol{x}_{k+1} - \boldsymbol{x}_k\|^2 \geq F(\boldsymbol{x}_{k+1}) \tag{6.39}$$

です．$\boldsymbol{x} = \boldsymbol{x}^\star \in \operatorname{argmin}_{\boldsymbol{x} \in \mathbb{R}^d} F(\boldsymbol{x})$ のとき，式 (6.38) から，

$$0 \leq F(\boldsymbol{x}_{k+1}) - F^\star \leq \frac{1}{2\alpha_k} \left(\|\boldsymbol{x}_k - \boldsymbol{x}^\star\|^2 - \|\boldsymbol{x}_{k+1} - \boldsymbol{x}^\star\|^2 \right) \tag{6.40}$$

が任意の $k \geq k_0$ に対して成り立つので，$(\|\boldsymbol{x}_k - \boldsymbol{x}^\star\|^2)_{k \geq k_0}$ は下に有界な単調減少数列です．上記の不等式を $k = k_0$ から $k = K + k_0 - 1$（$K \geq 1$ は整数）まで足し合わせると，

$$\sum_{k=k_0}^{K+k_0-1} (F(\boldsymbol{x}_{k+1}) - F^\star) \leq \frac{1}{2} \sum_{k=k_0}^{K+k_0-1} \frac{1}{\alpha_k} \left(\|\boldsymbol{x}_k - \boldsymbol{x}^\star\|^2 - \|\boldsymbol{x}_{k+1} - \boldsymbol{x}^\star\|^2 \right)$$

$$\leq \frac{1}{2\alpha_{K+k_0}} \sum_{k=k_0}^{K+k_0-1} \left(\|\boldsymbol{x}_k - \boldsymbol{x}^\star\|^2 - \|\boldsymbol{x}_{k+1} - \boldsymbol{x}^\star\|^2 \right)$$

$$= \frac{1}{2\alpha_{K+k_0}} \left(\|\boldsymbol{x}_{k_0} - \boldsymbol{x}^\star\|^2 - \|\boldsymbol{x}_{K+k_0} - \boldsymbol{x}^\star\|^2 \right)$$

$$\leq \frac{\|\boldsymbol{x}_{k_0} - \boldsymbol{x}^\star\|^2}{2\alpha_{K+k_0}}$$

が成立します．ただし，二つ目の不等式は，$(\|\boldsymbol{x}_k - \boldsymbol{x}^\star\|^2)_{k \geq k_0}$ と $(\alpha_k)_{k \geq k_0}$ がともに単調減少であることから得られます．式 (6.39) から，$F(\boldsymbol{x}_{K+k_0}) \leq F(\boldsymbol{x}_k)$ $(k \in [k_0 : K + k_0 - 1])$ なので，

$$F(\boldsymbol{x}_{K+k_0}) \leq F^\star + \frac{\|\boldsymbol{x}_{k_0} - \boldsymbol{x}^\star\|^2}{2\alpha_{K+k_0} K}$$

を満たします．さらに，式 (6.40) から，任意の整数 $K \geq 1$ に対して，

$$\sum_{k=0}^{K-1} \alpha_k (F(\boldsymbol{x}_{k+1}) - F^\star)$$

$$= \sum_{k=0}^{k_0-1} \alpha_k (F(\boldsymbol{x}_{k+1}) - F^\star) + \sum_{k=k_0}^{K-1} \alpha_k (F(\boldsymbol{x}_{k+1}) - F^\star)$$

$$\leq \sum_{k=0}^{k_0-1} \alpha_k (F(\boldsymbol{x}_{k+1}) - F^\star) + \frac{1}{2} \sum_{k=k_0}^{K-1} \left(\|\boldsymbol{x}_k - \boldsymbol{x}^\star\|^2 - \|\boldsymbol{x}_{k+1} - \boldsymbol{x}^\star\|^2 \right)$$

$$\leq \sum_{k=0}^{k_0-1} \alpha_k (F(\boldsymbol{x}_{k+1}) - F^\star) + \frac{\|\boldsymbol{x}_{k_0} - \boldsymbol{x}^\star\|^2}{2} < +\infty$$

が成り立つので，$\sum_{k=0}^{+\infty} \alpha_k = +\infty$，命題 $4.3.1$，および，命題 $2.1.8(5)$ から，

$$\liminf_{k \to +\infty} F(\boldsymbol{x}_{k+1}) - F^\star = \liminf_{k \to +\infty} (F(\boldsymbol{x}_{k+1}) - F^\star) \leq 0$$

を満たします．$F^\star \leq F(\boldsymbol{x}_k)$ $(k \in \mathbb{N})$ から，$\liminf_{k \to +\infty} F(\boldsymbol{x}_{k+1}) = F^\star$ です．さらに，$F^\star \leq F(\boldsymbol{x}_k)$ $(k \in \mathbb{N})$ と式 (6.39) から，$(F(\boldsymbol{x}_k))_{k \geq k_0}$ は下に有界な単調減少数列なので，$(F(\boldsymbol{x}_k))_{k \geq k_0}$ の極限が存在します．よって，

$$\lim_{k \to +\infty} F(\boldsymbol{x}_k) = F^\star$$

が 成 立 し ま す．式 (6.34) を 利 用 し た 定 理 6.3.1 の 証 明 の 議 論 か ら，$\mathrm{argmin}_{\boldsymbol{x} \in \mathbb{R}^d} F(\boldsymbol{x})$ の点への $(\boldsymbol{x}_k)_{k \geq k_0}$ の収束性が保証されます．　　　　　□

6.4 | FISTA（高速近接勾配法）

定数ステップサイズを有する近接勾配法（アルゴリズム 6.3）は $O(1/K)$ の収束率を有します（表 6.4，定理 6.3.1）．本節では，近接勾配法に基づいた高速近接勾配法 (fast proximal gradient method) である **FISTA** (Fast Iterative Shrinkage-Thresholding Algorithm, アルゴリズム 6.4) を考察します．

アルゴリズム 6.4 ■ 定数ステップサイズを利用した FISTA

Require: $\alpha > 0$, $t_0 := 1$, $\boldsymbol{x}_0 = \boldsymbol{y}_0 \in \mathbb{R}^d$ （ステップサイズと初期点の設定）
Ensure: $\boldsymbol{x}_K$ （停止条件を満たすベクトル）
1: $k \leftarrow 0$
2: **repeat**
3: 　 $\boldsymbol{x}_{k+1} := \mathrm{prox}_{\alpha g}(\boldsymbol{y}_k - \alpha \nabla f(\boldsymbol{y}_k))$
4: 　 $t_{k+1} := \frac{1 + \sqrt{1 + 4t_k^2}}{2}$
5: 　 $\boldsymbol{y}_{k+1} := \boldsymbol{x}_{k+1} + \frac{t_k - 1}{t_{k+1}}(\boldsymbol{x}_{k+1} - \boldsymbol{x}_k)$
6: 　 $k \leftarrow k + 1$
7: **until** 停止条件 (6.26) を満たす

近接勾配法（アルゴリズム 6.3）は

$$\boldsymbol{x}_{k+1} := \mathrm{prox}_{\alpha g}(\mathrm{Id} - \alpha \nabla f)(\boldsymbol{x}_k)$$

のように，反復回数 k での近似解 $\boldsymbol{x}_k$ に写像 $\mathrm{prox}_{\alpha g}(\mathrm{Id} - \alpha \nabla f)$ を作用させて点列を更新します．対照的に，FISTA（アルゴリズム 6.4）は反復回数 $k (\geq 1)$ での近似解 $\boldsymbol{x}_k$ と一つ前の近似解 $\boldsymbol{x}_{k-1}$ からなる直線上のベクトル $\boldsymbol{y}_k$ に写像 $\mathrm{prox}_{\alpha g}(\mathrm{Id} - \alpha \nabla f)$ を作用させて，点列を次のように更新します．

$$\boldsymbol{x}_{k+1} := \mathrm{prox}_{\alpha g}(\mathrm{Id} - \alpha \nabla f) \underbrace{\left(\boldsymbol{x}_k + \frac{t_{k-1} - 1}{t_k}(\boldsymbol{x}_k - \boldsymbol{x}_{k-1}) \right)}_{\boldsymbol{y}_k}$$

$$= \mathrm{prox}_{\alpha g}(\mathrm{Id} - \alpha \nabla f) \left(\left(1 - \frac{1 - t_{k-1}}{t_k} \right) \boldsymbol{x}_k + \frac{1 - t_{k-1}}{t_k} \boldsymbol{x}_{k-1} \right)$$

ただし, FISTA (アルゴリズム 6.4) のステップ4で定義される $(t_k)_{k\in\mathbb{N}}$ は

$$\forall k \in \mathbb{N} \ \left(t_k \geq \frac{k+2}{2} \right) \tag{6.41}$$

を満たします[*6]. 例えば,

$$\forall k \in \mathbb{N}\backslash\{0\} \ \left(t_k = \frac{k+2}{2} \Longrightarrow \frac{1-t_{k-1}}{t_k} = \frac{1-k}{k+2} \in \left(-1, \frac{1}{2} \right] \right)$$

であり, $((1-t_{k-1})/t_k)_{k\in\mathbb{N}}$ は -1 に収束する単調減少数列です[*7].

表 6.4 ■ 問題 (6.23) の大域的最適解を見つけるための近接勾配法と FISTA の比較. 近接勾配法は大域的収束性が保証されるが, FISTA は高速収束性を有することがわかる (ただし, $K \geq 1$).

アルゴリズム	収束性	収束率
近接勾配法 $(\alpha \leq L^{-1})$	定理 6.3.1 $\lim_{k\to+\infty} \boldsymbol{x}_k = \boldsymbol{x}^\star$	定理 6.3.1 $F(\boldsymbol{x}_K) \leq F^\star + O\left(\frac{1}{K}\right)$
FISTA $(\alpha \leq L^{-1})$	定理 6.4.1 $\lim_{k\to+\infty} F(\boldsymbol{x}_k) = F^\star$	定理 6.4.1 $F(\boldsymbol{x}_K) \leq F^\star + O\left(\frac{1}{K^2}\right)$

表 6.4 から, FISTA は $O(1/K^2)$ の収束率を保証します. $t_k = 1 \ (k \in \mathbb{N})$ からなる FISTA, つまり近接勾配法は, $O(1/K)$ の収束率を有することから, FISTA (アルゴリズム 6.4) のステップ4とステップ5は, 近接勾配法の加速に必要な条件であるといえます.

[*6] 数学的帰納法により証明できます. $k=0$ のとき $t_0 = 1 = (0+2)/2$ です. また, ある $k \in \mathbb{N}$ に対して $t_k \geq (k+2)/2$ が成り立つとすると,

$$t_{k+1} := \frac{1+\sqrt{1+4t_k^2}}{2} \geq \frac{1+\sqrt{1+(k+2)^2}}{2} > \frac{1+\sqrt{(k+2)^2}}{2} = \frac{(k+1)+2}{2}$$

を満たします.

[*7] このような数列の構成 (アルゴリズム 6.4 のステップ4とステップ5) は推定数列 (estimating sequences) [21, Section 2.2.1] と呼ばれるものに基づいています.

定理6.4.1 ── FISTA の $O(1/K^2)$ 収束率 ──

$L > 0$ とし，L–平滑凸関数 $f \in C_L^1(\mathbb{R}^d)$ と凸関数 $g \colon \mathbb{R}^d \to \mathbb{R}$ に関する問題 (6.23) の大域的最適解 $\boldsymbol{x}^\star(\in \operatorname{argmin}_{\boldsymbol{x} \in \mathbb{R}^d} F(\boldsymbol{x}))$ が存在するとします．定数ステップサイズ

$$\alpha \in \left(0, \frac{1}{L}\right]$$

を利用した FISTA（アルゴリズム 6.4）で生成される点列 $(\boldsymbol{x}_k)_{k \in \mathbb{N}}$ は，

$$\lim_{k \to +\infty} F(\boldsymbol{x}_k) = F^\star$$

および，任意の整数 $K \geq 1$ に対して，

$$F(\boldsymbol{x}_K) \leq F^\star + \frac{2\|\boldsymbol{x}_0 - \boldsymbol{x}^\star\|^2}{\alpha(K+1)^2}$$

を満たします．ただし，$F^\star := (f + g)(\boldsymbol{x}^\star)$ は問題 (6.23) の最適値です．

定理 6.4.1 の証明． 式 (6.32)（定理 6.3.1 証明参照）を得るための議論において $\boldsymbol{x}_k$ を $\boldsymbol{y}_k$ で置き換えると，

$$F(\boldsymbol{x}) \geq F(\boldsymbol{x}_{k+1}) + \frac{1}{2\alpha}\left(\|\boldsymbol{x}_{k+1} - \boldsymbol{x}\|^2 - \|\boldsymbol{y}_k - \boldsymbol{x}\|^2\right) \qquad (6.42)$$

が任意の $\boldsymbol{x} \in \mathbb{R}^d$ に対して成り立つことが確認できます．t_k は式 (6.41) を満たすので，$t_k \geq (k+2)/2 \geq 1$ から，$1/t_k \in (0,1]$ です．$\boldsymbol{x} = (1/t_k)\boldsymbol{x}^\star + (1 - 1/t_k)\boldsymbol{x}_k$ を代入した式 (6.42) と

$$\left\|\boldsymbol{x}_{k+1} - \left\{\frac{1}{t_k}\boldsymbol{x}^\star + \left(1 - \frac{1}{t_k}\right)\boldsymbol{x}_k\right\}\right\|^2 = \frac{1}{t_k^2}\|\underbrace{t_k\boldsymbol{x}_{k+1} - (\boldsymbol{x}^\star + (t_k - 1)\boldsymbol{x}_k)}_{\boldsymbol{u}_{k+1}}\|^2$$

$$\left\|\boldsymbol{y}_k - \left\{\frac{1}{t_k}\boldsymbol{x}^\star + \left(1 - \frac{1}{t_k}\right)\boldsymbol{x}_k\right\}\right\|^2 = \frac{1}{t_k^2}\|t_k\boldsymbol{y}_k - (\boldsymbol{x}^\star + (t_k - 1)\boldsymbol{x}_k)\|^2$$

から，

$$\begin{aligned} &F\left(\frac{1}{t_k}\boldsymbol{x}^\star + \left(1 - \frac{1}{t_k}\right)\boldsymbol{x}_k\right) - F(\boldsymbol{x}_{k+1}) \\ &\geq \frac{1}{2\alpha t_k^2}\left(\|\boldsymbol{u}_{k+1}\|^2 - \|t_k\boldsymbol{y}_k - (\boldsymbol{x}^\star + (t_k - 1)\boldsymbol{x}_k)\|^2\right) \end{aligned} \qquad (6.43)$$

が成立します. 式 (6.43) の左辺は, F の凸性から,

$$
F\left(\frac{1}{t_k}\boldsymbol{x}^\star + \left(1 - \frac{1}{t_k}\right)\boldsymbol{x}_k\right) - F(\boldsymbol{x}_{k+1})
$$

$$
\leq \frac{1}{t_k}F^\star + \left(1 - \frac{1}{t_k}\right)F(\boldsymbol{x}_k) - F(\boldsymbol{x}_{k+1})
$$

$$
= \left(1 - \frac{1}{t_k}\right)\underbrace{(F(\boldsymbol{x}_k) - F^\star)}_{v_k} - \underbrace{(F(\boldsymbol{x}_{k+1}) - F^\star)}_{v_{k+1}}
$$

を満たします. さらに, $k \geq 1$ に対して, $\boldsymbol{y}_k := \boldsymbol{x}_k + ((t_{k-1}-1)/t_k)(\boldsymbol{x}_k - \boldsymbol{x}_{k-1})$ から,

$$
\|t_k\boldsymbol{y}_k - (\boldsymbol{x}^\star + (t_k - 1)\boldsymbol{x}_k)\|^2
$$

$$
= \|t_k\boldsymbol{x}_k + (t_{k-1} - 1)(\boldsymbol{x}_k - \boldsymbol{x}_{k-1}) - (\boldsymbol{x}^\star + (t_k - 1)\boldsymbol{x}_k)\|^2
$$

$$
= \|\{t_k + (t_{k-1} - 1) - (t_k - 1)\}\boldsymbol{x}_k - (\boldsymbol{x}^\star + (t_{k-1} - 1)\boldsymbol{x}_{k-1})\|^2
$$

$$
= \|t_{k-1}\boldsymbol{x}_k - (\boldsymbol{x}^\star + (t_{k-1} - 1)\boldsymbol{x}_{k-1})\|^2 = \|\boldsymbol{u}_k\|^2
$$

を満たします. よって, 式 (6.43) は,

$$
\left(1 - \frac{1}{t_k}\right)v_k - v_{k+1} \geq \frac{1}{2\alpha t_k^2}\left(\|\boldsymbol{u}_{k+1}\|^2 - \|\boldsymbol{u}_k\|^2\right)
$$

を導きます. t_k の定義から得られる条件 $t_k(t_k - 1) = t_{k-1}^2$ を用いて,

$$
t_{k-1}^2 v_k - t_k^2 v_{k+1} = t_k(t_k - 1)v_k - t_k^2 v_{k+1} \geq \frac{1}{2\alpha}\left(\|\boldsymbol{u}_{k+1}\|^2 - \|\boldsymbol{u}_k\|^2\right)
$$

つまり,

$$
\|\boldsymbol{u}_{k+1}\|^2 + 2\alpha t_k^2 v_{k+1} \leq \|\boldsymbol{u}_k\|^2 + 2\alpha t_{k-1}^2 v_k
$$

が任意の $k \geq 1$ に対して成立します. $\boldsymbol{u}_1 = t_0\boldsymbol{x}_1 - (\boldsymbol{x}^\star + (t_0 - 1)\boldsymbol{x}_0) = \boldsymbol{x}_1 - \boldsymbol{x}^\star$ と $v_1 = F(\boldsymbol{x}_1) - F^\star$ から, 任意の $k \geq 1$ に対して,

$$
\|\boldsymbol{u}_{k+1}\|^2 + 2\alpha t_k^2 v_{k+1} \leq \|\boldsymbol{u}_1\|^2 + 2\alpha t_0^2 v_1 = \|\boldsymbol{x}_1 - \boldsymbol{x}^\star\|^2 + 2\alpha(F(\boldsymbol{x}_1) - F^\star)
$$

です. さらに, 式 (6.42) から, $F^\star \geq F(\boldsymbol{x}_1) + (1/2\alpha)(\|\boldsymbol{x}_1 - \boldsymbol{x}^\star\|^2 - \|\boldsymbol{y}_0 - \boldsymbol{x}^\star\|^2)$ が成り立つので, $\boldsymbol{y}_0 = \boldsymbol{x}_0$ から,

$$
2\alpha(F(\boldsymbol{x}_1) - F^\star) \leq \|\boldsymbol{y}_0 - \boldsymbol{x}^\star\|^2 - \|\boldsymbol{x}_1 - \boldsymbol{x}^\star\|^2 = \|\boldsymbol{x}_0 - \boldsymbol{x}^\star\|^2 - \|\boldsymbol{x}_1 - \boldsymbol{x}^\star\|^2
$$

を満たします. よって, $v_k = F(\boldsymbol{x}_k) - F^\star$ から, 任意の $k \geq 1$ に対して,

$$2\alpha t_{k-1}^2 (F(\boldsymbol{x}_k) - F^\star) \leq \|\boldsymbol{u}_k\|^2 + 2\alpha t_{k-1}^2 v_k \leq \|\boldsymbol{x}_0 - \boldsymbol{x}^\star\|^2$$

すなわち, 式 (6.41) により,

$$F(\boldsymbol{x}_k) - F^\star \leq \frac{\|\boldsymbol{x}_0 - \boldsymbol{x}^\star\|^2}{2\alpha t_{k-1}^2} \leq \frac{\|\boldsymbol{x}_0 - \boldsymbol{x}^\star\|^2}{2\alpha} \frac{4}{(k+1)^2} = \frac{2\|\boldsymbol{x}_0 - \boldsymbol{x}^\star\|^2}{\alpha(k+1)^2}$$

が成立します. $F^\star \leq F(\boldsymbol{x}_k)$ $(k \in \mathbb{N})$ から, $(F(\boldsymbol{x}_k))_{k \in \mathbb{N}}$ は $F^\star$ に収束します. $\qquad\square$

6.4.1 ● 具体例

$\mathbb{R}^d$ はユークリッド内積 (2.2) から導出されるユークリッドノルム (2.5) を有するユークリッド空間とします. また, $\lambda > 0$ とし, $f \in C_L^1(\mathbb{R}^d)$ とします. ℓ_1–正則化付き最小化問題 (6.24)

非平滑凸目的関数： $F(\boldsymbol{x}) := f(\boldsymbol{x}) + \lambda\|\boldsymbol{x}\|_1 \longrightarrow$ 最小

条件： $\boldsymbol{x} \in \mathbb{R}^d$

を解くための近接勾配法と FISTA の構造を見ていきます. 関数 $g\colon \mathbb{R}^d \to \mathbb{R}$ を任意の $\boldsymbol{x} := (x_1, x_2, \ldots, x_d)^\top \in \mathbb{R}^d$ に対して,

$$g(\boldsymbol{x}) := \lambda\|\boldsymbol{x}\|_1 = \sum_{i=1}^d \lambda|x_i|$$

と定義します. $\phi(x) := \lambda|x|$ $(x \in \mathbb{R})$ は凸関数であり, $g(\boldsymbol{x}) = \sum_{i=1}^d \phi(x_i)$ から, 任意の $\boldsymbol{x} := (x_1, x_2, \ldots, x_d)^\top \in \mathbb{R}^d$ に対して,

$$\mathrm{prox}_g(\boldsymbol{x}) = \begin{pmatrix} \mathrm{prox}_\phi(x_1) \\ \mathrm{prox}_\phi(x_2) \\ \vdots \\ \mathrm{prox}_\phi(x_d) \end{pmatrix} \tag{6.44}$$

を満たします. ただし,

$$\mathrm{prox}_\phi(x) = \mathrm{prox}_{\lambda|\cdot|}(x) = \begin{cases} x + \lambda & (x \leq -\lambda) \\ 0 & (x \in [-\lambda, \lambda]) \\ x - \lambda & (x \geq \lambda) \end{cases} \tag{6.45}$$

です（演習問題6.1）．問題(6.24)のための近接勾配法（アルゴリズム6.3）は

$$\boldsymbol{y}_k = \begin{pmatrix} y_{k,1} \\ y_{k,2} \\ \vdots \\ y_{k,d} \end{pmatrix} = \boldsymbol{x}_k - \alpha_k \nabla f(\boldsymbol{x}_k)$$

$$\boldsymbol{x}_{k+1} = \mathrm{prox}_{\alpha_k g}(\boldsymbol{y}_k) = \begin{pmatrix} \mathrm{prox}_{\lambda\alpha_k|\cdot|}(y_{k,1}) \\ \mathrm{prox}_{\lambda\alpha_k|\cdot|}(y_{k,2}) \\ \vdots \\ \mathrm{prox}_{\lambda\alpha_k|\cdot|}(y_{k,d}) \end{pmatrix}$$

となり，FISTA（アルゴリズム6.4）は

$$\hat{\boldsymbol{y}}_k = \begin{pmatrix} \hat{y}_{k,1} \\ \hat{y}_{k,2} \\ \vdots \\ \hat{y}_{k,d} \end{pmatrix} = \boldsymbol{y}_k - \alpha \nabla f(\boldsymbol{y}_k)$$

$$\boldsymbol{x}_{k+1} = \mathrm{prox}_{\alpha g}(\hat{\boldsymbol{y}}_k) = \begin{pmatrix} \mathrm{prox}_{\lambda\alpha|\cdot|}(\hat{y}_{k,1}) \\ \mathrm{prox}_{\lambda\alpha|\cdot|}(\hat{y}_{k,2}) \\ \vdots \\ \mathrm{prox}_{\lambda\alpha|\cdot|}(\hat{y}_{k,d}) \end{pmatrix}$$

となります．ただし，t_k と $\boldsymbol{y}_k$ の更新式はアルゴリズム6.4の更新式と同様です．

　本節では，絶対値関数の和の近接写像(6.44)を紹介しましたが，2次関数や最大値ノルムといった多くの凸関数の近接写像の計算が可能です[*8]．

[*8]　例えば，文献 [14, Section 6.9] にはさまざまな凸関数の近接写像の陽な形状が掲載されています．また，実用上利用される近接写像のプログラムコードは，http://proximity-operator.net/ に公開されています．

6.5 | 資源割当問題

6.3節と6.4節では，二つの凸関数の和を最小にする問題を考察しました．本節では，n個の非平滑凸関数f_i ($i \in [n]$) の和Fを空でない閉凸集合$C \subset \mathbb{R}^d$上で最小にする問題

$$
\begin{aligned}
&\text{非平滑凸目的関数：} \quad F(\boldsymbol{x}) := \sum_{i=1}^{n} f_i(\boldsymbol{x}) \longrightarrow \text{ 最小} \\
&\text{閉凸制約条件：} \quad \boldsymbol{x} \in C
\end{aligned}
\tag{6.46}
$$

を考察します．送信者i ($i \in [n]$) とリンクl ($l \in [m]$) からなるネットワークに関する**資源割当問題** (resource allocation problem) が問題(6.46)として定式化できることを以下で示します．

あるネットワークを経由してデータを転送する送信者iの転送レートをx_i〔bps〕とし，ネットワーク上のリンクlは容量c_l〔bps〕を有するとします．資源割当の目的は，各リンク容量を超えないようにネットワークを利用する全ての送信者に対して，公平にレート$\boldsymbol{x} := (x_i)_{i \in [n]} \in \mathbb{R}^n$を割り当てることです．ここで，送信者$i$は自身の満足度を表す効用関数 (utility function) u_iを有するとします．

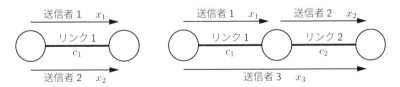

図 6.1 ■ 1リンクと2送信者からなるネットワーク（左）と，2リンクと3送信者からなるネットワーク（右）．左のリンク制約は$x_1, x_2 \geq 0$，かつ，$x_1 + x_2 \leq c_1$であり，右のリンク制約は$x_1, x_2, x_3 \geq 0$，$x_1 + x_3 \leq c_1$，かつ，$x_2 + x_3 \leq c_2$である（ただし，$c_1, c_2 > 0$とする）．

例として，1リンクと2送信者からなるネットワーク（**図6.1**左）におけるリンク制約集合

$$
C := \left\{ \boldsymbol{x} = (x_1, x_2)^\top \in \mathbb{R}_+^2 : x_1 + x_2 \leq c_1 \right\}
$$

のもとで，公平なレート割当が可能な効用関数 u_i を考察しましょう．ただし，$c_1 > 0$ とします．不等式 $x_1 + x_2 \leq c_1$ を満たすように送信者 1 と送信者 2 のレートを公平に，かつ，最大に割り当てるような x_1 と x_2 は

$$x_1 = x_2 = \frac{c_1}{2}$$

です．つまり，$\boldsymbol{x}^\star = (c_1/2, c_1/2)^\top$ で送信者全体の満足度を表す効用関数の和 $u_1 + u_2$ を最大にするような u_1 と u_2 を求めます．例えば，任意の $x > 0$ に対して，

$$u_1(x) = \log x, \; u_2(x) = \log x \tag{6.47}$$

のとき，最適化問題

> 効用関数：$U(\boldsymbol{x}) := u_1(x_1) + u_2(x_2) = \log x_1 + \log x_2 \longrightarrow$ 最大
>
> リンク制約条件：$\boldsymbol{x} \in C := \left\{ \boldsymbol{x} = (x_1, x_2)^\top \in \mathbb{R}_+^2 : x_1 + x_2 \leq c_1 \right\}$

の最適解は $\boldsymbol{x}^\star = (c_1/2, c_1/2)^\top$ となることが確認できます[*9]．このことから，式 (6.47) で定義される対数効用関数は**比例公平性** (proportional fairness) を有するといいます．式 (6.47) で定義される比例公平効用関数のほかに，任意の $x > 0$ に対して，

$$u_i(x) = \begin{cases} w_i \log x & (p_i = 1) \\[2mm] -\dfrac{w_i x^{1-p_i}}{1 - p_i} & (p_i > 0, p_i \neq 1) \end{cases} \tag{6.48}$$

を利用することも可能です．ただし，$w_i > 0$ は効用関数の重みを表します（例えば，$u_i(x) = w_i \log x$ は重み付き比例公平性を有するといいます）．

　式 (6.48) で定義される効用関数は送信レート x の増加に伴い，効用関数の値を増加させることがわかります．対照的に，あるアプリケーションサービスに必要なレート $a_i(> 0)$ に達するまでは満足度が向上する一方で，送信レートが a_i を超えたとき，満足度が必ずしも向上しない送信者がいるとします．このような送信者の効用関数は，例えば，任意の $x \geq 0$ に対して，

[*9]　直線 $x_1 + x_2 = c_1$ と反比例曲線 $x_1 x_2 = e^k$（ただし，$k \geq 0$）が $\boldsymbol{x}^\star = (c_1/2, c_1/2)^\top$ で接する状況を考えます．$x_1 x_2 = e^k$ から，$\log(x_1 x_2) = \log x_1 + \log x_2 = k$ となります．

$$u_i(x) = \begin{cases} w_i x & (x \le a_i) \\ w_i a_i & (x > a_i) \end{cases} \tag{6.49}$$

のように表現できます．ただし，$w_i > 0$とします．式 (6.49)で定義される効用関数は $x = a_i$ で微分可能ではない，つまり，非平滑です．

以上のことから，送信者 i ($i \in [n]$) とリンク l ($l \in [m]$) からなるネットワークに関する資源割当問題は，以下のような**効用最大化問題** (utility maximization problem; UMP)

効用関数： $U(\boldsymbol{x}) := \displaystyle\sum_{i=1}^{n} u_i(x_i) \longrightarrow$ 最大

リンク制約条件： $\boldsymbol{x} \in C := \displaystyle\bigcap_{l \in [m]} \left\{ \boldsymbol{x} = (x_i)_{i=1}^n \in \mathbb{R}_+^n : \sum_{i \in S(l)} x_i \le c_l \right\}$
$$\tag{6.50}$$

のように表現できます．ただし，$u_i \colon \mathbb{R} \to \mathbb{R}$は式 (6.48)や式 (6.49)で定義される効用関数とし，集合 $S(l)$ はリンク l を利用する送信者の集合とします（例えば，図 6.1右でのリンク制約集合は $\{(x_1, x_2, x_3)^\top \in \mathbb{R}_+^3 : x_1 + x_3 \le c_1\} \cap \{(x_1, x_2, x_3)^\top \in \mathbb{R}_+^3 : x_2 + x_3 \le c_2\}$ なので，$S(1) = \{1,3\}$ と $S(2) = \{2,3\}$ となります）．

効用最大化問題 (6.50)に関して，$f_i := -u_i$ とおくと f_i は凸関数であり，また，問題 (6.50)の集合 C は空でない閉凸集合なので，問題 (6.50)は問題 (6.46)の一例であることがわかります．効用最大化問題 (6.50)は，$f := -U$ のときの問題 (6.1)として定式化できるので，射影劣勾配法（6.1 節）や射影近接点法（6.2 節）により近似解が得られます．例えば，減少ステップサイズ $\alpha_k = 1/(k+1)^a$ ($a \in [1/2, 1]$) を利用した射影劣勾配法（6.1 節）を効用最大化問題 (6.50)に適用し，その最適値を $U^\star$ とします．定理 6.1.2の仮定のもとでは，射影劣勾配法で生成される点列 $(\boldsymbol{x}_k)_{k \in \mathbb{N}}$ は，$a \in (1/2, 1]$ のとき，

$$\limsup_{k \to +\infty} U(\boldsymbol{x}_k) = U^\star$$

および，任意の整数 $K \ge 1$ に対して，$a = 1/2$ のとき，

$$\max_{k \in [0:K-1]} U(\boldsymbol{x}_k) \ge U^\star - O\left(\frac{1}{\sqrt{K}}\right)$$

が成立します（射影劣勾配法（6.1節）や射影近接点法（6.2節）に関するその他の性質は**表6.1**や**表6.2**を参照）.

Advanced 分散最適化

6.5節で考察した n 個の非平滑凸関数の和を最小にする問題 (6.46) を，次の条件 (1), (2) のもとで考察します（平滑非凸最適化問題の場合は，8章の問題 (8.2) にあります）. ただし，議論を簡略化するために $C = \mathbb{R}^d$ とします.

(1) n 人のユーザがあるネットワークを構築し，ユーザ i $(i \in [n])$ は固有の効用関数 $u_i \colon \mathbb{R}^d \to \mathbb{R}$ をもちます. つまり，ユーザ i と異なるユーザ j $(j \neq i)$ は u_i の陽な形状を知り得ません.

(2) ユーザ i は自身の満足度向上のために効用関数 u_i $(= -f_i)$ を最大化するような誘因をもちます.

問題 (6.46) は全ユーザの効用関数の和を最大にする問題ですが，条件 (1) のもとでは，目的関数 $F := \sum_{i=1}^{n} f_i = -\sum_{i=1}^{n} u_i$ の形状を知り得るユーザは存在しないので，例えば，近接点法 (E1)

$$\boldsymbol{x}_{k+1} := \mathrm{prox}_{\alpha_k F}(\boldsymbol{x}_k) = \mathrm{prox}_{\alpha_k \sum_{i=1}^{n} f_i}(\boldsymbol{x}_k)$$

といった F の全情報を利用する反復法を問題 (6.46) に適用することができません. F の全情報を利用する最適化を集中最適化 (centralized optimization) と呼ぶのに対して，条件 (1), (2) のもとでの最適化を**分散最適化** (distributed optimization, decentralized optimization) と呼びます. 分散最適化手法としては，例えば，条件 (2) から，ユーザ i は u_i を最大化するために，ユーザ i の隣接ユーザ $i-1$ がもつベクトル $\boldsymbol{x}_{k,i-1}$ をネットワーク上から入手することで，

$$\boldsymbol{x}_{k,i} := \mathrm{prox}_{\alpha_k f_i}(\boldsymbol{x}_{k,i-1}) = \mathrm{prox}_{\alpha_k(-u_i)}(\boldsymbol{x}_{k,i-1})$$

を計算します. ただし，$\boldsymbol{x}_{k,0} = \boldsymbol{x}_{k-1,n}$ とします.

図は，$n = 3$ のときの集中最適化（左）と分散最適化（右）の比較を示したものです. 分散最適化は，隣接ユーザからベクトルの受け渡しができるという協力関係のもとで適用が可能です. このような分散最適化手法は，問題 (6.46) の大域的最適解に収束することが保証されます（分散最適化手法に関する収束解析は，例えば，文献 [41] を参照）. 目的関数全体の情報を利用せずに最適化を行う分散最適化は，ネットワーク資源割当や機械学習（8章）に現れる重要な最適化であり，ネットワークの複雑さに関連して目的関数の全情報を知り得ない場合において，分散最適化手法は有用な手法の一つといえます.

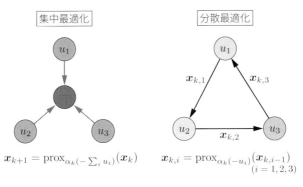

図 6.2 ■ $n = 3$ のときの集中最適化と分散最適化

演習問題

6.1　式 (6.45) を証明しなさい.

6.2　$\mathbb{R}^d$ はユークリッドノルム (2.5) を有するユークリッド空間とします. $i \in [d]$ に対して $g_i \colon \mathbb{R} \to \mathbb{R}$ は凸とし, $g \colon \mathbb{R}^d \to \mathbb{R}$ を任意の $\boldsymbol{x} := (x_1, x_2, \ldots, x_d)^\top \in \mathbb{R}^d$ に対して,

$$g(\boldsymbol{x}) := \sum_{i=1}^{d} g_i(x_i)$$

と定義します. このとき,

$$\mathrm{prox}_g(\boldsymbol{x}) = \begin{pmatrix} \mathrm{prox}_{g_1}(x_1) \\ \mathrm{prox}_{g_2}(x_2) \\ \vdots \\ \mathrm{prox}_{g_d}(x_d) \end{pmatrix}$$

が成り立つことを証明しなさい ($g_i(x) := \phi(x) = \lambda|x|\ (i \in [d])$ とおくことで, 式 (6.44) が成立します).

7 章

不動点近似法

　非拡大写像に関する不動点問題（3.6 節）は制約付き平滑凸最適化問題，凸関数和最適化問題（6.4 節），凸実行可能問題といったさまざまな問題を含んでいます．本章では，非拡大写像の不動点を見つけるための反復法である Krasnosel'skiĭ–Mann 不動点近似法と Halpern 不動点近似法の収束性について，ステップサイズの種類（4.3 節）で分けて示します．二つの反復法は共通して，非拡大写像の不動点に収束することが保証されますが，Halpern 不動点近似法は不動点集合上の凸最適化を可能にします．次に，不動点問題の具体例である凸実行可能問題に特化した手法である POCS の収束率について示します．さらに，不動点問題の例（3.6 節）への適用についても考察します．最後に，凸最適化の応用例の一つである資源割当について議論し，不動点近似法の資源割当への適用を考察します．

7.1 | Krasnosel'skiĭ–Mann不動点近似法

(S1) 【任意初期点】$x_0 \in \mathbb{R}^d$

(S2) 【ステップサイズ】$\alpha_k > 0$ $(k \in \mathbb{N})$

(S3) 【探索方向】$d_k := T(x_k) - x_k$ $(k \in \mathbb{N})$

を用いた写像$T \colon \mathbb{R}^d \to \mathbb{R}^d$の不動点（3.6節）を見つけるための反復法である **Krasnosel'skiĭ–Mann不動点近似法** (the Krasnosel'skiĭ–Mann fixed point approximation method)

$$x_{k+1} = x_k + \alpha_k d_k = x_k + \alpha_k(T(x_k) - x_k) \quad (k \in \mathbb{N})$$

について考察します.

　設定 (S2) が定数または減少ステップサイズのときのKrasnosel'skiĭ–Mann不動点近似法をアルゴリズム 7.1に示します. 一般の反復法は解を近似すること（4.1節）を目的としているため, 不動点近似法のコンピュータへの適用に関しては, 十分小さい$\varepsilon > 0$を事前に設定し, 例えば,

$$\|x_{k+1} - T(x_{k+1})\| \leq \varepsilon \tag{7.1}$$

といった条件（アルゴリズム 7.1のステップ6）が満たされたとき, アルゴリズムを停止します. 式 (7.1)を満たすx_{k+1}はノルムの意味で$x_{k+1} \approx T(x_{k+1})$を満たすので, x_{k+1}はTの近似不動点となります.

アルゴリズム 7.1 ■ 定数または減少ステップサイズを利用したKrasnosel'skiĭ–Mann不動点近似法

Require: $(\alpha_k)_{k \in \mathbb{N}} \subset (0, 1)$, $x_0 \in \mathbb{R}^d$ （ステップサイズと初期点の設定）

Ensure: x_K （停止条件を満たすベクトル）

1: $k \leftarrow 0$

2: **repeat**

3: 　$d_k := T(x_k) - x_k$

4: 　$x_{k+1} := x_k + \alpha_k d_k$

5: 　$k \leftarrow k + 1$

6: **until** 停止条件 (7.1) を満たす

ステップサイズを定数ステップサイズ $\alpha_k = 1$ と設定します. このとき, Krasnosel'skiĭ–Mann 不動点近似法は, Banach の不動点近似法 (the Banach fixed point approximation method) と呼ばれるアルゴリズム

$$\boldsymbol{x}_{k+1} = T(\boldsymbol{x}_k) \tag{7.2}$$

と一致します. Banach の不動点近似法 (7.2) は, T が縮小写像[*1]のとき, 一意に存在する T の不動点に収束することが保証されます. T が非拡大写像のとき, Banach の不動点近似法 (7.2) (つまり, $\alpha_k = 1$ のときの Krasnosel'skiĭ–Mann 不動点近似法) は, 一般には, T の不動点に収束しません. 例えば, ユークリッド平面 $\mathbb{R}^2$ 上で原点を中心に反時計回りに θ 回転する写像

$$T_R := \begin{pmatrix} \cos\theta & -\sin\theta \\ \sin\theta & \cos\theta \end{pmatrix}$$

は, 任意の $\boldsymbol{x} \in \mathbb{R}^2$ に対して $\|T_R(\boldsymbol{x})\| = \|\boldsymbol{x}\|$ なので, T_R は非拡大であり, $\mathrm{Fix}(T_R) = \{\boldsymbol{0}\}$ です. しかしながら, Banach の不動点近似法 (7.2) を T_R に適用すると, 図 7.1 から, T_R の不動点 $\boldsymbol{0}$ に収束しないことがわかります. 一方で, 例えば $\alpha_k = 1/2$ を利用する Krasnosel'skiĭ–Mann 不動点近似法

$$\boldsymbol{x}_{k+1} = \frac{1}{2}\boldsymbol{x}_k + \frac{1}{2}T_R(\boldsymbol{x}_k) \tag{7.3}$$

は, 図 7.1 から, T_R の不動点 $\boldsymbol{0}$ に収束する様子がわかります. 以上のことから, Krasnosel'skiĭ–Mann 不動点近似法が非拡大写像の不動点へ収束するには, $\boldsymbol{x}_k$ と $T_R(\boldsymbol{x}_k)$ の凸結合 (つまり, $\alpha_k \neq 1$) が必要であるといえます.

本節で示す定理の結果を表 7.1 にまとめます. 定数および減少ステップサイズにおいて, Krasnosel'skiĭ–Mann 不動点近似法は大域的収束性 (4.6 節の (G2)) が保証され, T の不動点への収束率 $O(1/\sqrt{K})$ を有します.

Krasnosel'skiĭ–Mann 不動点近似法の収束解析は, 次の定理 7.1.1 のとおりです.

[*1] $T: \mathbb{R}^d \to \mathbb{R}^d$ が縮小写像 (contraction mapping) であるとは, ある $c \in (0, 1)$ が存在して, 任意の $\boldsymbol{x}, \boldsymbol{y} \in \mathbb{R}^d$ に対して $\|T(\boldsymbol{x}) - T(\boldsymbol{y})\| \leq c\|\boldsymbol{x} - \boldsymbol{y}\|$ が成り立つときをいいます. 縮小写像は非拡大写像 ($\|T(\boldsymbol{x}) - T(\boldsymbol{y})\| \leq \|\boldsymbol{x} - \boldsymbol{y}\|$) よりも強い性質を有する写像です.

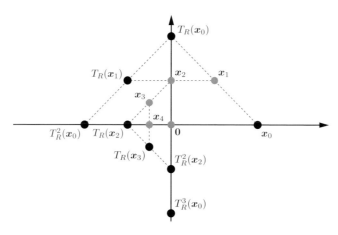

図 7.1 ■ Banach の不動点近似法と Krasnosel'skiĭ–Mann 不動点近似法．Banach の不動点近似法 (7.2) は原点中心に反時計回りに $\pi/2$ 回転する非拡大写像 T_R の不動点 $\mathbf{0}$ に収束できないが，Krasnosel'skiĭ–Mann 不動点近似法 (7.3) は不動点 $\mathbf{0}$ へ渦を巻くように収束する．

表 7.1 ■ 非拡大写像 T の不動点を見つけるための Krasnosel'skiĭ–Mann (KM) 不動点近似法．定数ステップサイズを利用する KM 法は $O(1/\sqrt{K})$ の収束率で T の不動点に大域的収束する（ただし，$a \in (0, 1/2)$，$K \geq 1$）．

ステップ	収束性	収束率
定数	大域的収束性	定理 7.1.1
$(\alpha_k = \alpha)$	$\displaystyle\lim_{k \to +\infty} \boldsymbol{x}_k = \boldsymbol{x}^\star$	$\|\boldsymbol{x}_K - T(\boldsymbol{x}_K)\| = O\left(\dfrac{1}{\sqrt{K}}\right)$
減少	大域的収束性	定理 7.1.1
$(\alpha_k = (k+1)^{-a})$	$\displaystyle\lim_{k \to +\infty} \boldsymbol{x}_k = \boldsymbol{x}^\star$	$\|\boldsymbol{x}_K - T(\boldsymbol{x}_K)\| = O\left(\dfrac{1}{\sqrt{K^{1-2a}}}\right)$

定理 7.1.1 ── Krasnosel'skiĭ–Mann 不動点近似法の大域的収束性 ──

$T \colon \mathbb{R}^d \to \mathbb{R}^d$ を非拡大写像とし，$\mathrm{Fix}(T) \neq \emptyset$ とします．ステップサイズの数列 $(\alpha_k)_{k \in \mathbb{N}} \subset (0, 1]$ が

$$\sum_{k=0}^{+\infty} \alpha_k(1 - \alpha_k) = +\infty \tag{7.4}$$

を満たすならば, Krasnosel'skiĭ–Mann 不動点近似法（アルゴリズム 7.1）

で生成される点列 $(\boldsymbol{x}_k)_{k\in\mathbb{N}}$ は,

$$\lim_{k\to+\infty} \boldsymbol{x}_k = \boldsymbol{x}^\star \in \mathrm{Fix}(T)$$

を満たします. また, 任意の整数 $K \geq 1$ に対して,

$$\|\boldsymbol{x}_K - T(\boldsymbol{x}_K)\| \leq \frac{\|\boldsymbol{x}_0 - \boldsymbol{x}\|}{\sqrt{\sum_{k=0}^{K-1} \alpha_k(1-\alpha_k)}} \tag{7.5}$$

を満たします. ただし, $\boldsymbol{x} \in \mathrm{Fix}(T)$ とします.

定数ステップサイズ $\alpha_k = \alpha$ のとき, 式 (7.5) から,

$$\|\boldsymbol{x}_K - T(\boldsymbol{x}_K)\| \leq \frac{\|\boldsymbol{x}_0 - \boldsymbol{x}\|}{\sqrt{\sum_{k=0}^{K-1} \alpha(1-\alpha)}} = \frac{\|\boldsymbol{x}_0 - \boldsymbol{x}\|}{\sqrt{\alpha(1-\alpha)K}}$$

つまり, Krasnosel'skiĭ–Mann 不動点近似法は

$$\|\boldsymbol{x}_K - T(\boldsymbol{x}_K)\| = O\left(\frac{1}{\sqrt{K}}\right)$$

の収束率を有します. また, 減少ステップサイズ $\alpha_k = 1/(k+1)^a$ のとき,

$$\begin{aligned}
\sum_{k=0}^{K-1} \alpha_k(1-\alpha_k) &= \sum_{k=0}^{K-1} \left\{ \frac{1}{(k+1)^a} - \frac{1}{(k+1)^{2a}} \right\} \\
&\geq \int_0^K \frac{\mathrm{d}t}{(t+1)^a} - \left(1 + \sum_{k=1}^{K-1} \frac{1}{(k+1)^{2a}}\right) \\
&\geq \int_0^K \frac{\mathrm{d}t}{(t+1)^a} - \left(1 + \int_0^{K-1} \frac{\mathrm{d}t}{(t+1)^{2a}}\right)
\end{aligned}$$

を満たします. さらに,

$$\int_0^K \frac{\mathrm{d}t}{(t+1)^a} = \begin{cases} \dfrac{1}{1-a}((K+1)^{1-a} - 1) & (0 < a < 1) \\ \log(K+1) & (a = 1) \end{cases}$$

および,

$$1 + \int_0^{K-1} \frac{\mathrm{d}t}{(t+1)^{2a}} \leq \begin{cases} \dfrac{1}{1-2a}K^{1-2a} & \left(0 < a < \dfrac{1}{2}\right) \\[2mm] 1 + \log K & \left(a = \dfrac{1}{2}\right) \\[2mm] \dfrac{2a}{2a-1} & \left(\dfrac{1}{2} < a \leq 1\right) \end{cases}$$

なので,

$$\sum_{k=0}^{K-1} \alpha_k(1-\alpha_k) \geq \begin{cases} \dfrac{1}{1-a}((K+1)^{1-a}-1) - \dfrac{1}{1-2a}K^{1-2a} & \left(0 < a < \dfrac{1}{2}\right) \\[2mm] 2\sqrt{K+1} - \log K - 3 & \left(a = \dfrac{1}{2}\right) \\[2mm] \dfrac{1}{1-a}((K+1)^{1-a}-1) - \dfrac{2a}{2a-1} & \left(\dfrac{1}{2} < a < 1\right) \\[2mm] \log(K+1) - 2 & (a = 1) \end{cases}$$

となります. 式 (7.5) から, Krasnosel'skiĭ–Mann 不動点近似法は

$$\|\boldsymbol{x}_K - T(\boldsymbol{x}_K)\| = \begin{cases} O\left(\dfrac{1}{\sqrt{K^{1-2a}}}\right) & \left(0 < a < \dfrac{1}{2}\right) \\[2mm] O\left(\dfrac{1}{\sqrt{\sqrt{K} - \log K}}\right) & \left(a = \dfrac{1}{2}\right) \\[2mm] O\left(\dfrac{1}{\sqrt{K^{1-a}}}\right) & \left(\dfrac{1}{2} < a < 1\right) \\[2mm] O\left(\dfrac{1}{\sqrt{\log K}}\right) & (a = 1) \end{cases}$$

の収束率を有します.

定理 7.1.1 の証明. Krasnosel'skiĭ–Mann 不動点近似法は, 任意の $k \in \mathbb{N}$ に対して,

$$\boldsymbol{x}_{k+1} = \boldsymbol{x}_k + \alpha_k(T(\boldsymbol{x}_k) - \boldsymbol{x}_k) = (1-\alpha_k)\boldsymbol{x}_k + \alpha_k T(\boldsymbol{x}_k) \tag{7.6}$$

と表現できます. $\boldsymbol{x} \in \mathrm{Fix}(T)$ とすると, 式 (7.6) と命題 2.1.1 から, 任意の $k \in \mathbb{N}$ に対して,

$$\|\boldsymbol{x}_{k+1} - \boldsymbol{x}\|^2$$
$$= \|(1 - \alpha_k)\boldsymbol{x}_k + \alpha_k T(\boldsymbol{x}_k) - \boldsymbol{x}\|^2$$
$$= \|(1 - \alpha_k)(\boldsymbol{x}_k - \boldsymbol{x}) + \alpha_k(T(\boldsymbol{x}_k) - \boldsymbol{x})\|^2$$
$$= (1 - \alpha_k)\|\boldsymbol{x}_k - \boldsymbol{x}\|^2 + \alpha_k\|T(\boldsymbol{x}_k) - \boldsymbol{x}\|^2$$
$$\quad - \alpha_k(1 - \alpha_k)\|(\boldsymbol{x}_k - \boldsymbol{x}) - (T(\boldsymbol{x}_k) - \boldsymbol{x})\|^2$$
$$= (1 - \alpha_k)\|\boldsymbol{x}_k - \boldsymbol{x}\|^2 + \alpha_k\|T(\boldsymbol{x}_k) - \boldsymbol{x}\|^2 - \alpha_k(1 - \alpha_k)\|\boldsymbol{x}_k - T(\boldsymbol{x}_k)\|^2$$

が成立します. T の非拡大性から, 任意の $k \in \mathbb{N}$ に対して, $\|T(\boldsymbol{x}_k) - \boldsymbol{x}\| = \|T(\boldsymbol{x}_k) - T(\boldsymbol{x})\| \le \|\boldsymbol{x}_k - \boldsymbol{x}\|$ を満たすので,

$$\|\boldsymbol{x}_{k+1} - \boldsymbol{x}\|^2$$
$$\le (1 - \alpha_k)\|\boldsymbol{x}_k - \boldsymbol{x}\|^2 + \alpha_k\|\boldsymbol{x}_k - \boldsymbol{x}\|^2 - \alpha_k(1 - \alpha_k)\|\boldsymbol{x}_k - T(\boldsymbol{x}_k)\|^2$$
$$= \|\boldsymbol{x}_k - \boldsymbol{x}\|^2 - \alpha_k(1 - \alpha_k)\|\boldsymbol{x}_k - T(\boldsymbol{x}_k)\|^2 \tag{7.7}$$
$$\le \|\boldsymbol{x}_k - \boldsymbol{x}\|^2$$

が成立します. したがって, $(\|\boldsymbol{x}_k - \boldsymbol{x}\|^2)_{k \in \mathbb{N}}$ は下に有界な単調減少数列なので,

$$\lim_{k \to +\infty} \|\boldsymbol{x}_k - \boldsymbol{x}\|^2 \tag{7.8}$$

が存在します（2.1.3 項参照）. 式 (7.7) から, 任意の $k \in \mathbb{N}$ に対して,

$$\alpha_k(1 - \alpha_k)\|\boldsymbol{x}_k - T(\boldsymbol{x}_k)\|^2 \le \|\boldsymbol{x}_k - \boldsymbol{x}\|^2 - \|\boldsymbol{x}_{k+1} - \boldsymbol{x}\|^2$$

を満たします. 上記の不等式を $k = 0$ から $k = K - 1$ （$K \ge 1$ は整数）まで足し合わせると,

$$\sum_{k=0}^{K-1} \alpha_k(1 - \alpha_k)\|\boldsymbol{x}_k - T(\boldsymbol{x}_k)\|^2 \le \|\boldsymbol{x}_0 - \boldsymbol{x}\|^2 - \|\boldsymbol{x}_K - \boldsymbol{x}\|^2 \tag{7.9}$$
$$\le \|\boldsymbol{x}_0 - \boldsymbol{x}\|^2 < +\infty$$

が成立します. K を発散させると,

$$\sum_{k=0}^{+\infty} \alpha_k(1 - \alpha_k)\|\boldsymbol{x}_k - T(\boldsymbol{x}_k)\|^2 \le \|\boldsymbol{x}_0 - \boldsymbol{x}\|^2 < +\infty$$

を満たします. 命題 4.3.1 と式 (7.4) から,

$$\liminf_{k \to +\infty} \|\boldsymbol{x}_k - T(\boldsymbol{x}_k)\|^2 \leq 0$$

であり，ノルムの性質 (N1) から，

$$\liminf_{k \to +\infty} \|\boldsymbol{x}_k - T(\boldsymbol{x}_k)\|^2 = 0 \tag{7.10}$$

が成立します．次に，$(\|\boldsymbol{x}_k - T(\boldsymbol{x}_k)\|)_{k \in \mathbb{N}}$ が単調減少する，つまり，

$$\forall k \in \mathbb{N} \ (\|\boldsymbol{x}_{k+1} - T(\boldsymbol{x}_{k+1})\| \leq \|\boldsymbol{x}_k - T(\boldsymbol{x}_k)\|) \tag{7.11}$$

を示します．式 (7.6)，三角不等式 (N3)，および，T の非拡大性から，

$$
\begin{aligned}
&\|\boldsymbol{x}_{k+1} - T(\boldsymbol{x}_{k+1})\| \\
&= \|(1 - \alpha_k)\boldsymbol{x}_k + \alpha_k T(\boldsymbol{x}_k) - T(\boldsymbol{x}_{k+1})\| \\
&= \|(1 - \alpha_k)(\boldsymbol{x}_k - T(\boldsymbol{x}_{k+1})) + \alpha_k(T(\boldsymbol{x}_k) - T(\boldsymbol{x}_{k+1}))\| \\
&\leq (1 - \alpha_k)\|\boldsymbol{x}_k - T(\boldsymbol{x}_{k+1})\| + \alpha_k\|T(\boldsymbol{x}_k) - T(\boldsymbol{x}_{k+1})\| \\
&\leq (1 - \alpha_k)\|\boldsymbol{x}_k - T(\boldsymbol{x}_{k+1})\| + \alpha_k\|\boldsymbol{x}_k - \boldsymbol{x}_{k+1}\| \\
&= (1 - \alpha_k)\|(\boldsymbol{x}_k - \boldsymbol{x}_{k+1}) + (\boldsymbol{x}_{k+1} - T(\boldsymbol{x}_{k+1}))\| + \alpha_k\|\boldsymbol{x}_k - \boldsymbol{x}_{k+1}\| \\
&\leq (1 - \alpha_k)\|\boldsymbol{x}_k - \boldsymbol{x}_{k+1}\| + (1 - \alpha_k)\|\boldsymbol{x}_{k+1} - T(\boldsymbol{x}_{k+1})\| + \alpha_k\|\boldsymbol{x}_k - \boldsymbol{x}_{k+1}\| \\
&= \|\boldsymbol{x}_k - \boldsymbol{x}_{k+1}\| + (1 - \alpha_k)\|\boldsymbol{x}_{k+1} - T(\boldsymbol{x}_{k+1})\|
\end{aligned}
$$

が成立します．一方で，式 (7.6) から，

$$\|\boldsymbol{x}_k - \boldsymbol{x}_{k+1}\| = \|\boldsymbol{x}_k - ((1 - \alpha_k)\boldsymbol{x}_k + \alpha_k T(\boldsymbol{x}_k))\| = \alpha_k\|\boldsymbol{x}_k - T(\boldsymbol{x}_k)\|$$

が成り立つので，

$$\|\boldsymbol{x}_{k+1} - T(\boldsymbol{x}_{k+1})\| \leq \alpha_k\|\boldsymbol{x}_k - T(\boldsymbol{x}_k)\| + (1 - \alpha_k)\|\boldsymbol{x}_{k+1} - T(\boldsymbol{x}_{k+1})\|$$

を満たします．$\alpha_k \in (0, 1]$ から，

$$\|\boldsymbol{x}_{k+1} - T(\boldsymbol{x}_{k+1})\| \leq \|\boldsymbol{x}_k - T(\boldsymbol{x}_k)\|$$

つまり，式 (7.11) が成立します．$(\|\boldsymbol{x}_k - T(\boldsymbol{x}_k)\|)_{k \in \mathbb{N}}$ は下に有界な単調減少数列なので，式 (7.10) と合わせて，

$$\lim_{k \to +\infty} \|\boldsymbol{x}_k - T(\boldsymbol{x}_k)\|^2 = \liminf_{k \to +\infty} \|\boldsymbol{x}_k - T(\boldsymbol{x}_k)\|^2 = 0$$

よって，

$$\lim_{k \to +\infty} \|\boldsymbol{x}_k - T(\boldsymbol{x}_k)\| = 0 \tag{7.12}$$

が成立します.

式 (7.8) と命題 2.1.5(1) から $(\|\boldsymbol{x}_k - \boldsymbol{x}\|^2)_{k \in \mathbb{N}}$ は有界, つまり, ある $M \geq 0$ が存在して, 任意の $k \in \mathbb{N}$ に対して $\|\boldsymbol{x}_k - \boldsymbol{x}\| \leq M$ を満たします. さらに, 三角不等式 (N3) から, $\|\|\boldsymbol{x}_k\| - \|\boldsymbol{x}\|\| \leq M$ が成り立つので, 任意の $k \in \mathbb{N}$ に対して $\|\boldsymbol{x}_k\| \leq M + \|\boldsymbol{x}\|$, つまり, $(\boldsymbol{x}_k)_{k \in \mathbb{N}}$ は有界です. したがって, 命題 2.1.5(2) から, $(\boldsymbol{x}_k)_{k \in \mathbb{N}}$ の部分列で収束するものが存在します. その部分列を $(\boldsymbol{x}_{k_i})_{i \in \mathbb{N}}$ とし, $\boldsymbol{x}_{k_i} \to \bar{\boldsymbol{x}} \in \mathbb{R}^d$ とします. T とノルムの連続性と式 (7.12) から,

$$0 = \lim_{k \to +\infty} \|\boldsymbol{x}_k - T(\boldsymbol{x}_k)\| = \lim_{i \to +\infty} \|\boldsymbol{x}_{k_i} - T(\boldsymbol{x}_{k_i})\| = \|\bar{\boldsymbol{x}} - T(\bar{\boldsymbol{x}})\|$$

つまり, $\bar{\boldsymbol{x}} \in \mathrm{Fix}(T)$ となります. また, $(\boldsymbol{x}_{k_i})_{i \in \mathbb{N}}$ とは別の収束する部分列を $(\boldsymbol{x}_{k_j})_{j \in \mathbb{N}}$ とし, $\boldsymbol{x}_{k_j} \to \hat{\boldsymbol{x}} \in \mathbb{R}^d$ とします. $\bar{\boldsymbol{x}} \in \mathrm{Fix}(T)$ を示す過程と同様の議論から, $\hat{\boldsymbol{x}} \in \mathrm{Fix}(T)$ が成立します. $\bar{\boldsymbol{x}} = \hat{\boldsymbol{x}}$ を示すことができれば, 命題 2.1.5(3) から, 全体点列 $(\boldsymbol{x}_k)_{k \in \mathbb{N}}$ が T の不動点に収束することが保証されます. $\bar{\boldsymbol{x}}, \hat{\boldsymbol{x}} \in \mathrm{Fix}(T)$ なので, 式 (7.8) から,

$$\begin{aligned}
\lim_{k \to +\infty} \|\boldsymbol{x}_k - \bar{\boldsymbol{x}}\| = \lim_{i \to +\infty} \|\boldsymbol{x}_{k_i} - \bar{\boldsymbol{x}}\| = 0 \\
\lim_{k \to +\infty} \|\boldsymbol{x}_k - \hat{\boldsymbol{x}}\| = \lim_{j \to +\infty} \|\boldsymbol{x}_{k_j} - \hat{\boldsymbol{x}}\| = 0
\end{aligned} \tag{7.13}$$

が成り立つことに注意します. 三角不等式 (N3) から, 任意の $k \in \mathbb{N}$ に対して

$$0 \leq \|\bar{\boldsymbol{x}} - \hat{\boldsymbol{x}}\| \leq \|\bar{\boldsymbol{x}} - \boldsymbol{x}_k\| + \|\boldsymbol{x}_k - \hat{\boldsymbol{x}}\|$$

なので, 式 (7.13) から, $\|\bar{\boldsymbol{x}} - \hat{\boldsymbol{x}}\| = 0$, つまり, $\bar{\boldsymbol{x}} = \hat{\boldsymbol{x}}$ が成立します. 以上のことから, $(\boldsymbol{x}_k)_{k \in \mathbb{N}}$ は T の不動点に収束します.

式 (7.9) と式 (7.11) から, 任意の整数 $K \geq 1$ に対して,

$$\|\boldsymbol{x}_K - T(\boldsymbol{x}_K)\|^2 \sum_{k=0}^{K-1} \alpha_k (1 - \alpha_k)$$

$$\leq \sum_{k=0}^{K-1} \alpha_k (1 - \alpha_k) \|\boldsymbol{x}_k - T(\boldsymbol{x}_k)\|^2 \leq \|\boldsymbol{x}_0 - \boldsymbol{x}\|^2$$

から,

$$\|\boldsymbol{x}_K - T(\boldsymbol{x}_K)\| \leq \frac{\|\boldsymbol{x}_0 - \boldsymbol{x}\|}{\sqrt{\sum_{k=0}^{K-1} \alpha_k (1 - \alpha_k)}}$$

が成立します. □

非拡大写像Tと初期点$\boldsymbol{x}_0 \in \mathbb{R}^d$に対する$(T^j(\boldsymbol{x}_0))_{j=1}^k$の平均点列に関する不動点近似法については, Baillonの非線形エルゴード定理(Baillon's nonlinear ergodic theorem) と呼ばれる次の定理 (定理7.1.2) があります.

> **定理7.1.2** — Baillonの非線形エルゴード定理
>
> $T\colon \mathbb{R}^d \to \mathbb{R}^d$を非拡大写像とし, $\mathrm{Fix}(T) \neq \emptyset$とします. $\boldsymbol{x}_0 \in \mathbb{R}^d$とします. このとき,
> $$\boldsymbol{x}_k := \frac{1}{k+1}\sum_{j=0}^{k} T^j(\boldsymbol{x}_0) \quad (k \in \mathbb{N})$$
> で定義されるBaillon不動点近似法は$\mathrm{Fix}(T)$の点に収束します.

定理7.1.2の証明. 付録B演習問題解答例3.7(2)の議論 (式(B.14)参照) から, $(\boldsymbol{x}_k)_{k\in\mathbb{N}}$の中で収束する部分列$(\boldsymbol{x}_{k_i})_{i\in\mathbb{N}}$が存在します. さらに, 付録B演習問題解答例3.7(2)の議論から, $\boldsymbol{x}_{k_i} \to \hat{\boldsymbol{x}} \in \mathrm{Fix}(T)$となります. 全体点列が収束することの証明は, 定理7.1.1の証明と同様です. □

7.2 | Halpern不動点近似法

(S1) 【任意初期点】$\boldsymbol{x}_0 \in \mathbb{R}^d$
(S2) 【ステップサイズ】$\alpha_k > 0$ $(k \in \mathbb{N})$
(S3) 【探索方向】$\boldsymbol{d}_k := \boldsymbol{x}_0 - T(\boldsymbol{x}_k)$ $(k \in \mathbb{N})$

を用いた非拡大写像$T\colon \mathbb{R}^d \to \mathbb{R}^d$の不動点を見つけるための反復法である**Halpern不動点近似法**(the Halpern fixed point approximation method)

$$\boldsymbol{x}_{k+1} = T(\boldsymbol{x}_k) + \alpha_k\boldsymbol{d}_k = T(\boldsymbol{x}_k) + \alpha_k(\boldsymbol{x}_0 - T(\boldsymbol{x}_k)) \quad (k \in \mathbb{N})$$

について考察します.

Halpern不動点近似法の特徴は, 不動点制約付き平滑凸最適化問題

$$\text{目的関数：} \quad f_0(\boldsymbol{x}) := \frac{1}{2}\|\boldsymbol{x} - \boldsymbol{x}_0\|^2 \longrightarrow \text{最小}$$
$$\text{制約条件：} \quad \boldsymbol{x} \in \text{Fix}(T) \tag{7.14}$$

の大域的最適解を近似することです．$f_0(\boldsymbol{x}) := (1/2)\|\boldsymbol{x} - \boldsymbol{x}_0\|^2$ で定義される凸関数 f_0 の勾配は，式 (2.26) から，

$$\nabla f_0(\boldsymbol{x}) = \boldsymbol{x} - \boldsymbol{x}_0$$

なので，探索方向 $\boldsymbol{d}_k$ を反復回数 k での近似解 $T(\boldsymbol{x}_k)$ から凸関数 f_0 を最小化する方向

$$\boldsymbol{d}_k := -\nabla f_0(T(\boldsymbol{x}_k)) = \boldsymbol{x}_0 - T(\boldsymbol{x}_k) \tag{7.15}$$

として定義します（勾配の逆方向を探索方向にもつ最急降下法は，5.1 節と 5.2 節を参照）．問題 (7.14) の大域的最適解 $\boldsymbol{x}^\star \in \text{Fix}(T)$ は，

$$\|\boldsymbol{x}^\star - \boldsymbol{x}_0\| = \inf\{\|\boldsymbol{x} - \boldsymbol{x}_0\| : \boldsymbol{x} \in \text{Fix}(T)\}$$

と表現できます．一方で，$\text{Fix}(T)$ は閉凸集合（命題 3.6.1(1)）なので，

$$\|P_{\text{Fix}(T)}(\boldsymbol{x}_0) - \boldsymbol{x}_0\| = \text{d}(\boldsymbol{x}_0, \text{Fix}(T)) := \inf\{\|\boldsymbol{x} - \boldsymbol{x}_0\| : \boldsymbol{x} \in \text{Fix}(T)\}$$

を満たす射影 $P_{\text{Fix}(T)} \colon \mathbb{R}^d \to \text{Fix}(T)$（式 (2.33) 参照）を定義できます．よって，問題 (7.14) の大域的最適解 $\boldsymbol{x}^\star \in \text{Fix}(T)$ は，

$$\boldsymbol{x}^\star = P_{\text{Fix}(T)}(\boldsymbol{x}_0)$$

と，初期点 $\boldsymbol{x}_0$ から $\text{Fix}(T)$ への射影点として書くことができます．

図 7.2 は，二つの閉球 C_1 と C_2 の共通部分集合（命題 3.6.4）上で凸関数 $f_0(\boldsymbol{x}) := (1/2)\|\boldsymbol{x} - \boldsymbol{x}_0\|^2$ を最小にする点 $P_{C_1 \cap C_2}(\boldsymbol{x}_0) = P_{\text{Fix}(T)}(\boldsymbol{x}_0)$ を描いたものです．非拡大写像 T を $T = P_{C_1}P_{C_2}$ と定義すると，その不動点集合 $\text{Fix}(T)$ が $C_1 \cap C_2$ と一致する（命題 3.6.4）ので，$T = P_{C_1}P_{C_2}$ における問題 (7.14) は，制約集合 $C_1 \cap C_2$ 上での凸関数 f_0 に関する最小化問題となります．Halpern不動点近似法はこの最小化問題を解くことができます．

設定 (S2) が定数または減少ステップサイズのときのHalpern不動点近似法をアルゴリズム 7.2 に示します．

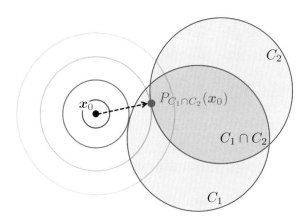

図 7.2 ■ 非拡大写像 $T = P_{C_1}P_{C_2}$ を利用した Halpern 不動点近似法の収束先 $P_{C_1 \cap C_2}(\boldsymbol{x}_0)$. 閉球の共通部分 $C_1 \cap C_2$ (= Fix(T)) 上で凸関数 $f_0(\boldsymbol{x}) := (1/2)\|\boldsymbol{x} - \boldsymbol{x}_0\|^2$ を最小にする点 $P_{C_1 \cap C_2}(\boldsymbol{x}_0)$ に, Halpern 不動点近似法では収束する.

アルゴリズム 7.2 ■ 定数または減少ステップサイズを利用した Halpern 不動点近似法

Require: $(\alpha_k)_{k \in \mathbb{N}} \subset (0, 1)$, $\boldsymbol{x}_0 \in \mathbb{R}^d$ (ステップサイズと初期点の設定)
Ensure: $\boldsymbol{x}_K$ (停止条件を満たすベクトル)
1: $k \leftarrow 0$
2: **repeat**
3:     $\boldsymbol{d}_k := \boldsymbol{x}_0 - T(\boldsymbol{x}_k)$
4:     $\boldsymbol{x}_{k+1} := T(\boldsymbol{x}_k) + \alpha_k \boldsymbol{d}_k$
5:     $k \leftarrow k + 1$
6: **until** 停止条件 (7.1) を満たす

本節で示す定理の結果を表 7.2 にまとめます. 減少ステップサイズにおいて, Halpern 不動点近似法は問題 (7.14) の最適解への大域的収束性 (4.6 節の (G2)) が保証されます. 一方で, 定数ステップサイズの利用では, 大域的収束の保証はありませんが, 非拡大写像よりも強い性質を有する堅非拡大写像 S を用いる[*2]ことで, $\varliminf \|\boldsymbol{x}_k - S(\boldsymbol{x}_k)\|$ と $\varliminf f_0(\boldsymbol{x}_k) - f_0(\boldsymbol{x}^\star)$ の上界が定数ステップサイズ α の定数倍であることが保証されます. よって, 小さい定数ステップサイズ (例えば, $\alpha = 10^{-2}, 10^{-3}$) の設定が望ましいことが示唆されま

[*2] 式 (2.38) から, 非拡大写像 T が与えられるとき, 堅非拡大写像 $S := (1/2)(\mathrm{Id} + T)$ が容易に得られます.

す．アルゴリズムの凸最適化問題 (7.14) に関する指標（式 (4.31) 参照）

$$\min_{k\in[0:K-1]} f_0(\boldsymbol{x}_k) - f_0(\boldsymbol{x}^\star) \leq \frac{\sum_{k=0}^{K-1} \alpha_k f_0(\boldsymbol{x}_k)}{\sum_{k=0}^{K-1} \alpha_k} - f_0(\boldsymbol{x}^\star) \tag{7.16}$$

の上界は，減少ステップサイズの利用（$\alpha_k = 1/(k+1)^a$）においては，$1/K^a$（ただし，$a \in (0, 1/2)$）のオーダーとなります（指標 (7.16) の評価に関する定数ステップサイズの設定（$\alpha = 10^{-2}, 10^{-3}$ といった適度に小さいステップサイズの設定）は，式 (5.12) にある議論と定理 7.2.1 を参照）．

表 7.2 ■ 非拡大写像 T，堅非拡大写像 S の不動点集合上の凸最適化問題 (7.14) のための Halpern 不動点近似法．収束率は式 (7.16) の指標に関する収束率である（ただし，$a \in (0, 1/2)$，$K \geq 1$）．

ステップ	Fix(T) への収束性	f_0 に関する最適性	収束率
定数 $(\alpha_k = \alpha)$	定理 7.2.1 $\lim_{k\to+\infty} \|\boldsymbol{x}_k - S(\boldsymbol{x}_k)\|^2 \leq O(\alpha)$	定理 7.2.1 $\lim_{k\to+\infty} f_0(\boldsymbol{x}_k) \leq f_0(\boldsymbol{x}^\star) + O(\alpha)$	定理 7.2.1 $O\left(\dfrac{1}{K} + \alpha\right)$
減少 $(\alpha_k = (k+1)^{-a})$	式 (7.28) $\|\boldsymbol{x}_k - T(\boldsymbol{x}_k)\| \to 0$	定理 7.2.2 $f_0(\boldsymbol{x}_k) \to f_0(\boldsymbol{x}^\star)$	定理 7.2.2 $O\left(\dfrac{1}{K^a}\right)$

定数ステップサイズを利用した Halpern 不動点近似法の収束解析は，次の定理 7.2.1 のとおりです（証明は付録 A.5 を参照）．

定理 7.2.1 定数ステップサイズを利用した Halpern 不動点近似法の収束解析

$S: \mathbb{R}^d \to \mathbb{R}^d$ を堅非拡大写像とし，Fix(S) $\neq \emptyset$ とします．$\lambda \in (0,1)$ とします．定数ステップサイズ $\alpha \in (0, \min\{\lambda/(1-\lambda), 1\})$ と $T := \lambda\mathrm{Id} + (1-\lambda)S$ を利用する Halpern 不動点近似法（アルゴリズム 7.2）で生成される点列 $(\boldsymbol{x}_k)_{k\in\mathbb{N}}$ は，

$$\liminf_{k\to+\infty} \|\boldsymbol{x}_k - S(\boldsymbol{x}_k)\|^2 \leq \frac{2M\alpha}{(1-\lambda)\{\lambda - (1-\lambda)\alpha\}}$$

$$\liminf_{k\to+\infty} f_0(\boldsymbol{x}_k) \leq f_0(\boldsymbol{x}^\star) + M\alpha$$

を満たします．また，任意の整数 $K \geq 1$ に対して，

$$\min_{k\in[0:K-1]} f_0(\boldsymbol{x}_k) \leq \frac{1}{K}\sum_{k=0}^{K-1} f_0(\boldsymbol{x}_k) \leq f_0(\boldsymbol{x}^\star) + \frac{\|\boldsymbol{x}_0 - \boldsymbol{x}^\star\|^2}{2\alpha K} + M\alpha$$

を満たします. ただし, $M := \max\{\|\nabla f_0(\boldsymbol{x}^\star)\|\|\boldsymbol{x}_0 - \boldsymbol{x}^\star\|, (\|\nabla f_0(\boldsymbol{x}^\star)\| + \|\boldsymbol{x}_0 - \boldsymbol{x}^\star\|)^2\}$ とします.

減少ステップサイズを利用したHalpern不動点近似法の収束解析は, 次の定理7.2.2のとおりです.

定理7.2.2 ── 減少ステップサイズを利用したHalpern不動点近似法の大域的収束性

$T: \mathbb{R}^d \to \mathbb{R}^d$ を非拡大写像とし, $\text{Fix}(T) \neq \emptyset$ とします. ステップサイズの数列 $(\alpha_k)_{k\in\mathbb{N}} \subset (0,1)$ が

$$\lim_{k\to+\infty} \alpha_k = 0, \quad \sum_{k=0}^{+\infty} \alpha_k = +\infty, \quad \sum_{k=0}^{+\infty} |\alpha_{k+1} - \alpha_k| < +\infty \quad (7.17)$$

を満たすならば, Halpern不動点近似法（アルゴリズム7.2）で生成される点列 $(\boldsymbol{x}_k)_{k\in\mathbb{N}}$ は,

$$\lim_{k\to+\infty} \boldsymbol{x}_k = \boldsymbol{x}^\star := P_{\text{Fix}(T)}(\boldsymbol{x}_0) \quad (7.18)$$

を満たします. また, 定理7.2.1で定義された写像 $T := \lambda\text{Id} + (1-\lambda)S$ の利用においては,

$$\begin{aligned}
\min_{k\in[0:K-1]} f_0(\boldsymbol{x}_k) &\leq \frac{\sum_{k=0}^{K-1} \alpha_k f_0(\boldsymbol{x}_k)}{\sum_{k=0}^{K-1} \alpha_k} \\
&\leq f_0(\boldsymbol{x}^\star) + \frac{2^{-1}\|\boldsymbol{x}_0 - \boldsymbol{x}^\star\|^2 + M\sum_{k=0}^{K-1} \alpha_k^2}{\sum_{k=0}^{K-1} \alpha_k}
\end{aligned} \quad (7.19)$$

が任意の整数 $K \geq 1$ に対して成立します. ただし, $M > 0$ は定理7.2.1で定義される定数とします.

減少ステップサイズ $\alpha_k = 1/(k+1)^a$（ただし, $a \in (0,1]$）でのHalpern不動点近似法の収束率 (7.19) を計算します.

$$\sum_{k=0}^{K-1} \frac{1}{(k+1)^a} \geq \int_0^K \frac{\mathrm{d}t}{(t+1)^a} = \begin{cases} \frac{1}{1-a}((K+1)^{1-a}-1) & (0 < a < 1) \\ \log(K+1) & (a=1) \end{cases}$$

および，

$$\sum_{k=0}^{K-1} \frac{1}{(k+1)^{2a}} \leq 1 + \int_0^{K-1} \frac{\mathrm{d}t}{(t+1)^{2a}} \leq \begin{cases} \frac{1}{1-2a}K^{1-2a} & \left(0 < a < \frac{1}{2}\right) \\ 1 + \log K & \left(a = \frac{1}{2}\right) \\ \frac{2a}{2a-1} & \left(\frac{1}{2} < a \leq 1\right) \end{cases} \tag{7.20}$$

なので，

$$\min_{k\in[0:K-1]} f_0(\boldsymbol{x}_k) \leq \frac{\sum_{k=0}^{K-1} \alpha_k f_0(\boldsymbol{x}_k)}{\sum_{k=0}^{K-1} \alpha_k} \leq f_0(\boldsymbol{x}^\star) + \begin{cases} O\left(\frac{1}{K^a}\right) & \left(0 < a < \frac{1}{2}\right) \\ O\left(\frac{\log K}{\sqrt{K}}\right) & \left(a = \frac{1}{2}\right) \\ O\left(\frac{1}{K^{1-a}}\right) & \left(\frac{1}{2} < a < 1\right) \\ O\left(\frac{1}{\log K}\right) & (a=1) \end{cases}$$

となります.

定理 7.2.2 の証明.　Halpern不動点近似法は，任意の $k \in \mathbb{N}$ に対して，

$$\boldsymbol{x}_{k+1} = T(\boldsymbol{x}_k) + \alpha_k(\boldsymbol{x}_0 - T(\boldsymbol{x}_k)) = \alpha_k\boldsymbol{x}_0 + (1-\alpha_k)T(\boldsymbol{x}_k) \tag{7.21}$$

と表現できます. 以下，$\boldsymbol{x} \in \mathrm{Fix}(T)$ とします. 式 (7.21)，三角不等式 (N3)，および，T の非拡大性から，任意の $k \in \mathbb{N}$ に対して，

$$\begin{aligned} \|\boldsymbol{x}_{k+1} - \boldsymbol{x}\| &= \|\alpha_k\boldsymbol{x}_0 + (1-\alpha_k)T(\boldsymbol{x}_k) - \boldsymbol{x}\| \\ &= \|\alpha_k(\boldsymbol{x}_0 - \boldsymbol{x}) + (1-\alpha_k)(T(\boldsymbol{x}_k) - \boldsymbol{x})\| \\ &\leq \alpha_k\|\boldsymbol{x}_0 - \boldsymbol{x}\| + (1-\alpha_k)\|T(\boldsymbol{x}_k) - T(\boldsymbol{x})\| \\ &\leq \alpha_k\|\boldsymbol{x}_0 - \boldsymbol{x}\| + (1-\alpha_k)\|\boldsymbol{x}_k - \boldsymbol{x}\| \end{aligned} \tag{7.22}$$

が成立します．ここで，数学的帰納法を用いて，

$$\forall k \in \mathbb{N} \ (\|\boldsymbol{x}_k - \boldsymbol{x}\| \leq \|\boldsymbol{x}_0 - \boldsymbol{x}\|) \tag{7.23}$$

を示します．$k = 0$のとき，式(7.22)から$\|\boldsymbol{x}_1 - \boldsymbol{x}\| \leq \alpha_0\|\boldsymbol{x}_0 - \boldsymbol{x}\| + (1 - \alpha_0)\|\boldsymbol{x}_0 - \boldsymbol{x}\| = \|\boldsymbol{x}_0 - \boldsymbol{x}\|$ を満たします．また，ある番号kに対して $\|\boldsymbol{x}_k - \boldsymbol{x}\| \leq \|\boldsymbol{x}_0 - \boldsymbol{x}\|$を仮定すると，式$(7.22)$から，

$$\|\boldsymbol{x}_{k+1} - \boldsymbol{x}\| \leq \alpha_k\|\boldsymbol{x}_0 - \boldsymbol{x}\| + (1 - \alpha_k)\|\boldsymbol{x}_k - \boldsymbol{x}\|$$
$$\leq \alpha_k\|\boldsymbol{x}_0 - \boldsymbol{x}\| + (1 - \alpha_k)\|\boldsymbol{x}_0 - \boldsymbol{x}\| = \|\boldsymbol{x}_0 - \boldsymbol{x}\|$$

を満たします．よって，式(7.23)が成立します．さらに，Tの非拡大性から，任意の$k \in \mathbb{N}$に対して，

$$\|T(\boldsymbol{x}_k) - \boldsymbol{x}\| = \|T(\boldsymbol{x}_k) - T(\boldsymbol{x})\| \leq \|\boldsymbol{x}_k - \boldsymbol{x}\| \leq \|\boldsymbol{x}_0 - \boldsymbol{x}\| \tag{7.24}$$

なので，三角不等式$(N3)$から，

$$\forall k \in \mathbb{N} \ (\max\{\|\boldsymbol{x}_k\|, \|T(\boldsymbol{x}_k)\|\} \leq \|\boldsymbol{x}_0 - \boldsymbol{x}\| + \|\boldsymbol{x}\| =: B(\boldsymbol{x}) = B) \tag{7.25}$$

が成立します．

次に，$\lim_{k \to +\infty}\|\boldsymbol{x}_{k+1} - \boldsymbol{x}_k\| = 0$を示します．式$(7.21)$と三角不等式$(N3)$を用いると，任意の$k \geq 1$に対して，

$$\|\boldsymbol{x}_{k+1} - \boldsymbol{x}_k\| = \|\alpha_k\boldsymbol{x}_0 + (1 - \alpha_k)T(\boldsymbol{x}_k) - \alpha_{k-1}\boldsymbol{x}_0 - (1 - \alpha_{k-1})T(\boldsymbol{x}_{k-1})\|$$
$$= \|(\alpha_k - \alpha_{k-1})\boldsymbol{x}_0 + (1 - \alpha_k)(T(\boldsymbol{x}_k) - T(\boldsymbol{x}_{k-1}))$$
$$+ (\alpha_{k-1} - \alpha_k)T(\boldsymbol{x}_{k-1})\|$$
$$\leq |\alpha_k - \alpha_{k-1}|\|\boldsymbol{x}_0\| + (1 - \alpha_k)\|T(\boldsymbol{x}_k) - T(\boldsymbol{x}_{k-1})\|$$
$$+ |\alpha_{k-1} - \alpha_k|\|T(\boldsymbol{x}_{k-1})\|$$

なので，Tの非拡大性と式(7.25)から，

$$\|\boldsymbol{x}_{k+1} - \boldsymbol{x}_k\| \leq (1 - \alpha_k)\|\boldsymbol{x}_k - \boldsymbol{x}_{k-1}\| + |\alpha_k - \alpha_{k-1}|\|\boldsymbol{x}_0\| + B|\alpha_{k-1} - \alpha_k|$$
$$= (1 - \alpha_k)\|\boldsymbol{x}_k - \boldsymbol{x}_{k-1}\| + (B + \|\boldsymbol{x}_0\|)|\alpha_{k-1} - \alpha_k|$$

が任意の$k \geq 1$に対して成立します．これより，任意の$k, l \geq 1$に対して，

$$\|\boldsymbol{x}_{k+l+1} - \boldsymbol{x}_{k+l}\|$$

$$\leq (1 - \alpha_{k+l})\|\boldsymbol{x}_{k+l} - \boldsymbol{x}_{k+l-1}\| + (B + \|\boldsymbol{x}_0\|)|\alpha_{k+l} - \alpha_{k+l-1}|$$

$$\leq (1 - \alpha_{k+l})\{(1 - \alpha_{k+l-1})\|\boldsymbol{x}_{k+l-1} - \boldsymbol{x}_{k+l-2}\|$$
$$+ (B + \|\boldsymbol{x}_0\|)|\alpha_{k+l-1} - \alpha_{k+l-2}|\} + (B + \|\boldsymbol{x}_0\|)|\alpha_{k+l} - \alpha_{k+l-1}|$$

$$\leq (1 - \alpha_{k+l})(1 - \alpha_{k+l-1})\|\boldsymbol{x}_{k+l-1} - \boldsymbol{x}_{k+l-2}\|$$
$$+ (B + \|\boldsymbol{x}_0\|)(|\alpha_{k+l} - \alpha_{k+l-1}| + |\alpha_{k+l-1} - \alpha_{k+l-2}|)$$

が成立します．ただし，最後の不等式は $1 - \alpha_{k+l} \leq 1$ から成立します．よって，

$$\|\boldsymbol{x}_{k+l+1} - \boldsymbol{x}_{k+l}\|$$
$$\leq \prod_{j=l}^{k+l-1}(1 - \alpha_{j+1})\|\boldsymbol{x}_{l+1} - \boldsymbol{x}_l\| + (B + \|\boldsymbol{x}_0\|)\sum_{j=l}^{k+l-1}|\alpha_{j+1} - \alpha_j|$$

が任意の $k, l \geq 1$ に対して成立します．条件 $\sum_{k=0}^{+\infty} \alpha_k = +\infty$ と命題 4.3.2 から，

$$\prod_{j=l}^{k+l-1}(1 - \alpha_{j+1}) = \left(\prod_{j=0}^{l-1}(1 - \alpha_{j+1})\right)^{-1}\prod_{j=0}^{k+l-1}(1 - \alpha_{j+1}) \tag{7.26}$$
$$\to 0 \quad (k \to +\infty)$$

なので，命題 2.1.8(1)，(2) から，

$$\limsup_{k \to +\infty}\|\boldsymbol{x}_{k+1} - \boldsymbol{x}_k\| = \limsup_{k \to +\infty}\|\boldsymbol{x}_{k+l+1} - \boldsymbol{x}_{k+l}\|$$
$$\leq \prod_{j=l}^{+\infty}(1 - \alpha_{j+1})\|\boldsymbol{x}_{l+1} - \boldsymbol{x}_l\| + (B + \|\boldsymbol{x}_0\|)\sum_{j=l}^{+\infty}|\alpha_{j+1} - \alpha_j|$$
$$= (B + \|\boldsymbol{x}_0\|)\sum_{j=l}^{+\infty}|\alpha_{j+1} - \alpha_j|$$

が任意の $l \geq 1$ に対して成立します．さらに，条件 $\sum_{k=0}^{+\infty}|\alpha_{k+1} - \alpha_k| < +\infty$ から，

$$\lim_{l \to +\infty}\sum_{j=l}^{+\infty}|\alpha_{j+1} - \alpha_j| = \lim_{l \to +\infty}\left(\sum_{j=0}^{+\infty}|\alpha_{j+1} - \alpha_j| - \sum_{j=0}^{l-1}|\alpha_{j+1} - \alpha_j|\right)$$
$$= \sum_{j=0}^{+\infty}|\alpha_{j+1} - \alpha_j| - \sum_{j=0}^{+\infty}|\alpha_{j+1} - \alpha_j| = 0$$

なので，$\limsup_{k \to +\infty} \|\boldsymbol{x}_{k+1} - \boldsymbol{x}_k\| \leq 0$ が成立します．式 (2.18) から，

$$\lim_{k \to +\infty} \|\boldsymbol{x}_{k+1} - \boldsymbol{x}_k\| = 0 \tag{7.27}$$

を満たします．式 (7.21)，三角不等式 (N3)，および，T の非拡大性から，任意の $k \in \mathbb{N}$ に対して，

$$
\begin{aligned}
\|\boldsymbol{x}_k - T(\boldsymbol{x}_k)\| &= \|\alpha_{k-1}\boldsymbol{x}_0 + (1 - \alpha_{k-1})T(\boldsymbol{x}_{k-1}) - T(\boldsymbol{x}_k)\| \\
&= \|\alpha_{k-1}(\boldsymbol{x}_0 - T(\boldsymbol{x}_k)) + (1 - \alpha_{k-1})(T(\boldsymbol{x}_{k-1}) - T(\boldsymbol{x}_k))\| \\
&\leq \alpha_{k-1}\|\boldsymbol{x}_0 - T(\boldsymbol{x}_k)\| + (1 - \alpha_{k-1})\|T(\boldsymbol{x}_{k-1}) - T(\boldsymbol{x}_k)\| \\
&\leq \alpha_{k-1}\|\boldsymbol{x}_0 - T(\boldsymbol{x}_k)\| + (1 - \alpha_{k-1})\|\boldsymbol{x}_{k-1} - \boldsymbol{x}_k\|
\end{aligned}
$$

が成り立つので，式 (7.25)，条件 $\lim_{k \to +\infty} \alpha_k = 0$，および，式 (7.27) から，

$$\lim_{k \to +\infty} \|\boldsymbol{x}_k - T(\boldsymbol{x}_k)\| = 0 \tag{7.28}$$

が成立します．ここで，$\boldsymbol{x}^\star := P_{\mathrm{Fix}(T)}(\boldsymbol{x}_0)$ とすると，式 (7.21)，命題 2.1.1，および，T の非拡大性から，任意の $k \in \mathbb{N}$ に対して，

$$
\begin{aligned}
\|\boldsymbol{x}_{k+1} - \boldsymbol{x}^\star\|^2 &= \|\alpha_k(\boldsymbol{x}_0 - \boldsymbol{x}^\star) + (1 - \alpha_k)(T(\boldsymbol{x}_k) - \boldsymbol{x}^\star)\|^2 \\
&= \alpha_k^2\|\boldsymbol{x}_0 - \boldsymbol{x}^\star\|^2 + 2\alpha_k(1 - \alpha_k)\langle \boldsymbol{x}_0 - \boldsymbol{x}^\star, T(\boldsymbol{x}_k) - \boldsymbol{x}^\star\rangle \\
&\quad + (1 - \alpha_k)^2\|T(\boldsymbol{x}_k) - \boldsymbol{x}^\star\|^2 \\
&\leq (1 - \alpha_k)\|\boldsymbol{x}_k - \boldsymbol{x}^\star\|^2 + 2\alpha_k(1 - \alpha_k)\langle \boldsymbol{x}_0 - \boldsymbol{x}^\star, T(\boldsymbol{x}_k) - \boldsymbol{x}^\star\rangle \\
&\quad + \|\boldsymbol{x}_0 - \boldsymbol{x}^\star\|^2\alpha_k^2 \tag{7.29}
\end{aligned}
$$

が成立します．また，命題 2.1.6(1) から，

$$\limsup_{k \to +\infty}\langle \boldsymbol{x}_0 - \boldsymbol{x}^\star, T(\boldsymbol{x}_k) - \boldsymbol{x}^\star\rangle = \lim_{i \to +\infty}\langle \boldsymbol{x}_0 - \boldsymbol{x}^\star, T(\boldsymbol{x}_{k_i}) - \boldsymbol{x}^\star\rangle \tag{7.30}$$

となる $(\boldsymbol{x}_k)_{k\in\mathbb{N}}$ の部分列 $(\boldsymbol{x}_{k_i})_{i\in\mathbb{N}}$ が存在し，式 (7.25) から $(\boldsymbol{x}_{k_i})_{i\in\mathbb{N}}$ は有界なので，命題 2.1.5(2) により，収束する $(\boldsymbol{x}_{k_i})_{i\in\mathbb{N}}$ の部分列 $(\boldsymbol{x}_{k_{i_j}})_{j\in\mathbb{N}}$ が存在します．$\boldsymbol{x}_{k_{i_j}} \to \bar{\boldsymbol{x}} \in \mathbb{R}^d$ とすると，式 (7.28) から，$T(\boldsymbol{x}_{k_{i_j}}) \to \bar{\boldsymbol{x}}$ であり，ノルムと T の連続性から，$\|\bar{\boldsymbol{x}} - T(\bar{\boldsymbol{x}})\| = 0$，つまり，$\bar{\boldsymbol{x}} \in \mathrm{Fix}(T)$ となります．式 (7.30) と命題 2.4.1(1) から，

$$\limsup_{k \to +\infty}\langle \boldsymbol{x}_0 - \boldsymbol{x}^\star, T(\boldsymbol{x}_k) - \boldsymbol{x}^\star\rangle = \lim_{j \to +\infty}\left\langle \boldsymbol{x}_0 - \boldsymbol{x}^\star, T(\boldsymbol{x}_{k_{i_j}}) - \boldsymbol{x}^\star\right\rangle$$

$$= \langle \boldsymbol{x}_0 - \boldsymbol{x}^\star, \bar{\boldsymbol{x}} - \boldsymbol{x}^\star \rangle \leq 0$$

が成り立つので，命題 2.1.6(2) と条件 $\lim_{k \to +\infty} \alpha_k = 0$ により，

$$\forall \varepsilon > 0 \; \exists k_0 \in \mathbb{N} \; \forall k \in \mathbb{N} \; (k \geq k_0$$
$$\Longrightarrow (\langle \boldsymbol{x}_0 - \boldsymbol{x}^\star, T(\boldsymbol{x}_k) - \boldsymbol{x}^\star \rangle \leq \varepsilon) \wedge (\|\boldsymbol{x}_0 - \boldsymbol{x}^\star\|^2 \alpha_k \leq \varepsilon))$$

となります．式 (7.29) を利用すると，任意の $k \geq k_0$ に対して，

$$\|\boldsymbol{x}_{k+1} - \boldsymbol{x}^\star\|^2$$
$$\leq (1 - \alpha_k)\|\boldsymbol{x}_k - \boldsymbol{x}^\star\|^2 + 2\alpha_k(1 - \alpha_k)\varepsilon + \alpha_k\varepsilon$$
$$\leq (1 - \alpha_k)\|\boldsymbol{x}_k - \boldsymbol{x}^\star\|^2 + 3\alpha_k\varepsilon$$
$$= (1 - \alpha_k)\|\boldsymbol{x}_k - \boldsymbol{x}^\star\|^2 + 3\{1 - (1 - \alpha_k)\}\varepsilon$$
$$\leq (1 - \alpha_k) \left[(1 - \alpha_{k-1})\|\boldsymbol{x}_{k-1} - \boldsymbol{x}^\star\|^2 + 3\{1 - (1 - \alpha_{k-1})\}\varepsilon \right]$$
$$\quad + 3\{1 - (1 - \alpha_k)\}\varepsilon$$
$$= (1 - \alpha_k)(1 - \alpha_{k-1})\|\boldsymbol{x}_{k-1} - \boldsymbol{x}^\star\|^2 + 3\{1 - (1 - \alpha_k)(1 - \alpha_{k-1})\}\varepsilon$$

が成立します．よって，

$$\|\boldsymbol{x}_{k+1} - \boldsymbol{x}^\star\|^2 \leq \prod_{j=k_0}^{k}(1 - \alpha_j)\|\boldsymbol{x}_{k_0} - \boldsymbol{x}^\star\|^2 + 3\varepsilon \left(1 - \prod_{j=k_0}^{k}(1 - \alpha_j) \right)$$

が任意の $k \geq k_0$ に対して成り立つので，命題 2.1.8(1), (2)，および，式 (7.26) と同様の議論により，

$$\limsup_{k \to +\infty} \|\boldsymbol{x}_{k+1} - \boldsymbol{x}^\star\|^2 \leq 3\varepsilon$$

が成立します．$\varepsilon \downarrow 0$ をとると，$\limsup_{k \to +\infty} \|\boldsymbol{x}_{k+1} - \boldsymbol{x}^\star\|^2 \leq 0$，つまり，式 (2.18) から，$\boldsymbol{x}_k \to \boldsymbol{x}^\star$ が成立します．

補助定理 A.5.1（付録 A.5 参照）から，任意の $k \in \mathbb{N}$ に対して，

$$\|\boldsymbol{x}_{k+1} - \boldsymbol{x}^\star\|^2 \leq \|\boldsymbol{x}_k - \boldsymbol{x}^\star\|^2 + 2\alpha_k(f_0(\boldsymbol{x}^\star) - f_0(\boldsymbol{x}_k)) + 2M\alpha_k^2$$

を満たすので，上記の不等式を $k = 0$ から $k = K - 1$（$K \geq 1$ は整数）まで足し合わせると，

$$2\sum_{k=0}^{K-1}\alpha_k f_0(\boldsymbol{x}_k) \leq \|\boldsymbol{x}_0 - \boldsymbol{x}^\star\|^2 + 2f_0(\boldsymbol{x}^\star)\sum_{k=0}^{K-1}\alpha_k + 2M\sum_{k=0}^{K-1}\alpha_k^2$$

つまり,

$$\min_{k\in[0:K-1]} f_0(\boldsymbol{x}_k) \leq \frac{\sum_{k=0}^{K-1} \alpha_k f_0(\boldsymbol{x}_k)}{\sum_{k=0}^{K-1} \alpha_k}$$

$$\leq f_0(\boldsymbol{x}^\star) + \frac{2^{-1}\|\boldsymbol{x}_0 - \boldsymbol{x}^\star\|^2 + M\sum_{k=0}^{K-1} \alpha_k^2}{\sum_{k=0}^{K-1} \alpha_k}$$

が成立します. □

7.3 | POCS

$C_i \subset \mathbb{R}^d$ $(i \in [m])$ を空でない閉凸集合とします. Krasnosel'skiĭ–Mann不動点近似法(7.1節)を用いて,

$$\boldsymbol{x}^\star \in \bigcap_{i\in[m]} C_i$$

を見つけるための凸実行可能問題(3.6節, 問題(3.12))を考察します. C_iへの射影P_{C_i}をP_iと書くことにします. $T := P_1 P_2 \cdots P_m$と定数ステップサイズ$\alpha_k = \alpha \in (0,1)$を用いるKrasnosel'skiĭ–Mann不動点近似法

$$\boldsymbol{x}_{k+1} = (1-\alpha)\boldsymbol{x}_k + \alpha P_1 P_2 \cdots P_m(\boldsymbol{x}_k) \quad (k \in \mathbb{N}) \tag{7.31}$$

は$\mathrm{Fix}(T) = \bigcap_{i\in[m]} C_i$の点に収束します(命題3.6.4, 定理7.1.1). 一方で, **POCS** (Projections Onto Convex Sets) と呼ばれる手法

$$\boldsymbol{x}_{k+1} := P_1 P_2 \cdots P_m(\boldsymbol{x}_k) \quad (k \in \mathbb{N}) \tag{7.32}$$

で凸実行可能問題を解くことが可能です. 凸結合を利用するKrasnosel'skiĭ–Mann不動点近似法(7.31)とは対照的に, POCS(7.32)は$T := P_1 P_2 \cdots P_m$におけるBanachの不動点近似法(7.2)と表現することができます. 一般には, Banachの不動点近似法は非拡大写像の不動点を見つけることはできません(図7.1). しかしながら, 次の定理7.3.1に見られるように, 非拡大性よりも強い性質を有するP_iの堅非拡大性(命題2.4.1(2))を利用することで, POCS(7.32)が凸実行可能問題を解決します.

定理7.3.1

$C_i \subset \mathbb{R}^d$ $(i \in [m])$ を空でない閉凸集合とし，$\bigcap_{i \in [m]} C_i \neq \emptyset$ とします．$\boldsymbol{x}_0 \in \mathbb{R}^d$ とすると，式 (7.32) で定義される POCS は $\bigcap_{i \in [m]} C_i$ の点に収束します．さらに，任意の整数 $K \geq 1$ に対して，

$$\|\boldsymbol{x}_K - P_1 P_2 \cdots P_m(\boldsymbol{x}_K)\| \leq \frac{\sqrt{2^{m+1}}\|\boldsymbol{x}_0 - \boldsymbol{x}\|}{\sqrt{K}}$$

を満たします．ただし，$\boldsymbol{x} \in \bigcap_{i \in [m]} C_i$ です．

定理 7.3.1 の証明. $T := P_1 P_2 \cdots P_m$ とします．命題 3.6.4 から，$\bigcap_{i \in [m]} C_i = \mathrm{Fix}(T)$ が成立します．また，P_i の堅非拡大性（命題 2.4.1(2)）から，任意の $\boldsymbol{x}, \boldsymbol{y} \in \mathbb{R}^d$ に対して，

$$\|P_i(\boldsymbol{x}) - P_i(\boldsymbol{y})\|^2 \leq \|\boldsymbol{x} - \boldsymbol{y}\|^2 - \|(\mathrm{Id} - P_i)(\boldsymbol{x}) - (\mathrm{Id} - P_i)(\boldsymbol{y})\|^2$$

が成立します（式 (B.12) 参照）．ここで，$\boldsymbol{x} \in \bigcap_{i \in [m]} C_i = \mathrm{Fix}(T)$ とします．このとき，$P_1(\boldsymbol{x}) = \boldsymbol{x}$，かつ，$P_2 P_3 \cdots P_{m-1} P_m(\boldsymbol{x}) = P_2 P_3 \cdots P_{m-1}(\boldsymbol{x}) = \cdots = P_2(\boldsymbol{x}) = \boldsymbol{x}$ を満たします．また，POCS の定義から，任意の $k \in \mathbb{N}$ に対して，

$$\begin{aligned}
\|\boldsymbol{x}_{k+1} - \boldsymbol{x}\|^2 &= \|P_1(P_2 P_3 \cdots P_m(\boldsymbol{x}_k)) - P_1(P_2 P_3 \cdots P_m(\boldsymbol{x}))\|^2 \\
&\leq \|P_2 P_3 \cdots P_m(\boldsymbol{x}_k) - \boldsymbol{x}\|^2 \\
&\quad - \|(\mathrm{Id} - P_1)(P_2 P_3 \cdots P_m(\boldsymbol{x}_k)) - (\mathrm{Id} - P_1)(\boldsymbol{x})\|^2 \\
&= \|P_2 P_3 \cdots P_m(\boldsymbol{x}_k) - \boldsymbol{x}\|^2 - \|(\mathrm{Id} - P_1)(P_2 P_3 \cdots P_m(\boldsymbol{x}_k))\|^2
\end{aligned}$$

が成立します．同様の議論を P_i $(i = 2, 3, \ldots, m)$ に対して行うと，

$$\begin{aligned}
&\|\boldsymbol{x}_{k+1} - \boldsymbol{x}\|^2 \\
&\leq \|P_3 \cdots P_m(\boldsymbol{x}_k) - \boldsymbol{x}\|^2 - \|(\mathrm{Id} - P_2)(P_3 P_4 \cdots P_m(\boldsymbol{x}_k))\|^2 \\
&\quad - \|(\mathrm{Id} - P_1)(P_2 P_3 \cdots P_m(\boldsymbol{x}_k))\|^2 \\
&\leq \|\boldsymbol{x}_k - \boldsymbol{x}\|^2 - \|(\mathrm{Id} - P_m)(\boldsymbol{x}_k)\|^2 - \|(\mathrm{Id} - P_{m-1})(P_m(\boldsymbol{x}_k))\|^2 \\
&\quad - \cdots - \|(\mathrm{Id} - P_2)(P_3 P_4 \cdots P_m(\boldsymbol{x}_k))\|^2 - \|(\mathrm{Id} - P_1)(P_2 P_3 \cdots P_m(\boldsymbol{x}_k))\|^2 \\
&\leq \|\boldsymbol{x}_k - \boldsymbol{x}\|^2
\end{aligned}$$

が任意の $k \in \mathbb{N}$ に対して成立します．したがって，$(\|\boldsymbol{x}_k - \boldsymbol{x}\|^2)_{k \in \mathbb{N}}$ は下に有界な単調減少数列なので，

$$\lim_{k \to +\infty} \|\boldsymbol{x}_k - \boldsymbol{x}\|^2$$

が存在します（2.1節）．さらに，

$$\|(\mathrm{Id} - P_m)(\boldsymbol{x}_k)\|^2 \leq \|\boldsymbol{x}_k - \boldsymbol{x}\|^2 - \|\boldsymbol{x}_{k+1} - \boldsymbol{x}\|^2$$
$$\|(\mathrm{Id} - P_{m-1})(P_m(\boldsymbol{x}_k))\|^2 \leq \|\boldsymbol{x}_k - \boldsymbol{x}\|^2 - \|\boldsymbol{x}_{k+1} - \boldsymbol{x}\|^2$$
$$\vdots \tag{7.33}$$
$$\|(\mathrm{Id} - P_2)(P_3 P_4 \cdots P_m(\boldsymbol{x}_k))\|^2 \leq \|\boldsymbol{x}_k - \boldsymbol{x}\|^2 - \|\boldsymbol{x}_{k+1} - \boldsymbol{x}\|^2$$
$$\|(\mathrm{Id} - P_1)(P_2 P_3 \cdots P_m(\boldsymbol{x}_k))\|^2 \leq \|\boldsymbol{x}_k - \boldsymbol{x}\|^2 - \|\boldsymbol{x}_{k+1} - \boldsymbol{x}\|^2$$

から，

$$\lim_{k \to +\infty} \|(\mathrm{Id} - P_m)(\boldsymbol{x}_k)\| = 0$$
$$\lim_{k \to +\infty} \|(\mathrm{Id} - P_{m-1})(P_m(\boldsymbol{x}_k))\| = 0$$
$$\vdots$$
$$\lim_{k \to +\infty} \|(\mathrm{Id} - P_2)(P_3 P_4 \cdots P_m(\boldsymbol{x}_k))\| = 0$$
$$\lim_{k \to +\infty} \|(\mathrm{Id} - P_1)(P_2 P_3 \cdots P_m(\boldsymbol{x}_k))\| = 0$$

が成立します．三角不等式 (N3) により，任意の $k \in \mathbb{N}$ に対して，

$$\|\boldsymbol{x}_k - T(\boldsymbol{x}_k)\| \leq \|\boldsymbol{x}_k - P_m(\boldsymbol{x}_k)\| + \|P_m(\boldsymbol{x}_k) - P_{m-1} P_m(\boldsymbol{x}_k)\|$$
$$+ \cdots + \|P_3 P_4 \cdots P_m(\boldsymbol{x}_k) - P_2 P_3 P_4 \cdots P_m(\boldsymbol{x}_k)\|$$
$$+ \|P_2 P_3 \cdots P_m(\boldsymbol{x}_k) - P_1 P_2 P_3 \cdots P_m(\boldsymbol{x}_k)\|$$

を満たすので，

$$\lim_{k \to +\infty} \|\boldsymbol{x}_k - T(\boldsymbol{x}_k)\| = 0 \tag{7.34}$$

が成立します．式 (7.34) を利用した定理 7.1.1 の証明と同様の議論が可能なので（式 (7.12) 参照），$(\boldsymbol{x}_k)_{k \in \mathbb{N}}$ は $\mathrm{Fix}(T) = \bigcap_{i \in [m]} C_i$ のある点に収束します．

式 (7.33) をそれぞれ $k = 0$ から $k = K - 1$（$K \geq 1$ は整数）まで足し合わせ

ると，

$$\sum_{k=0}^{K-1} \|(\mathrm{Id} - P_m)(\boldsymbol{x}_k)\|^2 \leq \|\boldsymbol{x}_0 - \boldsymbol{x}\|^2$$

$$\sum_{k=0}^{K-1} \|(\mathrm{Id} - P_{m-1})(P_m(\boldsymbol{x}_k))\|^2 \leq \|\boldsymbol{x}_0 - \boldsymbol{x}\|^2$$

$$\vdots$$

$$\sum_{k=0}^{K-1} \|(\mathrm{Id} - P_2)(P_3 P_4 \cdots P_m(\boldsymbol{x}_k))\|^2 \leq \|\boldsymbol{x}_0 - \boldsymbol{x}\|^2$$

$$\sum_{k=0}^{K-1} \|(\mathrm{Id} - P_1)(P_2 P_3 \cdots P_m(\boldsymbol{x}_k))\|^2 \leq \|\boldsymbol{x}_0 - \boldsymbol{x}\|^2$$

が成立します．命題 2.1.4 から，任意の $k \in \mathbb{N}$ に対して，

$$\|\boldsymbol{x}_k - T(\boldsymbol{x}_k)\|^2 \leq 2\|\boldsymbol{x}_k - P_m(\boldsymbol{x}_k)\|^2 + 2\|P_m(\boldsymbol{x}_k) - T(\boldsymbol{x}_k)\|^2$$
$$\leq 2\|\boldsymbol{x}_k - P_m(\boldsymbol{x}_k)\|^2 + 2^2\|P_m(\boldsymbol{x}_k) - P_{m-1}P_m(\boldsymbol{x}_k)\|^2$$
$$+ \cdots + 2^m\|P_2 P_3 \cdots P_m(\boldsymbol{x}_k) - T(\boldsymbol{x}_k)\|^2$$

なので，任意の整数 $K \geq 1$ に対して，

$$\sum_{k=0}^{K-1} \|\boldsymbol{x}_k - T(\boldsymbol{x}_k)\|^2 \leq \|\boldsymbol{x}_0 - \boldsymbol{x}\|^2 \sum_{k=1}^{m} 2^k \leq 2^{m+1}\|\boldsymbol{x}_0 - \boldsymbol{x}\|^2$$

が成立します．T の非拡大性（命題 3.6.4）と POCS の定義から，任意の $k \in \mathbb{N}$ に対して $\|\boldsymbol{x}_{k+1} - T(\boldsymbol{x}_{k+1})\| = \|T(\boldsymbol{x}_k) - T(\boldsymbol{x}_{k+1})\| \leq \|\boldsymbol{x}_k - \boldsymbol{x}_{k+1}\| = \|\boldsymbol{x}_k - T(\boldsymbol{x}_k)\|$ なので，

$$K\|\boldsymbol{x}_K - T(\boldsymbol{x}_K)\|^2 \leq K\|\boldsymbol{x}_{K-1} - T(\boldsymbol{x}_{K-1})\|^2 \leq 2^{m+1}\|\boldsymbol{x}_0 - \boldsymbol{x}\|^2$$

すなわち，

$$\|\boldsymbol{x}_K - T(\boldsymbol{x}_K)\| \leq \frac{\sqrt{2^{m+1}}\|\boldsymbol{x}_0 - \boldsymbol{x}\|}{\sqrt{K}}$$

が任意の整数 $K \geq 1$ に対して成立します． $\square$

7.4 不動点近似法の適用例

7.4.1 ● 制約付き平滑凸最適化問題

$f \in C_L^1(\mathbb{R}^d)$ とし，$C \subset \mathbb{R}^d$ を空でない閉凸集合とします．命題 3.6.2 から，$\alpha \in (0, 2/L]$ に対して $T := P_C(\mathrm{Id} - \alpha\nabla f)$ が非拡大写像となるので，Krasnosel'skiĭ–Mann 不動点近似法（アルゴリズム 7.1）

$$\boldsymbol{x}_{k+1} = (1 - \alpha_k)\boldsymbol{x}_k + \alpha_k P_C(\boldsymbol{x}_k - \alpha\nabla f(\boldsymbol{x}_k)) \quad (k \in \mathbb{N})$$

および，Halpern 不動点近似法（アルゴリズム 7.2）

$$\boldsymbol{x}_{k+1} = \alpha_k \boldsymbol{x}_0 + \alpha_k P_C(\boldsymbol{x}_k - \alpha\nabla f(\boldsymbol{x}_k)) \quad (k \in \mathbb{N})$$

は，定理 7.1.1，および，定理 7.2.2 により，

$$\mathrm{Fix}(P_C(\mathrm{Id} - \alpha\nabla f)) = \underset{\boldsymbol{x} \in C}{\mathrm{argmin}}\, f(\boldsymbol{x})$$

の点に収束することが保証されます．両手法とも，射影勾配法（付録 A.3）

$$\boldsymbol{x}_{k+1} = P_C(\boldsymbol{x}_k - \alpha\nabla f(\boldsymbol{x}_k)) \quad (k \in \mathbb{N})$$

に基づいていることがわかります（射影劣勾配法は 6.1 節を参照）．

7.4.2 ● 凸実行可能問題

$C_i \subset \mathbb{R}^d$ $(i \in [m])$ を空でない閉凸集合とし，$\bigcap_{i \in [m]} C_i \neq \emptyset$ とします．7.3 節（命題 3.6.4 参照）で示したように，Krasnosel'skiĭ–Mann 不動点近似法 (7.31) や POCS(7.32)，そして，Halpern 不動点近似法

$$\boldsymbol{x}_{k+1} = \alpha_k \boldsymbol{x}_0 + (1 - \alpha_k)P_1 P_2 \cdots P_m(\boldsymbol{x}_k) \quad (k \in \mathbb{N}) \tag{7.35}$$

は

$$\mathrm{Fix}(P_1 P_2 \cdots P_m) = \bigcap_{i \in [m]} C_i$$

の点に収束します．三つの手法 (7.31)，(7.32)，および，(7.35) の数値実験による挙動の確認については，演習問題とします（演習問題 7.1）．

7.4.3 ● 一般化凸実行可能集合

$C_i \subset \mathbb{R}^d$ $(i \in [m])$ を空でない閉凸集合とします．命題 3.6.5 から，式 (3.14) で定義される一般化凸実行可能集合 C_g は，

$$\mathrm{Fix}\left(P_1 \sum_{i=2}^{m} w_i P_i\right) = C_g$$

のように表現できます．ただし，$(w_i)_{i=2}^{m} \subset (0,1)$ は $\sum_{i=2}^{m} w_i = 1$ を満たすとします．定理 7.1.1，および，定理 7.2.2 から，Krasnosel'skiĭ–Mann 不動点近似法（アルゴリズム 7.1）

$$\boldsymbol{x}_{k+1} = (1 - \alpha_k)\boldsymbol{x}_k + \alpha_k P_1\left(\sum_{i=2}^{m} w_i P_i(\boldsymbol{x}_k)\right) \quad (k \in \mathbb{N}) \tag{7.36}$$

および，Halpern 不動点近似法（アルゴリズム 7.2）

$$\boldsymbol{x}_{k+1} = \alpha_k \boldsymbol{x}_0 + \alpha_k P_1\left(\sum_{i=2}^{m} w_i P_i(\boldsymbol{x}_k)\right) \quad (k \in \mathbb{N}) \tag{7.37}$$

は C_g の点に収束します．手法 (7.36) と 手法 (7.37) の数値実験による挙動の確認については，演習問題とします（演習問題 7.1）．

7.5 | 資源割当問題

送信者 i $(i \in [n])$ とリンク l $(l \in [m])$ からなるネットワークに関する効用最大化問題 (6.50)

効用関数： $U(\boldsymbol{x}) := \sum_{i=1}^{n} u_i(x_i) \longrightarrow$ 最大

リンク制約条件： $\boldsymbol{x} \in C := \bigcap_{l \in [m]} \left\{ \boldsymbol{x} = (x_i) \in \mathbb{R}_+^n : \sum_{i \in S(l)} x_i \leq c_l \right\}$

を考察します．ただし，$u_i \colon \mathbb{R} \to \mathbb{R}$ は式 (6.48) や式 (6.49) で定義される送信者 i の効用関数，c_l $(> 0, l \in [m])$ はリンク l の容量，$S(l)$ はリンク l を利用する送信者の集合とします．6.5 節で考察した射影劣勾配法（6.1 節）や射影近接点法（6.2 節）は，リンク制約集合 C への射影 P_C を利用します．具体的には，

効用最大化問題(6.50)に関する射影劣勾配法（6.1節）

$$\boldsymbol{g}_k \in \partial(-U)(\boldsymbol{x}_k),\ \boldsymbol{x}_{k+1} = P_C(\boldsymbol{x}_k - \alpha_k \boldsymbol{g}_k) \tag{7.38}$$

と射影近接点法（6.2節）

$$\boldsymbol{p}_k = \mathrm{prox}_{\alpha_k(-U)}(\boldsymbol{x}_k),\ \boldsymbol{x}_{k+1} = P_C(\boldsymbol{p}_k) \tag{7.39}$$

は，各反復回数kにおいて射影P_Cを利用します．つまり，射影劣勾配法(6.1節)や射影近接点法（6.2節）を効用最大化問題(6.50)に適用するときは，リンク制約集合Cへの射影が容易に計算できること，言い換えれば，Cの形状が単純であることを前提にします（射影の計算は2.4節参照）．一方で，大規模かつ複雑なネットワーク（nとmが十分大きい場合のネットワーク）でのリンク制約集合Cは複雑な形状（高次元の複雑な凸多面体）をもつことから，射影P_Cの計算は一般には容易ではないでしょう．そのことから，射影P_Cを利用する射影劣勾配法(7.38)や射影近接点法(7.39)を大規模かつ複雑なネットワークに関する効用最大化問題(6.50)へ直接適用することは難しいでしょう．

　大規模かつ複雑なネットワークであっても，リンクlに関するリンク制約集合

$$C_l := \left\{ \boldsymbol{x} = (x_i) \in \mathbb{R}^n \colon \sum_{i \in S(l)} x_i \le c_l \right\} \quad (l \in [m])$$

は$\mathbb{R}^n$の半空間（式(2.37)参照）なので，C_lへの射影$P_l := P_{C_l}\ (l \in [m])$の計算は有限回の代数演算で計算ができます（例2.4.1参照）．また，$\mathbb{R}^n_+$への射影$P_+ := P_{\mathbb{R}^n_+}$は，任意の$\boldsymbol{x} = (x_i) \in \mathbb{R}^n$に対して，

$$P_+(\boldsymbol{x}) = (\max\{x_i, 0\})$$

です．命題3.6.4から，計算可能な写像

$$T := P_+ P_1 P_2 \cdots P_m \tag{7.40}$$

は非拡大写像であり，

$$\mathrm{Fix}(T) = \mathbb{R}^n_+ \cap \bigcap_{l \in [m]} C_l = C$$

を満たします．以上のことから，効用最大化問題(6.50)は，式(7.40)で定義さ

れる非拡大写像 T の不動点集合上の最大化問題

$$\text{効用関数}: \ U(\boldsymbol{x}) := \sum_{i=1}^{n} u_i(x_i) \longrightarrow \ \text{最大} \tag{7.41}$$
$$\text{不動点制約条件}: \ \boldsymbol{x} \in \mathrm{Fix}(T) = C$$

として表現できます.

ここで,射影劣勾配法 (7.38) にある射影 P_C を式 (7.40) で定義される計算可能な非拡大写像 T で置き換えた手法

$$\boldsymbol{g}_k \in \partial(-U)(\boldsymbol{x}_k), \ \boldsymbol{x}_{k+1} = T(\boldsymbol{x}_k - \alpha_k \boldsymbol{g}_k) \tag{7.42}$$

や,射影近接点法 (7.39) にある射影 P_C を式 (7.40) で定義される計算可能な非拡大写像 T で置き換えた手法

$$\boldsymbol{p}_k = \mathrm{prox}_{\alpha_k(-U)}(\boldsymbol{x}_k), \ \boldsymbol{x}_{k+1} = T(\boldsymbol{p}_k) \tag{7.43}$$

を利用することができます.7.1 節で考察したように,式 (7.2) で定義された Banach の不動点近似法 $\boldsymbol{x}_{k+1} = T(\boldsymbol{x}_k)$ は,一般には非拡大写像 T の不動点に収束しないおそれがあるため,凸結合を利用した Krasnosel'skiĭ–Mann 不動点近似法(7.1 節)に基づいた手法

$$\boldsymbol{g}_k \in \partial(-U)(\boldsymbol{x}_k), \ \boldsymbol{x}_{k+1} = \alpha_k \boldsymbol{x}_k + (1 - \alpha_k)T(\boldsymbol{x}_k - \alpha_k \boldsymbol{g}_k) \tag{7.44}$$
$$\boldsymbol{p}_k = \mathrm{prox}_{\alpha_k(-U)}(\boldsymbol{x}_k), \ \boldsymbol{x}_{k+1} = \alpha_k \boldsymbol{x}_k + (1 - \alpha_k)T(\boldsymbol{p}_k) \tag{7.45}$$

や,Halpern 不動点近似法(7.2 節)に基づいた手法

$$\boldsymbol{g}_k \in \partial(-U)(\boldsymbol{x}_k), \ \boldsymbol{x}_{k+1} = \alpha_k \boldsymbol{x}_0 + (1 - \alpha_k)T(\boldsymbol{x}_k - \alpha_k \boldsymbol{g}_k) \tag{7.46}$$
$$\boldsymbol{p}_k = \mathrm{prox}_{\alpha_k(-U)}(\boldsymbol{x}_k), \ \boldsymbol{x}_{k+1} = \alpha_k \boldsymbol{x}_0 + (1 - \alpha_k)T(\boldsymbol{p}_k) \tag{7.47}$$

を利用します.実際に,四つの手法 (7.44)–(7.47) は,式 (7.40) で定義される非拡大写像 T の不動点集合上の最大化問題 (7.41) の最適解に収束することが保証されます[*3].以上のことから,非拡大写像の不動点近似法やそれに基づいた手法は,複雑な制約条件下での最適化を可能にすることがわかります.

[*3] 詳細は例えば,文献 [47, 48, 55, 56] を参照.

Halpern不動点近似法の拡張と加速

7.2 節で紹介したように,Halpern 不動点近似法（アルゴリズム 7.2, 式 (A.31)）

$$\boldsymbol{x}_{k+1} = T(\boldsymbol{x}_k) - \alpha_k \nabla f_0(T(\boldsymbol{x}_k)) \tag{7.48}$$

は,不動点集合 $\mathrm{Fix}(T)$ 上で平滑凸関数 $f_0(\boldsymbol{x}) := (1/2)\|\boldsymbol{x} - \boldsymbol{x}_0\|^2$ を最小化します.一般の平滑凸関数 $f: \mathbb{R}^d \to \mathbb{R}$ を不動点集合 $\mathrm{Fix}(T)$ 上で最適化する手法

$$\boldsymbol{x}_{k+1} = \underbrace{T(\boldsymbol{x}_k)}_{\boldsymbol{y}_k} - \alpha_k \nabla f(\underbrace{T(\boldsymbol{x}_k)}_{\boldsymbol{y}_k}) \tag{7.49}$$

は,信号処理等の分野で幅広く適用される有用な手法です [31].手法 (7.49) は,$\boldsymbol{y}_k := T(\boldsymbol{x}_k)$ と最急降下法（5.1 節）を合わせることで定義されるため,**ハイブリッド最急降下法** (the hybrid steepest descent method) と呼ばれます.$f = f_0$ での手法 (7.49) が Halpern 不動点近似法 (7.48) と一致するので,手法 (7.49) は Halpern 不動点近似法 (7.48) の拡張手法となります.ここで,最急降下法の加速法である共役勾配法（5.5 節）を取り入れた手法

$$\begin{aligned}\boldsymbol{d}_k &= -\nabla f(T(\boldsymbol{x}_k)) + \beta_k \boldsymbol{d}_{k-1} \\ \boldsymbol{x}_{k+1} &= T(\boldsymbol{x}_k) + \alpha_k \boldsymbol{d}_k\end{aligned} \tag{7.50}$$

を定義できます.$\beta_k = 0$ のときの手法 (7.50) はハイブリッド最急降下法 (7.49) と一致します.また,条件 $\lim_{k\to+\infty} \beta_k = 0$ を満たす $(\beta_k)_{k\in\mathbb{N}}$ を利用する手法 (7.50) は高速収束性を有します [42, 43].一方,本来の共役勾配法で利用されるパラメータ β_k の公式 (5.45) を利用する手法 (7.50) は,最適解に収束しない可能性があります [43, Proposition 3.2].そのため,高速収束性を有する公式 (5.45) に基づいたハイブリッド共役勾配法の提案は今後の課題の一つといえます.

演習問題

7.1 $B_i = B(\boldsymbol{c}_i; r_i)$ $(i \in \{1,2,3,4\})$ を,$\mathbb{R}^2$ 上の中心 $\boldsymbol{c}_i \in \mathbb{R}^2$,半径 $r_i > 0$ の閉球とし,B_i への射影を P_i（例 2.4.1 参照）とします.$\bigcap_{i=1}^4 B_i \neq \emptyset$ の場合で,手法 (7.31) の挙動をコンピュータを用いて確認しなさい.また,$\bigcap_{i=1}^4 B_i = \emptyset$ の場合,手法 (7.36) がどのような挙動を示すか,$w_i = 1/3$ $(i \in \{2,3,4\})$ として確認しなさい.

8章

8 章

平滑非凸最適化のための
深層学習最適化法

　本章では，まず，深層学習に現れる平滑非凸最適化問題である損失最小化問題を解決するための深層学習最適化法について考察します．次に，5.1 節，5.2 節で扱った平滑非凸目的関数の停留点を見つけるための最急降下法に基づいた，確率的勾配降下法を定義します．平滑非凸目的関数の全勾配を利用する最急降下法とは対照的に，確率的勾配降下法は部分的な勾配である確率的勾配を点列の更新で利用します．確率的勾配を定義するためのミニバッチサイズは，深層学習最適化法の性能を左右するパラメータです（なお，全勾配を構成する関数の総数をフルバッチサイズ，部分的な勾配を構成する関数の数をミニバッチサイズと呼びます）．さらに，確率的勾配降下法に基づいた深層学習最適化法である，モーメンタム法と適応手法を定義します．特に，適応手法の一つである Adam (Adaptive Moment Estimation) を中心に，適切なパラメータとミニバッチサイズの設定について議論します．

8.1 損失最小化問題

データ領域 Z 内のデータ $z \in \mathbb{R}$ とニューラルネットワークのパラメータ $\boldsymbol{x} \in \mathbb{R}^d$ が与えられたとき，機械学習モデルから正解データとの誤差を表す微分可能な非凸損失関数 $\ell(\boldsymbol{x}; z)$ が得られるとします．Z 上の確率分布を $\mathcal{D}$ とするとき，**期待損失最小化問題** (expected risk minimization problem)

$$\text{目的関数：} f(\boldsymbol{x}) := \mathbb{E}_{z \sim \mathcal{D}}[\ell(\boldsymbol{x}; z)] \longrightarrow \text{最小}$$
$$\text{条件：} \boldsymbol{x} \in \mathbb{R}^d \tag{8.1}$$

の最適解を見つけることを考察します．ただし，$z \sim \mathcal{D}$ は，確率変数 z が確率分布 $\mathcal{D}$ に従うことを表し，$\mathbb{E}_{z \sim \mathcal{D}}[\cdot]$ は確率変数 z に関する期待値とします．問題 (8.1) は，正解データとニューラルネットワークの出力の誤差を最小にするような最適なパラメータ $\boldsymbol{x}^\star$ を見つける問題です．よって，ニューラルネットワークの訓練の方法の一つとして，問題 (8.1) の最適解を見つけることが挙げられます．例えば，訓練集合 $S := (z_1, z_2, \ldots, z_n)$ が事前に与えられたとき，問題 (8.1) は**経験損失最小化問題** (empirical risk minimization problem)

$$\text{目的関数：} f(\boldsymbol{x}; S) = \frac{1}{n} \sum_{i=1}^{n} \ell(\boldsymbol{x}; z_i) = \frac{1}{n} \sum_{i=1}^{n} \ell_i(\boldsymbol{x}) \longrightarrow \text{最小}$$
$$\text{条件：} \boldsymbol{x} \in \mathbb{R}^d \tag{8.2}$$

のように表現できます．ただし，$\ell_i(\cdot) := \ell(\cdot; z_i)$ は i 番目の訓練データ z_i に関する損失関数とします．

8.2 節–8.5 節で，問題 (8.1) を解くための**深層学習最適化法** (deep learning optimizers) を解説しますが，その特徴は，次の条件 (C1)–(C4) を満たす（期待もしくは経験）損失関数 f の $\boldsymbol{x} \in \mathbb{R}^d$ における**確率的勾配** (stochastic gradient) $\mathsf{G}_\xi(\boldsymbol{x})$ を利用することです．ただし，確率変数 $\xi \sim \mathcal{D}$ と $\boldsymbol{x}$ は独立とします．例えば，問題 (8.2) では，確率変数 ξ は訓練集合の添字集合 $[n] = \{1, 2, \ldots, n\}$ から無作為に選ばれた集合の要素です．

(C1) [損失関数の微分可能性] 問題 (8.1) で定義される関数 $f: \mathbb{R}^d \to \mathbb{R}$ は連続的微分可能です（つまり，$f \in C^1(\mathbb{R}^d)$）．

(C2) [確率的勾配の不偏性] 深層学習最適化法で生成される点列を

$(\boldsymbol{x}_k)_{k\in\mathbb{N}} \subset \mathbb{R}^d$ とすると，任意の $k \in \mathbb{N}$ に対して，

$$\mathbb{E}_{\xi_k}[\mathsf{G}_{\xi_k}(\boldsymbol{x}_k)] = \nabla f(\boldsymbol{x}_k)$$

が成立します．ただし，$\xi_0,\xi_1,\ldots$ は独立標本とし，確率変数 ξ_k と $(\boldsymbol{x}_l)_{l=0}^k$ は独立とします．また，$\mathbb{E}_{\xi_k}[\cdot]$ は ξ_k に関する期待値です．

(C3) [確率的勾配の分散] ある非負実数 σ^2 が存在して，任意の $k \in \mathbb{N}$ に対して，

$$\mathbb{E}_{\xi_k}\left[\|\mathsf{G}_{\xi_k}(\boldsymbol{x}_k) - \nabla f(\boldsymbol{x}_k)\|^2\right] \le \sigma^2$$

とします．この σ^2 は確率的勾配 $\mathsf{G}_{\xi_k}(\boldsymbol{x}_k)$ の分散の上界を表します．

(C4) [ミニバッチ確率的勾配の計算] 各反復回数 k に対して，深層学習最適化法は大きさ（**ミニバッチサイズ**と呼びます）b のミニバッチ B_k を用いて全勾配 ∇f を

$$\nabla f_{B_k}(\boldsymbol{x}_k) := \frac{1}{b}\sum_{i=1}^b \mathsf{G}_{\xi_{k,i}}(\boldsymbol{x}_k)$$

によって推定します．ただし，$\xi_{k,i}$ は反復回数 k での i 番目の標本により生成される確率変数とします．

以下では，確率変数 ξ に関する期待値 $\mathbb{E}_\xi[\cdot]$ を $\mathbb{E}[\cdot]$ と表すことにします．深層学習に現れる問題 (8.1) の損失関数 $\ell(\boldsymbol{x}; z)$ や問題 (8.2) の損失関数 ℓ_i は必ずしも凸関数ではないことから，全体の目的関数 f についての凸性は保証されません．そのことから，本章では，条件 (C1) について考察します．条件 (C2) は各反復回数 k で得られる f の確率的勾配 G_{ξ_k} の平均が全勾配 ∇f と一致すること（確率的勾配の不偏性）を意味し，条件 (C3) は確率的勾配 G_{ξ_k} と全勾配 ∇f の二乗ノルムの意味での差の期待値（確率的勾配の分散）が σ^2 以下であることを意味しています．条件 (C4) はミニバッチ B_k により得られる確率的勾配の平均を各反復回数 k において計算可能であることを示しています．経験損失最小化問題 (8.2) での (C4) のミニバッチ B_k は，任意の $k \in \mathbb{N}$ に対して，$B_k \subset [n]$ を満たし，ミニバッチ確率的勾配は，

$$\nabla f_{B_k}(\boldsymbol{x}_k) = \frac{1}{b}\sum_{i=1}^b \nabla\ell_{\xi_{k,i}}(\boldsymbol{x}_k) \tag{8.3}$$

のように表現できます．条件 (C1)–(C4) から，

$$\mathbb{E}\left[\nabla f_{B_k}(\boldsymbol{x}_k)|\boldsymbol{x}_k\right] = \nabla f(\boldsymbol{x}_k),\ \mathbb{E}\left[\|\nabla f_{B_k}(\boldsymbol{x}_k) - \nabla f(\boldsymbol{x}_k)\|^2|\boldsymbol{x}_k\right] \le \frac{\sigma^2}{b} \tag{8.4}$$

が成立します（演習問題8.1）．ただし，$\mathbb{E}[\boldsymbol{x}|\boldsymbol{\theta}]$ は条件 $\boldsymbol{\theta}$ のもとでの $\boldsymbol{x}$ の期待値とします．経験損失最小化問題 (8.2) において，$\sigma^2 = 0$ ならば，式 (8.3) と式 (8.4) から，

$$b = n, \ \nabla f_{B_k}(\boldsymbol{x}_k) = \frac{1}{n} \sum_{i=1}^{n} \nabla \ell_i(\boldsymbol{x}_k) = \nabla f(\boldsymbol{x}_k) \tag{8.5}$$

つまり，深層学習最適化法は各反復回数 k において $\boldsymbol{x}_k$ での全勾配 $\nabla f(\boldsymbol{x}_k)$ を利用できます．この状況下での問題 (8.2) については，5章で紹介した平滑非凸目的関数 f の停留点を見つけるための反復法を適用することができます．しかしながら，全訓練データ数 n（フルバッチサイズ）を利用する深層学習最適化法（つまり，5章で紹介した最急降下法などの反復法）の利用は計算量の観点から困難な場合があります（詳細は8.6節を参照）．そのため，ミニバッチサイズ b の事前設定は，ステップサイズ α_k（機械学習分野では学習率とも呼びます）の設定と同様，深層学習最適化法の性能を決める重要な要因となります（詳細は8.6節，8.7節を参照）．

8.2 | 確率的勾配降下法（Lipschitz連続勾配）

(S1)　【任意初期点】$\boldsymbol{x}_0 \in \mathbb{R}^d$

(S2)　【ステップサイズ等】

　(S2.1)　【ステップサイズ】$\alpha_k > 0 \ (k \in \mathbb{N})$

　(S2.2)　【ミニバッチサイズ】$b > 0$

(S3)　【探索方向】$\boldsymbol{d}_k := -\nabla f_{B_k}(\boldsymbol{x}_k) \ (k \in \mathbb{N})$

を用いた勾配法 (4.2) である**確率的勾配降下法** (stochastic gradient descent; SGD)

$$\boldsymbol{x}_{k+1} = \boldsymbol{x}_k + \alpha_k \boldsymbol{d}_k = \boldsymbol{x}_k - \alpha_k \nabla f_{B_k}(\boldsymbol{x}_k)$$
$$= \boldsymbol{x}_k - \frac{\alpha_k}{b} \sum_{i=1}^{b} \mathsf{G}_{\xi_{k,i}}(\boldsymbol{x}_k) \ (k \in \mathbb{N}) \tag{8.6}$$

について考察します．設定 (S3) の探索方向 $\boldsymbol{d}_k := -\nabla f_{B_k}(\boldsymbol{x}_k)$ は，式 (8.4)

と全確率の公式から，$\nabla f(\boldsymbol{x}_k) \neq \boldsymbol{0}$ $(k \in \mathbb{N})$ のとき，

$$\mathbb{E}[\langle \nabla f(\boldsymbol{x}_k), \boldsymbol{d}_k \rangle] = \mathbb{E}[\mathbb{E}[\langle \nabla f(\boldsymbol{x}_k), \boldsymbol{d}_k \rangle | \boldsymbol{x}_k]] = \mathbb{E}[\langle \nabla f(\boldsymbol{x}_k), \mathbb{E}[\boldsymbol{d}_k | \boldsymbol{x}_k] \rangle]$$
$$= \mathbb{E}[\langle \nabla f(\boldsymbol{x}_k), -\nabla f(\boldsymbol{x}_k) \rangle] = -\mathbb{E}\left[\|\nabla f(\boldsymbol{x}_k)\|^2\right] < 0$$

つまり，期待値の意味で，探索方向 $\boldsymbol{d}_k := -\nabla f_{B_k}(\boldsymbol{x}_k)$ は f の降下方向となります．

設定 (S2.1) が定数または減少ステップサイズのときの確率的勾配降下法をアルゴリズム 8.1 に示します．深層学習最適化法のコンピュータへの適用に関しては，十分小さい $\varepsilon > 0$ を事前に設定し，例えば，

$$\|\nabla f(\boldsymbol{x}_{k+1})\| \leq \varepsilon, \quad \text{もしくは,} f(\boldsymbol{x}_{k+1}) \leq \varepsilon \tag{8.7}$$

といった条件が満たされたとき，アルゴリズムを停止します．式 (8.7) の ∇f や f の計算が困難な場合は，例えば，あるエポック数（経験損失最小化問題式 (8.2) では，1 エポックとは，ミニバッチサイズが b のとき，全ての訓練データ数 n の情報を使ったときの反復回数 $T := n/b$ のことをいいます）を超えたときアルゴリズムを停止します．

アルゴリズム 8.1 ■ 定数または減少ステップサイズを利用した確率的勾配降下法

Require: $(\alpha_k)_{k \in \mathbb{N}} \subset \mathbb{R}_{++}, b > 0, \boldsymbol{x}_0 \in \mathbb{R}^d$ （ステップサイズ，ミニバッチサイズ，初期点の設定）

Ensure: $\boldsymbol{x}_K$ （停止条件を満たすベクトル）

1: $k \leftarrow 0$
2: **repeat**
3: $\quad \boldsymbol{d}_k := -\nabla f_{B_k}(\boldsymbol{x}_k) = -b^{-1} \sum_{i=1}^{b} \mathsf{G}_{\xi_{k,i}}(\boldsymbol{x}_k)$
4: $\quad \boldsymbol{x}_{k+1} := \boldsymbol{x}_k + \alpha_k \boldsymbol{d}_k$
5: $\quad k \leftarrow k + 1$
6: **until** 停止条件 (8.7) を満たす

本節では，勾配が Lipschitz 連続となる目的関数 f の停留点問題を考察します．ステップサイズに関する確率的勾配降下法の収束率を表 8.1 にまとめます．収束率の指標は

$$\mathbb{E}\left[\|\nabla f(\boldsymbol{x}_{K'})\|^2\right] = \min_{k \in [0:K-1]} \mathbb{E}\left[\|\nabla f(\boldsymbol{x}_k)\|^2\right] \leq \frac{1}{K} \sum_{k=0}^{K-1} \mathbb{E}\left[\|\nabla f(\boldsymbol{x}_k)\|^2\right] \tag{8.8}$$

とします（式 (4.27) 参照）. 表 8.1 は，定数ステップサイズを利用する確率的勾配降下法の指標 (8.8) の上界が $K^{-1} + \sigma^2 b^{-1}$ の定数倍であることを示しています. また，減少ステップサイズを利用する確率的勾配降下法の収束率が $1/K^{1-a}$ のオーダー（ただし，$a \in (1/2, 1)$）となることを示しています. 特に，どのステップサイズにおいても，ミニバッチサイズ b を大きくすることができれば，上界をより小さくすることが可能です. よって，大きいミニバッチサイズ b を設定することが，確率的勾配降下法の性能を向上させるうえで望ましいといえます.

表 8.1 ■ 問題 (8.1) の局所的最適解を見つけるための確率的勾配降下法（Lipschitz 連続勾配の場合）. 確率的勾配降下法はミニバッチサイズ b を大きくすることができれば，指標 (8.8) の上界が小さくなる. また，分散の上界 σ^2 が 0 のとき確率的勾配降下法の収束率が最急降下法の収束率と一致する（ただし，$a \in (1/2, 1)$, $K \geq 1$).

ステップサイズ	収束率（$\sigma^2 > 0$）	収束率（$\sigma^2 = 0$）
定数 $(\alpha = O(L^{-1}))$	定理 8.2.1 $O\left(\dfrac{1}{K} + \dfrac{\sigma^2}{b}\right)$	定理 5.1.1 $O\left(\dfrac{1}{K}\right)$
減少 $(\alpha_k = (k+1)^{-a})$	定理 8.2.2 $O\left(\left(1 + \dfrac{\sigma^2}{b}\right)\dfrac{1}{K^{1-a}}\right)$	定理 5.1.2 $O\left(\dfrac{1}{K^{1-a}}\right)$

経験損失最小化問題 (8.2) において，条件 (C3) にある分散の上界 σ^2 が 0 のときを考察します. 式 (8.5) から，確率的勾配降下法は

$$x_{k+1} = x_k - \alpha_k \nabla f_{B_k}(x_k) = x_k - \alpha_k \nabla f(x_k) \tag{8.9}$$

を満たします. つまり，$\sigma^2 = 0$ のときの確率的勾配降下法はフルバッチサイズ n を利用した（つまり，全勾配 $\nabla f := (1/n)\sum_{i=1}^{n} \nabla \ell_i$ を利用した）最急降下法（5.1 節）と一致します. 本節の定理において，$\sigma^2 = 0$ とすると，5.1 節で示した最急降下法の収束率と一致することもわかります.

本節の定理を示すために，次の補助定理 8.2.1 を証明します. 今後は，特に断りがない限り，確率変数に関する関係（等式や不等式）はほとんど至るところで成り立つとします.

補助定理8.2.1

問題 (8.1) の $f \in C_L^1(\mathbb{R}^d)$ は $\mathbb{R}^d$ で下に有界であるとし，∇f の Lipschitz 定数を $L > 0$ とします．確率的勾配降下法で生成される点列を $(\boldsymbol{x}_k)_{k \in \mathbb{N}}$ とします．このとき，任意の整数 $K \geq 1$ に対して，

$$\sum_{k=0}^{K-1} \alpha_k \left(1 - \frac{L\alpha_k}{2}\right) \mathbb{E}\left[\|\nabla f(\boldsymbol{x}_k)\|^2\right] \leq \mathbb{E}\left[f(\boldsymbol{x}_0) - f_\star\right] + \frac{L\sigma^2}{2b} \sum_{k=0}^{K-1} \alpha_k^2$$

が成立します．ただし，$f_\star$ は f の有限な下限値です．

補助定理 8.2.1 の証明. ∇f の L–Lipschitz 連続性と命題 2.2.3 の式 (2.23) から，任意の $k \in \mathbb{N}$ に対して，

$$f(\boldsymbol{x}_{k+1}) \leq f(\boldsymbol{x}_k) + \langle \boldsymbol{x}_{k+1} - \boldsymbol{x}_k, \nabla f(\boldsymbol{x}_k) \rangle + \frac{L}{2}\|\boldsymbol{x}_{k+1} - \boldsymbol{x}_k\|^2$$

が成立します．式 (8.6) から，$\boldsymbol{x}_{k+1} - \boldsymbol{x}_k = -\alpha_k \nabla f_{B_k}(\boldsymbol{x}_k)$ なので，

$$f(\boldsymbol{x}_{k+1}) \leq f(\boldsymbol{x}_k) - \alpha_k \langle \nabla f_{B_k}(\boldsymbol{x}_k), \nabla f(\boldsymbol{x}_k) \rangle + \frac{L\alpha_k^2}{2}\|\nabla f_{B_k}(\boldsymbol{x}_k)\|^2 \quad (8.10)$$

が任意の $k \in \mathbb{N}$ に対して成立します．一方で，式 (8.4) から，

$$\begin{aligned}
\mathbb{E}[\langle \nabla f_{B_k}(\boldsymbol{x}_k), \nabla f(\boldsymbol{x}_k) \rangle | \boldsymbol{x}_k] &= \langle \mathbb{E}[\nabla f_{B_k}(\boldsymbol{x}_k) | \boldsymbol{x}_k], \nabla f(\boldsymbol{x}_k) \rangle \\
&= \langle \nabla f(\boldsymbol{x}_k), \nabla f(\boldsymbol{x}_k) \rangle \\
&= \|\nabla f(\boldsymbol{x}_k)\|^2
\end{aligned}$$

であり，命題 2.1.1 と式 (8.4) から，

$$\begin{aligned}
&\mathbb{E}\left[\|\nabla f_{B_k}(\boldsymbol{x}_k)\|^2 | \boldsymbol{x}_k\right] \\
&= \mathbb{E}\left[\|\nabla f_{B_k}(\boldsymbol{x}_k) - \nabla f(\boldsymbol{x}_k) + \nabla f(\boldsymbol{x}_k)\|^2 | \boldsymbol{x}_k\right] \\
&= \mathbb{E}\left[\|\nabla f_{B_k}(\boldsymbol{x}_k) - \nabla f(\boldsymbol{x}_k)\|^2 | \boldsymbol{x}_k\right] \\
&\quad + 2\mathbb{E}\left[\langle \nabla f_{B_k}(\boldsymbol{x}_k) - \nabla f(\boldsymbol{x}_k), \nabla f(\boldsymbol{x}_k) \rangle | \boldsymbol{x}_k\right] + \mathbb{E}\left[\|\nabla f(\boldsymbol{x}_k)\|^2 | \boldsymbol{x}_k\right] \quad (8.11) \\
&= \mathbb{E}\left[\|\nabla f_{B_k}(\boldsymbol{x}_k) - \nabla f(\boldsymbol{x}_k)\|^2 | \boldsymbol{x}_k\right] \\
&\quad + 2\left\langle \mathbb{E}\left[\nabla f_{B_k}(\boldsymbol{x}_k) | \boldsymbol{x}_k\right] - \nabla f(\boldsymbol{x}_k), \nabla f(\boldsymbol{x}_k) \right\rangle + \|\nabla f(\boldsymbol{x}_k)\|^2 \\
&\leq \frac{\sigma^2}{b} + \|\nabla f(\boldsymbol{x}_k)\|^2
\end{aligned}$$

が任意の $k \in \mathbb{N}$ に対して成立します．よって，$\boldsymbol{x}_{k+1}$ と $\nabla f_{B_k}(\boldsymbol{x}_k)$ が確率変数 $\xi_k = (\xi_{k,1}, \xi_{k,2}, \ldots, \xi_{k,b})$ に依存すること（アルゴリズム 8.1 参照）に注意して，ξ_k に関して $\boldsymbol{x}_k$ の条件下で式 (8.10) の期待値をとると，

$$\mathbb{E}[f(\boldsymbol{x}_{k+1})|\boldsymbol{x}_k] \leq f(\boldsymbol{x}_k) - \alpha_k \mathbb{E}[\langle \nabla f_{B_k}(\boldsymbol{x}_k), \nabla f(\boldsymbol{x}_k)\rangle|\boldsymbol{x}_k]$$
$$+ \frac{L\alpha_k^2}{2}\mathbb{E}\left[\|\nabla f_{B_k}(\boldsymbol{x}_k)\|^2\big|\boldsymbol{x}_k\right]$$
$$\leq f(\boldsymbol{x}_k) - \alpha_k\|\nabla f(\boldsymbol{x}_k)\|^2 + \frac{L\alpha_k^2}{2}\left(\frac{\sigma^2}{b} + \|\nabla f(\boldsymbol{x}_k)\|^2\right)$$
$$= f(\boldsymbol{x}_k) + \left(\frac{L\alpha_k}{2} - 1\right)\alpha_k\|\nabla f(\boldsymbol{x}_k)\|^2 + \frac{L\sigma^2\alpha_k^2}{2b}$$

が任意の $k \in \mathbb{N}$ に対して成立します．上記の不等式の全期待値をとると，

$$\mathbb{E}[f(\boldsymbol{x}_{k+1})] \leq \mathbb{E}[f(\boldsymbol{x}_k)] + \left(\frac{L\alpha_k}{2} - 1\right)\alpha_k\mathbb{E}\left[\|\nabla f(\boldsymbol{x}_k)\|^2\right] + \frac{L\sigma^2\alpha_k^2}{2b}$$

が任意の $k \in \mathbb{N}$ に対して成立します．上記の不等式を $k = 0$ から $k = K - 1$（$K \geq 1$ は整数）まで足し合わせると，

$$\sum_{k=0}^{K-1}\left(1 - \frac{L\alpha_k}{2}\right)\alpha_k\mathbb{E}\left[\|\nabla f(\boldsymbol{x}_k)\|^2\right] \leq \mathbb{E}[f(\boldsymbol{x}_0) - f(\boldsymbol{x}_K)] + \frac{L\sigma^2}{2b}\sum_{k=0}^{K-1}\alpha_k^2$$

を満たします．f は下に有界なので，f の有限な下限値 $f_\star$ が存在します．よって，任意の整数 $K \geq 1$ に対して，

$$\sum_{k=0}^{K-1}\left(1 - \frac{L\alpha_k}{2}\right)\alpha_k\mathbb{E}\left[\|\nabla f(\boldsymbol{x}_k)\|^2\right] \leq \mathbb{E}[f(\boldsymbol{x}_0) - f_\star] + \frac{L\sigma^2}{2b}\sum_{k=0}^{K-1}\alpha_k^2$$

となります． □

　定数ステップサイズを利用した確率的勾配降下法の収束解析は，次の定理 8.2.1 のとおりです．

定理 8.2.1 定数ステップサイズを利用した確率的勾配降下法の
収束解析

問題 (8.1) の $f \in C_L^1(\mathbb{R}^d)$ は $\mathbb{R}^d$ で下に有界であるとし，∇f の
Lipschitz 定数を $L > 0$ とします．定数ステップサイズ α が，

$$\alpha \in \left(0, \frac{2}{L}\right)$$

を満たすならば，確率的勾配降下法（アルゴリズム 8.1）で生成される
点列 $(\boldsymbol{x}_k)_{k \in \mathbb{N}}$ は，任意の整数 $K \geq 1$ に対して，

$$\min_{k \in [0:K-1]} \mathbb{E}\left[\|\nabla f(\boldsymbol{x}_k)\|^2\right]$$
$$\leq \frac{1}{K} \sum_{k=0}^{K-1} \mathbb{E}\left[\|\nabla f(\boldsymbol{x}_k)\|^2\right] \leq \frac{2\mathbb{E}\left[f(\boldsymbol{x}_0) - f_\star\right]}{(2 - L\alpha)\alpha K} + \frac{L\sigma^2\alpha}{(2 - L\alpha)b}$$

を満たします．ただし，$f_\star$ は f の有限な下限値です．

定理 8.2.1 の証明． 補助定理 8.2.1 から，任意の整数 $K \geq 1$ に対して，

$$\alpha\left(1 - \frac{L\alpha}{2}\right)\sum_{k=0}^{K-1}\mathbb{E}\left[\|\nabla f(\boldsymbol{x}_k)\|^2\right] \leq \mathbb{E}\left[f(\boldsymbol{x}_0) - f_\star\right] + \frac{L\sigma^2\alpha^2 K}{2b} \quad (8.12)$$

が成立します．

$$0 < \alpha < \frac{2}{L}$$

なので，

$$0 < 2 - L\alpha$$

です．したがって，式 (8.12) と式 (8.8) から，

$$\min_{k \in [0:K-1]} \mathbb{E}\left[\|\nabla f(\boldsymbol{x}_k)\|^2\right] \leq \frac{1}{K}\sum_{k=0}^{K-1}\mathbb{E}\left[\|\nabla f(\boldsymbol{x}_k)\|^2\right]$$
$$\leq \frac{2\mathbb{E}\left[f(\boldsymbol{x}_0) - f_\star\right]}{(2 - L\alpha)\alpha}\frac{1}{K} + \frac{L\sigma^2\alpha}{2 - L\alpha}\frac{1}{b}$$

が成立します． □

　減少ステップサイズを利用した確率的勾配降下法の収束解析は，次の定理 8.2.2 のとおりです．

定理 8.2.2　減少ステップサイズを利用した確率的勾配降下法の大域的収束性

　問題 (8.1) の $f \in C_L^1(\mathbb{R}^d)$ は $\mathbb{R}^d$ で下に有界であるとし，∇f の Lipschitz 定数を $L > 0$ とします．ステップサイズの数列 $(\alpha_k)_{k \in \mathbb{N}}$ が，

$$\sum_{k=0}^{+\infty} \alpha_k = +\infty, \quad \sum_{k=0}^{+\infty} \alpha_k^2 < +\infty \tag{8.13}$$

を満たすならば，確率的勾配降下法（アルゴリズム 8.1）で生成される点列 $(\boldsymbol{x}_k)_{k \in \mathbb{N}}$ は，

$$\liminf_{k \to +\infty} \mathbb{E}[\|\nabla f(\boldsymbol{x}_k)\|] = 0$$

を満たします．また，0 に収束する単調減少数列 $(\alpha_k)_{k \in \mathbb{N}} \subset (0, 1)$ を有する確率的勾配降下法（アルゴリズム 8.1）で生成される点列 $(\boldsymbol{x}_k)_{k \in \mathbb{N}}$ は，任意の整数 $K \geq 1$ に対して，

$$\min_{k \in [0:K-1]} \mathbb{E}\left[\|\nabla f(\boldsymbol{x}_k)\|^2\right] \leq \frac{1}{K} \sum_{k=0}^{K-1} \mathbb{E}\left[\|\nabla f(\boldsymbol{x}_k)\|^2\right]$$

$$\leq \left\{ \frac{2(\mathbb{E}[f(\boldsymbol{x}_0) - f_\star] + L\sum_{k=0}^{k_0-1} \alpha_k^2 \mathbb{E}[\|\nabla f(\boldsymbol{x}_k)\|^2])}{2 - L\alpha_{k_0}} \right.$$
$$\left. + \sum_{k=0}^{k_0-1} \mathbb{E}\left[\|\nabla f(\boldsymbol{x}_k)\|^2\right] + \frac{L\sigma^2 \sum_{k=0}^{K-1} \alpha_k^2}{(2 - L\alpha_{k_0})b} \right\} \frac{1}{K\alpha_{K-1}}$$

を満たします．ただし，$k_0 \geq 1$ は K に依存しない番号であり，$f_\star$ は f の有限な下限値です．

$a \in (1/2, 1]$ に対して，単調減少ステップサイズを

$$\alpha_k := \frac{1}{(k+1)^a}$$

とすると，式 (8.13) を満たすので，定理 8.2.2 から，確率的勾配降下法は下極限の意味で大域的収束（4.6 節の (G3)）が保証されます．式 (7.20)，つまり，

$$\sum_{k=0}^{K-1} \frac{1}{(k+1)^{2a}} \leq 1 + \int_0^{K-1} \frac{\mathrm{d}t}{(t+1)^{2a}} \leq \begin{cases} \dfrac{1}{1-2a} K^{1-2a} & \left(0 < a < \dfrac{1}{2}\right) \\[2ex] 1 + \log K & \left(a = \dfrac{1}{2}\right) \\[2ex] \dfrac{2a}{2a-1} & \left(\dfrac{1}{2} < a \leq 1\right) \end{cases}$$

から，

$$\min_{k \in [0:K-1]} \mathbb{E}\left[\|\nabla f(\boldsymbol{x}_k)\|^2\right] \leq \begin{cases} O\left(\dfrac{1}{K^a}\right) & \left(0 < a < \dfrac{1}{2}\right) \\[2ex] O\left(\dfrac{\log K}{\sqrt{K}}\right) & \left(a = \dfrac{1}{2}\right) \\[2ex] O\left(\dfrac{1}{K^{1-a}}\right) & \left(\dfrac{1}{2} < a \leq 1\right) \end{cases}$$

となります.

定理 8.2.2 の証明. $(\alpha_k)_{k\in\mathbb{N}}$ は 0 に収束するので，ある番号 k_0 が存在して，任意の $k \in \mathbb{N}$ に対して，$k \geq k_0$ ならば

$$\alpha_k < \frac{2}{L}$$

を満たします．補助定理 8.2.1 から，任意の整数 $K \geq k_0 + 1$ に対して，

$$\sum_{k=k_0}^{K-1} \alpha_k \left(1 - \frac{L\alpha_k}{2}\right) \mathbb{E}\left[\|\nabla f(\boldsymbol{x}_k)\|^2\right]$$

$$\leq \mathbb{E}\left[f(\boldsymbol{x}_0) - f_\star\right] + \frac{L\sigma^2}{2b}\sum_{k=0}^{K-1} \alpha_k^2 - \sum_{k=0}^{k_0-1} \alpha_k \left(1 - \frac{L\alpha_k}{2}\right) \mathbb{E}\left[\|\nabla f(\boldsymbol{x}_k)\|^2\right]$$

$$\tag{8.14}$$

が成立します．ここで，$\sum_{k=0}^{+\infty} \alpha_k = +\infty$ と $\sum_{k=0}^{+\infty} \alpha_k^2 < +\infty$ から，

$$\sum_{k=k_0}^{+\infty} \alpha_k \left(1 - \frac{L\alpha_k}{2}\right) = +\infty$$

なので，式 (8.14) と命題 4.3.1 から，

$$\liminf_{k \to +\infty} \mathbb{E}\left[\|\nabla f(\boldsymbol{x}_k)\|^2\right] = 0$$

が得られます.また,$\| \cdot \|^2$ の凸性から,

$$0 \leq \liminf_{k \to +\infty} \left(\mathbb{E} \left[\| \nabla f(\boldsymbol{x}_k) \| \right] \right)^2 \leq \liminf_{k \to +\infty} \mathbb{E} \left[\| \nabla f(\boldsymbol{x}_k) \|^2 \right] = 0$$

により,

$$\liminf_{k \to +\infty} \mathbb{E} \left[\| \nabla f(\boldsymbol{x}_k) \| \right] = 0$$

が成立します.

次に,式 (8.14) と $(\alpha_k)_{k \in \mathbb{N}} \subset (0,1)$ が単調減少数列であることから,

$$\alpha_{K-1} \left(1 - \frac{L\alpha_{k_0}}{2} \right) \sum_{k=k_0}^{K-1} \mathbb{E} \left[\| \nabla f(\boldsymbol{x}_k) \|^2 \right]$$

$$\leq \mathbb{E} \left[f(\boldsymbol{x}_0) - f_\star \right] + \frac{L\sigma^2}{2b} \sum_{k=0}^{K-1} \alpha_k^2 + \sum_{k=0}^{k_0-1} \alpha_k \left(\frac{L\alpha_k}{2} - 1 \right) \mathbb{E} \left[\| \nabla f(\boldsymbol{x}_k) \|^2 \right]$$

$$\leq \mathbb{E} \left[f(\boldsymbol{x}_0) - f_\star \right] + \frac{L\sigma^2}{2b} \sum_{k=0}^{K-1} \alpha_k^2 + \sum_{k=0}^{k_0-1} L\alpha_k^2 \mathbb{E} \left[\| \nabla f(\boldsymbol{x}_k) \|^2 \right]$$

なので,

$$\sum_{k=k_0}^{K-1} \mathbb{E} \left[\| \nabla f(\boldsymbol{x}_k) \|^2 \right] \leq \frac{2 \left(\mathbb{E} \left[f(\boldsymbol{x}_0) - f_\star \right] + \sum_{k=0}^{k_0-1} L\alpha_k^2 \mathbb{E} \left[\| \nabla f(\boldsymbol{x}_k) \|^2 \right] \right)}{(2 - L\alpha_{k_0})\alpha_{K-1}}$$

$$+ \frac{L\sigma^2}{b(2 - L\alpha_{k_0})\alpha_{K-1}} \sum_{k=0}^{K-1} \alpha_k^2$$

が成立します.よって,$\alpha_{K-1} < 1$ に注意して,式 (8.8) から,

$$\min_{k \in [0:K-1]} \mathbb{E} \left[\| \nabla f(\boldsymbol{x}_k) \|^2 \right] \leq \frac{1}{K} \sum_{k=0}^{K-1} \mathbb{E} \left[\| \nabla f(\boldsymbol{x}_k) \|^2 \right]$$

$$\leq \frac{2 \left(\mathbb{E} \left[f(\boldsymbol{x}_0) - f_\star \right] + \sum_{k=0}^{k_0-1} L\alpha_k^2 \mathbb{E} \left[\| \nabla f(\boldsymbol{x}_k) \|^2 \right] \right)}{(2 - L\alpha_{k_0})K\alpha_{K-1}}$$

$$+ \frac{\sum_{k=0}^{k_0-1} \mathbb{E} \left[\| \nabla f(\boldsymbol{x}_k) \|^2 \right]}{K\alpha_{K-1}} + \frac{L\sigma^2}{b(2 - L\alpha_{k_0})K\alpha_{K-1}} \sum_{k=0}^{K-1} \alpha_k^2$$

を満たします. □

8.3 確率的勾配降下法（非Lipschitz連続勾配）

本節では，連続的微分可能な目的関数 f に関する期待損失最小化問題 (8.1) を考察します．

表 8.2 ■ $f \in C^1(\mathbb{R}^d)$ の停留点を見つけるための確率的勾配降下法（非 Lipschitz 連続勾配の場合）．収束性の指標は $V_k := \mathbb{E}[\langle \nabla f(\boldsymbol{x}_k), \boldsymbol{x}_k - \boldsymbol{x} \rangle]$，収束率は式 (8.15) の指標に関する収束率であり，収束性については $a \in (1/2, 1]$，収束率については $a \in [1/2, 1)$ とする（ただし，$K \geq 1$）．

ステップ	収束性	収束率 $(\sigma^2 > 0)$	収束率 $(\sigma^2 = 0)$
定数 $(\alpha > 0)$	定理 8.3.1 $\displaystyle\lim_{k \to +\infty} V_k \leq O\left(\left(1 + \frac{\sigma^2}{b}\right)\alpha\right)$	定理 8.3.1 $O\left(\dfrac{1}{K}\right)$ $+ O\left(\left(1 + \dfrac{\sigma^2}{b}\right)\alpha\right)$	定理 5.2.1 $O\left(\dfrac{1}{K} + \alpha\right)$
減少 $(\alpha_k = (k+1)^{-a})$	定理 8.3.2 $\displaystyle\lim_{k \to +\infty} V_k \leq 0$	定理 8.3.2 $O\left(\dfrac{1 + \sigma^2 b^{-1}}{K^{\min\{a, 1-a\}}}\right)$	定理 5.2.2 $O\left(\dfrac{1}{K^{\min\{a, 1-a\}}}\right)$

本節で示す定理の結果を表 8.2 にまとめます．減少ステップサイズの利用では，$V_k(\boldsymbol{x}) = V_k := \mathbb{E}[\langle \nabla f(\boldsymbol{x}_k), \boldsymbol{x}_k - \boldsymbol{x} \rangle]$ $(\boldsymbol{x} \in \mathbb{R}^d, k \in \mathbb{N})$ の指標の意味で大域的収束します（4.6 節の (G4)）．定数ステップサイズの利用では，大域的収束の保証はありませんが，$\underline{\lim} V_k$ の上界が定数ステップサイズ α の定数倍であることが保証されます．よって，小さい定数ステップサイズ（例えば，$\alpha = 10^{-2}, 10^{-3}$）の設定が望ましいことが示唆されます．さらに，8.2 節（表 8.1）の議論とは異なり，Lipschitz 連続勾配 ∇f の Lipschitz 定数 L に依存することなく定数ステップサイズ α を自由に設定することができます．深層学習に現れる（期待および経験）損失最小化では，損失関数 f の勾配 ∇f が Lipschitz 連続であったとしても，その Lipschitz 定数 L を事前に計算することは容易ではありません[*1]．そのことから，Lipschitz 定数 L に依存しないス

[*1] 深層ニューラルネットワークに現れる損失最小化において，Lipschitz 定数 L を計算することは NP 困難です [17]．

テップサイズを利用することは深層学習を考察するうえでより現実的でしょ
う（Lipschitz定数Lの計算可能性は5.2節も参照）．アルゴリズムの停留点問
題に関する指標は

$$\frac{1}{K}\sum_{k=0}^{K-1}\mathbb{E}\left[\langle \nabla f(\boldsymbol{x}_k), \boldsymbol{x}_k - \boldsymbol{x}\rangle\right] \tag{8.15}$$

です（式(4.29)参照）．8.2節（表8.1）の結果と同様にして，ミニバッチサイ
ズbを大きくとることができれば，指標(8.15)の上界を小さくすることができ
ます（指標(8.15)の評価に関する定数ステップサイズの設定（$\alpha = 10^{-2}, 10^{-3}$
といった適度に小さいステップサイズの設定）は，式(5.12)にある議論と定
理8.3.1を参照）．

経験損失最小化問題(8.2)において，条件 (C3) にある分散の上界σ^2が0の
ときを考察します．式(8.9)から，$\sigma^2 = 0$のときの確率的勾配降下法はフル
バッチサイズnを利用した（つまり，全勾配$\nabla f := (1/n)\sum_{i=1}^{n}\nabla \ell_i$を利用し
た）最急降下法（5.2節）と一致します．本節の定理において，$\sigma^2 = 0$とする
と，5.2節で示した最急降下法の収束率と一致することもわかります．

次の補助定理8.3.1を用いて，本節の定理を示します．

補助定理8.3.1

$f \in C^1(\mathbb{R}^d)$ とします．確率的勾配降下法（アルゴリズム8.1）で生成さ
れる点列を $(\boldsymbol{x}_k)_{k\in\mathbb{N}}$ とします．このとき，任意の $\boldsymbol{x} \in \mathbb{R}^d$ と任意の整数
$K \geq 1$に対して，

$$\sum_{k=0}^{K-1}\alpha_k\mathbb{E}\left[\langle \nabla f(\boldsymbol{x}_k), \boldsymbol{x}_k - \boldsymbol{x}\rangle\right] \leq \frac{1}{2}\sum_{k=0}^{K-1}\alpha_k^2\left(\frac{\sigma^2}{b} + \mathbb{E}\left[\|\nabla f(\boldsymbol{x}_k)\|^2\right]\right)$$
$$+ \frac{1}{2}\mathbb{E}\left[\|\boldsymbol{x}_0 - \boldsymbol{x}\|^2\right]$$

および，

$$\frac{1}{K}\sum_{k=0}^{K-1}\mathbb{E}\left[\langle \nabla f(\boldsymbol{x}_k), \boldsymbol{x}_k - \boldsymbol{x}\rangle\right] \leq \frac{1}{K}\sum_{k=0}^{K-1}\frac{\mathbb{E}\left[\|\boldsymbol{x}_k - \boldsymbol{x}\|^2\right] - \mathbb{E}\left[\|\boldsymbol{x}_{k+1} - \boldsymbol{x}\|^2\right]}{2\alpha_k}$$
$$+ \frac{1}{K}\sum_{k=0}^{K-1}\frac{\alpha_k}{2}\left(\frac{\sigma^2}{b} + \mathbb{E}\left[\|\nabla f(\boldsymbol{x}_k)\|^2\right]\right)$$

が成立します．

補助定理 8.3.1 の証明. 確率的勾配降下法の定義 (8.6) と命題 2.1.1 から，任意の $k \in \mathbb{N}$ に対して，

$$\|\boldsymbol{x}_{k+1} - \boldsymbol{x}\|^2$$
$$= \|(\boldsymbol{x}_k - \boldsymbol{x}) - \alpha_k \nabla f_{B_k}(\boldsymbol{x}_k)\|^2 \tag{8.16}$$
$$= \|\boldsymbol{x}_k - \boldsymbol{x}\|^2 - 2\alpha_k \langle \boldsymbol{x}_k - \boldsymbol{x}, \nabla f_{B_k}(\boldsymbol{x}_k)\rangle + \alpha_k^2 \|\nabla f_{B_k}(\boldsymbol{x}_k)\|^2$$

が成立します．また，式 (8.4) から，

$$\mathbb{E}[\langle \boldsymbol{x}_k - \boldsymbol{x}, \nabla f_{B_k}(\boldsymbol{x}_k)\rangle | \boldsymbol{x}_k] = \langle \boldsymbol{x}_k - \boldsymbol{x}, \mathbb{E}[\nabla f_{B_k}(\boldsymbol{x}_k)|\boldsymbol{x}_k]\rangle$$
$$= \langle \boldsymbol{x}_k - \boldsymbol{x}, \nabla f(\boldsymbol{x}_k)\rangle$$

を満たします．式 (8.11) を用い，$\boldsymbol{x}_{k+1}$ と $\nabla f_{B_k}(\boldsymbol{x}_k)$ が確率変数 $\xi_k = (\xi_{k,1}, \xi_{k,2}, \ldots, \xi_{k,b})$ に依存すること（アルゴリズム 8.1 参照）に注意して，ξ_k に関して式 (8.16) の条件付き期待値をとると，

$$\mathbb{E}\left[\|\boldsymbol{x}_{k+1} - \boldsymbol{x}\|^2 \big| \boldsymbol{x}_k\right]$$
$$\leq \|\boldsymbol{x}_k - \boldsymbol{x}\|^2 - 2\alpha_k \langle \boldsymbol{x}_k - \boldsymbol{x}, \nabla f(\boldsymbol{x}_k)\rangle + \alpha_k^2 \left(\frac{\sigma^2}{b} + \|\nabla f(\boldsymbol{x}_k)\|^2\right)$$

つまり，

$$\mathbb{E}\left[\|\boldsymbol{x}_{k+1} - \boldsymbol{x}\|^2\right] \leq \mathbb{E}\left[\|\boldsymbol{x}_k - \boldsymbol{x}\|^2\right] - 2\alpha_k \mathbb{E}\left[\langle \boldsymbol{x}_k - \boldsymbol{x}, \nabla f(\boldsymbol{x}_k)\rangle\right]$$
$$+ \alpha_k^2 \left(\frac{\sigma^2}{b} + \mathbb{E}\left[\|\nabla f(\boldsymbol{x}_k)\|^2\right]\right) \tag{8.17}$$

が任意の $k \in \mathbb{N}$ に対して成立します．よって，

$$\alpha_k \mathbb{E}\left[\langle \boldsymbol{x}_k - \boldsymbol{x}, \nabla f(\boldsymbol{x}_k)\rangle\right] \leq \frac{1}{2}\left(\mathbb{E}\left[\|\boldsymbol{x}_k - \boldsymbol{x}\|^2\right] - \mathbb{E}\left[\|\boldsymbol{x}_{k+1} - \boldsymbol{x}\|^2\right]\right)$$
$$+ \frac{\alpha_k^2}{2}\left(\frac{\sigma^2}{b} + \mathbb{E}\left[\|\nabla f(\boldsymbol{x}_k)\|^2\right]\right)$$

$$\mathbb{E}\left[\langle \boldsymbol{x}_k - \boldsymbol{x}, \nabla f(\boldsymbol{x}_k)\rangle\right] \leq \frac{1}{2\alpha_k}\left(\mathbb{E}\left[\|\boldsymbol{x}_k - \boldsymbol{x}\|^2\right] - \mathbb{E}\left[\|\boldsymbol{x}_{k+1} - \boldsymbol{x}\|^2\right]\right)$$
$$+ \frac{\alpha_k}{2}\left(\frac{\sigma^2}{b} + \mathbb{E}\left[\|\nabla f(\boldsymbol{x}_k)\|^2\right]\right)$$

が成立します．以上のことから，任意の $K \geq 1$ に対して，

$$\sum_{k=0}^{K-1} \alpha_k \mathbb{E}\left[\langle \boldsymbol{x}_k - \boldsymbol{x}, \nabla f(\boldsymbol{x}_k)\rangle\right] \leq \frac{1}{2}\mathbb{E}\left[\|\boldsymbol{x}_0 - \boldsymbol{x}\|^2\right]$$

$$+ \frac{1}{2} \sum_{k=0}^{K-1} \alpha_k^2 \left(\frac{\sigma^2}{b} + \mathbb{E}\left[\|\nabla f(\boldsymbol{x}_k)\|^2\right] \right)$$

および,

$$\frac{1}{K} \sum_{k=0}^{K-1} \mathbb{E}\left[\langle \boldsymbol{x}_k - \boldsymbol{x}, \nabla f(\boldsymbol{x}_k)\rangle\right] \leq \frac{1}{K} \sum_{k=0}^{K-1} \frac{\mathbb{E}\left[\|\boldsymbol{x}_k - \boldsymbol{x}\|^2\right] - \mathbb{E}\left[\|\boldsymbol{x}_{k+1} - \boldsymbol{x}\|^2\right]}{2\alpha_k}$$

$$+ \frac{1}{K} \sum_{k=0}^{K-1} \frac{\alpha_k}{2} \left(\frac{\sigma^2}{b} + \mathbb{E}\left[\|\nabla f(\boldsymbol{x}_k)\|^2\right] \right)$$

が成立します. □

定数ステップサイズを利用した確率的勾配降下法の収束解析は，次の定理 8.3.1 のとおりです．

定理 8.3.1 定数ステップサイズを利用した確率的勾配降下法の収束解析

$f \in C^1(\mathbb{R}^d)$ とします. 定数ステップサイズ $\alpha > 0$ を利用した確率的勾配降下法（アルゴリズム 8.1）で生成される点列 $(\boldsymbol{x}_k)_{k\in\mathbb{N}}$ を考察します. ある $G > 0$ が存在して, 任意の $k \in \mathbb{N}$ に対して, $\|\nabla f(\boldsymbol{x}_k)\|^2 \leq G^2$ を満たすものとします[*2]. このとき, 任意の $\boldsymbol{x} \in \mathbb{R}^d$ に対して,

$$\liminf_{k\to+\infty} \mathbb{E}\left[\langle \nabla f(\boldsymbol{x}_k), \boldsymbol{x}_k - \boldsymbol{x}\rangle\right] \leq \frac{1}{2}\left(\frac{\sigma^2}{b} + G^2\right)\alpha$$

および, 任意の $\boldsymbol{x} \in \mathbb{R}^d$ と任意の整数 $K \geq 1$ に対して,

$$\frac{1}{K}\sum_{k=0}^{K-1} \mathbb{E}\left[\langle \nabla f(\boldsymbol{x}_k), \boldsymbol{x}_k - \boldsymbol{x}\rangle\right] \leq \frac{\mathbb{E}\left[\|\boldsymbol{x}_0 - \boldsymbol{x}\|^2\right]}{2\alpha K} + \frac{1}{2}\left(\frac{\sigma^2}{b} + G^2\right)\alpha$$

を満たします.

定理 8.3.1 の証明. ある番号 $k_0 \in \mathbb{N}$ が存在して, $\nabla f(\boldsymbol{x}_{k_0}) = \boldsymbol{0}$ とすると, $\boldsymbol{x}_{k_0}$ が局所的最適解となります. そこで以下では, 任意の $k \in \mathbb{N}$ に対して,

---

[*2] 定理 5.2.1 を参照.

$\nabla f(\boldsymbol{x}_k) \neq \boldsymbol{0}$ となる場合を考えます．任意の $\varepsilon > 0$ と任意の $\boldsymbol{x} \in \mathbb{R}^d$ に対して，

$$\liminf_{k \to +\infty} \mathbb{E}\left[\langle \boldsymbol{x}_k - \boldsymbol{x}, \nabla f(\boldsymbol{x}_k) \rangle\right] \leq \frac{1}{2}\left(\frac{\sigma^2}{b} + G^2\right)\alpha + \varepsilon \tag{8.18}$$

であることを，背理法を用いて証明します．いま，式 (8.18) が成立しない，すなわち，ある $\varepsilon_0 > 0$ とある $\bar{\boldsymbol{x}} \in \mathbb{R}^d$ が存在して，

$$\liminf_{k \to +\infty} \mathbb{E}\left[\langle \boldsymbol{x}_k - \bar{\boldsymbol{x}}, \nabla f(\boldsymbol{x}_k) \rangle\right] > \frac{1}{2}\left(\frac{\sigma^2}{b} + G^2\right)\alpha + \varepsilon_0 \tag{8.19}$$

が成り立つと仮定します．下極限の性質（命題 2.1.7）から，ある番号 k_1 が存在して，任意の $k \geq k_1$ に対して，

$$\liminf_{k \to +\infty} \mathbb{E}\left[\langle \boldsymbol{x}_k - \bar{\boldsymbol{x}}, \nabla f(\boldsymbol{x}_k) \rangle\right] - \frac{\varepsilon_0}{2} \leq \mathbb{E}\left[\langle \boldsymbol{x}_k - \bar{\boldsymbol{x}}, \nabla f(\boldsymbol{x}_k) \rangle\right]$$

を満たすので，式 (8.19) から，任意の $k \geq k_1$ に対して，

$$\mathbb{E}\left[\langle \boldsymbol{x}_k - \bar{\boldsymbol{x}}, \nabla f(\boldsymbol{x}_k) \rangle\right] > \frac{1}{2}\left(\frac{\sigma^2}{b} + G^2\right)\alpha + \frac{\varepsilon_0}{2}$$

が成立します．定数ステップサイズ $\alpha_k := \alpha$，G の定義，および，式 (8.17) から，任意の $k \geq k_1$ に対して，

$$\begin{aligned}
\mathbb{E}\left[\|\boldsymbol{x}_{k+1} - \bar{\boldsymbol{x}}\|^2\right] &\leq \mathbb{E}\left[\|\boldsymbol{x}_k - \bar{\boldsymbol{x}}\|^2\right] - 2\alpha\mathbb{E}\left[\langle \boldsymbol{x}_k - \bar{\boldsymbol{x}}, \nabla f(\boldsymbol{x}_k) \rangle\right] \\
&\quad + \alpha^2\left(\frac{\sigma^2}{b} + G^2\right) \\
&< \mathbb{E}\left[\|\boldsymbol{x}_k - \bar{\boldsymbol{x}}\|^2\right] - 2\alpha\left\{\frac{1}{2}\left(\frac{\sigma^2}{b} + G^2\right)\alpha + \frac{\varepsilon_0}{2}\right\} \\
&\quad + \alpha^2\left(\frac{\sigma^2}{b} + G^2\right) \\
&= \mathbb{E}\left[\|\boldsymbol{x}_k - \bar{\boldsymbol{x}}\|^2\right] - \alpha\varepsilon_0
\end{aligned}$$

なので，

$$0 \leq \mathbb{E}\left[\|\boldsymbol{x}_{k+1} - \bar{\boldsymbol{x}}\|^2\right] < \mathbb{E}\left[\|\boldsymbol{x}_{k_1} - \bar{\boldsymbol{x}}\|^2\right] - \alpha\varepsilon_0(k + 1 - k_1) \tag{8.20}$$

が任意の $k \geq k_1$ に対して成立します．k を発散させると，式 (8.20) の右辺は $-\infty$ に達するため，式 (8.19) により矛盾が生じます．よって，式 (8.18) が成り立つことになります．$\varepsilon > 0$ は任意なので，式 (8.18) は

$$\liminf_{k \to +\infty} \mathbb{E}\left[\langle \boldsymbol{x}_k - \boldsymbol{x}, \nabla f(\boldsymbol{x}_k) \rangle\right] \leq \frac{1}{2} \left(\frac{\sigma^2}{b} + G^2 \right) \alpha$$

を導きます. 定数ステップサイズ $\alpha_k := \alpha$, G の定義, および, 補助定理 8.3.1 から,

$$\frac{1}{K} \sum_{k=0}^{K-1} \mathbb{E}\left[\langle \boldsymbol{x}_k - \boldsymbol{x}, \nabla f(\boldsymbol{x}_k) \rangle\right]$$

$$\leq \frac{1}{2\alpha K} \sum_{k=0}^{K-1} \left(\mathbb{E}\left[\|\boldsymbol{x}_k - \boldsymbol{x}\|^2\right] - \mathbb{E}\left[\|\boldsymbol{x}_{k+1} - \boldsymbol{x}\|^2\right] \right) + \frac{1}{2} \left(\frac{\sigma^2}{b} + G^2 \right) \alpha$$

$$= \frac{1}{2\alpha K} \left(\mathbb{E}\left[\|\boldsymbol{x}_0 - \boldsymbol{x}\|^2\right] - \mathbb{E}\left[\|\boldsymbol{x}_K - \boldsymbol{x}\|^2\right] \right) + \frac{1}{2} \left(\frac{\sigma^2}{b} + G^2 \right) \alpha$$

$$\leq \frac{\mathbb{E}\left[\|\boldsymbol{x}_0 - \boldsymbol{x}\|^2\right]}{2\alpha K} + \frac{1}{2} \left(\frac{\sigma^2}{b} + G^2 \right) \alpha$$

が任意の $\boldsymbol{x} \in \mathbb{R}^d$ と任意の整数 $K \geq 1$ に対して成立します. □

減少ステップサイズを利用した確率的勾配降下法の収束解析は, 次の定理 8.3.2 のとおりです.

定理 8.3.2 **減少ステップサイズを利用した確率的勾配降下法の大域的収束性**

$f \in C^1(\mathbb{R}^d)$ とします.

$$\sum_{k=0}^{+\infty} \alpha_k = +\infty, \quad \sum_{k=0}^{+\infty} \alpha_k^2 < +\infty$$

を満たす減少ステップサイズの数列 $(\alpha_k)_{k \in \mathbb{N}}$ を利用した確率的勾配降下法 (アルゴリズム 8.1) で生成される点列 $(\boldsymbol{x}_k)_{k \in \mathbb{N}}$ を考察します. ある $G > 0$ が存在して, 任意の $k \in \mathbb{N}$ に対して, $\|\nabla f(\boldsymbol{x}_k)\|^2 \leq G^2$ を満たすものとします. このとき, 任意の $\boldsymbol{x} \in \mathbb{R}^d$ に対して,

$$\liminf_{k \to +\infty} \mathbb{E}\left[\langle \nabla f(\boldsymbol{x}_k), \boldsymbol{x}_k - \boldsymbol{x} \rangle\right] \leq 0$$

が成立します. また, $(\alpha_k)_{k \in \mathbb{N}}$ が単調減少のとき, 任意の $\boldsymbol{x} \in \mathbb{R}^d$ と任意の整数 $K \geq 1$ に対して,

$$\frac{1}{K}\sum_{k=0}^{K-1}\mathbb{E}\left[\langle\nabla f(\boldsymbol{x}_k),\boldsymbol{x}_k-\boldsymbol{x}\rangle\right]\leq\frac{\text{Dist}(\boldsymbol{x})}{2K\alpha_{K-1}}+\frac{1}{2}\left(\frac{\sigma^2}{b}+G^2\right)\frac{1}{K}\sum_{k=0}^{K-1}\alpha_k$$

を満たします．ただし，$\text{Dist}(\boldsymbol{x}):=\sup\{\mathbb{E}[\|\boldsymbol{x}_k-\boldsymbol{x}\|^2]\colon k\in\mathbb{N}\}>0$ とします[*3].

$a>0$ に対して，ステップサイズを

$$\alpha_k:=\frac{1}{(k+1)^a}$$

と定義します．$a\in(1/2,1]$ のとき，定理 8.3.2から，確率的勾配降下法は下極限の意味で大域的収束します（4.6 節の (G4)）．一方で，$a\in[1/2,1)$ のとき，式 (5.18) を得る過程と同様の議論から，

$$\frac{1}{K}\sum_{k=0}^{K-1}\mathbb{E}\left[\langle\nabla f(\boldsymbol{x}_k),\boldsymbol{x}_k-\boldsymbol{x}\rangle\right]\leq\frac{\text{Dist}(\boldsymbol{x})}{2}\frac{1}{K^{1-a}}+\frac{1}{2(1-a)}\left(\frac{\sigma^2}{b}+G^2\right)\frac{1}{K^a}$$

つまり，

$$\frac{1}{K}\sum_{k=0}^{K-1}\mathbb{E}\left[\langle\boldsymbol{x}_k-\boldsymbol{x},\nabla f(\boldsymbol{x}_k)\rangle\right]\leq O\left(\left(1+\frac{\sigma^2}{b}\right)\frac{1}{K^{\min\{a,1-a\}}}\right)$$

となります．$a=1/2$，すなわち，

$$\alpha_k=\frac{1}{\sqrt{k+1}}$$

のとき，$\min\{a,1-a\}$ が最大値 $1/2$ に達するので，平均評価の収束率の意味で最も良いステップサイズのとり方であると考えられます．このとき，確率的勾配降下法は

$$\frac{1}{K}\sum_{k=0}^{K-1}\mathbb{E}\left[\langle\nabla f(\boldsymbol{x}_k),\boldsymbol{x}_k-\boldsymbol{x}\rangle\right]\leq O\left(\left(1+\frac{\sigma^2}{b}\right)\frac{1}{\sqrt{K}}\right)$$

の収束率を有することが保証されます．

定理 8.3.2 の証明. 補助定理 8.3.1と G の定義から，任意の $\boldsymbol{x}\in\mathbb{R}^d$ と任意の

---

*3 定理 5.2.2 を参照.

整数 $K \geq 1$ に対して，

$$\sum_{k=0}^{K-1} \alpha_k \mathbb{E}\left[\langle \boldsymbol{x}_k - \boldsymbol{x}, \nabla f(\boldsymbol{x}_k)\rangle\right] \leq \frac{1}{2}\mathbb{E}\left[\|\boldsymbol{x}_0 - \boldsymbol{x}\|^2\right] + \frac{1}{2}\left(\frac{\sigma^2}{b} + G^2\right)\sum_{k=0}^{K-1} \alpha_k^2$$

が成り立つので，$\sum_{k=0}^{+\infty} \alpha_k^2 < +\infty$ から，

$$\sum_{k=0}^{+\infty} \alpha_k \mathbb{E}\left[\langle \boldsymbol{x}_k - \boldsymbol{x}, \nabla f(\boldsymbol{x}_k)\rangle\right] \leq \frac{1}{2}\mathbb{E}\left[\|\boldsymbol{x}_0 - \boldsymbol{x}\|^2\right] + \frac{1}{2}\left(\frac{\sigma^2}{b} + G^2\right)\sum_{k=0}^{+\infty} \alpha_k^2$$

$$< +\infty$$

を満たします．さらに，$\sum_{k=0}^{+\infty} \alpha_k = +\infty$ と命題 4.3.1 から，

$$\liminf_{k \to +\infty} \mathbb{E}\left[\langle \boldsymbol{x}_k - \boldsymbol{x}, \nabla f(\boldsymbol{x}_k)\rangle\right] \leq 0$$

となります．また，補助定理 8.3.1 と G の定義から，任意の $\boldsymbol{x} \in \mathbb{R}^d$ と任意の整数 $K \geq 1$ に対して，

$$\frac{1}{K}\sum_{k=0}^{K-1} \mathbb{E}\left[\langle \boldsymbol{x}_k - \boldsymbol{x}, \nabla f(\boldsymbol{x}_k)\rangle\right]$$

$$\leq \frac{1}{2K}\underbrace{\sum_{k=0}^{K-1} \frac{1}{\alpha_k}\left(\mathbb{E}\left[\|\boldsymbol{x}_k - \boldsymbol{x}\|^2\right] - \mathbb{E}\left[\|\boldsymbol{x}_{k+1} - \boldsymbol{x}\|^2\right]\right)}_{X_K(\boldsymbol{x})} + \frac{1}{2K}\left(\frac{\sigma^2}{b} + G^2\right)\sum_{k=0}^{K-1} \alpha_k$$

が成立します．ここで，定理 5.2.2 の証明と同様の議論から，

$$X_K(\boldsymbol{x}) \leq \frac{\mathrm{Dist}(\boldsymbol{x})}{\alpha_{K-1}}$$

となります．よって，任意の $\boldsymbol{x} \in \mathbb{R}^d$ と任意の整数 $K \geq 1$ に対して，

$$\frac{1}{K}\sum_{k=0}^{K-1} \mathbb{E}\left[\langle \boldsymbol{x}_k - \boldsymbol{x}, \nabla f(\boldsymbol{x}_k)\rangle\right] \leq \frac{\mathrm{Dist}(\boldsymbol{x})}{2K\alpha_{K-1}} + \frac{1}{2K}\left(\frac{\sigma^2}{b} + G^2\right)\sum_{k=0}^{K-1} \alpha_k$$

が成立します． □

8.4 モーメンタム法

確率的勾配降下法（8.2節, 8.3節）に基づいた深層学習最適化法の一つに, **モーメンタム法**(momentum methods)があります. モーメンタム法は, 確率的勾配降下法の反復回数kでの逆探索方向$\nabla f_{B_k}(\boldsymbol{x}_k)$と反復回数$k-1$での探索方向$\boldsymbol{m}_{k-1}$の情報を取り入れて, 探索方向$\boldsymbol{m}_k$を決定します. 例えば, **モーメンタム項付き確率的勾配降下法**(SGD with momentum) は,

$$
\begin{aligned}
\boldsymbol{m}_k &:= \nabla f_{B_k}(\boldsymbol{x}_k) + \beta_1 \boldsymbol{m}_{k-1} \\
\boldsymbol{x}_{k+1} &:= \boldsymbol{x}_k - \alpha_k \boldsymbol{m}_k
\end{aligned}
\tag{8.21}
$$

として定義されます. ただし, $\boldsymbol{m}_{-1} = \boldsymbol{0}$, $\boldsymbol{x}_0 \in \mathbb{R}^d$ とし, $\alpha_k > 0$, $\beta_1 \in [0,1)$ とします. $\beta_1 = 0$ でのモーメンタム項付き確率的勾配降下法(8.21)は, 確率的勾配降下法（8.2節, 8.3節）と一致します. 共役勾配法（5.5節）

$$
\begin{aligned}
\boldsymbol{d}_k &:= \nabla f_{B_k}(\boldsymbol{x}_k) - \beta_k \boldsymbol{d}_{k-1} \\
\boldsymbol{x}_{k+1} &= \boldsymbol{x}_k - \alpha_k \boldsymbol{d}_k
\end{aligned}
\tag{8.22}
$$

とモーメンタム項付き確率的勾配降下法(8.21)を比べるとわずかに異なること（βの符号の違い）がわかります.

Nesterov モーメンタム(Nesterov momentum) は,

$$
\begin{aligned}
\boldsymbol{m}_k &:= \nabla f_{B_k}(\boldsymbol{x}_k) + \beta_1 \boldsymbol{m}_{k-1} \\
\boldsymbol{x}_{k+1} &:= \boldsymbol{x}_k - \alpha_k \nabla f_{B_k}(\boldsymbol{x}_k) - \alpha_k \beta_1 \boldsymbol{m}_k
\end{aligned}
\tag{8.23}
$$

として定義されます. ただし, $\boldsymbol{m}_{-1} = \boldsymbol{0}$, $\boldsymbol{x}_0 \in \mathbb{R}^d$ とし, $\alpha_k > 0$, $\beta_1 \in [0,1)$ とします. $\beta_1 = 0$ での Nesterov モーメンタム(8.23)は, 確率的勾配降下法（8.2節, 8.3節）と一致します.

8.5 適応手法（非 Lipschitz 連続勾配）

確率的勾配降下法（8.2 節，8.3 節）やモーメンタム法 （8.4 節）は，共通して，

$$
\begin{pmatrix} x_{k+1,1} \\ x_{k+1,2} \\ \vdots \\ x_{k+1,d} \end{pmatrix} = \boldsymbol{x}_k + \alpha_k \boldsymbol{d}_k = \begin{pmatrix} x_{k,1} \\ x_{k,2} \\ \vdots \\ x_{k,d} \end{pmatrix} + \alpha_k \begin{pmatrix} d_{k,1} \\ d_{k,2} \\ \vdots \\ d_{k,d} \end{pmatrix} \quad (k \in \mathbb{N}) \tag{8.24}
$$

のように，$i \in [d]$ に依存しないステップサイズ α_k が探索方向ベクトル $\boldsymbol{d}_k$ の成分 $d_{k,i}$ $(i \in [d])$ に掛けられます．よって，手法(8.24)は探索方向ベクトルの成分 $d_{k,i}$ 内に優先順位を付けずに同じステップサイズ α_k 分を更新する手法といえます．手法(8.24)とは対照的に，$d_{k,i}$ と $d_{k,j}$ $(i \neq j)$ に異なるステップサイズ $\mu_{k,i}$ と $\mu_{k,j}$ を作用させるには，例えば，適当な対角行列 $\mathrm{diag}(h_{k,i})$ を用意して，

$$
\begin{pmatrix} x_{k+1,1} \\ x_{k+1,2} \\ \vdots \\ x_{k+1,d} \end{pmatrix} = \boldsymbol{x}_k + \alpha_k \mathrm{diag}(h_{k,i}) \boldsymbol{d}_k = \begin{pmatrix} x_{k,1} \\ x_{k,2} \\ \vdots \\ x_{k,d} \end{pmatrix} + \alpha_k \begin{pmatrix} h_{k,1} d_{k,1} \\ h_{k,2} d_{k,2} \\ \vdots \\ h_{k,d} d_{k,d} \end{pmatrix} \tag{8.25}
$$

とします．手法(8.25)での探索方向ベクトルの成分 $d_{k,i}$ と $d_{k,j}$ $(i \neq j)$ におけるステップサイズ $\mu_{k,i}$ と $\mu_{k,j}$ は，$\mu_{k,i} = \alpha_k h_{k,i}$，$\mu_{k,j} = \alpha_k h_{k,j}$ となるので，一般には $\mu_{k,i} \neq \mu_{k,j}$ $(i \neq j)$ となります．探索方向ベクトルの成分 $d_{k,i}$ ごとに適応したステップサイズ $\mu_{k,i}$ を用いる手法(8.25)

$$
x_{k+1,i} = x_{k,i} + \underbrace{\alpha_k h_{k,i}}_{\mu_{k,i}} d_{k,i} \quad (i \in [d], k \in \mathbb{N})
$$

を**適応手法**(adaptive methods, adaptive learning rate optimization methods) と呼びます．

$h_{k,i}$ の定義に応じて，有名な深層学習適応手法(8.25)が得られます．例えば，**AdaGrad** (Adaptive Gradient) は，

$$\boldsymbol{d}_k := -\nabla f_{B_k}(\boldsymbol{x}_k)$$

$$\boldsymbol{s}_k := \boldsymbol{s}_{k-1} + \nabla f_{B_k}(\boldsymbol{x}_k) \odot \nabla f_{B_k}(\boldsymbol{x}_k)$$

$$\boldsymbol{x}_{k+1} := \boldsymbol{x}_k + \alpha_k \mathrm{diag}\left(\frac{1}{\sqrt{s_{k,i}}}\right)\boldsymbol{d}_k$$

のように定義されます．ただし，$\boldsymbol{s}_{-1} = \boldsymbol{0}$，$\boldsymbol{x}_0 \in \mathbb{R}^d$ とし，$\alpha_k > 0$ とします．
また，**RMSProp** (Root Mean Square Propagation) は，

$$\boldsymbol{d}_k := -\nabla f_{B_k}(\boldsymbol{x}_k)$$

$$\boldsymbol{v}_k := \beta_2 \boldsymbol{v}_{k-1} + (1 - \beta_2)\nabla f_{B_k}(\boldsymbol{x}_k) \odot \nabla f_{B_k}(\boldsymbol{x}_k) \tag{8.26}$$

$$\boldsymbol{x}_{k+1} := \boldsymbol{x}_k + \alpha_k \mathrm{diag}\left(\frac{1}{\sqrt{v_{k,i}}}\right)\boldsymbol{d}_k$$

です．ただし，$\boldsymbol{v}_{-1} = \boldsymbol{0}$，$\beta_2 \in [0,1)$ とします．さまざまな適応手法が提案されていますが[*4]，本節では，

(S1) 【任意初期点】$\boldsymbol{x}_0 \in \mathbb{R}^d$

(S2) 【ステップサイズ等】

 (S2.1) 【ステップサイズ】$\alpha_k > 0$ $(k \in \mathbb{N})$

 (S2.2) 【ハイパーパラメータ】$\beta_1, \beta_2 \in [0,1)$

 (S2.3) 【ミニバッチサイズ】$b > 0$

(S3) 【逆探索方向】$\boldsymbol{m}_k := \beta_1 \boldsymbol{m}_{k-1} + (1 - \beta_1)\nabla f_{B_k}(\boldsymbol{x}_k)$ $(k \in \mathbb{N})$

を用いた深層ニューラルネットワークの訓練に強力な適応手法の一つである
Adam (Adaptive Moment Estimation)

$$\boldsymbol{x}_{k+1} = \boldsymbol{x}_k - \frac{\alpha_k}{1 - \beta_1^{k+1}}\mathrm{diag}\left(\frac{1}{\sqrt{\hat{v}_{k,i}}}\right)\boldsymbol{m}_k \ (k \in \mathbb{N}) \tag{8.27}$$

について考察します．ただし，$\boldsymbol{v}_k = (v_{k,i})$ を式 (8.26) で定義される2次モーメンタム項とし，$\hat{v}_{k,i} := (1 - \beta_2^{k+1})^{-1}v_{k,i}$ とします．

 Adam は1次モーメンタム項 $\boldsymbol{m}_k$（8.4節参照）と2次モーメンタム項 $\boldsymbol{v}_k$（式 (8.26) 参照）を取り入れた手法です．確率的勾配降下法（8.2 節，アルゴリズム 8.1）はステップサイズ α_k とミニバッチサイズ b の設定を必要とします

[*4] 文献 [5, Table 2] によると，160 以上の深層学習最適化法が存在します．

が，Adam は1次および2次モーメンタム項の計算に必要なパラメータ β_1 と β_2 の事前設定も必要とします．パラメータ β_1 と β_2 を**ハイパーパラメータ**と呼ぶことにします．ハイパーパラメータ β_1 と β_2 の事前設定は深層学習最適化法の性能を決める重要な要因です．深層ニューラルネットワークに現れる（期待および経験）損失最小化（8.1節参照）に関する数値実験では，

$$\beta_1 \in \{0.9, 0.99\}, \; \beta_2 \in \{0.99, 0.999\} \tag{8.28}$$

を利用した適応手法が損失最小化に関して高速性を実現します．1に近いハイパーパラメータの利用が適応手法の損失最小化に関して高性能を有することの理論的検証についても，本節で行います．

設定 (S2.1) が定数または減少ステップサイズのときの Adam をアルゴリズム 8.2に示します．深層学習に現れる（期待および経験）損失最小化では，損失関数 f の Lipschitz 連続勾配 ∇f の Lipschitz 定数 L を事前に計算することは容易ではありません（8.3節参照）．よって，本節では，∇f の非 Lipschitz 連続勾配性を仮定します．

アルゴリズム 8.2 ■ 定数または減少ステップサイズを利用した Adam

Require: $(\alpha_k)_{k\in\mathbb{N}} \subset \mathbb{R}_{++}$, $\beta_1, \beta_2 \in [0,1)$, $b > 0$, $x_0 \in \mathbb{R}^d$, $m_{-1} = v_{-1} := 0 \in \mathbb{R}^d$
（ステップサイズ，ハイパーパラメータ，ミニバッチサイズ，初期点の設定）
Ensure: x_K （停止条件を満たすベクトル）
1: $k \leftarrow 0$
2: **repeat**
3: $\quad \nabla f_{B_k}(x_k) = b^{-1} \sum_{i=1}^{b} \mathsf{G}_{\xi_{k,i}}(x_k)$
4: $\quad m_k := \beta_1 m_{k-1} + (1-\beta_1)\nabla f_{B_k}(x_k)$
5: $\quad \hat{m}_k := (1-\beta_1^{k+1})^{-1} m_k$
6: $\quad v_k := \beta_2 v_{k-1} + (1-\beta_2)\nabla f_{B_k}(x_k) \odot \nabla f_{B_k}(x_k)$
7: $\quad \hat{v}_k := (1-\beta_2^{k+1})^{-1} v_k$
8: $\quad \mathsf{H}_k := \operatorname{diag}(\sqrt{\hat{v}_{k,i}})$
9: $\quad x_{k+1} := x_k - \alpha_k \mathsf{H}_k^{-1} \hat{m}_k$
10: $\quad k \leftarrow k+1$
11: **until** 停止条件 (8.7) を満たす

問題 (8.1) の局所的最適解 $x^\star$ を近似するための指標については，ベクトル $x_k - x^\star$ と逆探索方向 m_k の内積の期待値の平均

$$\frac{1}{K} \sum_{k=0}^{K-1} \mathbb{E}\left[\langle \boldsymbol{m}_k, \boldsymbol{x}_k - \boldsymbol{x}^\star \rangle\right] \tag{8.29}$$

を用います．Adam とそれに基づいた深層学習最適化法は，問題 (8.1) の局所的最適解 $\boldsymbol{x}^\star$ を見つけることが既存研究成果により保証されます[*5]．よって，式 (8.29) は 0 以上の値をとります．十分大きい反復回数 k に対して，式 (8.29) の上界が十分小さい $\varepsilon > 0$ のとき，

$$0 \leq \mathbb{E}\left[\langle \boldsymbol{m}_k, \boldsymbol{x}_k - \boldsymbol{x}^\star \rangle\right] = \mathbb{E}\left[\|\boldsymbol{m}_k\| \|\boldsymbol{x}_k - \boldsymbol{x}^\star\| \cos\phi_k\right] \leq \varepsilon$$

となることから，$\boldsymbol{x}_k$ は $\boldsymbol{x}^\star$ を近似することになります．ただし，ϕ_k はベクトル $\boldsymbol{x}_k - \boldsymbol{x}^\star$ とベクトル $\boldsymbol{m}_k$ がなす角とします．8.3 節で利用した確率的勾配降下法の指標 (8.15) において，$\boldsymbol{x} = \boldsymbol{x}^\star$ とおくと，確率的勾配降下法では，式 (8.4) から，

$$\frac{1}{K} \sum_{k=0}^{K-1} \mathbb{E}\left[\langle \nabla f(\boldsymbol{x}_k), \boldsymbol{x}_k - \boldsymbol{x}^\star \rangle\right] = \frac{1}{K} \sum_{k=0}^{K-1} \mathbb{E}\left[\langle \boldsymbol{m}_k, \boldsymbol{x}_k - \boldsymbol{x}^\star \rangle\right] \tag{8.30}$$

が成立します．

表 8.3 ■ $f \in C^1(\mathbb{R}^d)$ の停留点を見つけるための Adam（非 Lipschitz 連続勾配の場合）．収束率は式 (8.29) の指標に関する収束率であり，$a \in [1/2, 1)$ とする（ただし，$K \geq 1$ とし，$\beta \approx 1$ とは β が 1 に近いとき，式 (8.29) の上界が小さくなることを意味する）．

ステップ	ハイパーパラメータ	収束率
定数	$\beta_1 \approx 1$	定理 8.5.1
$(\alpha > 0)$	$\beta_2 \approx 1$	$O\left(\dfrac{1}{K} + \dfrac{\alpha}{b} + \dfrac{1-\beta_1}{\beta_1}\right)$
減少	$\beta_1 \approx 1$	定理 8.5.2
$(\alpha_k = (k+1)^{-a})$	$\beta_2 \approx 1$	$O\left(\dfrac{1}{K^{\min\{a,1-a\}}} + \dfrac{1-\beta_1}{\beta_1}\right)$

本節で示す定理の結果を表 8.3 にまとめます．定数ステップサイズの利用では，指標 (8.29) の上界は定数ステップサイズ α に比例する関係で，かつ，ミニバッチサイズ b に反比例する関係になります．よって，小さい定数ステップ

[*5] 例えば，文献 [33, 34, 35] を参照.

サイズと大きいミニバッチサイズの設定が望ましいことが示唆されます．特に，これまでの議論（式 (5.12) にある議論）により，定数ステップサイズは $\alpha = 10^{-2}, 10^{-3}$ が適当でしょう（ミニバッチサイズの詳細な設定は，8.6 節を参照）．また，ハイパーパラメータ β_1 と β_2 が 1 に近いとき，指標 (8.29) の上界が小さくなります．さらに，減少ステップサイズの利用においても，同様のことがわかります．つまり，1 に近いハイパーパラメータの設定が望ましいことが示唆されます．この結果は，実用上，$\beta_1 = 0.9$，$\beta_2 = 0.999$（式 (8.28) 参照）といった 1 に近いハイパーパラメータを利用することの理論的根拠になっています（β_2 に関する詳細な理論的根拠は，定理 8.5.1 の後の説明を参照）．

　Adam の理論的解析を行うために，アルゴリズム 8.2 で生成される点列に関する次の条件 (A1)–(A3) が成り立つことを仮定します．

(A1)　[勾配の有界性] ある $G > 0$ と $B > 0$ が存在して，任意の $k \in \mathbb{N}$ に対して，$\|\nabla f(\boldsymbol{x}_k)\| \leq G$ と $\|\nabla f_{B_k}(\boldsymbol{x}_k)\| \leq B$ が成立します．

(A2)　[点列の有界性] 任意の $\boldsymbol{x} \in \mathbb{R}^d$ に対して，ある $\mathrm{D}(\boldsymbol{x}) > 0$ が存在して，$\|\boldsymbol{x}_k - \boldsymbol{x}\| \leq \mathrm{D}(\boldsymbol{x})$ が成立します．

(A3)　[$\hat{v}_{k,i}$ の単調増加性] 任意の $k \in \mathbb{N}$ と任意の $i \in [d]$ に対して，$\hat{v}_{k+1,i} \geq \hat{v}_{k,i}$ とします．

　仮定 (A1) は，非 Lipschitz 連続勾配を有する確率的勾配降下法の収束解析でも利用します（定理 8.3.1，定理 8.3.2）．また，仮定 (A2) も，非 Lipschitz 連続勾配を有する確率的勾配降下法の収束解析でも利用します（定理 8.3.2）．

　以下では，仮定 (A3) の必要性を説明します．いま，$\beta_1 < \sqrt{\beta_2}$ を満たすハイパーパラメータ β_1 と β_2 をとります．例えば，$\beta_1 = 0.9$，$\beta_2 = 0.999$ です（式 (8.28) 参照）．このとき，Adam が最適解に収束しないような凸最適化問題が存在します．その主な要因の一つは，Adam が仮定 (A3) を一般に満たさないことです[*6]．そのことから，Adam の収束の保証のために，仮定 (A3) を必要とします．

　ここで，アルゴリズム 8.2 のステップ 8 に使われる $\hat{v}_{k,i}$ の代わりに

$$\tilde{v}_{k,i} := \max\{\tilde{v}_{k-1,i}, \hat{v}_{k,i}\} \geq \tilde{v}_{k-1,i} \tag{8.31}$$

---

*6　詳細は文献 [26, Theorem 3] を参照．

で定義される $\tilde{v}_{k,i}$ を用いると，常に仮定 (A3) を満たします．式 (8.31) を取り入れた Adam は **AMSGrad** (Adaptive Mean Square Gradient) と呼ばれます．

定数ステップサイズを利用した Adam の収束解析は，次の定理 8.5.1 のとおりです（証明は付録 A.6 参照）．

定理 8.5.1 ── 定数ステップサイズを利用した Adam の収束解析

$f \in C^1(\mathbb{R}^d)$ に関する問題 (8.1) の局所的最適解を $\boldsymbol{x}^\star$ とします．定数ステップサイズ $\alpha > 0$ とハイパーパラメータ $\beta_1, \beta_2 \in (0,1)$ を利用した Adam（アルゴリズム 8.2）で生成される点列 $(\boldsymbol{x}_k)_{k \in \mathbb{N}}$ が，仮定 (A1)–(A3) を満たすとします．このとき，

$$\liminf_{k \to +\infty} \mathbb{E}\left[\langle \boldsymbol{m}_k, \boldsymbol{x}_k - \boldsymbol{x}^\star \rangle\right]$$

$$\leq \underbrace{\frac{\alpha}{2\beta_1(1-\beta_1)\sqrt{v_*}}\left(\frac{\sigma^2}{b}+G^2\right)}_{E_1(\alpha,\beta_1,b)} + \underbrace{\mathrm{D}(\boldsymbol{x}^\star)(1-\beta_1)\left(\frac{G}{\beta_1}+2\sqrt{\frac{\sigma^2}{b}+G^2}\right)}_{E_2(\beta_1,b)}$$

および，任意の整数 $K \geq 1$ に対して，

$$\frac{1}{K}\sum_{k=1}^{K} \mathbb{E}\left[\langle \boldsymbol{m}_k, \boldsymbol{x}_k - \boldsymbol{x}^\star \rangle\right] \leq \underbrace{\frac{d\mathrm{D}(\boldsymbol{x}^\star)^2\sqrt{M}}{2\alpha\beta_1\sqrt{1-\beta_2}K}}_{E_3(\alpha,\beta_1,\beta_2,K)} + \underbrace{\frac{\alpha(\sigma^2 b^{-1}+G^2)}{2\beta_1(1-\beta_1)\sqrt{v_*}}}_{E_1(\alpha,\beta_1,b)}$$

$$+ \underbrace{\mathrm{D}(\boldsymbol{x}^\star)(1-\beta_1)\left(\frac{G}{\beta_1}+2\sqrt{\frac{\sigma^2}{b}+G^2}\right)}_{E_2(\beta_1,b)}$$

を満たします．ただし，$\nabla f_{B_k}(\boldsymbol{x}_k) \odot \nabla f_{B_k}(\boldsymbol{x}_k) = (g_{k,i}^2) \in \mathbb{R}^d$ に対して，$M := \sup\{\max_{i \in [d]} g_{k,i}^2 \colon k \in \mathbb{N}\}$ $(< +\infty)$ とし，$v_* := \inf\{\min_{i \in [d]} v_{k,i} \colon k \in \mathbb{N}\}$ とします．

関数 E_2 はハイパーパラメータ β_1 とミニバッチサイズ b に関して単調減少します．よって，1 に近い β_1 と大きい b の利用が，$E_2(\beta_1, b)$ を小さくする意味で望ましいといえます．また，$1/(\beta_1(1-\beta_1))$ は $\beta_1 \geq 1/2$ に関して単調増加します．よって，1 に近い β_1 を利用するとき，$E_1(\alpha, \beta_1, b)$ は大きい値になりま

すが，$E_1(\alpha, \beta_1, b)$が小さくなるように，小さい定数ステップサイズ（例えば，$\alpha = 10^{-3}$）の利用を必要とします．さらに，定理 8.5.1 の不等式よりも狭義な評価式 (A.55)（定理 8.5.2 の E_5 も参照）にある $\sqrt{1 - \beta_2^{k+1}}$ を小さくするために，1 に近い β_2 を利用します．十分小さい α と 1 に近い β_1 と β_2 を利用するとき，$E_3(\alpha, \beta_1, \beta_2, K)$ は大きくなりますが，$E_3(\alpha, \beta_1, \beta_2, K)$ が小さくなるように，十分な反復回数 K を必要とします．

減少ステップサイズを利用した Adam の収束解析は，次の定理 8.5.2 のとおりです（証明は付録 A.6 を参照）．

定理8.5.2 ── 減少ステップサイズを利用した Adam の収束解析

$f \in C^1(\mathbb{R}^d)$ に関する問題 (8.1) の局所的最適解を $\boldsymbol{x}^\star$ とします．単調減少数列 $(\alpha_k)_{k \in \mathbb{N}}$ とハイパーパラメータ $\beta_1, \beta_2 \in (0,1)$ を利用した Adam（アルゴリズム 8.2）で生成される点列 $(\boldsymbol{x}_k)_{k \in \mathbb{N}}$ が，仮定 (A1)–(A3) を満たすとします．このとき，任意の整数 $K \geq 1$ に対して，

$$\frac{1}{K} \sum_{k=1}^{K} \mathbb{E}[\langle \boldsymbol{m}_k, \boldsymbol{x}_k - \boldsymbol{x}^\star \rangle]$$

$$\leq \underbrace{\frac{d\mathrm{D}(\boldsymbol{x}^\star)^2 \sqrt{M}}{2\beta_1 \sqrt{1-\beta_2}\, \alpha_K K}}_{E_4(\alpha_K, \beta_1, \beta_2, K)} + \underbrace{\frac{1}{2\beta_1(1-\beta_1)\sqrt{v_*}\, K}\left(\frac{\sigma^2}{b} + G^2\right) \sum_{k=1}^{K} \alpha_k \sqrt{1 - \beta_2^{k+1}}}_{E_5(\alpha_k, \beta_1, \beta_2, b, K)}$$

$$+ \underbrace{\mathrm{D}(\boldsymbol{x}^\star)(1-\beta_1)\left(\frac{G}{\beta_1} + 2\sqrt{\frac{\sigma^2}{b} + G^2}\right)}_{E_2(\beta_1, b)}$$

が成立します．ただし，$\nabla f_{B_k}(\boldsymbol{x}_k) \odot \nabla f_{B_k}(\boldsymbol{x}_k) = (g_{k,i}^2) \in \mathbb{R}^d$ に対して，$M := \sup\{\max_{i \in [d]} g_{k,i}^2 : k \in \mathbb{N}\}\ (< +\infty)$ とし，$v_* := \inf\{\min_{i \in [d]} v_{k,i} : k \in \mathbb{N}\}$ とします．

定理 8.5.1 に関する同様の議論により，1 に近い β_1 と β_2 と十分小さいステップサイズ α_k を利用するとき，十分大きい反復回数 K では，指標 (8.29) の上界を小さくするという意味で Adam は高性能を有します．$a \in [1/2, 1)$ に対して，ステップサイズを

$$\alpha_k := \frac{1}{(k+1)^a}$$

と定義します. 式 (5.18) を得る過程と同様の議論により,

$$E_4(\alpha_K, \beta_1, \beta_2, K) + E_5(\alpha_k, \beta_1, \beta_2, b, K) = O\left(\frac{1}{K^{\min\{a,1-a\}}}\right)$$

であり, $\beta_1 \in (0,1)$ から,

$$E_2(\beta_1, b) = O\left(\frac{1-\beta_1}{\beta_1}\right)$$

なので, $a = 1/2$ のとき, Adam は

$$\frac{1}{K}\sum_{k=0}^{K-1} \mathbb{E}\left[\langle \boldsymbol{m}_k, \boldsymbol{x}_k - \boldsymbol{x}^\star\rangle\right] = O\left(\frac{1}{\sqrt{K}} + \frac{1-\beta_1}{\beta_1}\right)$$

の収束率を有することが保証されます.

8.6 ミニバッチサイズの設定

8.2 節, 8.3 節, および, 8.5 節で示したように, 深層学習最適化法は大きい
ミニバッチサイズ b を利用することができれば, 指標の上界を小さくする意味
で, 深層学習最適化法の性能が向上します. その一方で, ミニバッチサイズ b
に関しては, 深層学習最適化法の計算量である確率的勾配計算コストを意味
する **SFO 計算量** (stochastic first-order oracle complexity, SFO complexity)
について考慮する必要があります. 条件 (C4) から, 各反復 k において b 個の
確率的勾配 $\mathsf{G}_{\xi_{k,i}}$ ($i \in [b]$) を深層学習最適化法は必要とするので, 反復回数 K
とミニバッチサイズ b に対して, 深層学習最適化法の SFO 計算量は,

$$Kb \tag{8.32}$$

として定義されます.

以下で, SFO 計算量 (8.32) がミニバッチサイズの増加に伴ってどのような
性質を有するか議論します. 初めに, 深層学習最適化法が深層ニューラルネッ
トワークの訓練に要する反復回数 K とミニバッチサイズ b の関係を調べます.

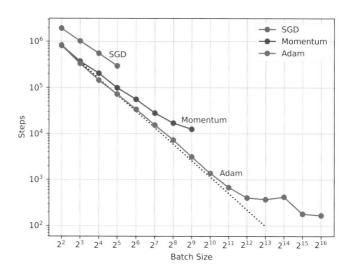

図 8.1 ■ CIFAR-10 データセットを用いたミニバッチサイズ（Batch Size）に対する確率的勾配降下法（SGD），モーメンタム項付き確率的勾配降下法（Momentum），Adam に関する ResNet-20 の訓練に必要な反復回数（Steps）．ミニバッチサイズの増加に伴い，必要な反復回数が減少する．特に，Adam はミニバッチサイズが 2 倍になると必要な反復回数が半分になり（点線），ミニバッチサイズが 2^{11} を超えると収穫逓減が存在する．

ここで，物体画像 CIFAR-10 データセット[7] ($n = 50\,000$) を用いたニューラルネットワーク Residual Network-20 (ResNet-20) ($d \approx 1.1 \times 10^7$) の訓練について考察します．経験損失最小化問題 (8.2) において，三つの深層学習最適化法である，確率的勾配降下法（SGD），モーメンタム項付き確率的勾配降下法（Momentum），Adam を適用します．エポック数が 200 を超えたとき，最適化法を停止します．三つの最適化法は共通して定数ステップサイズ $\alpha = 10^{-3}$ を利用し，ハイパーパラメータは $\beta_1 = 0.9$, $\beta_2 = 0.999$ とします（ステップサイズとハイパーパラメータの設定に関する理論的根拠は，8.5 節を参照）[8]．

ミニバッチサイズ b に対する条件 $f(\boldsymbol{x}_K) \leq 10^{-1}$ に必要な反復回数 K を描画した結果を図 8.1 に示します．三つの深層学習最適化法は，共通して，ミニバッチサイズ b の増加に伴い，反復回数 K が減少します．特に，図 8.1 から，

---

[7] https://www.cs.toronto.edu/~kriz/cifar.html

[8] プログラムコードは NumPy 1.17.3 および PyTorch 1.3.0 パッケージを利用した Python 3.9 で書かれています（付録 B 演習問題解答例 8.2 参照）．

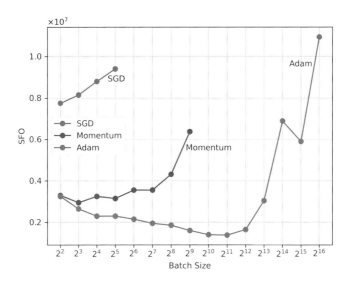

図 8.2 ■ CIFAR-10 データセットを用いたミニバッチサイズ（Batch Size）に対
する確率的勾配降下法（SGD），モーメンタム項付き確率的勾配降下
法（Momentum），Adam に関する ResNet-20 の訓練に必要な SFO 計
算量（SFO）．Adam はミニバッチサイズがクリティカルバッチサイズ
$b^\star = 2^{11}$ のとき，SFO 計算量が最小になる．

Adam は，$b \leq b^\star := 2^{11}$ の範囲ではミニバッチサイズ b を 2 倍にすると反復回
数 K が半減する反比例の関係になっている一方，$b > b^\star$ の範囲では K と b の
反比例の関係が成立しません．つまり，$b^\star$ の先では，収穫逓減 (diminishing
returns) が存在します．このような臨界ミニバッチサイズ $b^\star$ を**クリティカル
バッチサイズ** (critical batch size) と呼ぶことにします．

次に，ミニバッチサイズ b に対する ResNet-20 の訓練に必要な SFO 計算量
Kb を描画した結果を図 8.2 に示します．確率的勾配降下法やモーメンタム項
付き確率的勾配降下法は，ミニバッチサイズの増加に伴い，SFO 計算量が増
加する傾向にあります．一方で，Adam は小さいミニバッチサイズでは SFO
計算量 Kb の値はほとんど変わりがありません（図 8.1 で示したように，K は
$b\,(< b^\star)$ に関して反比例であることからもわかります）．Adam は，クリティ
カルバッチサイズ $b^\star = 2^{11}$ で SFO 計算量を最小にし，$b^\star = 2^{11}$ を超えると
SFO 計算量が急激に増加します．また，$b^\star = 2^{11}$ を有する Adam が，実行し
た全深層学習最適化手法の中で最も速く条件 $f(\boldsymbol{x}_K) \leq 10^{-1}$ を満たすことがわ

かります（演習問題8.2）.

このように，極端に大きいミニバッチサイズの利用は SFO 計算量の意味で深層学習最適化法の性能を悪化させるおそれがあります．経験損失最小化問題 (8.2) において，ミニバッチサイズをフルバッチサイズ（つまり，$b = n$）にすることは，指標 (8.15) や (8.29) の上界を小さくすることができるので望ましい（定理 8.3.1，定理 8.5.1）ように見えますが，理想のミニバッチサイズは SFO 計算量を最小にするクリティカルバッチサイズ $b^\star$ であることがわかります.

図 8.1 と図 8.2 から，大きいミニバッチサイズを有する確率的勾配降下法やモーメンタム項付き確率的勾配降下法は，エポック数が200以下では条件 $f(\boldsymbol{x}_K) \leq 10^{-1}$ に達することができません．このことから，大きなミニバッチサイズを有する確率的勾配降下法やモーメンタム項付き確率的勾配降下法は良い性能を生み出せない可能性があります.

図 8.1 と図 8.2 から，クリティカルバッチサイズ $b^\star$ を次のように定義します. ある $C > 0$ が存在して，

$$Kb \approx 2^C \ (b \leq b^\star), \ Kb \geq 2^C \ (b \geq b^\star) \tag{8.33}$$

です（例えば，図 8.1 と図 8.2 から，CIFAR-10 データセットを用いた Adam に関する ResNet-20 の訓練においては，$C \approx 20$，$b^\star = 2^{11}$ です）．本節では，定理 8.3.1 と定理 8.5.1 を用いて，式 (8.33) で定義されるクリティカルバッチサイズ $b^\star$ の存在性を示します.

本節で示す定理の結果を表 8.4 にまとめます．深層学習最適化手法における指標 (8.29) の上界が十分小さい $\varepsilon > 0$ であるとき，つまり，

$$\mathrm{M}(K) := \frac{1}{K} \sum_{k=1}^{K} \mathbb{E}\left[\langle \boldsymbol{m}_k, \boldsymbol{x}_k - \boldsymbol{x}^\star \rangle\right] \leq \varepsilon \tag{8.34}$$

を満たすとき，深層学習最適化手法は ε-近似 (ε-approximation) であると呼ぶことにします．定理 8.5.1 の結果から，Adam は，ある正定数 C_i ($i = 1, 2, 3$) が存在して，$\mathrm{M}(K) \leq C_1/K + C_2/b + C_3$ を満たすことがわかります．確率的勾配降下法に関しては，定理 8.3.1 から成立します．$C_1/K + C_2/b + C_3 = \varepsilon$ とおくと，表 8.4 のように，ε-近似に達するための反復回数 K がミニバッチサイズ b の有理関数になることがわかります．このとき，関数 K は b に関して凸かつ単調減少です（定理 8.6.1(2)）．この結果は，図 8.1 の結果を理論的に裏

表 8.4 ■ 定数ステップサイズ α とハイパーパラメータ β_1 と β_2 を利用した深層学習最適化法の ε-近似 (8.34) に達するための，反復回数 K とミニバッチサイズ b の関係．クリティカルバッチサイズ $b^\star$ は SFO 計算量 Kb を最小化する（h は定理 8.6.1 で定義される関数であり，M などのパラメータの定義は定理 8.5.1 を参照）．

最適化法	SGD	Adam
C_1	$\dfrac{\mathbb{E}[\|\boldsymbol{x}_1 - \boldsymbol{x}^\star\|^2]}{2\alpha}$	$\dfrac{d\mathrm{D}(\boldsymbol{x}^\star)^2\sqrt{M}}{2\alpha\beta_1\sqrt{1-\beta_2}}$
C_2	$\dfrac{\sigma^2\alpha}{2}$	$\dfrac{\sigma^2\alpha}{2\beta_1(1-\beta_1)\sqrt{v_*}}$
C_3	$\dfrac{G^2\alpha}{2}$	$\dfrac{G^2\alpha}{2\beta_1(1-\beta_1)\sqrt{v_*}} + h(\beta_1)$
指標 (8.29) の上界	式 (8.29) $\leq \dfrac{C_1}{K} + \dfrac{C_2}{b} + C_3 = \varepsilon$	
反復回数 K と SFO Kb	$K = \dfrac{C_1 b}{(\varepsilon - C_3)b - C_2}$　$Kb = \dfrac{C_1 b^2}{(\varepsilon - C_3)b - C_2}$	
クリティカルバッチ $b^\star$	$b^\star = \dfrac{2C_2}{\varepsilon - C_3}$	

付けします．さらに，SFO 計算量 Kb は，ミニバッチサイズ b に関して凸関数となります（定理 8.6.1(3)）．この結果は，図 8.2 の結果を理論的に裏付けします．SFO 計算量 Kb の凸性から，SFO 計算量 Kb を最小にするミニバッチサイズ $b^\star$ が存在します．このミニバッチサイズ $b^\star$ は式 (8.33) から，クリティカルバッチサイズとなります．

表 8.4 の結果の詳細を，次の定理 8.6.1 に示します（証明は付録 A.6.3 参照）．

定理 8.6.1 ── SFO 計算量の凸性とクリティカルバッチサイズの存在性

定理 8.5.1 の仮定が成り立つとし，$(\boldsymbol{x}_k)_{k\in\mathbb{N}}$ は確率的勾配降下法（アルゴリズム 8.1）もしくは Adam（アルゴリズム 8.2）で生成される点列とします．このとき，次の性質 (1)–(3) を満たします．

(1)[指標 (8.29) の上界] 任意の整数 $K \geq 1$ に対して，

$$\mathrm{M}(K) := \frac{1}{K}\sum_{k=1}^{K}\mathbb{E}\left[\langle \boldsymbol{m}_k, \boldsymbol{x}_k - \boldsymbol{x}^\star\rangle\right] \leq \frac{C_1}{K} + \frac{C_2}{b} + C_3$$

が成立します．ただし，確率的勾配降下法における C_i $(i = 1, 2, 3)$ は

$$C_1 := \frac{\mathbb{E}[\|\boldsymbol{x}_1 - \boldsymbol{x}^\star\|^2]}{2\alpha}, \; C_2 := \frac{\sigma^2\alpha}{2}, \; C_3 := \frac{G^2\alpha}{2}$$

であり，Adam における $C_i \; (i = 1, 2, 3)$ は

$$C_1 := \frac{dD(\boldsymbol{x}^\star)^2\sqrt{M}}{2\alpha\beta_1\sqrt{1-\beta_2}}, \; C_2 := \frac{\sigma^2\alpha}{2\beta_1(1-\beta_1)\sqrt{v_*}},$$

$$C_3 := \underbrace{\frac{G^2\alpha}{2\beta_1(1-\beta_1)\sqrt{v_*}} + D(\boldsymbol{x}^\star)(1-\beta_1)\left(\frac{G}{\beta_1} + 2\sqrt{\sigma^2+G^2}\right)}_{h(\beta_1)}$$

です.

(2)[ε–近似を満たす反復回数の単調減少性と凸性] 反復回数

$$K(b) = \frac{C_1 b}{(\varepsilon - C_3)b - C_2} \tag{8.35}$$

は $M(K) \leq \varepsilon$ を満たします. また，式 (8.35) で定義される関数 K はミニバッチサイズ $b \; (> C_2/(\varepsilon - C_3) > 0)$ に関して凸かつ単調減少です.

(3)[SFO 計算量の凸性とクリティカルバッチサイズの存在性] SFO 計算量

$$K(b)b = \frac{C_1 b^2}{(\varepsilon - C_3)b - C_2} \tag{8.36}$$

はミニバッチサイズ $b \; (> C_2/(\varepsilon - C_3) > 0)$ に関して凸です. また，ミニバッチサイズ

$$b^\star := \frac{2C_2}{\varepsilon - C_3} \tag{8.37}$$

は SFO 計算量 (8.36) を最小化します.

　小さなステップサイズ（例えば，$\alpha = 10^{-3}$）と，1 に近いハイパーパラメータ β_1 と β_2（例えば $\beta_1, \beta_2 \in \{0.9, 0.99, 0.999\}$，表 8.3 参照）と，大きなミニバッチサイズ（表 8.4 参照）の設定が，適応手法において有用であることがわかりました. 深層学習最適化法の挙動の確認については，演習問題とします（演習問題 8.2）.

8.7 ミニバッチサイズの推定

クリティカルバッチサイズは式 (8.37) で定義されます.例えば,Adam に関する C_2 や C_3 の定義(定理 8.6.1)には,事前に計算が不可能なパラメータ G や $D(\boldsymbol{x}^\star)$ を含むため,クリティカルバッチサイズを事前に計算することは易しくはありません.そこで,計算不可能なパラメータをできるだけ取り除くように,クリティカルバッチサイズ $b^\star$ の下界 b^*

$$b^\star := \frac{2C_2}{\varepsilon - C_3} > b^* := \frac{2C_2}{\varepsilon} = \begin{cases} \dfrac{\sigma^2 \alpha}{\varepsilon} & \text{(SGD)} \\[2ex] \dfrac{\sigma^2 \alpha}{\beta_1(1-\beta_1)\sqrt{v_*}\varepsilon} & \text{(Adam)} \end{cases} \tag{8.38}$$

を考察します.v_* と $v_{k,i}$ の定義(式 (A.38) 参照)から,任意の $k \in [K]$ と任意の $i \in [d]$ に対して,

$$v_* \le v_{k,i} \le \max_{k\in[K]} \max_{i\in[d]} g_{k,i}^2 =: g_{k^*,i^*}^2 \le \sum_{i=1}^d g_{k^*,i}^2 = \|\nabla f_{B_{k^*}}(\boldsymbol{x}_{k^*})\|^2$$

が成立します.一方,式 (8.11) から,

$$\mathbb{E}\left[\|\nabla f_{B_k}(\boldsymbol{x}_k)\|^2\right] \le \frac{\sigma^2}{b} + \mathbb{E}\left[\|\nabla f(\boldsymbol{x}_k)\|^2\right]$$

が成立します.条件 (C3), (C4) から,もしも b が大きいならば,σ は小さくなります.それゆえ,$\sigma^2/b \approx 0$ を仮定すると,

$$v_* \le \|\nabla f(\boldsymbol{x}_{k^*})\|^2 = \left\|\frac{1}{n}\sum_{i\in[n]} \nabla \ell_i(\boldsymbol{x}_{k^*})\right\|^2 = \frac{1}{n^2}\left\|\sum_{i\in[n]} \nabla \ell_i(\boldsymbol{x}_{k^*})\right\|^2$$

$$=: \frac{1}{n^2}\|\boldsymbol{G}_{k^*}\|^2 = \frac{1}{n^2}\sum_{i=1}^d G_{k^*,i}^2 \le \frac{d}{n^2}\max_{i\in[d]} G_{k^*,i}^2$$

となります.深層学習最適化法は f の停留点を近似することができるので,例えば,$G_{k^*,i} \approx \varepsilon$ を仮定します.このとき,確率的勾配降下法に関する下界 b_{S}^* と Adam に関する下界 b_{A}^* は,式 (8.38) から,

$$b_{\mathrm{S}}^* := \frac{\sigma_{\mathrm{S}}^2}{10^3 \varepsilon}, \ b_{\mathrm{A}}^* := \frac{\sigma_{\mathrm{A}}^2}{9\cdot 10\sqrt{v_*}\varepsilon} > \frac{\sigma_{\mathrm{A}}^2 n}{9\cdot 10\sqrt{d}\varepsilon^2} =: b_{\mathrm{A}}^{**} \tag{8.39}$$

となります．ただし，$\alpha = 10^{-3}$ と $\beta_1 = 0.9$ を使用し，σ_{S} と σ_{A} は確率的勾配降下法と Adam に依存する分散の値です．もしも確率的勾配降下法が大きいミニバッチサイズを利用できるのであれば，σ_{S} は小さくなります．しかしながら，式 (8.39) は，σ_{S} が小さいとき b_{S}^* は小さくなることを意味します．よって，確率的勾配降下法は大きなミニバッチサイズを利用できないおそれがあります．実際，図 8.1 や図 8.2 に見られるように，確率的勾配降下法は，大きいミニバッチサイズを利用することができない例があります．

　一方で，式 (8.39) から，Adam は b_{A}^* よりも大きいミニバッチサイズを利用することが可能です．例えば，CIFAR-10 データセット ($n = 50\,000$) を用いた ResNet-20 ($d \approx 1.1 \times 10^7$)（図 8.1，図 8.2）においては，$\sigma_{\mathrm{A}}^2/\varepsilon^2 \approx 10^4$ のとき，$b_{\mathrm{A}}^{**} \approx 1\,600$ であり，実際のクリティカルバッチサイズ $b_{\mathrm{A}}^\star = 2^{11} = 2\,048$ に近い値であることがわかります．

　手書き数字の画像データセットである MNIST データセット ($n = 60\,000$) [38] を用いた Convolutional Neural Network (CNN) ($d \approx 7.7 \times 10^6$) の訓練においては，Adam はクリティカルバッチサイズ $b_{\mathrm{A}}^\star = 2^{11} = 2\,048$ を有します [39, Figure 5(a)]．$\sigma_{\mathrm{A}}^2/\varepsilon^2 \approx 10^4$ のとき，式 (8.39) から，$b_{\mathrm{A}}^{**} \approx 2\,000$ となり，推定クリティカルバッチサイズ b_{A}^{**} は実際のクリティカルバッチサイズ $b_{\mathrm{A}}^\star$ に近いことがわかります．

Advanced　　準 Newton 法や共役勾配法に基づいた深層学習最適化法

　本章で紹介した深層学習最適化法の探索方向は，ミニバッチ確率的勾配 $\nabla f_{B_k}(\boldsymbol{x}_k)$ を利用しています．例えば，確率的勾配降下法（8.1 節，8.2 節）の探索方向は

$$\boldsymbol{d}_k = -\nabla f_{B_k}(\boldsymbol{x}_k)$$

です．8.1 節と 8.2 節で説明したように，確率的勾配降下法は最急降下法（5.1 節，5.2 節）の拡張として見ることができます．

　そこで，最急降下法のうちの加速法である準 Newton 法（5.4 節）に基づいた探索方向

$$\boldsymbol{d}_k = -H_k^{-1}\nabla f_{B_k}(\boldsymbol{x}_k) \tag{8.40}$$

や共役勾配法（5.5 節）に基づいた探索方向（式 (8.22) 参照）

$$d_k = -\nabla f_{B_k}(\boldsymbol{x}_k) + \beta_k \boldsymbol{d}_{k-1} \tag{8.41}$$

を用いた深層学習最適化法 $\boldsymbol{x}_{k+1} = \boldsymbol{x}_k + \alpha_k \boldsymbol{d}_k$ の収束解析と実際の性能について検証することは,自然な流れだと思います.準 Newton 法による探索方向 (8.40) に基づいた深層学習最適化法の収束解析と性能については,文献 [49] で紹介されています.一方で,共役勾配法による探索方向 (8.41) に基づいた深層学習最適化法についてはどうでしょうか.共役勾配法に基づいた深層学習最適化法の探索方向 (8.41) の期待値をとるとき,式 (8.4) から,

$$\mathbb{E}[\boldsymbol{d}_k] = -\mathbb{E}[\nabla f_{B_k}(\boldsymbol{x}_k)] + \mathbb{E}[\beta_k \boldsymbol{d}_{k-1}] = -\nabla f(\boldsymbol{x}_k) + \mathbb{E}[\beta_k \boldsymbol{d}_{k-1}] \tag{8.42}$$

となります.β_k は,例えば,FR 公式 (5.45)

$$\beta_k = \beta_k^{\mathrm{FR}} = \frac{\|\nabla f_{B_k}(\boldsymbol{x}_k)\|^2}{\|\nabla f_{B_k}(\boldsymbol{x}_{k-1})\|^2}$$

に基づいたパラメータとします.ここで,$\mathbb{E}[\boldsymbol{d}_k]$ が目的関数 f を最小化するための共役勾配法で生成される探索方向

$$-\nabla f(\boldsymbol{x}_k) + \frac{\|\nabla f(\boldsymbol{x}_k)\|^2}{\|\nabla f(\boldsymbol{x}_{k-1})\|^2} \mathbb{E}[\boldsymbol{d}_{k-1}] \tag{8.43}$$

になるような深層学習最適化法を必要とするでしょう.式 (8.42) と式 (8.43) の関係調査や,$\mathbb{E}[\boldsymbol{d}_k]$ が目的関数 f を最小化するための共役勾配法で生成される探索方向と一致するような $\boldsymbol{d}_k$ の考案は,今後の課題といえます.

演習問題

8.1 式 (8.4) を証明しなさい.

8.2 図 8.1 と図 8.2 で示した,CIFAR-10 データセットを用いた ResNet-20 の訓練に関する深層学習最適化法の実行時間と精度について,コンピュータを用いて実際に比較しなさい.

定理の証明と補足

A.1 | 2章

A.1.1 ● 平均値の定理と Taylor の定理（命題 2.2.4）の証明

$h\colon \mathbb{R} \to \mathbb{R}$ は $[a,b]\ (\subset \mathbb{R})$ で連続で，かつ，(a,b) で微分可能であるとします．このとき，ある $t \in (a,b)$ が存在して

$$h(b) - h(a) = h'(t)(b - a) \tag{A.1}$$

が成立します（平均値の定理）．

また，$h\colon [0,1] \to \mathbb{R}$ は $(0,1)$ で 2 回微分可能であるとし，$h\colon [0,1] \to \mathbb{R}$ と $h'\colon [0,1] \to \mathbb{R}$ は $[0,1]$ で連続であるとします．このとき，ある $t \in (0,1)$ が存在して

$$h(1) - h(0) - h'(0) = \frac{1}{2}h''(t) \tag{A.2}$$

が成立します（Taylor の定理）．

$g\colon \mathbb{R} \to \mathbb{R}$ は $[a,b]$ で連続であるとし，g' が存在して，それが (a,b) 上でリーマン積分可能であるとします．このとき，

$$g(b) - g(a) = \int_a^b g'(t)\mathrm{d}t \tag{A.3}$$

が成立します（微分積分学の基本定理）．ここで，$G\colon [a,b] \to \mathbb{R}^d$ とします．G の積分は $G(t) := (G_1(t), G_2(t), \ldots, G_d(t))^\top \in \mathbb{R}^d$ に対して

$$\int_a^b G(t)\mathrm{d}t := \left(\int_a^b G_1(t)\mathrm{d}t, \int_a^b G_2(t)\mathrm{d}t, \ldots, \int_a^b G_d(t)\mathrm{d}t\right)^\top$$

として定義します．ただし，$G_i\colon [a,b] \to \mathbb{R}\ (i \in [d])$ は (a,b) 上でリーマン積分可能であるとします．

$f\colon \mathbb{R} \to \mathbb{R}$ は $[a,b]$ で凸とします．このとき，ある $t \in (a,b)$ が存在して

$$\frac{f(b) - f(a)}{b - a} \in \partial f(t)$$

が成立します（平均値の定理 [53, Theorem 4.2]）．さらに，任意の $g(t) \in \partial f(t)$ $(t \in [a,b])$ に対して，

$$f(b) - f(a) = \int_a^b g(t)\mathrm{d}t \tag{A.4}$$

が成立します [53, (4.2.6)].

命題 2.2.4 の証明. 任意の $s \in [0,1]$ に対して，関数 $h \colon [0,1] \to \mathbb{R}$ を

$$h(s) := f(\boldsymbol{x} + s(\boldsymbol{y} - \boldsymbol{x}))$$

と定義します．まず，$f \in C^1(\mathbb{R}^d)$ とします．このとき，f の 1 回連続的微分可能性から，h は $[0,1]$ で連続で，かつ，$(0,1)$ で微分可能です．式 (A.1) から，

$$h(1) - h(0) = h'(t)(1-0) = h'(t)$$

を満たす $t \in (0,1)$ が存在します．また，命題 2.2.1 から，

$$h'(s) = \langle \nabla f(\boldsymbol{x} + s(\boldsymbol{y} - \boldsymbol{x})), \boldsymbol{y} - \boldsymbol{x} \rangle \tag{A.5}$$

が任意の $s \in (0,1)$ に対して成り立つので，

$$f(\boldsymbol{y}) - f(\boldsymbol{x}) = \langle \nabla f(\boldsymbol{x} + t(\boldsymbol{y} - \boldsymbol{x})), \boldsymbol{y} - \boldsymbol{x} \rangle$$

となります．

次に，$f \in C^2(\mathbb{R}^d)$ とします．f の 2 回連続的微分可能性から，$h''(t)$ が存在します．式 (A.5) から，任意の $s \in (0,1)$ に対して，

$$\frac{h'(t+s) - h'(t)}{s}$$
$$= \frac{\langle \nabla f(\boldsymbol{x} + (t+s)(\boldsymbol{y} - \boldsymbol{x})), \boldsymbol{y} - \boldsymbol{x} \rangle_2 - \langle \nabla f(\boldsymbol{x} + t(\boldsymbol{y} - \boldsymbol{x})), \boldsymbol{y} - \boldsymbol{x} \rangle_2}{s}$$
$$= \left\langle \frac{\nabla f(\boldsymbol{x} + (t+s)(\boldsymbol{y} - \boldsymbol{x})) - \nabla f(\boldsymbol{x} + t(\boldsymbol{y} - \boldsymbol{x}))}{s}, \boldsymbol{y} - \boldsymbol{x} \right\rangle_2$$
$$= \left\langle \frac{\nabla f(\boldsymbol{x} + t(\boldsymbol{y} - \boldsymbol{x}) + s(\boldsymbol{y} - \boldsymbol{x})) - \nabla f(\boldsymbol{x} + t(\boldsymbol{y} - \boldsymbol{x}))}{s}, \boldsymbol{y} - \boldsymbol{x} \right\rangle_2$$

が成立します．$\nabla^2 f(\boldsymbol{x})$ の定義[*1]から，任意の $\boldsymbol{h} \in \mathbb{R}^d$ に対して，

$$\lim_{s \downarrow 0} \frac{\left\| \nabla f(\boldsymbol{x} + s\boldsymbol{h}) - \nabla f(\boldsymbol{x}) - s\nabla^2 f(\boldsymbol{x})\boldsymbol{h} \right\|_2}{s} = 0$$

を満たすので，

$$h''(t) = \lim_{s \downarrow 0} \frac{h'(t+s) - h'(t)}{s} = \left\langle \nabla^2 f(\boldsymbol{x} + t(\boldsymbol{y} - \boldsymbol{x}))(\boldsymbol{y} - \boldsymbol{x}), \boldsymbol{y} - \boldsymbol{x} \right\rangle_2$$

[*1] $\nabla f \colon \mathbb{R}^d \to \mathbb{R}^d$ が微分可能であるとは，
$$\lim_{\boldsymbol{h} \to 0} \frac{\| \nabla f(\boldsymbol{x} + \boldsymbol{h}) - \nabla f(\boldsymbol{x}) - \nabla^2 f(\boldsymbol{x})\boldsymbol{h} \|_2}{\|\boldsymbol{h}\|_2} = 0$$
が成り立つときをいいます．

となります. このとき, 式 (A.2) と式 (A.5) から,

$$f(\boldsymbol{y}) - f(\boldsymbol{x}) - \langle \nabla f(\boldsymbol{x}), \boldsymbol{y} - \boldsymbol{x} \rangle = \frac{1}{2} \left\langle \nabla^2 f(\boldsymbol{x} + t(\boldsymbol{y} - \boldsymbol{x}))(\boldsymbol{y} - \boldsymbol{x}), \boldsymbol{y} - \boldsymbol{x} \right\rangle_2$$

が成立します.

ここで, 任意の $t \in [0, 1]$ に対して, $g \colon \mathbb{R} \to \mathbb{R}^d$ を

$$g(t) := \nabla f(\boldsymbol{x} + t(\boldsymbol{y} - \boldsymbol{x}))$$

と定義します. $g(t)$ の第 i 成分は

$$g_i(\boldsymbol{x} + t(\boldsymbol{y} - \boldsymbol{x})) := (\nabla f(\boldsymbol{x} + t(\boldsymbol{y} - \boldsymbol{x})))_i = \frac{\partial f(\boldsymbol{x} + t(\boldsymbol{y} - \boldsymbol{x}))}{\partial x_i} \tag{A.6}$$

となります. 命題 2.2.1 と命題 2.2.2 から,

$$\frac{\mathrm{d}}{\mathrm{d}t} g_i(\boldsymbol{x} + t(\boldsymbol{y} - \boldsymbol{x})) = \langle \nabla g_i(\boldsymbol{x} + t(\boldsymbol{y} - \boldsymbol{x})), \boldsymbol{y} - \boldsymbol{x} \rangle_2$$

が成立します. ∇g_i の連続性と式 (A.3) から,

$$(\nabla f(\boldsymbol{y}))_i - (\nabla f(\boldsymbol{x}))_i = g_i(\boldsymbol{y}) - g_i(\boldsymbol{x}) = \int_0^1 \langle \nabla g_i(\boldsymbol{x} + t(\boldsymbol{y} - \boldsymbol{x})), \boldsymbol{y} - \boldsymbol{x} \rangle_2 \mathrm{d}t$$

が任意の $i \in [d]$ に対して成立します. 一方, 式 (A.6) と Hesse 行列の対称性から,

$$
\begin{aligned}
(\nabla f(\boldsymbol{y}))_i - (\nabla f(\boldsymbol{x}))_i &= \int_0^1 \sum_{j \in [d]} \frac{\partial^2 f(\boldsymbol{x} + t(\boldsymbol{y} - \boldsymbol{x}))}{\partial x_j \partial x_i} (y_j - x_j) \mathrm{d}t \\
&= \int_0^1 \sum_{j \in [d]} \frac{\partial^2 f(\boldsymbol{x} + t(\boldsymbol{y} - \boldsymbol{x}))}{\partial x_i \partial x_j} (y_j - x_j) \mathrm{d}t \\
&= \int_0^1 \left(\nabla^2 f(\boldsymbol{x} + t(\boldsymbol{y} - \boldsymbol{x}))(\boldsymbol{y} - \boldsymbol{x}) \right)_i \mathrm{d}t
\end{aligned}
$$

を満たします. 以上のことから,

$$\nabla f(\boldsymbol{y}) - \nabla f(\boldsymbol{x}) = \int_0^1 \nabla^2 f(\boldsymbol{x} + t(\boldsymbol{y} - \boldsymbol{x}))(\boldsymbol{y} - \boldsymbol{x}) \mathrm{d}t$$

が成立します. □

A.1.2 ● 凸関数の連続性

$C \subset \mathbb{R}^d$ とし, $L > 0$ とします. $f \colon \mathbb{R}^d \to \mathbb{R}$ が C 上で L-**Lipschitz** 連続 (Lipschitz continuous) であるとは, 任意の $\boldsymbol{x}, \boldsymbol{y} \in C$ に対して $|f(\boldsymbol{x}) - f(\boldsymbol{y})| \leq L\|\boldsymbol{x} - \boldsymbol{y}\|$ が成り立つときをいいます. $\boldsymbol{x}_0 \in C$ のとき, $f \colon \mathbb{R}^d \to \mathbb{R}$ が $\boldsymbol{x}_0$ の周りで L-**局所的 Lipschitz** 連続 (locally Lipschitz continuous) であるとは, $\boldsymbol{x}_0$ の ε-近傍

$N(\boldsymbol{x}_0; \varepsilon)$ ($\subset C$) 上で L–Lipschitz 連続であるとき，つまり，

$$\exists \varepsilon > 0 \; \forall \boldsymbol{x} \in N(\boldsymbol{x}_0; \varepsilon) \; (|f(\boldsymbol{x}) - f(\boldsymbol{x}_0)| \leq L\|\boldsymbol{x} - \boldsymbol{x}_0\|)$$

が成り立つときをいいます．このとき，次の命題 A.1.1 が成立します．

命題A.1.1 ⟨凸関数の局所的Lipschitz連続性⟩

$C \subset \mathbb{R}^d$ は凸集合[*2]とし，$f\colon C \to \mathbb{R}$ は定義域 $\mathrm{dom}(f) = C$ 上で凸関数であるとします．$\boldsymbol{x}_0$ を C の内点とするとき，

$$\exists \varepsilon > 0 \; \exists L > 0 \; \forall \boldsymbol{x} \in \overline{N_2(\boldsymbol{x}_0; \varepsilon)} \subset C \; (|f(\boldsymbol{x}) - f(\boldsymbol{x}_0)| \leq L\|\boldsymbol{x} - \boldsymbol{x}_0\|_2)$$

つまり，f は $\boldsymbol{x}_0$ の周りで L–局所的 Lipschitz 連続です．ただし，$\overline{N_2(\boldsymbol{x}_0; \varepsilon)} := \{\boldsymbol{x} \in \mathbb{R}^d \colon \|\boldsymbol{x} - \boldsymbol{x}_0\|_2 \leq \varepsilon\}$ とします．

命題 A.1.1 の証明． $\boldsymbol{x}_0 \in C$ が C の内点なので，ある $\varepsilon > 0$ が存在して，

$$\overline{N_\infty(\boldsymbol{x}_0; \varepsilon)} := \{\boldsymbol{x} \in \mathbb{R}^d \colon \|\boldsymbol{x} - \boldsymbol{x}_0\|_\infty \leq \varepsilon\} \subset C$$

を満たします．ただし，$\|\boldsymbol{x}\|_\infty$ は $\boldsymbol{x} \in \mathbb{R}^d$ の最大値ノルム，つまり，$\|\boldsymbol{x}\|_\infty := \max\{|x_1|, |x_2|, \ldots, |x_d|\}$ ($\boldsymbol{x} := (x_1, x_2, \ldots, x_d)^\top \in \mathbb{R}^d$) で定義されるノルムとします．

まず，f が $\overline{N_\infty(\boldsymbol{x}_0; \varepsilon)}$ 上で上に有界であることを示します．$\boldsymbol{v}_i \in \overline{N_\infty(\boldsymbol{x}_0; \varepsilon)}$ ($i \in [2^d]$) を $\overline{N_\infty(\boldsymbol{x}_0; \varepsilon)}$ の極点[*3]とします．このとき，$\|\cdot\|_\infty$ の定義から，$\boldsymbol{w}_i \in \{-1, 1\}^d := \{-1, 1\} \times \{-1, 1\} \times \cdots \times \{-1, 1\}$ が存在して $\boldsymbol{v}_i = \boldsymbol{x}_0 + \varepsilon \boldsymbol{w}_i$ と書くことができます．$\overline{N_\infty(\boldsymbol{x}_0; \varepsilon)} \subset \mathbb{R}^d$ は有界閉凸集合なので，$\overline{N_\infty(\boldsymbol{x}_0; \varepsilon)}$ のベクトルは $\overline{N_\infty(\boldsymbol{x}_0; \varepsilon)}$ の極点の凸結合で表現できます（Krein–Milman の定理）．よって，任意の $\boldsymbol{x} \in \overline{N_\infty(\boldsymbol{x}_0; \varepsilon)}$ に対して，ある $\lambda_i \in [0, 1]$ ($i \in [2^d]$) が存在して，$\sum_{i=1}^{2^d} \lambda_i = 1$ かつ

$$\boldsymbol{x} = \sum_{i=1}^{2^d} \lambda_i \boldsymbol{v}_i$$

[*2] $C \subset \mathbb{R}^d$ が凸集合であるとは，任意の $\boldsymbol{x}, \boldsymbol{y} \in C$ と任意の $\lambda \in [0, 1]$ に対して，$\lambda \boldsymbol{x} + (1 - \lambda)\boldsymbol{y} \in C$ が成り立つときをいいます（詳細は 2.4 節参照）．

[*3] $C \subset \mathbb{R}^d$ が凸集合のとき，$\boldsymbol{x} \in C$ が C の極点 (extreme point)（頂点，端点とも呼びます）であるとは，$\boldsymbol{x}$ が C の任意の異なる 2 点の線分に属さない，つまり，$\boldsymbol{x} = \lambda \boldsymbol{x}_1 + (1 - \lambda)\boldsymbol{x}_2$ となるような $\boldsymbol{x}_1 \neq \boldsymbol{x}_2$ を満たす $\boldsymbol{x}_1, \boldsymbol{x}_2 \in C$ および $\lambda \in (0, 1)$ が存在しないときをいいます．

と表現できます. f の凸性, $v_i \in \overline{N_\infty(x_0; \varepsilon)}$ $(i \in [2^d])$, および, $\sum_{i=1}^{2^d} \lambda_i = 1$ から, 任意の $x \in \overline{N_\infty(x_0; \varepsilon)}$ に対して

$$f(x) = f\left(\sum_{i=1}^{2^d} \lambda_i v_i\right) \le \sum_{i=1}^{2^d} \lambda_i f(v_i) \le \underbrace{\max\{f(v_1), f(v_2), \ldots, f(v_{2^d})\}}_{M < +\infty}$$

つまり, f は $\overline{N_\infty(x_0; \varepsilon)}$ 上で上に有界です. また, $\|x\|_\infty \le \|x\|_2$ $(x \in \mathbb{R}^d)$ から,

$$\overline{N_2(x_0; \varepsilon)} := \left\{x \in \mathbb{R}^d : \|x - x_0\|_2 \le \varepsilon\right\} \subset \overline{N_\infty(x_0; \varepsilon)} \subset C$$

なので, f は $\overline{N_2(x_0; \varepsilon)}$ 上で上に有界です. したがって, $x = x_0 \in \overline{N_2(x_0; \varepsilon)}$ のとき, 命題 A.1.1 は成立します. ここで, $x \ne x_0$ となる $x \in \overline{N_2(x_0; \varepsilon)}$ をとります. また, $\lambda := \varepsilon^{-1}\|x - x_0\|_2 \in (0, 1]$ とし,

$$x_\lambda := x_0 + \frac{1}{\lambda}(x - x_0)$$

と定義します. このとき, $\|x_\lambda - x_0\|_2 = (\varepsilon/\|x - x_0\|_2)\|x - x_0\|_2 = \varepsilon$ により, $x_\lambda \in \overline{N_2(x_0; \varepsilon)}$ であり, $x = \lambda x_\lambda + (1 - \lambda)x_0$ となります. f の凸性と $f(x_\lambda) \le M$ から,

$$f(x) = f(\lambda x_\lambda + (1 - \lambda)x_0) \le \lambda f(x_\lambda) + (1 - \lambda)f(x_0)$$
$$\le \lambda M + (1 - \lambda)f(x_0) = f(x_0) + \lambda(M - f(x_0))$$

つまり, λ の定義から,

$$f(x) - f(x_0) \le \frac{M - f(x_0)}{\varepsilon}\|x - x_0\|_2 \le L\|x - x_0\|_2$$

を満たす $L > 0$ が存在します. 最後に, $f(x) - f(x_0) \ge -L\|x - x_0\|_2$ を示します.

$$x^\lambda := x_0 + \frac{1}{\lambda}(x_0 - x)$$

と定義します. x_λ に関する同様の議論から, $x^\lambda \in \overline{N_2(x_0; \varepsilon)}$ であり, $x = x_0 + \lambda(x_0 - x^\lambda)$ となります. さらに, $1/(1 + \lambda) \in [1/2, 1)$, $\lambda/(1 + \lambda) \in (0, 1/2]$ であり, また, $x_0 + \lambda(x_0 - x^\lambda), x^\lambda \in \overline{N_2(x_0; \varepsilon)}$ から,

$$x_0 = \frac{1}{1 + \lambda}\left\{x_0 + \lambda\left(x_0 - x^\lambda\right)\right\} + \frac{\lambda}{1 + \lambda}x^\lambda \in \overline{N_2(x_0; \varepsilon)}$$

と表現できます. f の凸性から,

$$f(x_0) = f\left(\frac{1}{1 + \lambda}\left\{x_0 + \lambda\left(x_0 - x^\lambda\right)\right\} + \frac{\lambda}{1 + \lambda}x^\lambda\right)$$
$$\le \frac{1}{1 + \lambda}f(x_0 + \lambda(x_0 - x^\lambda)) + \frac{\lambda}{1 + \lambda}f(x^\lambda)$$

なので，$f(\boldsymbol{x}^\lambda) \leq M$ から，

$$f(\boldsymbol{x}) = f(\boldsymbol{x}_0 + \lambda(\boldsymbol{x}_0 - \boldsymbol{x}^\lambda)) \geq (1+\lambda)f(\boldsymbol{x}_0) - \lambda f(\boldsymbol{x}^\lambda)$$
$$\geq (1+\lambda)f(\boldsymbol{x}_0) - \lambda M = f(\boldsymbol{x}_0) - \lambda(M - f(\boldsymbol{x}_0))$$

つまり，λ の定義から，

$$f(\boldsymbol{x}) - f(\boldsymbol{x}_0) \geq -\frac{M - f(\boldsymbol{x}_0)}{\varepsilon}\|\boldsymbol{x} - \boldsymbol{x}_0\|_2 \geq -L\|\boldsymbol{x} - \boldsymbol{x}_0\|_2$$

が成立します． $\square$

命題 A.1.1から，次の命題 A.1.2が得られます．

◣ **命題A.1.2** ⟩─⟨ $\mathbb{R}^d$ 上の凸関数の連続性 ⟩

凸関数 $f\colon \mathbb{R}^d \to \mathbb{R}$ は連続です．

命題 A.1.2の証明． $C = \mathbb{R}^d$ は凸集合であり，任意の $\mathbb{R}^d$ のベクトルは $\mathbb{R}^d$ の内点です． $\boldsymbol{x}_0 \in \mathbb{R}^d$ とし，$(\boldsymbol{x}_k)_{k\in\mathbb{N}} \subset \mathbb{R}^d$ は $\boldsymbol{x}_k \to \boldsymbol{x}_0$ を満たすとします．命題 A.1.1の結論にある $\varepsilon > 0$ をとるとき，ある番号 k_0 が存在して，任意の $k \geq k_0$ に対して $\|\boldsymbol{x}_k - \boldsymbol{x}_0\|_2 \leq \varepsilon$, つまり，$\boldsymbol{x}_k \in \overline{N_2(\boldsymbol{x}_0; \varepsilon)}\ (k \geq k_0)$ が成立します．命題 A.1.1から，

$$|f(\boldsymbol{x}_k) - f(\boldsymbol{x}_0)| \leq L\|\boldsymbol{x}_k - \boldsymbol{x}_0\|_2 \to 0\ (k \to +\infty)$$

なので，$f(\boldsymbol{x}_k) \to f(\boldsymbol{x}_0)$ が成立します．これは，f が $\boldsymbol{x}_0 \in \mathbb{R}^d$ で連続であることを示しています．以上のことから，f は連続関数となります． $\square$

A.1.3 ● 近接写像の存在性と一意性の証明

式 (2.32)で定義される凸関数 f の近接写像，つまり，任意の $\boldsymbol{x} \in \mathbb{R}^d$ に対して，

$$\mathrm{prox}_f(\boldsymbol{x}) = \operatorname*{argmin}_{\boldsymbol{p}\in\mathbb{R}^d}\left\{f(\boldsymbol{p}) + \frac{1}{2}\|\boldsymbol{p} - \boldsymbol{x}\|^2\right\}$$

の存在性とその一意性を証明します．証明の準備として，幾つかの命題を示します．

◣ **命題A.1.3** ⟩

$\boldsymbol{x}, \boldsymbol{y} \in \mathbb{R}^d$ とします．このとき，

$$\forall r > 0\ (\|\boldsymbol{x}\| \leq \|\boldsymbol{x} + r\boldsymbol{y}\|) \Longleftrightarrow \langle \boldsymbol{x}, \boldsymbol{y} \rangle \geq 0$$

が成立します．

命題 A.1.3 の証明.　$r > 0$に対して，$\|x\| \leq \|x + ry\|$とします．命題 2.1.1 から，

$$\|x\|^2 \leq \|x + ry\|^2 = \|x\|^2 + 2r\langle x, y \rangle + r^2\|y\|^2$$

なので，$0 \leq 2r\langle x, y \rangle + r^2\|y\|^2$，つまり，$0 \leq 2\langle x, y \rangle + r\|y\|^2$が成立します．$r \downarrow 0$をとると，$0 \leq 2\langle x, y \rangle$，つまり，$0 \leq \langle x, y \rangle$を満たします．

また，$r > 0$とし，$\langle x, y \rangle \geq 0$とします．このとき，命題 2.1.1 から，

$$\|x + ry\|^2 - \|x\|^2 = 2r\langle x, y \rangle + r^2\|y\|^2 \geq 0$$

つまり，$\|x\| \leq \|x + ry\|$が成立します．　　　　　　　　　　　　□

命題 A.1.4

$f\colon \mathbb{R}^d \to \mathbb{R}$を凸とします．このとき，任意の $r > 0$，任意の $x, y \in \mathbb{R}^d$，任意の $g_x \in \partial f(x)$，および，$g_y \in \partial f(y)$ に対して，

$$\|x - y\| \leq \|(x - y) + r(g_x - g_y)\|$$

が成立します．

命題 A.1.4 の証明.　命題 2.3.2(2) から，∂fは単調なので，

$$\langle g_x - g_y, x - y \rangle \geq 0$$

が成立します．命題 A.1.3 から証明が完了します．　　　　　　　　□

$f\colon \mathbb{R}^d \to \mathbb{R}$を凸とします．任意の$r > 0$と任意の$x \in \mathbb{R}^d$に対して，

$$(r\partial f)(x) = r\partial f(x) := \{rg \colon g \in \partial f(x)\}$$

とします．∂fの**リゾルベント** (resolvent)は，任意の$r > 0$と任意の$x \in \mathbb{R}^d$に対して，

$$J_r(x) := \left\{ u \in \mathbb{R}^d \colon u + r\partial f(u) \ni x \right\} \tag{A.7}$$

として定義される集合値写像ですが，1価写像，つまり，$J_r\colon \mathbb{R}^d \to \mathbb{R}^d$になることを示します．$u_1, u_2 \in J_r(x)$とすると，

$$u_1 + r\partial f(u_1) \ni x, \ u_2 + r\partial f(u_2) \ni x$$

なので，

$$\exists g_1 \in \partial f(u_1) \ (u_1 + rg_1 = x)$$

$$\exists \boldsymbol{g}_2 \in \partial f(\boldsymbol{u}_2) \; (\boldsymbol{u}_2 + r\boldsymbol{g}_2 = \boldsymbol{x})$$

が成立します．命題 A.1.4 から，

$$\|\boldsymbol{u}_1 - \boldsymbol{u}_2\| \leq \|(\boldsymbol{u}_1 - \boldsymbol{u}_2) + r(\boldsymbol{g}_1 - \boldsymbol{g}_2)\| = \|(\boldsymbol{u}_1 + r\boldsymbol{g}_1) - (\boldsymbol{u}_2 + r\boldsymbol{g}_2)\|$$
$$= \|\boldsymbol{x} - \boldsymbol{x}\| = 0$$

なので，$\boldsymbol{u}_1 = \boldsymbol{u}_2$ を満たします．よって，$J_r(\boldsymbol{x})$ は 1 価となります．式 (A.7) で定義される ∂f のリゾルベント J_r を

$$J_r = (\mathrm{Id} + r\partial f)^{-1} \tag{A.8}$$

と書くことにします．ただし，Id は $\mathbb{R}^d$ 上の恒等写像，つまり，$\mathrm{Id}(\boldsymbol{x}) := \boldsymbol{x}$ として定義されます．

ここで，劣微分に関する次の命題 A.1.5 を示します．

命題 A.1.5

$f\colon \mathbb{R}^d \to \mathbb{R}$ を凸とし，$\boldsymbol{u} \in \mathbb{R}^d$，$r > 0$ とします．$q\colon \mathbb{R}^d \to \mathbb{R}$ を任意の $\boldsymbol{x} \in \mathbb{R}^d$ に対して，

$$q(\boldsymbol{x}) := \frac{1}{2r}\|\boldsymbol{x} - \boldsymbol{u}\|^2$$

と定義します．このとき，

$$\partial(f + q) = \partial f + \partial q$$

が成立します．ただし，任意の $\boldsymbol{x} \in \mathbb{R}^d$ に対して，

$$(\partial f + \partial q)(\boldsymbol{x}) = \partial f(\boldsymbol{x}) + \partial q(\boldsymbol{x}) := \{\boldsymbol{g} + \boldsymbol{h}\colon \boldsymbol{g} \in \partial f(\boldsymbol{x}),\ \boldsymbol{h} \in \partial q(\boldsymbol{x})\}$$

とします．

命題 A.1.5 の証明． まず，凸関数 $q\colon \mathbb{R}^d \to \mathbb{R}$ の $\boldsymbol{x}$ での劣勾配が

$$\left\{\frac{1}{r}(\boldsymbol{x} - \boldsymbol{u})\right\} = \partial q(\boldsymbol{x}) \tag{A.9}$$

となることを示します．

$$\boldsymbol{h} \in \partial q(\boldsymbol{x}) \iff \forall \boldsymbol{y} \in \mathbb{R}^d \; \left(\frac{1}{2r}\|\boldsymbol{y} - \boldsymbol{u}\|^2 \geq \frac{1}{2r}\|\boldsymbol{x} - \boldsymbol{u}\|^2 + \langle \boldsymbol{h}, \boldsymbol{y} - \boldsymbol{x}\rangle\right)$$

に注意して，内積の性質とノルムの定義から，

$$\frac{1}{2r}\|\boldsymbol{y} - \boldsymbol{u}\|^2 - \frac{1}{2r}\|\boldsymbol{x} - \boldsymbol{u}\|^2 - \left\langle \frac{1}{r}(\boldsymbol{x} - \boldsymbol{u}), \boldsymbol{y} - \boldsymbol{x}\right\rangle$$

$$= \frac{1}{2r} \left(\|y - u\|^2 - \|x - u\|^2 - 2 \langle x - u, y - x \rangle \right)$$

$$= \frac{1}{2r} \left(\|y - u\|^2 - \|x - u\|^2 - 2 \langle x - u, (y - u) + (u - x) \rangle \right)$$

$$= \frac{1}{2r} \left(\|y - u\|^2 + \|x - u\|^2 - 2 \langle x - u, y - u \rangle \right)$$

が成立します. 命題 2.1.1 から,

$$\frac{1}{2r} \|y - u\|^2 - \frac{1}{2r} \|x - u\|^2 - \left\langle \frac{1}{r}(x - u), y - x \right\rangle$$

$$= \frac{1}{2r} \|(y - u) - (x - u)\|^2 \geq 0$$

つまり, $(x - u)/r \in \partial q(x)$ を満たします. ここで, $h \in \partial q(x)$ ならば $h = (x - u)/r$ を示します. $h \in \partial q(x)$ から,

$$\forall y \in \mathbb{R}^d \ \left(\frac{1}{2r} \|y - u\|^2 \geq \frac{1}{2r} \|x - u\|^2 + \langle h, y - x \rangle \right)$$

なので, $y := rh + u$ とおくと,

$$\frac{1}{2r} \|rh\|^2 \geq \frac{1}{2r} \|x - u\|^2 + \langle h, rh + u - x \rangle$$

$$= \frac{1}{2r} \|x - u\|^2 + r\|h\|^2 + \langle h, u - x \rangle$$

となります. 命題 2.1.1 を用いて

$$0 \geq \|rh\|^2 + \|x - u\|^2 - 2\langle rh, x - u \rangle = \|rh - (x - u)\|^2$$

から, $h = (x - u)/r$ が成立します.

次に, $\partial f(x) + \partial q(x) \subset \partial(f + q)(x)$ を示します. $p \in \partial f(x) + \partial q(x)$ とすると, 式 (A.9) から,

$$p - \frac{1}{r}(x - u) \in \partial f(x)$$

なので, f の劣微分の定義から,

$$\forall y \in \mathbb{R}^d \ \left(f(y) \geq f(x) + \left\langle p - \frac{1}{r}(x - u), y - x \right\rangle \right)$$

であり, 一方, 式 (A.9) から,

$$\forall y \in \mathbb{R}^d \ \left(q(y) \geq q(x) + \left\langle \frac{1}{r}(x - u), y - x \right\rangle \right)$$

が成立します. 上記二つの不等式を足し合わせると

$$\forall y \in \mathbb{R}^d \ ((f + q)(y) \geq (f + q)(x) + \langle p, y - x \rangle)$$

すなわち, $p \in (\partial f + \partial q)(\boldsymbol{x})$ なので, $\partial f(\boldsymbol{x}) + \partial q(\boldsymbol{x}) \subset \partial(f+q)(\boldsymbol{x})$ を満たします.

さらに, $\partial(f+q)(\boldsymbol{x}) \subset \partial f(\boldsymbol{x}) + \partial q(\boldsymbol{x})$ を示します. $\boldsymbol{r} \in \partial(f+q)(\boldsymbol{x})$ とすると, $f+q$ の劣微分の定義から,

$$\forall \boldsymbol{y} \in \mathbb{R}^d \left((f+q)(\boldsymbol{y}) \geq (f+q)(\boldsymbol{x}) + \langle \boldsymbol{r}, \boldsymbol{y} - \boldsymbol{x} \rangle\right)$$

が成立します. $(f+q)(\boldsymbol{x}) := f(\boldsymbol{x}) + q(\boldsymbol{x})$ と q の定義から,

$$f(\boldsymbol{x}) + \langle \boldsymbol{r}, \boldsymbol{y} - \boldsymbol{x} \rangle \leq f(\boldsymbol{y}) + q(\boldsymbol{y}) - q(\boldsymbol{x})$$
$$= f(\boldsymbol{y}) + \frac{1}{2r}\left(\|\boldsymbol{y} - \boldsymbol{u}\|^2 - \|\boldsymbol{x} - \boldsymbol{u}\|^2\right)$$

が任意の $\boldsymbol{y} \in \mathbb{R}^d$ に対して成立します. 命題 2.1.1 を用いて,

$$f(\boldsymbol{x}) + \left\langle \boldsymbol{r} - \frac{1}{r}(\boldsymbol{x} - \boldsymbol{u}), \boldsymbol{y} - \boldsymbol{x} \right\rangle$$
$$= f(\boldsymbol{x}) + \langle \boldsymbol{r}, \boldsymbol{y} - \boldsymbol{x} \rangle - \frac{1}{r}\langle \boldsymbol{x} - \boldsymbol{u}, \boldsymbol{y} - \boldsymbol{x} \rangle$$
$$\leq f(\boldsymbol{y}) + \frac{1}{2r}\left(\|\boldsymbol{y} - \boldsymbol{u}\|^2 - \|\boldsymbol{x} - \boldsymbol{u}\|^2\right) - \frac{1}{r}\langle \boldsymbol{x} - \boldsymbol{u}, \boldsymbol{y} - \boldsymbol{x} \rangle$$
$$= f(\boldsymbol{y}) + \frac{1}{2r}\left(\|\boldsymbol{y} - \boldsymbol{u}\|^2 - \|\boldsymbol{x} - \boldsymbol{u}\|^2 - 2\langle \boldsymbol{x} - \boldsymbol{u}, \boldsymbol{y} - \boldsymbol{x} \rangle\right)$$
$$= f(\boldsymbol{y}) + \frac{1}{2r}\left(\|\boldsymbol{y} - \boldsymbol{u}\|^2 + \|\boldsymbol{x} - \boldsymbol{u}\|^2 - 2\langle \boldsymbol{x} - \boldsymbol{u}, \boldsymbol{y} - \boldsymbol{u} \rangle\right)$$
$$= f(\boldsymbol{y}) + \frac{1}{2r}\|(\boldsymbol{y} - \boldsymbol{u}) - (\boldsymbol{x} - \boldsymbol{u})\|^2$$
$$= f(\boldsymbol{y}) + \frac{1}{2r}\|\boldsymbol{y} - \boldsymbol{x}\|^2$$

が任意の $\boldsymbol{y} \in \mathbb{R}^d$ に対して成立します. また, $\boldsymbol{w} \in \mathbb{R}^d$, $\alpha \in [0,1)$ とし, $\boldsymbol{y} := \alpha \boldsymbol{x} + (1-\alpha)\boldsymbol{w}$ とおくと, f の凸性とノルムの性質から,

$$f(\boldsymbol{x}) + (1-\alpha)\left\langle \boldsymbol{r} - \frac{1}{r}(\boldsymbol{x} - \boldsymbol{u}), \boldsymbol{w} - \boldsymbol{x} \right\rangle$$
$$\leq \alpha f(\boldsymbol{x}) + (1-\alpha)f(\boldsymbol{w}) + \frac{(1-\alpha)^2}{2r}\|\boldsymbol{w} - \boldsymbol{x}\|^2$$

つまり,

$$(1-\alpha)f(\boldsymbol{x}) + (1-\alpha)\left\langle \boldsymbol{r} - \frac{1}{r}(\boldsymbol{x} - \boldsymbol{u}), \boldsymbol{w} - \boldsymbol{x} \right\rangle$$
$$\leq (1-\alpha)f(\boldsymbol{w}) + \frac{(1-\alpha)^2}{2r}\|\boldsymbol{w} - \boldsymbol{x}\|^2$$

から,

$$f(\boldsymbol{x}) + \left\langle \boldsymbol{r} - \frac{1}{r}(\boldsymbol{x} - \boldsymbol{u}), \boldsymbol{w} - \boldsymbol{x} \right\rangle \leq f(\boldsymbol{w}) + \frac{1-\alpha}{2r}\|\boldsymbol{w} - \boldsymbol{x}\|^2$$

が成立します. $\alpha \uparrow 1$ をとると,

$$f(\boldsymbol{x}) + \left\langle \boldsymbol{r} - \frac{1}{r}(\boldsymbol{x} - \boldsymbol{u}), \boldsymbol{w} - \boldsymbol{x} \right\rangle \leq f(\boldsymbol{w})$$

が任意の $\boldsymbol{w} \in \mathbb{R}^d$ で成立します. f の劣微分の定義から,

$$\boldsymbol{r} - \frac{1}{r}(\boldsymbol{x} - \boldsymbol{u}) \in \partial f(\boldsymbol{x})$$

なので, 式 (A.9) から,

$$\boldsymbol{r} \in \partial f(\boldsymbol{x}) + \left\{ \frac{1}{r}(\boldsymbol{x} - \boldsymbol{u}) \right\} = \partial f(\boldsymbol{x}) + \partial q(\boldsymbol{x})$$

が成立します. よって, $\partial(f + q)(\boldsymbol{x}) \subset \partial f(\boldsymbol{x}) + \partial q(\boldsymbol{x})$ が成立します. $\qquad\square$

近接写像の存在性と一意性の証明. 任意の $r > 0$ と任意の $\boldsymbol{x} \in \mathbb{R}^d$ に対して,

$$J_r(\boldsymbol{x}) \in \underset{\boldsymbol{p} \in \mathbb{R}^d}{\mathrm{argmin}} \left\{ f(\boldsymbol{p}) + \frac{1}{2r}\|\boldsymbol{p} - \boldsymbol{x}\|^2 \right\}$$

を示します. $r > 0$, $\boldsymbol{x} \in \mathbb{R}^d$ とし, 任意の $\boldsymbol{y} \in \mathbb{R}^d$ に対して, $q \colon \mathbb{R}^d \to \mathbb{R}$ を

$$q(\boldsymbol{y}) := \frac{1}{2r}\|\boldsymbol{y} - \boldsymbol{x}\|^2$$

で定義された凸関数とします. $\boldsymbol{x}_r := J_r(\boldsymbol{x})$ は ∂f のリゾルベント J_r の定義 (A.7) から,

$$\boldsymbol{x} \in \boldsymbol{x}_r + r\partial f(\boldsymbol{x}_r)$$

なので, 式 (A.9) と命題 A.1.5 から,

$$\boldsymbol{0} \in \partial f(\boldsymbol{x}_r) + \left\{ \frac{1}{r}(\boldsymbol{x}_r - \boldsymbol{x}) \right\} = \partial f(\boldsymbol{x}_r) + \partial q(\boldsymbol{x}_r) = \partial(f + q)(\boldsymbol{x}_r)$$

が成立します. $f + q$ の劣微分の定義から,

$$\forall \boldsymbol{p} \in \mathbb{R}^d \ ((f + q)(\boldsymbol{x}_r) \leq (f + q)(\boldsymbol{p}))$$

を満たすので (命題 3.3.1 も参照), q の定義から,

$$\boldsymbol{x}_r = J_r(\boldsymbol{x}) \in \underset{\boldsymbol{p} \in \mathbb{R}^d}{\mathrm{argmin}} \left\{ f(\boldsymbol{p}) + \frac{1}{2r}\|\boldsymbol{p} - \boldsymbol{x}\|^2 \right\}$$

が成立します. 以下, $\boldsymbol{x}_r$ の一意性を背理法で証明します.

$$\boldsymbol{x}_r, \boldsymbol{p}_r \in \underset{\boldsymbol{p} \in \mathbb{R}^d}{\mathrm{argmin}} \left\{ f(\boldsymbol{p}) + \frac{1}{2r}\|\boldsymbol{p} - \boldsymbol{x}\|^2 \right\} = \underset{\boldsymbol{p} \in \mathbb{R}^d}{\mathrm{argmin}}(f + q)(\boldsymbol{p})$$

とし, $\boldsymbol{x}_r \neq \boldsymbol{p}_r$ と仮定します. ここで, $m := (f + q)(\boldsymbol{x}_r)$ とおくと, f の凸性と命題 2.1.2 から,

$$m \le f\left(\frac{\boldsymbol{x}_r + \boldsymbol{p}_r}{2}\right) + \frac{1}{2r}\left\|\frac{\boldsymbol{x}_r + \boldsymbol{p}_r}{2} - \boldsymbol{x}\right\|^2$$

$$\le \frac{1}{2}f(\boldsymbol{x}_r) + \frac{1}{2}f(\boldsymbol{p}_r) + \frac{1}{2r}\left\|\frac{1}{2}(\boldsymbol{x}_r - \boldsymbol{x}) + \frac{1}{2}(\boldsymbol{p}_r - \boldsymbol{x})\right\|^2$$

$$= \frac{1}{2}f(\boldsymbol{x}_r) + \frac{1}{2}f(\boldsymbol{p}_r)$$

$$\quad + \frac{1}{2r}\left(\frac{1}{2}\|\boldsymbol{x}_r - \boldsymbol{x}\|^2 + \frac{1}{2}\|\boldsymbol{p}_r - \boldsymbol{x}\|^2 - \frac{1}{4}\|(\boldsymbol{x}_r - \boldsymbol{x}) - (\boldsymbol{p}_r - \boldsymbol{x})\|^2\right)$$

$$= \frac{1}{2}f(\boldsymbol{x}_r) + \frac{1}{2}f(\boldsymbol{p}_r)$$

$$\quad + \frac{1}{2r}\left(\frac{1}{2}\|\boldsymbol{x}_r - \boldsymbol{x}\|^2 + \frac{1}{2}\|\boldsymbol{p}_r - \boldsymbol{x}\|^2 - \frac{1}{4}\|\boldsymbol{x}_r - \boldsymbol{p}_r\|^2\right)$$

が成立します. $\boldsymbol{x}_r \ne \boldsymbol{p}_r$ から,

$$m < \frac{1}{2}f(\boldsymbol{x}_r) + \frac{1}{2}f(\boldsymbol{p}_r) + \frac{1}{2r}\left(\frac{1}{2}\|\boldsymbol{x}_r - \boldsymbol{x}\|^2 + \frac{1}{2}\|\boldsymbol{p}_r - \boldsymbol{x}\|^2\right)$$

$$= \frac{1}{2}\left((f+q)(\boldsymbol{x}_r) + (f+q)(\boldsymbol{p}_r)\right) = m$$

が導かれますが, 矛盾が生じます. よって, $\boldsymbol{x}_r$ の一意性が示されました. つまり, 任意の $r > 0$ に対して

$$J_r(\boldsymbol{x}) = \operatorname*{argmin}_{\boldsymbol{p} \in \mathbb{R}^d}\left\{f(\boldsymbol{p}) + \frac{1}{2r}\|\boldsymbol{p} - \boldsymbol{x}\|^2\right\} \tag{A.10}$$

特に,

$$J_1(\boldsymbol{x}) = \operatorname{prox}_f(\boldsymbol{x}) = \operatorname*{argmin}_{\boldsymbol{p} \in \mathbb{R}^d}\left\{f(\boldsymbol{p}) + \frac{1}{2}\|\boldsymbol{p} - \boldsymbol{x}\|^2\right\} \tag{A.11}$$

を満たします. □

なお,

$$\underbrace{f(\cdot)}_{\text{凸}} + \underbrace{\frac{1}{2r}\|\cdot - \boldsymbol{x}\|^2}_{\text{超強圧}}$$

から, f は強圧的なので, 命題 A.2.3 からも近接写像の存在性が保証されます (付録 A.2 参照).

A.2 | 3章

A.2.1 ● 最適化問題の最適解の存在性

$f: \mathbb{R}^d \to \mathbb{R}$ が**強圧的** (coercive) であるとは,

$$\lim_{\|\boldsymbol{x}\| \to +\infty} f(\boldsymbol{x}) = +\infty$$

が成り立つときをいいます．また，$f\colon \mathbb{R}^d \to \mathbb{R}$ が**超強圧的** (supercoercive) であるとは，

$$\lim_{\|\boldsymbol{x}\| \to +\infty} \frac{f(\boldsymbol{x})}{\|\boldsymbol{x}\|} = +\infty$$

が成り立つときをいいます．

実数 t に対する $f\colon \mathbb{R}^d \to \mathbb{R}$ の**下位集合** (lower level set) を $\mathcal{L}_t(f) := \{\boldsymbol{x} \in \mathbb{R}^d\colon f(\boldsymbol{x}) \leq t\}$ と定義します．強圧性と下位集合の関係は，次の命題 A.2.1 のとおりです．

命題A.2.1 〈強圧性と下位集合の関係〉

$f\colon \mathbb{R}^d \to \mathbb{R}$ とします．このとき，f が強圧的であることの必要十分条件は，f の下位集合で生成される集合 $(\mathcal{L}_t(f))_{t\in\mathbb{R}}$ が有界であることです．

命題 A.2.1 の証明． f が強圧的ならば $(\mathcal{L}_t(f))_{t\in\mathbb{R}}$ が有界であることの対偶命題，つまり，ある $t_0 \in \mathbb{R}$ が存在して $\mathcal{L}_{t_0}(f)$ が非有界ならば f は強圧的でないことを示します．

$\mathcal{L}_{t_0}(f)$ が非有界なので，$\|\boldsymbol{x}_k\| \to +\infty$ となる $(\boldsymbol{x}_k)_{k\in\mathbb{N}} \subset \mathcal{L}_{t_0}(f)$ をとることができます．$(\boldsymbol{x}_k)_{k\in\mathbb{N}} \subset \mathcal{L}_{t_0}(f)$ から，任意の $k \in \mathbb{N}$ に対して $f(\boldsymbol{x}_k) \leq t_0 < +\infty$ を満たすので，f は強圧的ではありません．逆に，任意の $t \in \mathbb{R}$ に対して $\mathcal{L}_t(f) = \{\boldsymbol{x} \in \mathbb{R}^d\colon f(\boldsymbol{x}) \leq t\}$ が有界であるとし，$\|\boldsymbol{x}_k\| \to +\infty$ を満たす点列 $(\boldsymbol{x}_k)_{k\in\mathbb{N}}$ をとります．このとき，任意の $t > 0$ に対して，ある番号 k_0 が存在して，任意の $k \geq k_0$ に対して $\boldsymbol{x}_k \notin \mathcal{L}_t(f)$ を満たします．よって，$f(\boldsymbol{x}_k) > t \ (t > 0, k \geq k_0)$，つまり，$f(\boldsymbol{x}_k) \to +\infty$ を満たします． $\square$

命題A.2.2 〈制約付き凸最適化問題の大域的最適解の存在性〉

$f\colon \mathbb{R}^d \to \mathbb{R}$ を凸とし，$C \subset \mathbb{R}^d$ を空でない閉凸集合とします．また，ある $t \in \mathbb{R}$ に対して $C \cap \mathcal{L}_t(f)$ は空でない有界集合であるとします．このとき，f は C 上で大域的最適解をもちます．

命題 A.2.2 の証明． f の凸性から，$\mathcal{L}_t(f) = \{\boldsymbol{x} \in \mathbb{R}^d\colon f(\boldsymbol{x}) \leq t\}$ は凸集合となります．実際，任意の $\boldsymbol{x}, \boldsymbol{y} \in \mathcal{L}_t(f)$ と任意の $\lambda \in [0,1]$ に対して，

$$f(\lambda\boldsymbol{x} + (1-\lambda)\boldsymbol{y}) \leq \lambda f(\boldsymbol{x}) + (1-\lambda)f(\boldsymbol{y}) \leq t$$

から，$\lambda \boldsymbol{x} + (1 - \lambda)\boldsymbol{y} \in \mathcal{L}_t(f)$ を満たします．また，f の連続性から，$\mathcal{L}_t(f)$ は閉集合となります．実際，$\boldsymbol{x}_k \to \boldsymbol{x} \in \mathbb{R}^d$ となる点列 $(\boldsymbol{x}_k) \subset \mathcal{L}_t(f)$ をとるとき，

$$f(\boldsymbol{x}) = f\left(\lim_{k \to +\infty} \boldsymbol{x}_k\right) = \lim_{k \to +\infty} f(\boldsymbol{x}_k) \leq t$$

より，$\boldsymbol{x} \in \mathcal{L}_t(f)$ を満たします．C は閉凸集合なので，$C \cap \mathcal{L}_t(f)$ は閉凸集合となります．仮定から，$C \cap \mathcal{L}_t(f)$ は有界なので，$C \cap \mathcal{L}_t(f)$ は有界閉集合となります．連続関数は有界閉集合上で最小値および最大値をとる事実（Weierstrass の定理）により，f は $C \cap \mathcal{L}_t(f)$ 上で最小値をとります．よって，

$$\forall \boldsymbol{x} \in C \cap \mathcal{L}_t(f) \ (f(\boldsymbol{x}^\star) \leq f(\boldsymbol{x}))$$

となる $\boldsymbol{x}^\star \in C \cap \mathcal{L}_t(f)$ が存在します．この $\boldsymbol{x}^\star$ が C 上で f を最小化すること，つまり，

$$\forall \boldsymbol{y} \in C \ (f(\boldsymbol{x}^\star) \leq f(\boldsymbol{y}))$$

について，以下，背理法を用いて示します．

ある $\boldsymbol{y}_0 \in C$ が存在して $f(\boldsymbol{x}^\star) > f(\boldsymbol{y}_0)$ と仮定します．$\boldsymbol{y}_0 \in \mathcal{L}_t(f)$ のとき，$\boldsymbol{y}_0 \in C \cap \mathcal{L}_t(f)$ なので，$f(\boldsymbol{y}_0) < f(\boldsymbol{x}^\star) \leq f(\boldsymbol{y}_0)$ より，矛盾が生じます．$\boldsymbol{y}_0 \notin \mathcal{L}_t(f)$ のとき，$f(\boldsymbol{y}_0) > t$ なので，$\boldsymbol{x}^\star \in \mathcal{L}_t(f)$ を利用すると，$f(\boldsymbol{y}_0) > t \geq f(\boldsymbol{x}^\star) > f(\boldsymbol{y}_0)$ より，矛盾が生じます． □

命題 A.2.1 と命題 A.2.2 から，次の命題 A.2.3 を示すことができます．

命題A.2.3 ⟩───⟨ 制約付き凸最適化問題の大域的最適解の存在性

$f \colon \mathbb{R}^d \to \mathbb{R}$ を凸とし，$C \subset \mathbb{R}^d$ を空でない閉凸集合とします．さらに，次の (1) もしくは (2) のどちらか一方の条件が成り立つとします．

(1) f は強圧的
(2) C は有界

このとき，f は C 上で大域的最適解をもちます．

命題 A.2.3 の証明. $C \subset \mathbb{R}^d$ は空でない集合なので，ある $\boldsymbol{x} \in C$ が存在して，$C \cap \mathcal{L}_{f(\boldsymbol{x})}(f) \neq \emptyset$ となります．命題 A.2.2 の証明と同様の議論により，$\mathcal{L}_{f(\boldsymbol{x})}(f)$ は空でない閉凸集合となるので，C の閉凸性から，$C \cap \mathcal{L}_{f(\boldsymbol{x})}(f)$ は空でない閉凸集合となります．条件 (1) のもとでは，命題 A.2.1 から，$C \cap \mathcal{L}_{f(\boldsymbol{x})}(f)$ は有界です．また，条件 (2) のもとでは，$C \cap \mathcal{L}_{f(\boldsymbol{x})}(f)$ は有界です．よって，$t := f(\boldsymbol{x})$ に対する命

題 A.2.2 から，f は C 上で大域的最適解をもちます． $\square$

命題 3.3.3 の証明． (1) $f^\star := \min_{\boldsymbol{x} \in \mathbb{R}^d} f(\boldsymbol{x})$ とし，$f(\boldsymbol{x}) = f^\star, f(\boldsymbol{y}) = f^\star$ となる $\boldsymbol{x}, \boldsymbol{y} \in \mathbb{R}^d$ をとります． $\boldsymbol{x} \neq \boldsymbol{y}$ と仮定すると，f の狭義凸性から，任意の $\lambda \in (0, 1)$ に対して，

$$f(\lambda \boldsymbol{x} + (1 - \lambda)\boldsymbol{y}) < \lambda f(\boldsymbol{x}) + (1 - \lambda)f(\boldsymbol{y}) = f^\star$$

となり，$f^\star$ が問題の最適値であることに矛盾します．よって，$\boldsymbol{x} = \boldsymbol{y}$，つまり，最適解はたかだか一つ存在します．

(2) f が c–強凸とします．命題 2.1.1 により，任意の $\boldsymbol{x}, \boldsymbol{y} \in \mathbb{R}^d$ と任意の $\lambda \in [0, 1]$ に対して，

$$
\begin{aligned}
&f(\lambda \boldsymbol{x} + (1 - \lambda)\boldsymbol{y}) - \frac{c}{2}\|\lambda \boldsymbol{x} + (1 - \lambda)\boldsymbol{y}\|^2 \\
&= f(\lambda \boldsymbol{x} + (1 - \lambda)\boldsymbol{y}) - \frac{c}{2}\left\{\lambda\|\boldsymbol{x}\|^2 + (1 - \lambda)\|\boldsymbol{y}\|^2 - \lambda(1 - \lambda)\|\boldsymbol{x} - \boldsymbol{y}\|^2\right\} \\
&\leq \lambda f(\boldsymbol{x}) + (1 - \lambda)f(\boldsymbol{y}) - \frac{c}{2}\lambda(1 - \lambda)\|\boldsymbol{x} - \boldsymbol{y}\|^2 \\
&\quad - \frac{c}{2}\lambda\|\boldsymbol{x}\|^2 - \frac{c}{2}(1 - \lambda)\|\boldsymbol{y}\|^2 + \frac{c}{2}\lambda(1 - \lambda)\|\boldsymbol{x} - \boldsymbol{y}\|^2 \\
&= \lambda\left(f(\boldsymbol{x}) - \frac{c}{2}\|\boldsymbol{x}\|^2\right) + (1 - \lambda)\left(f(\boldsymbol{y}) - \frac{c}{2}\|\boldsymbol{y}\|^2\right)
\end{aligned}
$$

が成り立つので，$f(\cdot) - (c/2)\|\cdot\|^2$ は凸関数です．ここで，

$$f(\cdot) = \underbrace{\left(f(\cdot) - \frac{c}{2}\|\cdot\|^2\right)}_{h:\,凸} + \underbrace{\frac{c}{2}\|\cdot\|^2}_{超強圧}$$

とします．凸関数 $h\colon \mathbb{R}^d \to \mathbb{R}$ はアフィン関数で下から抑えられる，つまり，

$$\exists \boldsymbol{a} \in \mathbb{R}^d \ \exists b \in \mathbb{R} \ \forall \boldsymbol{x} \in \mathbb{R}^d \ (h(\boldsymbol{x}) \geq \langle \boldsymbol{a}, \boldsymbol{x} \rangle + b)$$

が成り立つことと Cauchy–Schwarz の不等式（命題 2.1.3）を利用すると，任意の $\boldsymbol{x} \in \mathbb{R}^d \backslash \{\boldsymbol{0}\}$ に対して，

$$f(\boldsymbol{x}) \geq -\|\boldsymbol{a}\|\|\boldsymbol{x}\| + b + \frac{c}{2}\|\boldsymbol{x}\|^2$$

すなわち，

$$\frac{f(\boldsymbol{x})}{\|\boldsymbol{x}\|} \geq -\|\boldsymbol{a}\| + \frac{b}{\|\boldsymbol{x}\|} + \frac{c}{2}\|\boldsymbol{x}\| \to +\infty \quad (\|\boldsymbol{x}\| \to +\infty)$$

を満たすので，f は超強圧的関数となります．よって，$C = \mathbb{R}^d$ と命題 A.2.3（条件 (1) のもとで）により，f は大域的最適解をもちます． $f^\star := \min_{\boldsymbol{x} \in \mathbb{R}^d} f(\boldsymbol{x})$ とし，$f(\boldsymbol{x}) = f^\star, f(\boldsymbol{y}) = f^\star$ となる $\boldsymbol{x}, \boldsymbol{y} \in \mathbb{R}^d$ をとります．f の c–強凸性から，任意の

$\lambda \in (0,1)$ に対して,

$$f^\star \le f(\lambda \boldsymbol{x} + (1-\lambda)\boldsymbol{y}) \le \lambda f(\boldsymbol{x}) + (1-\lambda)f(\boldsymbol{y}) - \frac{c}{2}\lambda(1-\lambda)\|\boldsymbol{x}-\boldsymbol{y}\|^2$$
$$= f^\star - \frac{c}{2}\lambda(1-\lambda)\|\boldsymbol{x}-\boldsymbol{y}\|^2$$

が成り立つので,

$$\frac{c}{2}\lambda(1-\lambda)\|\boldsymbol{x}-\boldsymbol{y}\|^2 = 0$$

つまり, $\boldsymbol{x} = \boldsymbol{y}$ が成立します. 以上のことから, f の大域的最適解はただ一つ存在します. □

命題 3.4.2 の証明. 命題 A.2.3（条件 (2) のもとで）から, f は空でない有界閉凸集合上で大域的最適解をもちます. 大域的最適解の一意性については, 命題 3.3.3 の証明と同様の議論（f の狭義凸性, もしくは, 強凸性の利用）により証明されます. □

A.3 | 5章

A.3.1 ● Banach の摂動定理の証明

$\mathbb{R}^d$ の点列 $(\boldsymbol{x}_k)_{k \in \mathbb{N}}$ が $\mathbb{R}^d$ の **Cauchy 列** (Cauchy sequence) であるとは, $\|\boldsymbol{x}_k - \boldsymbol{x}_l\| \to 0 \ (k, l \to +\infty)$ が成り立つときをいいます. ユークリッド空間 $\mathbb{R}^d$ は**完備** (complete) です. つまり, ユークリッド空間 $\mathbb{R}^d$ の任意の Cauchy 列が $\mathbb{R}^d$ の点に収束します.

命題 A.3.1

$C \in \mathbb{R}^{d \times d}$ とします. このとき, $\|C\|_2 < 1$ ならば $I - C$ は正則であり,

$$(I-C)^{-1} = \sum_{i=0}^{+\infty} C^i, \quad \left\|(I-C)^{-1}\right\|_2 \le \frac{1}{1-\|C\|_2}$$

が成立します. ただし, $C^0 := I$ とします.

命題 A.3.1 の証明. 点列 $(S_k)_{k \in \mathbb{N}} \subset \mathbb{R}^{d \times d}$ を $S_k := \sum_{i=0}^{k} C^i \ (k \in \mathbb{N})$ と定義します. 三角不等式と劣乗法性 (2.12) から, $l > k$ となる任意の $k, l \in \mathbb{N}$ に対して,

$$\|S_l - S_k\|_2 = \left\|\sum_{i=k+1}^{l} C^i\right\|_2 \le \sum_{i=k+1}^{l} \|C^i\|_2 \le \sum_{i=k+1}^{l} \|C\|_2^i$$

$$= \|C\|_2^{k+1} \left(\frac{1 - \|C\|_2^{l-k}}{1 - \|C\|_2} \right) \leq \frac{\|C\|_2^{k+1}}{1 - \|C\|_2} =: \alpha_k$$

および, $\|C\|_2 < 1$ から $\alpha_k \to 0 \ (k \to +\infty)$ を満たすので $(S_k)_{k \in \mathbb{N}} \subset \mathbb{R}^{d \times d}$ は Cauchy 列です. $\mathbb{R}^{d \times d}$ の完備性から,

$$\exists S^\star \in \mathbb{R}^{d \times d} \left(S_k \to S^\star := \sum_{i=0}^{+\infty} C^i \right)$$

が成立します. 任意の $k \in \mathbb{N}$ に対して $S_{k+1} - S_k C = I$, および, $S_{k+1} - C S_k = I$ なので,

$$S^\star (I - C) = (I - C) S^\star = I$$

つまり, $I - C$ は正則行列となり, その逆行列は

$$(I - C)^{-1} = S^\star = \sum_{i=0}^{+\infty} C^i$$

となります. $(I - C)(I - C)^{-1} = I$ から, $(I - C)^{-1} = I + C(I - C)^{-1}$ なので, 三角不等式と劣乗法性(2.12)から,

$$\|(I - C)^{-1}\|_2 \leq \|I\|_2 + \|C(I - C)^{-1}\|_2 \leq 1 + \|C\|_2 \|(I - C)^{-1}\|_2$$

すなわち, $\|C\|_2 < 1$ から,

$$\left\| (I - C)^{-1} \right\|_2 \leq \frac{1}{1 - \|C\|_2}$$

が成立します. □

命題 A.3.1 から, 次の命題 A.3.2 が得られます.

命題A.3.2 — **Banach の摂動定理**

$A \in \mathbb{R}^{d \times d}$ が正則で, $B \in \mathbb{R}^{d \times d}$ が $\|A^{-1}(B - A)\|_2 < 1$ を満たすとき, B は正則となり,

$$\left\| B^{-1} \right\|_2 \leq \frac{\left\| A^{-1} \right\|_2}{1 - \|A^{-1}(B - A)\|_2}$$

が成立します.

命題 A.3.2 の証明. $C := -A^{-1}(B - A) = -A^{-1}B + I$ とします. 仮定から, $\|C\|_2 = \|A^{-1}(B - A)\|_2 < 1$ を満たします. 命題 A.3.1 から, $I - C = A^{-1}B$ は正則, つまり, B は正則です. $B = A(I - C)$ から, $B^{-1} = (I - C)^{-1}A^{-1}$ となりま

す．劣乗法性 (2.12) と命題 A.3.1 から，

$$\left\|B^{-1}\right\|_2 = \left\|(I-C)^{-1}A^{-1}\right\|_2 \leq \left\|(I-C)^{-1}\right\|_2 \left\|A^{-1}\right\|_2$$
$$\leq \frac{\|A^{-1}\|_2}{1-\|C\|_2} = \frac{\|A^{-1}\|_2}{1-\|A^{-1}(B-A)\|_2}$$

が成立します． □

A.3.2 ● 最急降下法の有界性

(1) 平滑凸関数

> 命題 A.3.3
>
> $f \in C_L^1(\mathbb{R}^d)$ は凸関数とし，停留点が存在するとします．このとき，$\alpha_k \in (0, 1/L]$ $(k \in \mathbb{N})$ を利用する最急降下法（アルゴリズム 5.1）で生成される点列 $(\boldsymbol{x}_k)_{k \in \mathbb{N}}$ は有界です．ただし，$L > 0$ は Lipschitz 連続勾配 ∇f の Lipschitz 定数とします．

命題 A.3.3 の証明． $k \in \mathbb{N}$ とし，任意の $\boldsymbol{x} \in \mathbb{R}^d$ に対して，関数 $\phi_k : \mathbb{R}^d \to \mathbb{R}$ を

$$\phi_k(\boldsymbol{x}) := f(\boldsymbol{x}_k) + \langle \nabla f(\boldsymbol{x}_k), \boldsymbol{x} - \boldsymbol{x}_k \rangle + \frac{1}{2\alpha_k}\|\boldsymbol{x} - \boldsymbol{x}_k\|^2$$

と定義します．f の凸性と命題 2.3.2(1) から，

$$\phi_k(\boldsymbol{x}) \leq f(\boldsymbol{x}) + \frac{1}{2\alpha_k}\|\boldsymbol{x} - \boldsymbol{x}_k\|^2 \tag{A.12}$$

が成立します．さらに，$\nabla\phi_k(\boldsymbol{x}) = \nabla f(\boldsymbol{x}_k) + (1/\alpha_k)(\boldsymbol{x} - \boldsymbol{x}_k)$ なので，任意の $\boldsymbol{x}, \boldsymbol{y} \in \mathbb{R}^d$ に対して，

$$\langle \boldsymbol{x} - \boldsymbol{y}, \nabla\phi_k(\boldsymbol{x}) - \nabla\phi_k(\boldsymbol{y}) \rangle = \frac{1}{\alpha_k}\langle \boldsymbol{x} - \boldsymbol{y}, \boldsymbol{x} - \boldsymbol{y} \rangle = \frac{1}{\alpha_k}\|\boldsymbol{x} - \boldsymbol{y}\|^2$$

つまり，ϕ_k は $1/\alpha_k$–強凸関数です（命題 2.3.4(1)）．命題 3.3.3(2) と命題 3.2.1(2) から，強凸関数 ϕ_k の $\mathbb{R}^d$ 上の大域的最適解 $\tilde{\boldsymbol{x}}_k$ は一意に存在して

$$\boldsymbol{0} = \nabla\phi_k(\tilde{\boldsymbol{x}}_k) = \nabla f(\boldsymbol{x}_k) + \frac{1}{\alpha_k}(\tilde{\boldsymbol{x}}_k - \boldsymbol{x}_k)$$

すなわち，

$$\tilde{\boldsymbol{x}}_k = \boldsymbol{x}_k - \alpha_k \nabla f(\boldsymbol{x}_k) =: \boldsymbol{x}_{k+1}$$

です．ϕ_k の強凸性，命題 2.3.4(1)，および，$\nabla\phi_k(\boldsymbol{x}_{k+1}) = \boldsymbol{0}$ から，

$$\phi_k(\boldsymbol{x}) \geq \phi_k(\boldsymbol{x}_{k+1}) + \langle \nabla\phi_k(\boldsymbol{x}_{k+1}), \boldsymbol{x} - \boldsymbol{x}_{k+1} \rangle + \frac{1}{2\alpha_k}\|\boldsymbol{x}_{k+1} - \boldsymbol{x}\|^2$$
$$= \phi_k(\boldsymbol{x}_{k+1}) + \frac{1}{2\alpha_k}\|\boldsymbol{x}_{k+1} - \boldsymbol{x}\|^2 \tag{A.13}$$

が成立します.一方で,$\alpha_k \in (0, 1/L]$,f の L–平滑性,および,命題 2.2.3(式 (2.23))から,

$$
\begin{aligned}
\phi_k(\boldsymbol{x}_{k+1}) &= f(\boldsymbol{x}_k) + \langle \nabla f(\boldsymbol{x}_k), \boldsymbol{x}_{k+1} - \boldsymbol{x}_k \rangle + \frac{1}{2\alpha_k}\|\boldsymbol{x}_{k+1} - \boldsymbol{x}_k\|^2 \\
&\geq f(\boldsymbol{x}_k) + \langle \nabla f(\boldsymbol{x}_k), \boldsymbol{x}_{k+1} - \boldsymbol{x}_k \rangle + \frac{L}{2}\|\boldsymbol{x}_{k+1} - \boldsymbol{x}_k\|^2 \\
&\geq f(\boldsymbol{x}_{k+1})
\end{aligned} \tag{A.14}
$$

となります.式 (A.12),式 (A.13),および,式 (A.14) から,

$$
f(\boldsymbol{x}) + \frac{1}{2\alpha_k}\|\boldsymbol{x}_k - \boldsymbol{x}\|^2 \geq f(\boldsymbol{x}_{k+1}) + \frac{1}{2\alpha_k}\|\boldsymbol{x}_{k+1} - \boldsymbol{x}\|^2
$$

つまり,

$$
\frac{1}{2\alpha_k}\left(\|\boldsymbol{x}_{k+1} - \boldsymbol{x}\|^2 - \|\boldsymbol{x}_k - \boldsymbol{x}\|^2\right) \leq f(\boldsymbol{x}) - f(\boldsymbol{x}_{k+1})
$$

が任意の $\boldsymbol{x} \in \mathbb{R}^d$ に対して成立します.特に,$\boldsymbol{x} = \boldsymbol{x}^\star \in \operatorname{argmin}_{\boldsymbol{x} \in \mathbb{R}^d} f(\boldsymbol{x})$ では,

$$
\frac{1}{2\alpha_k}\left(\|\boldsymbol{x}_{k+1} - \boldsymbol{x}^\star\|^2 - \|\boldsymbol{x}_k - \boldsymbol{x}^\star\|^2\right) \leq f(\boldsymbol{x}^\star) - f(\boldsymbol{x}_{k+1}) \leq 0
$$

すなわち,$(\|\boldsymbol{x}_k - \boldsymbol{x}^\star\|^2)_{k \in \mathbb{N}}$ は下に有界な単調減少数列です.よって,$\lim_{k \to +\infty} \|\boldsymbol{x}_k - \boldsymbol{x}^\star\|^2$ が存在するので,$(\|\boldsymbol{x}_k - \boldsymbol{x}^\star\|^2)_{k \in \mathbb{N}}$ は有界です. $\square$

(2) 平滑強凸関数

命題 A.3.4

$f \in C_L^1(\mathbb{R}^d)$ は c–強凸な L–平滑関数とします.このとき,$\alpha_k \in (0, 2c/L^2)$ ($k \in \mathbb{N}$) を利用する最急降下法(アルゴリズム 5.1)で生成される点列 $(\boldsymbol{x}_k)_{k \in \mathbb{N}}$ は有界です.

命題 A.3.4 の証明. 命題 3.3.3(2) から,f の大域的最小解 $\boldsymbol{x}^\star$ は一意に存在します.最急降下法の定義,ノルムの展開(命題 2.1.1),および,$\nabla f(\boldsymbol{x}^\star) = \boldsymbol{0}$ から,任意の $k \in \mathbb{N}$ に対して,

$$
\begin{aligned}
\|\boldsymbol{x}_{k+1} - \boldsymbol{x}^\star\|^2 &= \|(\boldsymbol{x}_k - \boldsymbol{x}^\star) - \alpha_k \nabla f(\boldsymbol{x}_k)\|^2 \\
&= \|\boldsymbol{x}_k - \boldsymbol{x}^\star\|^2 - 2\alpha_k \langle \boldsymbol{x}_k - \boldsymbol{x}^\star, \nabla f(\boldsymbol{x}_k) \rangle + \alpha_k^2 \|\nabla f(\boldsymbol{x}_k)\|^2 \\
&= \|\boldsymbol{x}_k - \boldsymbol{x}^\star\|^2 - 2\alpha_k \langle \boldsymbol{x}_k - \boldsymbol{x}^\star, \nabla f(\boldsymbol{x}_k) - \nabla f(\boldsymbol{x}^\star) \rangle \\
&\quad + \alpha_k^2 \|\nabla f(\boldsymbol{x}_k) - \nabla f(\boldsymbol{x}^\star)\|^2
\end{aligned}
$$

が成立します(式 (5.13) 参照).f の L–平滑性(∇f の L–Lipschitz 連続性)と c–強

凸性（命題2.3.4(2)）から，

$$\|\boldsymbol{x}_{k+1} - \boldsymbol{x}^\star\|^2 \le \|\boldsymbol{x}_k - \boldsymbol{x}^\star\|^2 - 2c\alpha_k\|\boldsymbol{x}_k - \boldsymbol{x}^\star\|^2 + L^2\alpha_k^2\|\boldsymbol{x}_k - \boldsymbol{x}^\star\|^2$$
$$= \left(1 - 2c\alpha_k + L^2\alpha_k^2\right)\|\boldsymbol{x}_k - \boldsymbol{x}^\star\|^2$$

が任意の$k \in \mathbb{N}$に対して成立します．$\alpha_k \in (0, 2c/L^2)$ と式(2.31)から，$0 \le 1 - 2c\alpha_k + L^2\alpha_k^2 < 1$ なので

$$0 \le \|\boldsymbol{x}_{k+1} - \boldsymbol{x}^\star\|^2 < \|\boldsymbol{x}_k - \boldsymbol{x}^\star\|^2$$

が任意の$k \in \mathbb{N}$に対して成立します．$(\|\boldsymbol{x}_k - \boldsymbol{x}^\star\|^2)_{k\in\mathbb{N}}$は下に有界な単調減少数列なので，$\lim_{k\to+\infty}\|\boldsymbol{x}_k - \boldsymbol{x}^\star\|^2$ が存在します．よって，$(\|\boldsymbol{x}_k - \boldsymbol{x}^\star\|^2)_{k\in\mathbb{N}}$は有界です．$\qquad\square$

(3) 射影勾配法

$C \subset \mathbb{R}^d$ を空でない閉凸集合とし，射影P_C の計算が可能であるとします（例えば，Cが閉球や半空間のときは射影の計算が可能です（例2.4.1参照））．このとき，最急降下法と射影法（詳細は6章参照）を合わせた**射影勾配法**（projected gradient method）

$$\boldsymbol{x}_{k+1} := P_C(\boldsymbol{x}_k - \alpha_k\nabla f(\boldsymbol{x}_k)) \quad (k \in \mathbb{N}) \tag{A.15}$$

を定義することができます．ただし，$\boldsymbol{x}_0 \in C$ とし，$\alpha_k > 0$ とします．射影勾配法(A.15)は，目的関数が微分可能な場合の射影劣勾配法（6.1節）と一致します．射影勾配法(A.15)は近接勾配法の一例（6.3節の(E2)）であり，また，平滑凸関数fに関する近接勾配法は有界な点列を生成します．よって，次の命題A.3.5が得られます（近接勾配法の有界性は，定理6.3.1，定理6.3.3を参照）．

> **命題A.3.5**
>
> L—平滑凸関数$f \in C_L^1(\mathbb{R}^d)$と空でない閉凸集合$C \subset \mathbb{R}^d$に関する制約付き平滑凸最適化問題の最適解が存在するとします．このとき，$\alpha_k \in (0, 1/L]$ $(k \in \mathbb{N})$を利用する射影勾配法(A.15)で生成される点列$(\boldsymbol{x}_k)_{k\in\mathbb{N}}$は有界です．

Cを中心$\boldsymbol{c} \in \mathbb{R}^d$と十分大きい半径$r > 0$ からなる閉球(2.36)，つまり，

$$C = B(\boldsymbol{c}; r) := \left\{\boldsymbol{x} \in \mathbb{R}^d \colon \|\boldsymbol{x} - \boldsymbol{c}\| \le r\right\}$$

とします．このとき，射影勾配法(A.15)の定義から，$(\boldsymbol{x}_k)_{k\in\mathbb{N}} \subset C$を満たすので，$(\boldsymbol{x}_k)_{k\in\mathbb{N}}$は有界です．さらに，$C$が有界閉集合であることと$\|\nabla f(\cdot)\|^2$の連続性から，$(\|\nabla f(\boldsymbol{x}_k)\|^2)_{k\in\mathbb{N}}$は有界です．5.2節で示した結果は，最急降下法により得られ

る式 (5.13)，つまり，任意の $\boldsymbol{x} \in \mathbb{R}^d$ と任意の $k \in \mathbb{N}$ に対して，

$$\|\boldsymbol{x}_{k+1} - \boldsymbol{x}\|^2 = \|\boldsymbol{x}_k - \boldsymbol{x}\|^2 - 2\alpha_k \langle \boldsymbol{x}_k - \boldsymbol{x}, \nabla f(\boldsymbol{x}_k) \rangle + \alpha_k^2 \|\nabla f(\boldsymbol{x}_k)\|^2$$

に基づいています．一方で，射影勾配法 (A.15) では，任意の $\boldsymbol{x} \in C$ と任意の $k \in \mathbb{N}$ に対して，

$$\begin{aligned}
\|\boldsymbol{x}_{k+1} - \boldsymbol{x}\|^2 &= \|P_C(\boldsymbol{x}_k - \alpha_k \nabla f(\boldsymbol{x}_k)) - P_C(\boldsymbol{x})\|^2 \\
&\leq \|(\boldsymbol{x}_k - \boldsymbol{x}) - \alpha_k \nabla f(\boldsymbol{x}_k)\|^2 \\
&= \|\boldsymbol{x}_k - \boldsymbol{x}\|^2 - 2\alpha_k \langle \boldsymbol{x}_k - \boldsymbol{x}, \nabla f(\boldsymbol{x}_k) \rangle + \alpha_k^2 \|\nabla f(\boldsymbol{x}_k)\|^2
\end{aligned}$$

が成立します．ただし，一つ目の不等式は $C \ni \boldsymbol{x} = P_C(\boldsymbol{x})$ と P_C の非拡大性から得られます．これは，最急降下法で得られる式 (5.13) の右辺と同等であることから，5.2 節で示した定理の証明と同様の議論により，次の定理 A.3.1，定理 A.3.2 が得られます．

定理A.3.1 ── 定数ステップサイズを利用した射影勾配法の収束解析 ─

$f \in C^1(\mathbb{R}^d)$ とし，$C \subset \mathbb{R}^d$ を空でない有界閉凸集合とします．定数ステップサイズ $\alpha > 0$ を利用した射影勾配法 (A.15) で生成される点列 $(\boldsymbol{x}_k)_{k \in \mathbb{N}}$ は，任意の $\boldsymbol{x} \in C$ に対して，

$$\liminf_{k \to +\infty} \langle \nabla f(\boldsymbol{x}_k), \boldsymbol{x}_k - \boldsymbol{x} \rangle \leq \frac{G^2}{2}\alpha$$

および，任意の $\boldsymbol{x} \in C$ と任意の整数 $K \geq 1$ に対して，

$$\frac{1}{K}\sum_{k=0}^{K-1} \langle \nabla f(\boldsymbol{x}_k), \boldsymbol{x}_k - \boldsymbol{x} \rangle \leq \frac{\|\boldsymbol{x}_0 - \boldsymbol{x}\|^2}{2\alpha K} + \frac{G^2}{2}\alpha$$

を満たします．ただし，$G := \sup\{\|\nabla f(\boldsymbol{x}_k)\|^2 \colon k \in \mathbb{N}\}$ は有限値となることが保証されます．

定理A.3.2 ── 減少ステップサイズを利用した射影勾配法の大域的収束性 ─

$f \in C^1(\mathbb{R}^d)$ とし，$C \subset \mathbb{R}^d$ を空でない有界閉凸集合とします．

$$\sum_{k=0}^{+\infty} \alpha_k = +\infty, \quad \sum_{k=0}^{+\infty} \alpha_k^2 < +\infty$$

を満たす減少ステップサイズの数列 $(\alpha_k)_{k \in \mathbb{N}}$ を利用した射影勾配法 (A.15) で生成される点列 $(\boldsymbol{x}_k)_{k \in \mathbb{N}}$ は，任意の $\boldsymbol{x} \in C$ に対して，

$$\liminf_{k \to +\infty} \langle \nabla f(\boldsymbol{x}_k), \boldsymbol{x}_k - \boldsymbol{x} \rangle \le 0$$

を満たします. さらに, $(\alpha_k)_{k \in \mathbb{N}}$ が単調減少のとき, 任意の $\boldsymbol{x} \in C$ と任意の整数 $K \ge 1$ に対して,

$$\frac{1}{K} \sum_{k=0}^{K-1} \langle \nabla f(\boldsymbol{x}_k), \boldsymbol{x}_k - \boldsymbol{x} \rangle \le \frac{\mathrm{Dist}(\boldsymbol{x})}{2K\alpha_{K-1}} + \frac{G^2}{2K} \sum_{k=0}^{K-1} \alpha_k$$

を満たします. ただし, $G := \sup\{\|\nabla f(\boldsymbol{x}_k)\|^2 \colon k \in \mathbb{N}\}$ と $\mathrm{Dist}(\boldsymbol{x}) := \sup\{\|\boldsymbol{x}_k - \boldsymbol{x}\|^2 \colon k \in \mathbb{N}\}$ は有限値となることが保証されます.

A.3.3 ● 準Newton法の超1次収束性の証明

定理 5.4.1(2) の証明. $\boldsymbol{x}^* \in \mathbb{R}^d$ を f の停留点とし, $G_* := \nabla^2 f(\boldsymbol{x}^*) \in \mathbb{S}_{++}^d$ を満たすとします. このとき, $(G_*^{\frac{1}{2}})^2 = G_*$ となるような $G_*^{\frac{1}{2}} \in \mathbb{S}_{++}^d$ が存在します. $k \in \mathbb{N}$ とします. 準Newton法のアルゴリズムで定義される $\boldsymbol{s}_k$, $\boldsymbol{y}_k$, および, B_k を用いて,

$$\tilde{\boldsymbol{s}}_k := G_*^{\frac{1}{2}} \boldsymbol{s}_k, \ \tilde{\boldsymbol{y}}_k := G_*^{-\frac{1}{2}} \boldsymbol{y}_k, \ \tilde{B}_k := G_*^{-\frac{1}{2}} B_k G_*^{-\frac{1}{2}}$$

とおきます. ただし, $G_*^{-\frac{1}{2}} := (G_*^{\frac{1}{2}})^{-1}$ とします. 定理 5.4.1(1) の証明で利用した $\cos\theta_k$, p_k, M_k, および, m_k の定義と同様にして,

$$\cos\tilde{\theta}_k := \frac{\langle \tilde{\boldsymbol{s}}_k, \tilde{B}_k \tilde{\boldsymbol{s}}_k \rangle_2}{\|\tilde{\boldsymbol{s}}_k\|_2 \|\tilde{B}_k \tilde{\boldsymbol{s}}_k\|_2}, \ \tilde{p}_k := \frac{\langle \tilde{\boldsymbol{s}}_k, \tilde{B}_k \tilde{\boldsymbol{s}}_k \rangle_2}{\|\tilde{\boldsymbol{s}}_k\|_2^2}$$

$$\tilde{M}_k := \frac{\|\tilde{\boldsymbol{y}}_k\|_2^2}{\langle \tilde{\boldsymbol{y}}_k, \tilde{\boldsymbol{s}}_k \rangle_2}, \ \tilde{m}_k := \frac{\langle \tilde{\boldsymbol{y}}_k, \tilde{\boldsymbol{s}}_k \rangle_2}{\|\tilde{\boldsymbol{s}}_k\|_2^2}$$

を定義します. BFGS公式 (5.31) から,

$$
\begin{aligned}
\tilde{B}_{k+1} &= G_*^{-\frac{1}{2}} B_{k+1} G_*^{-\frac{1}{2}} \\
&= G_*^{-\frac{1}{2}} B_k G_*^{-\frac{1}{2}} - \frac{G_*^{-\frac{1}{2}} B_k \boldsymbol{s}_k \boldsymbol{s}_k^\top B_k G_*^{-\frac{1}{2}}}{\langle \boldsymbol{s}_k, B_k \boldsymbol{s}_k \rangle_2} + \frac{G_*^{-\frac{1}{2}} \boldsymbol{y}_k \boldsymbol{y}_k^\top G_*^{-\frac{1}{2}}}{\langle \boldsymbol{y}_k, \boldsymbol{s}_k \rangle_2} \\
&= \tilde{B}_k - \frac{G_*^{-\frac{1}{2}} B_k G_*^{-\frac{1}{2}} G_*^{\frac{1}{2}} \boldsymbol{s}_k \boldsymbol{s}_k^\top G_*^{\frac{1}{2}} G_*^{-\frac{1}{2}} B_k G_*^{-\frac{1}{2}}}{\left\langle G_*^{-\frac{1}{2}} \tilde{\boldsymbol{s}}_k, B_k G_*^{-\frac{1}{2}} \tilde{\boldsymbol{s}}_k \right\rangle_2} + \frac{\tilde{\boldsymbol{y}}_k \tilde{\boldsymbol{y}}_k^\top}{\left\langle G_*^{\frac{1}{2}} \tilde{\boldsymbol{y}}_k, G_*^{-\frac{1}{2}} \tilde{\boldsymbol{s}}_k \right\rangle_2} \\
&= \tilde{B}_k - \frac{\tilde{B}_k \tilde{\boldsymbol{s}}_k \tilde{\boldsymbol{s}}_k^\top \tilde{B}_k}{\left\langle \tilde{\boldsymbol{s}}_k, \tilde{B}_k \tilde{\boldsymbol{s}}_k \right\rangle_2} + \frac{\tilde{\boldsymbol{y}}_k \tilde{\boldsymbol{y}}_k^\top}{\langle \tilde{\boldsymbol{y}}_k, \tilde{\boldsymbol{s}}_k \rangle_2}
\end{aligned}
$$

が成立します. BFGS 公式 (5.31) と同様の形をしているので, 定理 5.4.1(1) の証明で利用した関数 C は次のように表現できます.

$$0 < C(\tilde{B}_{k+1}) := \mathrm{Tr}(\tilde{B}_{k+1}) - \log \mathrm{Det}(\tilde{B}_{k+1})$$
$$= C(\tilde{B}_k) + \left(\tilde{M}_k - \log \tilde{m}_k - 1 \right) \tag{A.16}$$
$$+ \left(1 - \frac{\tilde{p}_k}{\cos^2 \tilde{\theta}_k} + \log \frac{\tilde{p}_k}{\cos^2 \tilde{\theta}_k} \right) + \log \cos^2 \tilde{\theta}_k$$

一方で，式 (5.34) から，$\boldsymbol{y}_k - G_* \boldsymbol{s}_k = (G_k - G_*)\boldsymbol{s}_k$ を満たし，さらに，$\tilde{\boldsymbol{s}}_k$ と $\tilde{\boldsymbol{y}}_k$ の定義から，

$$\tilde{\boldsymbol{y}}_k - \tilde{\boldsymbol{s}}_k = G_*^{-\frac{1}{2}} (\boldsymbol{y}_k - G_* \boldsymbol{s}_k) = G_*^{-\frac{1}{2}} (G_k - G_*) G_*^{-\frac{1}{2}} \tilde{\boldsymbol{s}}_k$$

となります．ここで，$\nabla^2 f$ の L–Lipschitz 連続性から，

$$\|G_k - G_*\|_2 = \left\| \int_0^1 \left\{ \nabla^2 f(\boldsymbol{x}_k + t\alpha_k \boldsymbol{d}_k) - \nabla^2 f(\boldsymbol{x}^*) \right\} \mathrm{d}t \right\|_2$$
$$\leq \int_0^1 \left\| \nabla^2 f(\boldsymbol{x}_k + t\alpha_k \boldsymbol{d}_k) - \nabla^2 f(\boldsymbol{x}^*) \right\|_2 \mathrm{d}t$$
$$\leq L \int_0^1 \left\| (\boldsymbol{x}_k + t\alpha_k \boldsymbol{d}_k) - \boldsymbol{x}^* \right\|_2 \mathrm{d}t$$

を満たします．三角不等式 (N3)，$\boldsymbol{x}_{k+1} := \boldsymbol{x}_k + \alpha_k \boldsymbol{d}_k$，および，$\boldsymbol{s}_k := \boldsymbol{x}_{k+1} - \boldsymbol{x}_k = \alpha_k \boldsymbol{d}_k$ から，任意の $t \in [0,1]$ に対して，

$$\left\| (\boldsymbol{x}_k + t\alpha_k \boldsymbol{d}_k) - \boldsymbol{x}^* \right\|_2 \leq \left\| \boldsymbol{x}_k - \boldsymbol{x}^* \right\|_2 + t\|\boldsymbol{s}_k\|_2$$
$$\leq \left\| \boldsymbol{x}_k - \boldsymbol{x}^* \right\|_2 + t \left(\left\| \boldsymbol{x}_{k+1} - \boldsymbol{x}^* \right\|_2 + \left\| \boldsymbol{x}^* - \boldsymbol{x}_k \right\|_2 \right)$$
$$\leq \varepsilon_k + 2t\varepsilon_k$$
$$\leq 3\varepsilon_k$$

が成立します．ただし，

$$\varepsilon_k := \max \left\{ \left\| \boldsymbol{x}_{k+1} - \boldsymbol{x}^* \right\|_2, \left\| \boldsymbol{x}_k - \boldsymbol{x}^* \right\|_2 \right\} \tag{A.17}$$

とします．このとき，$\boldsymbol{x}_k \to \boldsymbol{x}^*$ から，$\varepsilon_k \to 0$ を満たします．実際，(B1) ある $\tilde{k} \in \mathbb{N}$ が存在して，任意の $k \in \mathbb{N}$ に対して，$k \geq \tilde{k}$ ならば $\|\boldsymbol{x}_{k+1} - \boldsymbol{x}^*\|_2 \geq \varepsilon_k > 0$ とします．このとき，$\boldsymbol{x}_k \to \boldsymbol{x}^*$ から，$\varepsilon_k \to 0$ を満たします．次に，(B2) 任意の $\tilde{k} \in \mathbb{N}$ に対して，ある $k \in \mathbb{N}$ が存在して $k \geq \tilde{k}$，かつ，$\|\boldsymbol{x}_{k+1} - \boldsymbol{x}^*\|_2 < \varepsilon_k$ ($= \|\boldsymbol{x}_k - \boldsymbol{x}^*\|_2$) とします．このとき，$(\varepsilon_k)_{k \in \mathbb{N}}$ の部分列 $(\varepsilon_{k_j})_{j \in \mathbb{N}}$ が存在して，任意の $j \in \mathbb{N}$ に対して $\|\boldsymbol{x}_{k_j+1} - \boldsymbol{x}^*\|_2 < \varepsilon_{k_j} = \|\boldsymbol{x}_{k_j} - \boldsymbol{x}^*\|_2$ となります．$\boldsymbol{x}_k \to \boldsymbol{x}^*$ から，$\lim_{k \to +\infty} \varepsilon_k = \lim_{j \to +\infty} \varepsilon_{k_j} = 0$ となります．一方で，

$$\|G_k - G_*\|_2 \leq 3L\varepsilon_k$$

なので,

$$\|\tilde{\boldsymbol{y}}_k - \tilde{\boldsymbol{s}}_k\|_2 = \left\|G_*^{-\frac{1}{2}}(G_k - G_*)G_*^{-\frac{1}{2}}\tilde{\boldsymbol{s}}_k\right\|_2 \leq \left\|G_*^{-\frac{1}{2}}\right\|_2^2 \|G_k - G_*\|_2 \|\tilde{\boldsymbol{s}}_k\|_2$$

$$\leq \underbrace{3L\left\|G_*^{-\frac{1}{2}}\right\|_2^2}_{c}\varepsilon_k \|\tilde{\boldsymbol{s}}_k\|_2$$

が成立します. 三角不等式 (N3) と $\|\tilde{\boldsymbol{y}}_k - \tilde{\boldsymbol{s}}_k\|_2 \leq c\varepsilon_k\|\tilde{\boldsymbol{s}}_k\|_2$ から,

$$\left|\|\tilde{\boldsymbol{y}}_k\|_2 - \|\tilde{\boldsymbol{s}}_k\|_2\right| \leq \|\tilde{\boldsymbol{y}}_k - \tilde{\boldsymbol{s}}_k\|_2 \leq c\varepsilon_k \|\tilde{\boldsymbol{s}}_k\|_2$$

なので,

$$(1 - c\varepsilon_k)\|\tilde{\boldsymbol{s}}_k\|_2 \leq \|\tilde{\boldsymbol{y}}_k\|_2 \leq (1 + c\varepsilon_k)\|\tilde{\boldsymbol{s}}_k\|_2$$

となります. $\varepsilon_k \to 0$ から, ある番号 $\bar{k}$ が存在して, 任意の $k \geq \bar{k}$ に対して $\varepsilon_k < 1/c$, つまり, $1 - c\varepsilon_k > 0$ を満たします. 命題 2.1.1 から, 任意の $k \geq \bar{k}$ に対して,

$$\langle\tilde{\boldsymbol{y}}_k, \tilde{\boldsymbol{s}}_k\rangle_2 = \frac{1}{2}\left(\|\tilde{\boldsymbol{y}}_k\|_2^2 + \|\tilde{\boldsymbol{s}}_k\|_2^2 - \|\tilde{\boldsymbol{y}}_k - \tilde{\boldsymbol{s}}_k\|_2^2\right)$$

$$\geq \frac{1}{2}\left\{(1 - c\varepsilon_k)^2 + 1 - (c\varepsilon_k)^2\right\}\|\tilde{\boldsymbol{s}}_k\|_2^2 = (1 - c\varepsilon_k)\|\tilde{\boldsymbol{s}}_k\|_2^2$$

を満たします. $\tilde{c}$ を $\tilde{c} > 3c$ を満たす正数とし,

$$\varepsilon := \frac{\tilde{c} - 3c}{c(c + \tilde{c})}$$

とおきます. $\varepsilon_k \to 0$ から, ある番号 $\hat{k}$ が存在して, 任意の $k \geq \hat{k}$ に対して

$$\varepsilon_k \leq \varepsilon := \frac{\tilde{c} - 3c}{c(c + \tilde{c})} < \frac{1}{c} \tag{A.18}$$

が成立します. 任意の $k \geq \hat{k}$ に対して $0 < 1 - c\varepsilon_k < 1$ となることに注意して,

$$\tilde{M}_k := \frac{\|\tilde{\boldsymbol{y}}_k\|_2^2}{\langle\tilde{\boldsymbol{y}}_k, \tilde{\boldsymbol{s}}_k\rangle_2} \leq \frac{(1 + c\varepsilon_k)^2\|\tilde{\boldsymbol{s}}_k\|_2^2}{(1 - c\varepsilon_k)\|\tilde{\boldsymbol{s}}_k\|_2^2} \leq \frac{(1 + c\varepsilon_k)^2}{1 - c\varepsilon_k}$$

$$\tilde{m}_k := \frac{\langle\tilde{\boldsymbol{y}}_k, \tilde{\boldsymbol{s}}_k\rangle_2}{\|\tilde{\boldsymbol{s}}_k\|_2^2} \geq \frac{(1 - c\varepsilon_k)\|\tilde{\boldsymbol{s}}_k\|_2^2}{\|\tilde{\boldsymbol{s}}_k\|_2^2} = 1 - c\varepsilon_k$$

が任意の $k \geq \hat{k}$ に対して成立します. さらに, 任意の $k \geq \hat{k}$ に対して,

$$\tilde{M}_k \leq 1 + \frac{c\varepsilon_k(3 + c\varepsilon_k)}{1 - c\varepsilon_k} \leq 1 + \tilde{c}\varepsilon_k$$

となります. また, 一般に, $x > 0$ に対して $1 - x + \log x \leq 0$ なので (付録 B 演習問題解答例5.4参照), $x := 1/(1 - c\varepsilon_k) > 0$ を考慮して, 任意の $k \geq \hat{k}$ に対して,

$$\log\tilde{m}_k \geq \log(1 - c\varepsilon_k) \geq 1 - \frac{1}{1 - c\varepsilon_k} = -\frac{c\varepsilon_k}{1 - c\varepsilon_k} > -\frac{c + \tilde{c}}{4}\varepsilon_k$$

が成立します．ただし，$\tilde{M}_k$ と $\log \tilde{m}_k$ の最後の不等式については，式 (A.18) から，任意の $k \geq \hat{k}$ に対して，

$$\frac{c\varepsilon_k(3 + c\varepsilon_k)}{1 - c\varepsilon_k} \leq \tilde{c}$$

$$1 - c\varepsilon_k > 1 - c\varepsilon = \frac{4c}{c + \tilde{c}}$$

が成り立つことから示されます．よって，式 (A.16) から，任意の $k \geq \hat{k}$ に対して，

$$
\begin{aligned}
0 < C(\tilde{B}_{k+1}) &= C(\tilde{B}_k) + \left(\tilde{M}_k - \log \tilde{m}_k - 1 \right) \\
&\quad + \left(1 - \frac{\tilde{p}_k}{\cos^2 \tilde{\theta}_k} + \log \frac{\tilde{p}_k}{\cos^2 \tilde{\theta}_k} \right) + \log \cos^2 \tilde{\theta}_k \\
&\leq C(\tilde{B}_k) + \underbrace{\left(\tilde{c} + \frac{c + \tilde{c}}{4} \right)}_{\hat{c}} \varepsilon_k + \left(1 - \frac{\tilde{p}_k}{\cos^2 \tilde{\theta}_k} + \log \frac{\tilde{p}_k}{\cos^2 \tilde{\theta}_k} \right) \\
&\quad + \log \cos^2 \tilde{\theta}_k
\end{aligned}
$$

が成立します．上記の不等式を $k = \hat{k}$ から $k = K$ $(K \geq \hat{k})$ まで足し合わせて，$K \to +\infty$ とすると，

$$\sum_{k=\hat{k}}^{+\infty} \left\{ \log \frac{1}{\cos^2 \tilde{\theta}_k} - \left(1 - \frac{\tilde{p}_k}{\cos^2 \tilde{\theta}_k} + \log \frac{\tilde{p}_k}{\cos^2 \tilde{\theta}_k} \right) \right\} \leq C(\tilde{B}_{\hat{k}}) + \hat{c} \sum_{k=\hat{k}}^{+\infty} \varepsilon_k$$

となります．ここで，式 (A.17) で定義された $(\varepsilon_k)_{k \in \mathbb{N}}$ の無限和が収束することを示します．条件 (B1) のもとでは，仮定 (5.33) から，

$$\sum_{k=\hat{k}}^{+\infty} \varepsilon_k \leq \sum_{k=\hat{k}}^{+\infty} \|\boldsymbol{x}_{k+1} - \boldsymbol{x}^*\|_2 < +\infty$$

が成立します．一方，条件 (B2) のもとでは，ある部分列 $(\varepsilon_{k_j})_{j \in \mathbb{N}}$ が存在して，任意の $j \in \mathbb{N}$ に対して $\varepsilon_{k_j} = \|\boldsymbol{x}_{k_j} - \boldsymbol{x}^*\|_2$ を満たすので，仮定 (5.33) と (A.17) から，

$$\sum_{k=0}^{+\infty} \varepsilon_k = \sum_{j=0}^{+\infty} \varepsilon_{k_j} + \sum_{\{k \,:\, k \neq k_j\}} \varepsilon_k < +\infty$$

が成立します．よって，

$$a_\infty := \sum_{k=\hat{k}}^{+\infty} \left\{ \log \frac{1}{\cos^2 \tilde{\theta}_k} - \left(1 - \frac{\tilde{p}_k}{\cos^2 \tilde{\theta}_k} + \log \frac{\tilde{p}_k}{\cos^2 \tilde{\theta}_k} \right) \right\} (< +\infty)$$

と定義すると，$1 - x + \log x \leq 0$ $(x > 0)$ から，

$$0 \le \sum_{k=\hat{k}}^{+\infty} \log \frac{1}{\cos^2 \tilde{\theta}_k} \le a_\infty$$

$$0 \le \sum_{k=\hat{k}}^{+\infty} \left\{ -\left(1 - \frac{\tilde{p}_k}{\cos^2 \tilde{\theta}_k} + \log \frac{\tilde{p}_k}{\cos^2 \tilde{\theta}_k} \right) \right\} \le a_\infty$$

を満たすので,

$$\lim_{k \to +\infty} \log \frac{1}{\cos^2 \tilde{\theta}_k} = 0, \quad \lim_{k \to +\infty} \left(1 - \frac{\tilde{p}_k}{\cos^2 \tilde{\theta}_k} + \log \frac{\tilde{p}_k}{\cos^2 \tilde{\theta}_k} \right) = 0$$

つまり,

$$\lim_{k \to +\infty} \cos \tilde{\theta}_k = 1, \quad \lim_{k \to +\infty} \tilde{p}_k = 1 \tag{A.19}$$

が成立します. $G_* \in \mathbb{S}_{++}^d$ から $G_*^{-1} \in \mathbb{S}_{++}^d$ なので, $(G_*^{-\frac{1}{2}})^2 = G_*^{-1}$ と式 (2.14) を利用して

$$\left\| G_*^{-\frac{1}{2}} (B_k - G_*) s_k \right\|_2^2 = \left\langle G_*^{-\frac{1}{2}} (B_k - G_*) s_k, G_*^{-\frac{1}{2}} (B_k - G_*) s_k \right\rangle_2$$
$$= \left\langle (B_k - G_*) s_k, G_*^{-1} (B_k - G_*) s_k \right\rangle_2$$
$$\ge \lambda_{\min}(G_*^{-1}) \left\| (B_k - G_*) s_k \right\|_2^2$$

を満たすので, $\|\tilde{s}_k\|_2 = \|G_*^{\frac{1}{2}} s_k\|_2 \le \|G_*^{\frac{1}{2}}\|_2 \|s_k\|_2$ から,

$$\frac{\|(B_k - G_*) s_k\|_2^2}{\|s_k\|_2^2} \le \frac{\left\| G_*^{\frac{1}{2}} \right\|_2^2}{\lambda_{\min}(G_*^{-1})} \frac{\left\| G_*^{-\frac{1}{2}} (B_k - G_*) s_k \right\|_2^2}{\|\tilde{s}_k\|_2^2}$$
$$= \frac{\left\| G_*^{\frac{1}{2}} \right\|_2^2}{\lambda_{\min}(G_*^{-1})} \frac{\left\| (\tilde{B}_k - I) \tilde{s}_k \right\|_2^2}{\|\tilde{s}_k\|_2^2}$$

を満たします. さらに, 命題 2.1.1, $\cos \tilde{\theta}_k$ と $\tilde{p}_k$ の定義から,

$$\frac{\left\| (\tilde{B}_k - I) \tilde{s}_k \right\|_2^2}{\|\tilde{s}_k\|_2^2} = \frac{1}{\|\tilde{s}_k\|_2^2} \left(\left\| \tilde{B}_k \tilde{s}_k \right\|_2^2 - 2 \left\langle \tilde{s}_k, \tilde{B}_k \tilde{s}_k \right\rangle_2 + \|\tilde{s}_k\|_2^2 \right)$$
$$= \frac{\tilde{p}_k^2}{\cos^2 \tilde{\theta}_k} - 2\tilde{p}_k + 1$$

なので, 式 (A.19) から,

$$\lim_{k \to +\infty} \frac{\|(B_k - G_*) s_k\|_2}{\|s_k\|_2} = \lim_{k \to +\infty} \frac{\|(B_k - G_*) d_k\|_2}{\|d_k\|_2} = 0 \tag{A.20}$$

が成立します. $x_k \to x^*$ なので, 十分大きい反復回数 k の近似解 x_k の Hesse 行列は正定値となります. よって, $d_k^{\mathrm{N}} := -(\nabla^2 f(x_k))^{-1} \nabla f(x_k)$ を探索方向にもつ Newton 法は 2 次収束します (定理 5.3.1). このとき, $\nabla^2 f(x_k) \to G_* := \nabla^2 f(x^*)$ と式 (A.20), および, 式 (5.25) を利用して, 十分大きい k に対して,

$$\begin{aligned}
\left\| d_k - d_k^{\mathrm{N}} \right\|_2 &= \left\| (\nabla^2 f(x_k))^{-1} \left(\nabla^2 f(x_k) d_k + \nabla f(x_k) \right) \right\|_2 \\
&= \left\| (\nabla^2 f(x_k))^{-1} \left(\nabla^2 f(x_k) - B_k \right) d_k \right\|_2 \\
&= O \left(\left\| \left\{ (\nabla^2 f(x_k) - G_*) + (G_* - B_k) \right\} d_k \right\|_2 \right) \\
&= o(\|d_k\|_2)
\end{aligned}$$

を満たします. 三角不等式 (N3), 十分大きい k に対して $\alpha_k = 1$, および, 定理 5.3.1 から,

$$\begin{aligned}
\left\| x_{k+1} - x^* \right\|_2 &\leq \left\| x_k + d_k^{\mathrm{N}} - x^* \right\|_2 + \left\| d_k - d_k^{\mathrm{N}} \right\|_2 \\
&= O \left(\left\| x_k - x^* \right\|_2^2 \right) + o(\|d_k\|_2)
\end{aligned}$$

を満たします. さらに, 三角不等式 (N3) から, $\|d_k\|_2 = \|x_{k+1} - x_k\|_2 \leq \|x_{k+1} - x^*\|_2 + \|x_k - x^*\|_2$ が成立します. Landau の記号 O と o の定義 (4.6 節) から, 任意の $\varepsilon \in (0, 1/2)$ に対して, ある番号 k_1 が存在して, 任意の $k \geq k_1$ に対して, $\|x_k - x^*\|_2 \leq \varepsilon$, かつ,

$$\begin{aligned}
\left\| x_{k+1} - x^* \right\|_2 &\leq M \left\| x_k - x^* \right\|_2^2 + \varepsilon \left(\left\| x_{k+1} - x^* \right\|_2 + \left\| x_k - x^* \right\|_2 \right) \\
&\leq M\varepsilon \left\| x_k - x^* \right\|_2 + \varepsilon \left(\left\| x_{k+1} - x^* \right\|_2 + \left\| x_k - x^* \right\|_2 \right)
\end{aligned}$$

つまり,

$$\frac{1}{2} \left\| x_{k+1} - x^* \right\|_2 \leq (1 - \varepsilon) \left\| x_{k+1} - x^* \right\|_2 \leq \varepsilon(1 + M) \left\| x_k - x^* \right\|_2$$

が成立します. ただし, $M > 0$ は ε に依存しない定数です. この不等式は,

$$\left\| x_{k+1} - x^* \right\|_2 = o \left(\left\| x_k - x^* \right\|_2 \right)$$

を意味します. $\qquad\qquad\square$

A.3.4 ● FR 法の大域的収束性の証明

定理 5.5.1 の証明. ある反復回数 k_0 が存在して $\nabla f(x_{k_0}) = \mathbf{0}$ ならば, 定理 5.5.1 の結論を得ます. そこで以下では, 任意の $k \in \mathbb{N}$ に対して $\nabla f(x_k) \neq \mathbf{0}$ とします.

式 (4.20) と補助定理 5.5.1(1) から, 任意の $k \in \mathbb{N}$ に対して,

$$|\langle \nabla f(x_{k+1}), d_k \rangle| \leq -c_2 \langle \nabla f(x_k), d_k \rangle \leq \frac{c_2}{1 - c_2} \|\nabla f(x_k)\|^2$$

が成立します. $\boldsymbol{d}_{k+1}$ と FR 公式の定義と命題 2.1.1 から,

$$
\begin{aligned}
\|\boldsymbol{d}_{k+1}\|^2 &= \left\| -\nabla f(\boldsymbol{x}_{k+1}) + \beta_{k+1}^{\mathrm{FR}} \boldsymbol{d}_k \right\|^2 \\
&= \|\nabla f(\boldsymbol{x}_{k+1})\|^2 + 2\beta_{k+1}^{\mathrm{FR}} \langle -\nabla f(\boldsymbol{x}_{k+1}), \boldsymbol{d}_k \rangle + \beta_{k+1}^{\mathrm{FR}}{}^2 \|\boldsymbol{d}_k\|^2 \\
&\leq \|\nabla f(\boldsymbol{x}_{k+1})\|^2 + 2\beta_{k+1}^{\mathrm{FR}} |\langle \nabla f(\boldsymbol{x}_{k+1}), \boldsymbol{d}_k \rangle| + \beta_{k+1}^{\mathrm{FR}}{}^2 \|\boldsymbol{d}_k\|^2 \\
&\leq \|\nabla f(\boldsymbol{x}_{k+1})\|^2 + \frac{2c_2}{1-c_2} \frac{\|\nabla f(\boldsymbol{x}_{k+1})\|^2}{\|\nabla f(\boldsymbol{x}_k)\|^2} \|\nabla f(\boldsymbol{x}_k)\|^2 + \beta_{k+1}^{\mathrm{FR}}{}^2 \|\boldsymbol{d}_k\|^2 \\
&= \underbrace{\frac{1+c_2}{1-c_2}}_{\hat{c}>1} \|\nabla f(\boldsymbol{x}_{k+1})\|^2 + \beta_{k+1}^{\mathrm{FR}}{}^2 \|\boldsymbol{d}_k\|^2
\end{aligned}
$$

が任意の $k \in \mathbb{N}$ に対して成り立つので, FR 公式と $\hat{c}>1$ を用いて,

$$
\begin{aligned}
&\|\boldsymbol{d}_{k+1}\|^2 \\
&\leq \hat{c}\|\nabla f(\boldsymbol{x}_{k+1})\|^2 + \beta_{k+1}^{\mathrm{FR}}{}^2 \left(\hat{c}\|\nabla f(\boldsymbol{x}_k)\|^2 + \beta_k^{\mathrm{FR}^2}\|\boldsymbol{d}_{k-1}\|^2 \right) \\
&\leq \hat{c}\left(\|\nabla f(\boldsymbol{x}_{k+1})\|^2 + \beta_{k+1}^{\mathrm{FR}}{}^2 \|\nabla f(\boldsymbol{x}_k)\|^2 + \cdots + \beta_{k+1}^{\mathrm{FR}}{}^2 \cdots \beta_2^{\mathrm{FR}^2} \|\nabla f(\boldsymbol{x}_1)\|^2 \right) \\
&\quad + \beta_{k+1}^{\mathrm{FR}}{}^2 \beta_k^{\mathrm{FR}^2} \cdots \beta_1^{\mathrm{FR}^2} \|\boldsymbol{d}_0\|^2 \\
&= \hat{c}\|\nabla f(\boldsymbol{x}_{k+1})\|^4 \left(\frac{1}{\|\nabla f(\boldsymbol{x}_{k+1})\|^2} + \frac{1}{\|\nabla f(\boldsymbol{x}_k)\|^2} + \cdots \frac{1}{\|\nabla f(\boldsymbol{x}_1)\|^2} \right) \\
&\quad + \frac{\|\nabla f(\boldsymbol{x}_{k+1})\|^4}{\|\nabla f(\boldsymbol{x}_0)\|^2} \\
&< \hat{c}\|\nabla f(\boldsymbol{x}_{k+1})\|^4 \sum_{j=0}^{k+1} \frac{1}{\|\nabla f(\boldsymbol{x}_j)\|^2}
\end{aligned}
$$

が任意の $k \in \mathbb{N}$ に対して成立します. ここで, $(\|\nabla f(\boldsymbol{x}_k)\|)_{k\in\mathbb{N}}$ の下極限 γ が正であると仮定すると, 命題 2.1.7 から,

$$
\forall \varepsilon \in (0,\gamma)\ \exists k_0 \in \mathbb{N}\ \forall k \in \mathbb{N}\ (k \geq k_0 \implies \|\nabla f(\boldsymbol{x}_k)\| \geq \gamma - \varepsilon > 0) \qquad (\mathrm{A}.21)
$$

を満たします. $\boldsymbol{d}_k \neq \boldsymbol{0}$ $(k \in \mathbb{N})$ を満たすことに注意すると, 補助定理 5.5.1(1) から, 任意の $k \in \mathbb{N}$ に対して,

$$
\frac{\|\nabla f(\boldsymbol{x}_{k+1})\|^4}{\|\boldsymbol{d}_{k+1}\|^2} > \left\{ \hat{c}\left(\sum_{j=0}^{k_0-1} \frac{1}{\|\nabla f(\boldsymbol{x}_j)\|^2} + \frac{k-k_0+2}{(\gamma-\varepsilon)^2} \right) \right\}^{-1}
$$

となります. 定理 4.3.1 (Zoutendijk の定理), 補助定理 5.5.1(1), および, $\sum_{k=1}^{+\infty}(1/k) = +\infty$ から,

$$+\infty > \sum_{k=0}^{+\infty} \left(\frac{\langle \nabla f(\boldsymbol{x}_k), \boldsymbol{d}_k \rangle}{\|\boldsymbol{d}_k\|} \right)^2 = \sum_{k=0}^{+\infty} \frac{\|\nabla f(\boldsymbol{x}_k)\|^4}{\|\boldsymbol{d}_k\|^2} \frac{\langle \nabla f(\boldsymbol{x}_k), \boldsymbol{d}_k \rangle^2}{\|\nabla f(\boldsymbol{x}_k)\|^4}$$

$$\geq \left(\frac{1-2c_2}{1-c_2} \right)^2 \sum_{k=0}^{+\infty} \left\{ \hat{c} \left(\sum_{j=0}^{k_0-1} \frac{1}{\|\nabla f(\boldsymbol{x}_j)\|^2} + \frac{k-k_0+2}{(\gamma-\varepsilon)^2} \right) \right\}^{-1} = +\infty$$

となるため，矛盾が生じます．背理法から，$\gamma = 0$ が成立するので，証明が完了します． $\qquad\square$

A.3.5 ● DY 法の大域的収束性の証明

定理 5.5.2 の証明.　ある反復回数 k_0 が存在して $\nabla f(\boldsymbol{x}_{k_0}) = \boldsymbol{0}$ ならば，定理 5.5.2 の結論を得ます．そこで以下では，任意の $k \in \mathbb{N}$ に対して $\nabla f(\boldsymbol{x}_k) \neq \boldsymbol{0}$ とします．

補助定理 5.5.1(2) の証明から，式 (5.52) が成立します．式 (5.54)，$\boldsymbol{d}_{k+1}$ の定義 ($\beta_{k+1}^{\mathrm{DY}} \boldsymbol{d}_k = \boldsymbol{d}_{k+1} + \nabla f(\boldsymbol{x}_{k+1})$)，および，命題 2.1.1 から，

$$\beta_{k+1}^{\mathrm{DY}\,2} \|\boldsymbol{d}_k\|^2 = \left(\frac{\langle \nabla f(\boldsymbol{x}_{k+1}), \boldsymbol{d}_{k+1} \rangle}{\langle \nabla f(\boldsymbol{x}_k), \boldsymbol{d}_k \rangle} \right)^2 \|\boldsymbol{d}_k\|^2$$

$$= \|\boldsymbol{d}_{k+1} + \nabla f(\boldsymbol{x}_{k+1})\|^2$$

$$= \|\boldsymbol{d}_{k+1}\|^2 + 2\langle \boldsymbol{d}_{k+1}, \nabla f(\boldsymbol{x}_{k+1}) \rangle + \|\nabla f(\boldsymbol{x}_{k+1})\|^2$$

が成り立つので，平方完成を利用して，

$$\frac{\|\boldsymbol{d}_{k+1}\|^2}{\langle \nabla f(\boldsymbol{x}_{k+1}), \boldsymbol{d}_{k+1} \rangle^2}$$

$$= \frac{\|\boldsymbol{d}_k\|^2}{\langle \nabla f(\boldsymbol{x}_k), \boldsymbol{d}_k \rangle^2} - \frac{2}{\langle \nabla f(\boldsymbol{x}_{k+1}), \boldsymbol{d}_{k+1} \rangle} - \frac{\|\nabla f(\boldsymbol{x}_{k+1})\|^2}{\langle \nabla f(\boldsymbol{x}_{k+1}), \boldsymbol{d}_{k+1} \rangle^2}$$

$$= \frac{\|\boldsymbol{d}_k\|^2}{\langle \nabla f(\boldsymbol{x}_k), \boldsymbol{d}_k \rangle^2} - \left(\frac{\|\nabla f(\boldsymbol{x}_{k+1})\|}{\langle \nabla f(\boldsymbol{x}_{k+1}), \boldsymbol{d}_{k+1} \rangle} + \frac{1}{\|\nabla f(\boldsymbol{x}_{k+1})\|} \right)^2$$

$$\quad + \frac{1}{\|\nabla f(\boldsymbol{x}_{k+1})\|^2}$$

$$\leq \frac{\|\boldsymbol{d}_k\|^2}{\langle \nabla f(\boldsymbol{x}_k), \boldsymbol{d}_k \rangle^2} + \frac{1}{\|\nabla f(\boldsymbol{x}_{k+1})\|^2}$$

が任意の $k \in \mathbb{N}$ に対して成立します．上記の不等式を $k = 0$ から $k = K-1$ ($K \geq 1$) まで足し合わせると，$\|\boldsymbol{d}_0\|^2 / \langle \nabla f(\boldsymbol{x}_0), \boldsymbol{d}_0 \rangle^2 = 1/\|\nabla f(\boldsymbol{x}_0)\|^2$ になることに注意して，

$$\frac{\|\boldsymbol{d}_K\|^2}{\langle \nabla f(\boldsymbol{x}_K), \boldsymbol{d}_K \rangle^2} \leq \sum_{k=0}^{K} \frac{1}{\|\nabla f(\boldsymbol{x}_k)\|^2}$$

を満たします. ここで, $(\|\nabla f(\boldsymbol{x}_k)\|)_{k\in\mathbb{N}}$ の下極限 γ が正であると仮定します. 式 (A.21) から, 任意の整数 $K \geq 1$ に対して,

$$\frac{\|\boldsymbol{d}_K\|^2}{\langle \nabla f(\boldsymbol{x}_K), \boldsymbol{d}_K \rangle^2} \leq \sum_{k=0}^{k_0-1} \frac{1}{\|\nabla f(\boldsymbol{x}_k)\|^2} + \frac{K-k_0+1}{(\gamma-\varepsilon)^2}$$

なので, $\sum_{K=1}^{+\infty} 1/K = +\infty$ を利用して,

$$\sum_{K=1}^{+\infty} \frac{\langle \nabla f(\boldsymbol{x}_K), \boldsymbol{d}_K \rangle^2}{\|\boldsymbol{d}_K\|^2} \geq \sum_{K=1}^{+\infty} \left(\sum_{k=0}^{k_0-1} \frac{1}{\|\nabla f(\boldsymbol{x}_k)\|^2} + \frac{K-k_0+1}{(\gamma-\varepsilon)^2} \right)^{-1} = +\infty$$

が成立します. これは, 定理 4.3.1 (Zoutendijk の定理) の結論に矛盾します. 背理法から, $\gamma = 0$ が成立するので, 証明が完了します. □

A.3.6 ● HZ 法の大域的収束性の証明

定理 5.5.3 の証明の準備として, 次の命題 A.3.6, 命題 A.3.7 を証明します.

命題 A.3.6

$\boldsymbol{x}_0 \in \mathbb{R}^d$ とし, $\boldsymbol{x}^*$ は $f \in C_L^1(\mathbb{R}^d)$ の停留点とします. $f(\boldsymbol{x}_0)$ に対する $f \in C_L^1(\mathbb{R}^d)$ の下位集合 $\mathcal{L}_{f(\boldsymbol{x}_0)}(f) := \{ \boldsymbol{x} \in \mathbb{R}^d \colon f(\boldsymbol{x}) \leq f(\boldsymbol{x}_0) \}$ は $\boldsymbol{x}^* \in \mathcal{L}_{f(\boldsymbol{x}_0)}(f)$ を満たすとします. このとき, $\mathcal{L}_{f(\boldsymbol{x}_0)}(f)$ が有界ならば, f は $\mathcal{L}_{f(\boldsymbol{x}_0)}(f)$ 上で下に有界です.

命題 A.3.6 の証明. $\mathcal{L}_{f(\boldsymbol{x}_0)}(f)$ が有界なので, ある $B > 0$ が存在して, 任意の $\boldsymbol{x} \in \mathcal{L}_{f(\boldsymbol{x}_0)}(f)$ に対して $\|\boldsymbol{x}\| \leq B$ が成立します. $\nabla f(\boldsymbol{x}^*) = \boldsymbol{0}$, ∇f の L–Lipschitz 連続性と三角不等式 (N3) から, 任意の $\tau \in (0,1)$ と任意の $\boldsymbol{x} \in \mathcal{L}_{f(\boldsymbol{x}_0)}(f)$ に対して,

$$\begin{aligned}
\|\nabla f(\tau\boldsymbol{x} + (1-\tau)\boldsymbol{x}_0)\| &= \|\nabla f(\tau\boldsymbol{x} + (1-\tau)\boldsymbol{x}_0) - \nabla f(\boldsymbol{x}^*)\| \\
&\leq L\|\tau(\boldsymbol{x} - \boldsymbol{x}^*) + (1-\tau)(\boldsymbol{x}_0 - \boldsymbol{x}^*)\| \\
&\leq L\left\{ \tau(B + \|\boldsymbol{x}^*\|) + (1-\tau)\|\boldsymbol{x}_0 - \boldsymbol{x}^*\| \right\} =: \bar{B}_\tau
\end{aligned}$$

が成立します. Taylor の定理 (命題 2.2.4) と Cauchy–Schwarz の不等式 (命題 2.1.3), 三角不等式 (N3) から, 任意の $\boldsymbol{x} \in \mathcal{L}_{f(\boldsymbol{x}_0)}(f)$ に対して, ある $\tau_0 \in (0,1)$ が存在して,

$$\begin{aligned}
f(\boldsymbol{x}) &= f(\boldsymbol{x}_0) + \langle \nabla f(\tau_0\boldsymbol{x} + (1-\tau_0)\boldsymbol{x}_0), \boldsymbol{x} - \boldsymbol{x}_0 \rangle \\
&\geq f(\boldsymbol{x}_0) - \|\nabla f(\tau_0\boldsymbol{x} + (1-\tau_0)\boldsymbol{x}_0)\|\|\boldsymbol{x} - \boldsymbol{x}_0\| \\
&\geq f(\boldsymbol{x}_0) - \bar{B}_{\tau_0}(B + \|\boldsymbol{x}_0\|)
\end{aligned}$$

すなわち，f は $\mathcal{L}_{f(\boldsymbol{x}_0)}(f)$ 上で下に有界となります． □

命題 A.3.7

定理 5.5.3 の仮定のもとでは，

$$\gamma := \inf\{\|\nabla f(\boldsymbol{x}_k)\| \colon k \in \mathbb{N}\} > 0 \Longrightarrow \sum_{k=0}^{+\infty} \|\boldsymbol{u}_{k+1} - \boldsymbol{u}_k\|^2 < +\infty$$

が成立します．ただし，$\boldsymbol{u}_k := \boldsymbol{d}_k/\|\boldsymbol{d}_k\|$ とします．

命題 A.3.7 の証明． $\gamma > 0$ から，任意の $k \in \mathbb{N}$ に対して $\nabla f(\boldsymbol{x}_k) \neq \boldsymbol{0}$ となります．Wolfe 条件 (4.18) から，$\langle \boldsymbol{d}_k, \boldsymbol{y}_k \rangle > 0$ なので，補助定理 5.5.1(3) から，β_k^{HZ} は定義可能であり，$\boldsymbol{d}_k \neq \boldsymbol{0}$ は十分な降下方向となります．よって，$\boldsymbol{u}_k := \boldsymbol{d}_k/\|\boldsymbol{d}_k\|$ が任意の $k \in \mathbb{N}$ に対して定義可能となります．命題 A.3.6 と Armijo 条件 (4.17) から，$\mathcal{L}_{f(\boldsymbol{x}_0)}(f)\,(\supset (\boldsymbol{x}_k)_{k\in\mathbb{N}})$ 上で f は下に有界なので，Zoutendijk の定理（定理 4.3.1）

$$\sum_{k=0}^{+\infty} \left(\frac{\langle \nabla f(\boldsymbol{x}_k), \boldsymbol{d}_k \rangle}{\|\boldsymbol{d}_k\|} \right)^2 < +\infty$$

が成立します（Zoutendijk の定理の証明から，f や ∇f の考察すべき定義域は $\mathcal{L}_{f(\boldsymbol{x}_0)}(f)$ を含む開集合で十分であることもわかります）．補助定理 5.5.1(3) と $\gamma > 0$ の定義から，

$$\sum_{k=0}^{+\infty} \frac{\gamma^4}{\|\boldsymbol{d}_k\|^2} \le \sum_{k=0}^{+\infty} \frac{\|\nabla f(\boldsymbol{x}_k)\|^4}{\|\boldsymbol{d}_k\|^2} \le \left(1 - \frac{1}{4\mu}\right)^{-2} \sum_{k=0}^{+\infty} \left(\frac{\langle \nabla f(\boldsymbol{x}_k), \boldsymbol{d}_k \rangle}{\|\boldsymbol{d}_k\|} \right)^2 < +\infty$$

つまり，

$$\sum_{k=0}^{+\infty} \frac{1}{\|\boldsymbol{d}_k\|^2} < +\infty \tag{A.22}$$

を満たします．一方で，$\boldsymbol{d}_k$ の定義から，任意の $k \ge 1$ に対して，

$$\boldsymbol{u}_k = \frac{\boldsymbol{d}_k}{\|\boldsymbol{d}_k\|} = \underbrace{-\frac{\nabla f(\boldsymbol{x}_k)}{\|\boldsymbol{d}_k\|}}_{\boldsymbol{r}_k} + \underbrace{\frac{\|\boldsymbol{d}_{k-1}\|}{\|\boldsymbol{d}_k\|} \left| \beta_k^{\mathrm{HZ}} \right|}_{\delta_k \ge 0} \boldsymbol{u}_{k-1}$$

なので，命題 2.1.1 と $\|\boldsymbol{u}_k\| = \|\boldsymbol{u}_{k-1}\| = 1$ から，

$$\begin{aligned}
\|\boldsymbol{r}_k\|^2 &= \|\boldsymbol{u}_k - \delta_k \boldsymbol{u}_{k-1}\|^2 \\
&= \|\boldsymbol{u}_k\|^2 - 2\delta_k \langle \boldsymbol{u}_k, \boldsymbol{u}_{k-1} \rangle + \delta_k^2 \|\boldsymbol{u}_{k-1}\|^2 \\
&= \|\boldsymbol{u}_{k-1}\|^2 - 2\delta_k \langle \boldsymbol{u}_{k-1}, \boldsymbol{u}_k \rangle + \delta_k^2 \|\boldsymbol{u}_k\|^2
\end{aligned}$$

$$= \|\boldsymbol{u}_{k-1} - \delta_k \boldsymbol{u}_k\|^2$$

を満たします. $1 + \delta_k \geq 1$ に注意して, 三角不等式 (N3) から,

$$\|\boldsymbol{u}_k - \boldsymbol{u}_{k-1}\| \leq \|(1 + \delta_k)(\boldsymbol{u}_k - \boldsymbol{u}_{k-1})\|$$
$$\leq \|\boldsymbol{u}_k - \delta_k \boldsymbol{u}_{k-1}\| + \|\delta_k \boldsymbol{u}_k - \boldsymbol{u}_{k-1}\|$$
$$= 2\|\boldsymbol{r}_k\|$$

が任意の $k \in \mathbb{N}$ に対して成立します. $((\boldsymbol{x}_k)_{k \in \mathbb{N}} \subset) \, \mathcal{L}_{f(\boldsymbol{x}_0)}(f)$ の有界性から, ある $B > 0$ が存在して, 任意の $k \in \mathbb{N}$ に対して $\|\boldsymbol{x}_k\| \leq B$ が成立します. f の停留点を $\boldsymbol{x}^*$ とすると, $\nabla f(\boldsymbol{x}^*) = \boldsymbol{0}$ と ∇f の L–Lipschitz 連続性から, 任意の $k \in \mathbb{N}$ に対して,

$$\|\nabla f(\boldsymbol{x}_k)\| = \|\nabla f(\boldsymbol{x}_k) - \nabla f(\boldsymbol{x}^*)\| \leq L\|\boldsymbol{x}_k - \boldsymbol{x}^*\| \leq \underbrace{L(B + \|\boldsymbol{x}^*\|)}_{\Gamma} \quad \text{(A.23)}$$

となります. したがって,

$$\|\boldsymbol{u}_k - \boldsymbol{u}_{k-1}\| \leq 2\|\boldsymbol{r}_k\| \leq \frac{2\|\nabla f(\boldsymbol{x}_k)\|}{\|\boldsymbol{d}_k\|} \leq \frac{2\Gamma}{\|\boldsymbol{d}_k\|}$$

が任意の $k \in \mathbb{N}$ に対して成り立つので, 式 (A.22) から,

$$\sum_{k=0}^{+\infty} \|\boldsymbol{u}_k - \boldsymbol{u}_{k-1}\|^2 \leq \sum_{k=0}^{+\infty} \frac{4\Gamma^2}{\|\boldsymbol{d}_k\|^2} < +\infty$$

が成立します. □

定理 5.5.3 の証明. ある反復回数 k_0 が存在して $\nabla f(\boldsymbol{x}_{k_0}) = \boldsymbol{0}$ ならば, 定理 5.5.1 の結論を得ます. そこで以下では, 任意の $k \in \mathbb{N}$ に対して $\nabla f(\boldsymbol{x}_k) \neq \boldsymbol{0}$ とします.

背理法で証明するために, $(\nabla f(\boldsymbol{x}_k))_{k \in \mathbb{N}}$ の下極限 $\tilde{\gamma}$ が正であると仮定します. 命題 2.1.7 から,

$$\forall \varepsilon \in (0, \tilde{\gamma}) \, \exists k_0 \in \mathbb{N} \, \forall k \in \mathbb{N} \, (k \geq k_0 \implies \|\nabla f(\boldsymbol{x}_k)\| \geq \tilde{\gamma} - \varepsilon > 0)$$

なので, 命題 A.3.7 で定義された γ を改めて,

$$\gamma = \tilde{\gamma} - \varepsilon := \inf\{\|\nabla f(\boldsymbol{x}_k)\| : k \geq k_0\} > 0$$

とします. また, $k \geq k_0$ とします. $c_2 < 1$ に関する Wolfe 条件 (4.18) から,

$$\langle \boldsymbol{d}_k, \boldsymbol{y}_k \rangle = \langle \boldsymbol{d}_k, \nabla f(\boldsymbol{x}_{k+1}) - \nabla f(\boldsymbol{x}_k) \rangle \geq -(1 - c_2)\langle \boldsymbol{d}_k, \nabla f(\boldsymbol{x}_k) \rangle > 0$$

なので, 補助定理 5.5.1(3) により, β_k^{HZ} は定義可能で,

$$-\langle \nabla f(\boldsymbol{x}_k), \boldsymbol{d}_k \rangle \geq \left(1 - \frac{1}{4\mu}\right) \|\nabla f(\boldsymbol{x}_k)\|^2 \geq \left(1 - \frac{1}{4\mu}\right) \gamma^2$$

を満たします. よって,

$$\langle \boldsymbol{d}_k, \boldsymbol{y}_k \rangle \geq (1 - c_2)\left(1 - \frac{1}{4\mu}\right)\gamma^2 \tag{A.24}$$

となります. $\boldsymbol{y}_k := \nabla f(\boldsymbol{x}_{k+1}) - \nabla f(\boldsymbol{x}_k)$ と $\langle \nabla f(\boldsymbol{x}_k), \boldsymbol{d}_k \rangle < 0$ から,

$$\langle \nabla f(\boldsymbol{x}_{k+1}), \boldsymbol{d}_k \rangle = \langle \boldsymbol{y}_k, \boldsymbol{d}_k \rangle + \langle \nabla f(\boldsymbol{x}_k), \boldsymbol{d}_k \rangle < \langle \boldsymbol{y}_k, \boldsymbol{d}_k \rangle \tag{A.25}$$

が成立します. 一方で, $c_2 < 1$ に関する Wolfe 条件 (4.18) と $\boldsymbol{y}_k$ の定義から,

$$\langle \nabla f(\boldsymbol{x}_{k+1}), \boldsymbol{d}_k \rangle \geq c_2 \langle \nabla f(\boldsymbol{x}_k), \boldsymbol{d}_k \rangle = c_2 \langle \nabla f(\boldsymbol{x}_{k+1}), \boldsymbol{d}_k \rangle - c_2 \langle \boldsymbol{y}_k, \boldsymbol{d}_k \rangle$$

なので,

$$\langle \nabla f(\boldsymbol{x}_{k+1}), \boldsymbol{d}_k \rangle \geq -\frac{c_2}{1 - c_2} \langle \boldsymbol{y}_k, \boldsymbol{d}_k \rangle \tag{A.26}$$

となります. 式 (A.25) と式 (A.26) から,

$$\left| \frac{\langle \nabla f(\boldsymbol{x}_{k+1}), \boldsymbol{d}_k \rangle}{\langle \boldsymbol{y}_k, \boldsymbol{d}_k \rangle} \right| \leq \max\left\{ \frac{c_2}{1 - c_2}, 1 \right\} =: \hat{c}$$

が得られます. $\beta_{k+1}^{\mathrm{HZ}}$ の定義, 三角不等式 (N3), および, 式 (A.24) から,

$$
\begin{aligned}
\left| \beta_{k+1}^{\mathrm{HZ}} \right| &= \left| \frac{\langle \nabla f(\boldsymbol{x}_{k+1}), \boldsymbol{y}_k \rangle}{\langle \boldsymbol{d}_k, \boldsymbol{y}_k \rangle} - \mu \frac{\|\boldsymbol{y}_k\|^2 \langle \nabla f(\boldsymbol{x}_{k+1}), \boldsymbol{d}_k \rangle}{\langle \boldsymbol{d}_k, \boldsymbol{y}_k \rangle^2} \right| \\
&\leq \frac{1}{\langle \boldsymbol{d}_k, \boldsymbol{y}_k \rangle} \left(|\langle \nabla f(\boldsymbol{x}_{k+1}), \boldsymbol{y}_k \rangle| + \mu \|\boldsymbol{y}_k\|^2 \left| \frac{\langle \nabla f(\boldsymbol{x}_{k+1}), \boldsymbol{d}_k \rangle}{\langle \boldsymbol{d}_k, \boldsymbol{y}_k \rangle} \right| \right) \\
&\leq \left\{ (1 - c_2)\left(1 - \frac{1}{4\mu}\right)\gamma^2 \right\}^{-1} \underbrace{\left(|\langle \nabla f(\boldsymbol{x}_{k+1}), \boldsymbol{y}_k \rangle| + \mu \|\boldsymbol{y}_k\|^2 \hat{c} \right)}_{z_k}
\end{aligned}
$$

が得られます. ∇f の L–Lipschitz 連続性, Cauchy–Schwarz の不等式 (命題 2.1.3), および, 式 (A.23) から,

$$
\begin{aligned}
z_k &:= |\langle \nabla f(\boldsymbol{x}_{k+1}), \boldsymbol{y}_k \rangle| + \mu \hat{c} \|\boldsymbol{y}_k\|^2 \\
&\leq (\|\nabla f(\boldsymbol{x}_{k+1})\| + \mu \hat{c} \|\boldsymbol{y}_k\|) \|\boldsymbol{y}_k\| \\
&\leq (\Gamma + \mu \hat{c} L \|\boldsymbol{s}_k\|) L \|\boldsymbol{s}_k\| \\
&\leq (\Gamma + \mu \hat{c} L D) L \|\boldsymbol{s}_k\|
\end{aligned}
$$

となります. ただし, $\boldsymbol{s}_k := \boldsymbol{x}_{k+1} - \boldsymbol{x}_k$ とし, $D := \sup\{\|\boldsymbol{x} - \boldsymbol{y}\| : \boldsymbol{x}, \boldsymbol{y} \in \mathcal{L}_{f(\boldsymbol{x}_0)}(f)\}$ は $\mathcal{L}_{f(\boldsymbol{x}_0)}(f)$ の有界性から有限値となります. よって,

$$\left|\beta_{k+1}^{\mathrm{HZ}}\right| \leq \underbrace{\left\{(1-c_2)\left(1-\frac{1}{4\mu}\right)\gamma^2\right\}^{-1}(\Gamma+\mu\hat{c}LD)L}_{C}\left\|s_k\right\| \tag{A.27}$$

が任意の $k \geq k_0$ に対して成立します. 任意の $k \in \mathbb{N}$ に対して, 命題 A.3.7 で定義した $\boldsymbol{u}_k$ は,

$$\boldsymbol{u}_k := \frac{\boldsymbol{d}_k}{\|\boldsymbol{d}_k\|} = \frac{\alpha_k\boldsymbol{d}_k}{\|\alpha_k\boldsymbol{d}_k\|} = \frac{\boldsymbol{x}_{k+1}-\boldsymbol{x}_k}{\|\boldsymbol{x}_{k+1}-\boldsymbol{x}_k\|} = \frac{\boldsymbol{s}_k}{\|\boldsymbol{s}_k\|}$$

となることから, $l > k$ となる任意の $k,l \in \mathbb{N}$ に対して,

$$\boldsymbol{x}_l - \boldsymbol{x}_k = \sum_{j=k}^{l-1}\boldsymbol{s}_j = \sum_{j=k}^{l-1}\|\boldsymbol{s}_j\|\boldsymbol{u}_j = \sum_{j=k}^{l-1}\|\boldsymbol{s}_j\|\boldsymbol{u}_k + \sum_{j=k}^{l-1}\|\boldsymbol{s}_j\|(\boldsymbol{u}_j-\boldsymbol{u}_k)$$

を満たします. 三角不等式 (N3) と $D := \sup\{\|\boldsymbol{x}-\boldsymbol{y}\|\colon \boldsymbol{x},\boldsymbol{y}\in\mathcal{L}_{f(\boldsymbol{x}_0)}(f)\} < +\infty$ から, $l > k$ となる任意の $k,l \in \mathbb{N}$ に対して,

$$\begin{aligned}
\sum_{j=k}^{l-1}\|\boldsymbol{s}_j\| &= \left\|\sum_{j=k}^{l-1}\|\boldsymbol{s}_j\|\boldsymbol{u}_k\right\| \\
&\leq \|\boldsymbol{x}_l-\boldsymbol{x}_k\| + \left\|\sum_{j=k}^{l-1}\|\boldsymbol{s}_j\|(\boldsymbol{u}_j-\boldsymbol{u}_k)\right\| \\
&\leq D + \sum_{j=k}^{l-1}\|\boldsymbol{s}_j\|\|\boldsymbol{u}_j-\boldsymbol{u}_k\|
\end{aligned} \tag{A.28}$$

が成立します. ここで, $\Delta \geq 4CD$ を満たす $\Delta \in \mathbb{N}$ を定義すると, 命題 A.3.7 から,

$$\sum_{i=k_1}^{+\infty}\|\boldsymbol{u}_{i+1}-\boldsymbol{u}_i\|^2 \leq \frac{1}{4\Delta}$$

を満たす番号 k_1 が存在します. 三角不等式 (N3) と Cauchy–Schwarz の不等式 (命題 2.1.3) から, $k+\Delta \geq j > k \geq k_1$ となる任意の $k,j \in \mathbb{N}$ に対して,

$$\begin{aligned}
\|\boldsymbol{u}_j-\boldsymbol{u}_k\| &\leq \sum_{i=k}^{j-1}\|\boldsymbol{u}_{i+1}-\boldsymbol{u}_i\| \\
&\leq \sqrt{j-k}\left(\sum_{i=k}^{j-1}\|\boldsymbol{u}_{i+1}-\boldsymbol{u}_i\|^2\right)^{\frac{1}{2}} \\
&\leq \sqrt{\Delta}\left(\frac{1}{4\Delta}\right)^{\frac{1}{2}} \\
&= \frac{1}{2}
\end{aligned}$$

を利用して，式 (A.28) から，$k + \Delta \geq l \geq k \geq k_1$ となる任意の $k, l \in \mathbb{N}$ に対して，

$$\sum_{j=k}^{l-1} \|s_j\| \leq 2D \tag{A.29}$$

となります．d_{k+1} の定義，三角不等式 (N3)，命題 2.1.4，式 (A.23)，および，式 (A.27) から，$l > k_2 := \min\{k_0, k_1\}$ に対して，

$$\begin{aligned}
\|d_{l+1}\|^2 &\leq \left(\|\nabla f(x_{l+1})\| + \left|\beta_{l+1}^{\mathrm{HZ}}\right| \|d_l\|\right)^2 \\
&\leq 2\|\nabla f(x_{l+1})\|^2 + 2\left|\beta_{l+1}^{\mathrm{HZ}}\right|^2 \|d_l\|^2 \\
&\leq 2\Gamma^2 + \underbrace{2C^2\|s_l\|^2}_{S_l}\|d_l\|^2
\end{aligned}$$

すなわち，

$$\|d_{l+1}\|^2 \leq 2\Gamma^2 + 2\Gamma^2 \sum_{i=k_2+1}^{l} \prod_{j=i}^{l} S_j + \|d_{k_2}\|^2 \prod_{j=k_2}^{l} S_j \tag{A.30}$$

が成立します．相加相乗平均の不等式，式 (A.29)，および，$\Delta \geq 4CD$ から，任意の $k \geq k_2$ に対して，

$$\begin{aligned}
\prod_{j=k}^{k+\Delta-1} S_j &= \prod_{j=k}^{k+\Delta-1} 2C^2\|s_j\|^2 = \left(\prod_{j=k}^{k+\Delta-1} \sqrt{2}C\|s_j\|\right)^2 \\
&\leq \left(\frac{\sum_{j=k}^{k+\Delta-1} \sqrt{2}C\|s_j\|}{\Delta}\right)^{2\Delta} \\
&\leq \left(\frac{2\sqrt{2}CD}{\Delta}\right)^{2\Delta} \\
&\leq \left(\frac{\sqrt{2}}{2}\right)^{2\Delta} \\
&= \frac{1}{2^\Delta}
\end{aligned}$$

が成立します．式 (A.30) から，$(\|d_k\|^2)_{k \in \mathbb{N}}$ は有界，つまり，ある $M > 0$ が存在して，任意の $k \in \mathbb{N}$ に対して，$\|d_k\|^2 \leq M$ を満たすので，式 (A.22) から，

$$+\infty = \sum_{k=0}^{+\infty} \frac{1}{M} \leq \sum_{k=0}^{+\infty} \frac{1}{\|d_k\|^2} < +\infty$$

となり，矛盾が生じます．以上のことから，$\bar{\gamma} = 0$ が証明されます． $\qquad\square$

A.4 | 6章

A.4.1 ● 近接勾配法の特徴づけ

補助定理A.4.1

凸関数 $f \in C^1(\mathbb{R}^d)$ と凸関数 $g\colon \mathbb{R}^d \to \mathbb{R}$ に対する近接勾配法（アルゴリズム 6.3）

$$\boldsymbol{x}_{k+1} := \mathrm{prox}_{\alpha_k g}(\boldsymbol{x}_k - \alpha_k \nabla f(\boldsymbol{x}_k)) \quad (k \in \mathbb{N})$$

を考察します．ただし，$\boldsymbol{x}_0 \in \mathbb{R}^d$ とし，$\alpha_k > 0$ とします．任意の $\boldsymbol{x} \in \mathbb{R}^d$ に対して，関数 $\zeta_k\colon \mathbb{R}^d \to \mathbb{R}$ を

$$\zeta_k(\boldsymbol{x}) := \underbrace{f(\boldsymbol{x}_k) + \langle \nabla f(\boldsymbol{x}_k), \boldsymbol{x} - \boldsymbol{x}_k \rangle + g(\boldsymbol{x})}_{\tilde{\zeta}_k(\boldsymbol{x})} + \frac{1}{2\alpha_k}\|\boldsymbol{x} - \boldsymbol{x}_k\|^2$$

と定義します．このとき，

$$\boldsymbol{x}_{k+1} = \mathrm{prox}_{\alpha_k \tilde{\zeta}_k}(\boldsymbol{x}_k) = \operatorname*{argmin}_{\boldsymbol{x} \in \mathbb{R}^d} \zeta_k(\boldsymbol{x})$$

が成立します．

補助定理 A.4.1 の証明. $\langle \nabla f(\boldsymbol{x}_k), \cdot - \boldsymbol{x}_k \rangle$ と $1/(2\alpha_k)\|\cdot - \boldsymbol{x}_k\|^2$ の連続性と g の凸性から，

$$\partial \zeta_k(\boldsymbol{x}) = \partial \tilde{\zeta}_k(\boldsymbol{x}) + \partial \left(\frac{1}{2\alpha_k}\|\cdot - \boldsymbol{x}_k\|^2 \right)(\boldsymbol{x})$$

$$= \nabla f(\boldsymbol{x}_k) + \partial g(\boldsymbol{x}) + \frac{1}{\alpha_k}(\boldsymbol{x} - \boldsymbol{x}_k)$$

が任意の $\boldsymbol{x} \in \mathbb{R}^d$ に対して成立します（命題 A.1.5 証明参照）．$\boldsymbol{x}, \boldsymbol{y} \in \mathbb{R}^d$ とし，$\boldsymbol{g}_{\boldsymbol{x}} \in \partial \zeta_k(\boldsymbol{x})$ と $\boldsymbol{g}_{\boldsymbol{y}} \in \partial \zeta_k(\boldsymbol{y})$ をとります．このとき，

$$\exists \boldsymbol{s}_{\boldsymbol{x}} \in \partial g(\boldsymbol{x}) \ \left(\boldsymbol{g}_{\boldsymbol{x}} = \nabla f(\boldsymbol{x}_k) + \boldsymbol{s}_{\boldsymbol{x}} + \frac{1}{\alpha_k}(\boldsymbol{x} - \boldsymbol{x}_k) \right)$$

$$\exists \boldsymbol{s}_{\boldsymbol{y}} \in \partial g(\boldsymbol{y}) \ \left(\boldsymbol{g}_{\boldsymbol{y}} = \nabla f(\boldsymbol{x}_k) + \boldsymbol{s}_{\boldsymbol{y}} + \frac{1}{\alpha_k}(\boldsymbol{y} - \boldsymbol{x}_k) \right)$$

と g の凸性（命題 2.3.2(2)）から，

$$\langle \boldsymbol{g}_{\boldsymbol{x}} - \boldsymbol{g}_{\boldsymbol{y}}, \boldsymbol{x} - \boldsymbol{y} \rangle = \left\langle (\boldsymbol{s}_{\boldsymbol{x}} - \boldsymbol{s}_{\boldsymbol{y}}) + \frac{1}{\alpha_k}(\boldsymbol{x} - \boldsymbol{y}), \boldsymbol{x} - \boldsymbol{y} \right\rangle$$

$$= \langle \boldsymbol{s}_{\boldsymbol{x}} - \boldsymbol{s}_{\boldsymbol{y}}, \boldsymbol{x} - \boldsymbol{y} \rangle + \frac{1}{\alpha_k}\|\boldsymbol{x} - \boldsymbol{y}\|^2$$

$$\geq \frac{1}{\alpha_k}\|\boldsymbol{x} - \boldsymbol{y}\|^2$$

が成立します. よって, 命題 2.3.4(1) から, ζ_k は $1/\alpha_k$-強凸関数なので, 命題 3.3.3(2) により, ζ_k はただ一つの大域的最適解 $\tilde{\boldsymbol{x}}_k$ をもちます. ζ_k の定義と $\tilde{\zeta}_k$ の近接写像の定義から,

$$\tilde{\boldsymbol{x}}_k = \mathrm{prox}_{\alpha_k \tilde{\zeta}_k}(\boldsymbol{x}_k) = \underset{\boldsymbol{x} \in \mathbb{R}^d}{\mathrm{argmin}}\, \zeta_k(\boldsymbol{x})$$

となります. 命題 2.3.6(1) から,

$$\begin{aligned}
\tilde{\boldsymbol{x}}_k = \mathrm{prox}_{\alpha_k \tilde{\zeta}_k}(\boldsymbol{x}_k) &\Longleftrightarrow \boldsymbol{x}_k - \tilde{\boldsymbol{x}}_k \in \partial\left(\alpha_k \tilde{\zeta}_k\right)(\tilde{\boldsymbol{x}}_k) \\
&\Longleftrightarrow \frac{\boldsymbol{x}_k - \tilde{\boldsymbol{x}}_k}{\alpha_k} \in \partial\tilde{\zeta}_k(\tilde{\boldsymbol{x}}_k) = \{\nabla f(\boldsymbol{x}_k)\} + \partial g(\tilde{\boldsymbol{x}}_k) \\
&\Longleftrightarrow (\boldsymbol{x}_k - \alpha_k \nabla f(\boldsymbol{x}_k)) - \tilde{\boldsymbol{x}}_k \in \partial(\alpha_k g)(\tilde{\boldsymbol{x}}_k) \\
&\Longleftrightarrow \tilde{\boldsymbol{x}}_k = \mathrm{prox}_{\alpha_k g}(\boldsymbol{x}_k - \alpha_k \nabla f(\boldsymbol{x}_k))
\end{aligned}$$

なので, 近接勾配法で生成される $\boldsymbol{x}_{k+1}$ は $\tilde{\boldsymbol{x}}_k$ と一致します. $\square$

A.5 | 7章

A.5.1 ● 定数ステップサイズを利用した Halpern 不動点近似法の収束性の証明

定理 7.2.1 の証明の準備として, 次の補助定理 A.5.1 を証明します.

補助定理 A.5.1

$S\colon \mathbb{R}^d \to \mathbb{R}^d$ を堅非拡大写像とし, $\mathrm{Fix}(S) \neq \emptyset$ とします. $\lambda \in (0,1)$ とすると, $T := \lambda\mathrm{Id} + (1-\lambda)S$ を利用する Halpern 不動点近似法 (アルゴリズム 7.2) で生成される点列 $(\boldsymbol{x}_k)_{k\in\mathbb{N}}$ は, 任意の $k \in \mathbb{N}$ と任意の $\boldsymbol{x} \in \mathrm{Fix}(S) = \mathrm{Fix}(T)$ に対して,

$$\begin{aligned}
\|\boldsymbol{x}_{k+1} - \boldsymbol{x}\|^2 \leq\ &\|\boldsymbol{x}_k - \boldsymbol{x}\|^2 + 2\alpha_k(f_0(\boldsymbol{x}) - f_0(\boldsymbol{x}_k)) + 2\alpha_k^2\|\nabla f_0(T(\boldsymbol{x}_k))\|^2 \\
&+ 2(1-\lambda)\{(1-\lambda)\alpha_k - \lambda\}\|\boldsymbol{x}_k - S(\boldsymbol{x}_k)\|^2
\end{aligned}$$

を満たします.

補助定理 A.5.1 の証明. 式 (7.15) から, Halpern 不動点近似法で生成される点列 $(\boldsymbol{x}_k)_{k\in\mathbb{N}}$ は, 任意の $k \in \mathbb{N}$ に対して,

$$\boldsymbol{x}_{k+1} = T(\boldsymbol{x}_k) - \alpha_k \nabla f_0(T(\boldsymbol{x}_k)) \tag{A.31}$$

と表現できます．$k \in \mathbb{N}$ とし，$\boldsymbol{x} \in \mathrm{Fix}(S) = \mathrm{Fix}(T)$ とします．式 (A.31) から，

$$2\langle T(\boldsymbol{x}_k) - \boldsymbol{x}_k, \boldsymbol{x}_k - \boldsymbol{x}\rangle$$
$$= 2\langle \boldsymbol{x}_{k+1} + \alpha_k \nabla f_0(T(\boldsymbol{x}_k)) - \boldsymbol{x}_k, \boldsymbol{x}_k - \boldsymbol{x}\rangle$$
$$= 2\langle \boldsymbol{x}_{k+1} - \boldsymbol{x}_k, \boldsymbol{x}_k - \boldsymbol{x}\rangle + 2\alpha_k \langle \nabla f_0(T(\boldsymbol{x}_k)), \boldsymbol{x}_k - \boldsymbol{x}\rangle$$

が成立します．命題 2.1.1 から，$\|\boldsymbol{x}_{k+1} - \boldsymbol{x}\|^2 = \|\boldsymbol{x}_{k+1} - \boldsymbol{x}_k\|^2 + 2\langle \boldsymbol{x}_{k+1} - \boldsymbol{x}_k, \boldsymbol{x}_k - \boldsymbol{x}\rangle + \|\boldsymbol{x}_k - \boldsymbol{x}\|^2$ を満たすので，

$$2\langle T(\boldsymbol{x}_k) - \boldsymbol{x}_k, \boldsymbol{x}_k - \boldsymbol{x}\rangle$$
$$= \|\boldsymbol{x}_{k+1} - \boldsymbol{x}\|^2 - \|\boldsymbol{x}_k - \boldsymbol{x}_{k+1}\|^2 - \|\boldsymbol{x}_k - \boldsymbol{x}\|^2 + 2\alpha_k \langle \nabla f_0(T(\boldsymbol{x}_k)), \boldsymbol{x}_k - \boldsymbol{x}\rangle$$

が成立します．一方で，命題 2.1.1 により，

$$\langle \boldsymbol{x}_k - S(\boldsymbol{x}_k), \boldsymbol{x}_k - \boldsymbol{x}\rangle = \frac{1}{2}\left(\|\boldsymbol{x}_k - S(\boldsymbol{x}_k)\|^2 + \|\boldsymbol{x}_k - \boldsymbol{x}\|^2 - \|S(\boldsymbol{x}_k) - \boldsymbol{x}\|^2\right)$$

を満たします．S が堅非拡大写像なので，式 (B.12)，すなわち，

$$\|S(\boldsymbol{x}_k) - \boldsymbol{x}\|^2 \leq \|\boldsymbol{x}_k - \boldsymbol{x}\|^2 - \|\boldsymbol{x}_k - S(\boldsymbol{x}_k)\|^2$$

が成り立つので，

$$\langle \boldsymbol{x}_k - S(\boldsymbol{x}_k), \boldsymbol{x}_k - \boldsymbol{x}\rangle \geq \|\boldsymbol{x}_k - S(\boldsymbol{x}_k)\|^2$$

を満たします．$T := \lambda \mathrm{Id} + (1 - \lambda)S$ から，

$$\langle \boldsymbol{x}_k - T(\boldsymbol{x}_k), \boldsymbol{x}_k - \boldsymbol{x}\rangle = (1 - \lambda)\langle \boldsymbol{x}_k - S(\boldsymbol{x}_k), \boldsymbol{x}_k - \boldsymbol{x}\rangle$$
$$\geq (1 - \lambda)\|\boldsymbol{x}_k - S(\boldsymbol{x}_k)\|^2$$

が得られます．よって，

$$\|\boldsymbol{x}_{k+1} - \boldsymbol{x}\|^2 \leq \|\boldsymbol{x}_k - \boldsymbol{x}\|^2 + \|\boldsymbol{x}_k - \boldsymbol{x}_{k+1}\|^2 - 2\alpha_k \langle \nabla f_0(T(\boldsymbol{x}_k)), \boldsymbol{x}_k - \boldsymbol{x}\rangle$$
$$- 2(1 - \lambda)\|\boldsymbol{x}_k - S(\boldsymbol{x}_k)\|^2$$

が成立します．命題 2.1.4，式 (A.31)，および，$T := \lambda \mathrm{Id} + (1 - \lambda)S$ から，

$$\|\boldsymbol{x}_k - \boldsymbol{x}_{k+1}\|^2 = \|(\boldsymbol{x}_k - T(\boldsymbol{x}_k)) + (T(\boldsymbol{x}_k) - \boldsymbol{x}_{k+1})\|^2$$
$$\leq 2\|\boldsymbol{x}_k - T(\boldsymbol{x}_k)\|^2 + 2\|T(\boldsymbol{x}_k) - \boldsymbol{x}_{k+1}\|^2$$
$$= 2\|\boldsymbol{x}_k - T(\boldsymbol{x}_k)\|^2 + 2\alpha_k^2\|\nabla f_0(T(\boldsymbol{x}_k))\|^2$$
$$= 2(1 - \lambda)^2\|\boldsymbol{x}_k - S(\boldsymbol{x}_k)\|^2 + 2\alpha_k^2\|\nabla f_0(T(\boldsymbol{x}_k))\|^2$$

が成立します. よって,

$$\begin{aligned}
\|\boldsymbol{x}_{k+1} - \boldsymbol{x}\|^2 &\le \|\boldsymbol{x}_k - \boldsymbol{x}\|^2 + 2\alpha_k\langle\nabla f_0(T(\boldsymbol{x}_k)), \boldsymbol{x} - \boldsymbol{x}_k\rangle \\
&\quad - 2\lambda(1-\lambda)\|\boldsymbol{x}_k - S(\boldsymbol{x}_k)\|^2 + 2\alpha_k^2\|\nabla f_0(T(\boldsymbol{x}_k))\|^2
\end{aligned} \tag{A.32}$$

が得られます. さらに, 命題 2.3.1 と命題 2.3.2(1) から,

$$\begin{aligned}
&\langle\nabla f_0(T(\boldsymbol{x}_k)), \boldsymbol{x} - \boldsymbol{x}_k\rangle \\
&= \langle\nabla f_0(T(\boldsymbol{x}_k)), \boldsymbol{x} - T(\boldsymbol{x}_k)\rangle + \langle\nabla f_0(T(\boldsymbol{x}_k)), T(\boldsymbol{x}_k) - \boldsymbol{x}_k\rangle \\
&\le f_0(\boldsymbol{x}) - f_0(T(\boldsymbol{x}_k)) + \langle\nabla f_0(T(\boldsymbol{x}_k)), T(\boldsymbol{x}_k) - \boldsymbol{x}_k\rangle \\
&= f_0(\boldsymbol{x}) - f_0(\boldsymbol{x}_k) + f_0(\boldsymbol{x}_k) - f_0(T(\boldsymbol{x}_k)) + \langle\nabla f_0(T(\boldsymbol{x}_k)), T(\boldsymbol{x}_k) - \boldsymbol{x}_k\rangle \\
&\le f_0(\boldsymbol{x}) - f_0(\boldsymbol{x}_k) - \langle\nabla f_0(\boldsymbol{x}_k), T(\boldsymbol{x}_k) - \boldsymbol{x}_k\rangle + \langle\nabla f_0(T(\boldsymbol{x}_k)), T(\boldsymbol{x}_k) - \boldsymbol{x}_k\rangle \\
&= f_0(\boldsymbol{x}) - f_0(\boldsymbol{x}_k) + \langle\nabla f_0(T(\boldsymbol{x}_k)) - \nabla f_0(\boldsymbol{x}_k), T(\boldsymbol{x}_k) - \boldsymbol{x}_k\rangle
\end{aligned}$$

が成立します. Cauchy–Schwarz の不等式 (命題 2.1.3), ∇f_0 の 1-Lipschitz 連続性, および, $T := \lambda\mathrm{Id} + (1-\lambda)S$ により,

$$\begin{aligned}
&\langle\nabla f_0(T(\boldsymbol{x}_k)) - \nabla f_0(\boldsymbol{x}_k), T(\boldsymbol{x}_k) - \boldsymbol{x}_k\rangle \\
&\le \|\nabla f_0(T(\boldsymbol{x}_k)) - \nabla f_0(\boldsymbol{x}_k)\|\|T(\boldsymbol{x}_k) - \boldsymbol{x}_k\| \le (1-\lambda)^2\|S(\boldsymbol{x}_k) - \boldsymbol{x}_k\|^2
\end{aligned}$$

なので,

$$\langle\nabla f_0(T(\boldsymbol{x}_k)), \boldsymbol{x} - \boldsymbol{x}_k\rangle \le f_0(\boldsymbol{x}) - f_0(\boldsymbol{x}_k) + (1-\lambda)^2\|S(\boldsymbol{x}_k) - \boldsymbol{x}_k\|^2$$

が成立します. よって, 式 (A.32) により,

$$\begin{aligned}
&\|\boldsymbol{x}_{k+1} - \boldsymbol{x}\|^2 \\
&\le \|\boldsymbol{x}_k - \boldsymbol{x}\|^2 - 2\lambda(1-\lambda)\|\boldsymbol{x}_k - S(\boldsymbol{x}_k)\|^2 + 2\alpha_k^2\|\nabla f_0(T(\boldsymbol{x}_k))\|^2 \\
&\quad + 2\alpha_k\left\{f_0(\boldsymbol{x}) - f_0(\boldsymbol{x}_k) + (1-\lambda)^2\|S(\boldsymbol{x}_k) - \boldsymbol{x}_k\|^2\right\} \\
&= \|\boldsymbol{x}_k - \boldsymbol{x}\|^2 + 2\alpha_k(f_0(\boldsymbol{x}) - f_0(\boldsymbol{x}_k)) + 2\alpha_k^2\|\nabla f_0(T(\boldsymbol{x}_k))\|^2 \\
&\quad + 2(1-\lambda)\{(1-\lambda)\alpha_k - \lambda\}\|\boldsymbol{x}_k - S(\boldsymbol{x}_k)\|^2
\end{aligned}$$

が成立します. □

定理 7.2.1 の証明. 式 (7.24) を得るための議論は, $\alpha_k := \alpha$ に対しても成立するので, 特に, $\boldsymbol{x} := \boldsymbol{x}^\star = P_{\mathrm{Fix}(T)}(\boldsymbol{x}_0) \in \mathrm{Fix}(T) = \mathrm{Fix}(S)$ に対して,

$$\forall k \in \mathbb{N}\ (\|T(\boldsymbol{x}_k) - \boldsymbol{x}^\star\| \le \|\boldsymbol{x}_k - \boldsymbol{x}^\star\| \le \|\boldsymbol{x}_0 - \boldsymbol{x}^\star\|)$$

となります. f_0 の凸性, 命題 2.3.2(1), および, Cauchy–Schwarz の不等式 (命

題 2.1.3) から，

$$f_0(\boldsymbol{x}^\star) - f_0(\boldsymbol{x}_k) \leq \langle \nabla f_0(\boldsymbol{x}^\star), \boldsymbol{x}_k - \boldsymbol{x}^\star \rangle \leq \|\nabla f_0(\boldsymbol{x}^\star)\| \|\boldsymbol{x}_k - \boldsymbol{x}^\star\|$$
$$\leq \|\nabla f_0(\boldsymbol{x}^\star)\| \|\boldsymbol{x}_0 - \boldsymbol{x}^\star\| < +\infty$$

であり，∇f_0 の 1–Lipschitz 連続性，三角不等式 (N3)，および，T の非拡大性から，

$$\|\nabla f_0(T(\boldsymbol{x}_k))\| \leq \|\nabla f_0(\boldsymbol{x}^\star)\| + \|T(\boldsymbol{x}_k) - \boldsymbol{x}^\star\|$$
$$\leq \|\nabla f_0(\boldsymbol{x}^\star)\| + \|\boldsymbol{x}_0 - \boldsymbol{x}^\star\| < +\infty$$

が任意の $k \in \mathbb{N}$ に対して成立します．ここで，補助定理 A.5.1 から，任意の $k \in \mathbb{N}$ に対して，

$$\|\boldsymbol{x}_{k+1} - \boldsymbol{x}^\star\|^2$$
$$\leq \|\boldsymbol{x}_k - \boldsymbol{x}^\star\|^2 + 2\alpha M + 2\alpha^2 M + 2(1-\lambda)\{(1-\lambda)\alpha - \lambda\}\|\boldsymbol{x}_k - S(\boldsymbol{x}_k)\|^2$$
$$\leq \|\boldsymbol{x}_k - \boldsymbol{x}^\star\|^2 + 4\alpha M + 2(1-\lambda)\{(1-\lambda)\alpha - \lambda\}\|\boldsymbol{x}_k - S(\boldsymbol{x}_k)\|^2 \tag{A.33}$$

が成立します．ただし，最後の不等式は $\alpha < 1$ から得られます．

次に，背理法を用いて，任意の $\varepsilon > 0$ に対して，

$$\liminf_{k \to +\infty} \|\boldsymbol{x}_k - S(\boldsymbol{x}_k)\|^2 \leq \frac{2M\alpha}{(1-\lambda)\{\lambda - (1-\lambda)\alpha\}} + 2\varepsilon \tag{A.34}$$

を証明します．式 (A.34) が成立しないと仮定すると，

$$\exists \varepsilon > 0 \left(\liminf_{k \to +\infty} \|\boldsymbol{x}_k - S(\boldsymbol{x}_k)\|^2 > \frac{2M\alpha}{(1-\lambda)\{\lambda - (1-\lambda)\alpha\}} + 2\varepsilon \right)$$

となります．命題 2.1.7(2) から，

$$\exists k_0 \in \mathbb{N} \ \forall k \in \mathbb{N}$$
$$\left(k \geq k_0 \Longrightarrow \liminf_{k \to +\infty} \|\boldsymbol{x}_k - S(\boldsymbol{x}_k)\|^2 - \varepsilon \leq \|\boldsymbol{x}_k - S(\boldsymbol{x}_k)\|^2 \right)$$

を満たすので，任意の $k \geq k_0$ に対して，

$$\|\boldsymbol{x}_k - S(\boldsymbol{x}_k)\|^2 > \frac{2M\alpha}{(1-\lambda)\{\lambda - (1-\lambda)\alpha\}} + \varepsilon$$

となります．よって，式 (A.33) から，$(1-\lambda)\alpha - \lambda < 0$ に注意して，任意の $k \geq k_0$ に対して，

$$\|\boldsymbol{x}_{k+1} - \boldsymbol{x}^\star\|^2 < \|\boldsymbol{x}_k - \boldsymbol{x}^\star\|^2 + 4M\alpha$$
$$+ 2(1-\lambda)\{(1-\lambda)\alpha - \lambda\} \left[\frac{2M\alpha}{(1-\lambda)\{\lambda - (1-\lambda)\alpha\}} + \varepsilon \right]$$

$$= \|\boldsymbol{x}_k - \boldsymbol{x}^\star\|^2 + 2(1-\lambda)\{(1-\lambda)\alpha - \lambda\}\varepsilon$$

なので,

$$0 \le \|\boldsymbol{x}_{k+1} - \boldsymbol{x}^\star\|^2 < \|\boldsymbol{x}_{k_0} - \boldsymbol{x}^\star\|^2 + 2(1-\lambda)\{(1-\lambda)\alpha - \lambda\}\varepsilon(k+1-k_0)$$

が任意の $k \ge k_0$ に対して成立します. k を発散させると,上記不等式の右辺は $-\infty$ に達するので,矛盾が生じます. このことから,式 (A.34) が成り立つことになり,また,ε の任意性により,

$$\liminf_{k \to +\infty} \|\boldsymbol{x}_k - S(\boldsymbol{x}_k)\|^2 \le \frac{2M\alpha}{(1-\lambda)\{\lambda - (1-\lambda)\alpha\}}$$

となります.

続いて,補助定理 A.5.1 から,任意の $k \in \mathbb{N}$ に対して,

$$\|\boldsymbol{x}_{k+1} - \boldsymbol{x}^\star\|^2 \le \|\boldsymbol{x}_k - \boldsymbol{x}^\star\|^2 + 2\alpha(f_0(\boldsymbol{x}^\star) - f_0(\boldsymbol{x}_k)) + 2M\alpha^2 \qquad (A.35)$$

が成立します. この式と背理法を用いて,任意の $\varepsilon > 0$ に対して,

$$\liminf_{k \to +\infty} f_0(\boldsymbol{x}_k) \le f_0(\boldsymbol{x}^\star) + M\alpha + 2\varepsilon \qquad (A.36)$$

を証明します. 式 (A.36) が成立しないと仮定すると,

$$\exists \varepsilon > 0 \left(\liminf_{k \to +\infty} f_0(\boldsymbol{x}_k) > f_0(\boldsymbol{x}^\star) + M\alpha + 2\varepsilon \right)$$

となります. 命題 2.1.7(2) から,

$$\exists k_1 \in \mathbb{N} \; \forall k \in \mathbb{N} \left(k \ge k_1 \Longrightarrow \liminf_{k \to +\infty} f_0(\boldsymbol{x}_k) - \varepsilon \le f_0(\boldsymbol{x}_k) \right)$$

を満たすので,任意の $k \ge k_1$ に対して,

$$f_0(\boldsymbol{x}_k) > f_0(\boldsymbol{x}^\star) + M\alpha + \varepsilon$$

となります. よって,式 (A.35) から,任意の $k \ge k_1$ に対して,

$$\|\boldsymbol{x}_{k+1} - \boldsymbol{x}^\star\|^2 < \|\boldsymbol{x}_k - \boldsymbol{x}^\star\|^2 + 2\alpha(-M\alpha - \varepsilon) + 2M\alpha^2$$
$$= \|\boldsymbol{x}_k - \boldsymbol{x}^\star\|^2 - 2\alpha\varepsilon$$

なので,

$$\|\boldsymbol{x}_{k+1} - \boldsymbol{x}^\star\|^2 < \|\boldsymbol{x}_{k_1} - \boldsymbol{x}^\star\|^2 - 2\alpha\varepsilon(k+1-k_1)$$

が任意の $k \ge k_1$ に対して成立します. k を発散させると,上記不等式の右辺は $-\infty$ に達するので,矛盾が生じます. このことから,式 (A.36) が成り立つことになり,

また，ε の任意性により，

$$\liminf_{k \to +\infty} f_0(\boldsymbol{x}_k) \leq f_0(\boldsymbol{x}^\star) + M\alpha$$

となります．

さらに，式 (A.35) を $k = 0$ から $k = K - 1$ $(K \geq 1)$ まで足し合わせると，

$$2\alpha \sum_{k=0}^{K-1} f_0(\boldsymbol{x}_k) \leq \|\boldsymbol{x}_0 - \boldsymbol{x}^\star\|^2 - \|\boldsymbol{x}_K - \boldsymbol{x}^\star\|^2 + 2\alpha f_0(\boldsymbol{x}^\star)K + 2M\alpha^2 K$$

すなわち，

$$\min_{k \in [0:K-1]} f_0(\boldsymbol{x}_k) \leq \frac{1}{K} \sum_{k=0}^{K-1} f_0(\boldsymbol{x}_k) \leq f_0(\boldsymbol{x}^\star) + \frac{\|\boldsymbol{x}_0 - \boldsymbol{x}^\star\|^2}{2\alpha K} + M\alpha$$

が成立します． □

A.6 8章

A.6.1 定数ステップサイズを利用した Adam の収束性の証明

定理 8.5.1 と定理 8.5.2 の証明の準備として，次の補助定理 A.6.1–補助定理 A.6.3 を証明します．なお，以下では，$\langle \cdot, \cdot \rangle$ はユークリッド内積とし，$\|\cdot\|$ はユークリッドノルムとします．また，一般性を保つために，ハイパーパラメータは k に依存する β_{1k} と β_{2k} を用います．

補助定理 A.6.1

条件 (C1)–(C4) のもとでの Adam（アルゴリズム 8.2）は，任意の $k \in \mathbb{N}$ と任意の $\boldsymbol{x} \in \mathbb{R}^d$ に対して，

$$\mathbb{E}\left[\|\boldsymbol{x}_{k+1} - \boldsymbol{x}\|_{\mathsf{H}_k}^2\right] = \mathbb{E}\left[\|\boldsymbol{x}_k - \boldsymbol{x}\|_{\mathsf{H}_k}^2\right] + \alpha_k^2 \mathbb{E}\left[\|\mathbf{d}_k\|_{\mathsf{H}_k}^2\right]$$
$$+ 2\alpha_k \left\{ \frac{\beta_{1k}}{\tilde{\beta}_{1k}} \mathbb{E}\left[\langle \boldsymbol{x} - \boldsymbol{x}_k, \boldsymbol{m}_{k-1}\rangle\right] + \frac{\hat{\beta}_{1k}}{\tilde{\beta}_{1k}} \mathbb{E}\left[\langle \boldsymbol{x} - \boldsymbol{x}_k, \nabla f(\boldsymbol{x}_k)\rangle\right] \right\}$$

を満たします．ただし，$\mathbf{d}_k := -\mathsf{H}_k^{-1}\hat{\boldsymbol{m}}_k$，$\hat{\beta}_{1k} := 1 - \beta_{1k}$，$\tilde{\beta}_{1k} := 1 - \beta_{1k}^{k+1}$ とします．

補助定理 A.6.1 の証明．$\boldsymbol{x}_{k+1} := \boldsymbol{x}_k + \alpha_k \mathbf{d}_k$ の定義（アルゴリズム 8.2 のステップ

9) と命題 2.1.1 から，

$$\|\boldsymbol{x}_{k+1} - \boldsymbol{x}\|_{\mathsf{H}_k}^2 = \|\boldsymbol{x}_k - \boldsymbol{x}\|_{\mathsf{H}_k}^2 + 2\alpha_k \langle \boldsymbol{x}_k - \boldsymbol{x}, \mathbf{d}_k \rangle_{\mathsf{H}_k} + \alpha_k^2 \|\mathbf{d}_k\|_{\mathsf{H}_k}^2$$

が成立します．$\mathbf{d}_k$，$\boldsymbol{m}_k$，および，$\hat{\boldsymbol{m}}_k$ の定義から，

$$\langle \boldsymbol{x}_k - \boldsymbol{x}, \mathbf{d}_k \rangle_{\mathsf{H}_k} = \langle \boldsymbol{x}_k - \boldsymbol{x}, \mathsf{H}_k \mathbf{d}_k \rangle = \langle \boldsymbol{x} - \boldsymbol{x}_k, \hat{\boldsymbol{m}}_k \rangle = \frac{1}{\tilde{\beta}_{1k}} \langle \boldsymbol{x} - \boldsymbol{x}_k, \boldsymbol{m}_k \rangle$$

$$= \frac{\beta_{1k}}{\tilde{\beta}_{1k}} \langle \boldsymbol{x} - \boldsymbol{x}_k, \boldsymbol{m}_{k-1} \rangle + \frac{\hat{\beta}_{1k}}{\tilde{\beta}_{1k}} \langle \boldsymbol{x} - \boldsymbol{x}_k, \nabla f_{B_k}(\boldsymbol{x}_k) \rangle$$

となります．よって，

$$\|\boldsymbol{x}_{k+1} - \boldsymbol{x}\|_{\mathsf{H}_k}^2 = \|\boldsymbol{x}_k - \boldsymbol{x}\|_{\mathsf{H}_k}^2 + \alpha_k^2 \|\mathbf{d}_k\|_{\mathsf{H}_k}^2$$
$$+ 2\alpha_k \left\{ \frac{\beta_{1k}}{\tilde{\beta}_{1k}} \langle \boldsymbol{x} - \boldsymbol{x}_k, \boldsymbol{m}_{k-1} \rangle + \frac{\hat{\beta}_{1k}}{\tilde{\beta}_{1k}} \langle \boldsymbol{x} - \boldsymbol{x}_k, \nabla f_{B_k}(\boldsymbol{x}_k) \rangle \right\} \tag{A.37}$$

となります．ここで，式 (8.4) から，

$$\mathbb{E}\left[\mathbb{E}\left[\langle \boldsymbol{x} - \boldsymbol{x}_k, \nabla f_{B_k}(\boldsymbol{x}_k) \rangle \big| \boldsymbol{x}_k \right] \right] = \mathbb{E}\left[\left\langle \boldsymbol{x} - \boldsymbol{x}_k, \mathbb{E}\left[\nabla f_{B_k}(\boldsymbol{x}_k) \big| \boldsymbol{x}_k \right] \right\rangle \right]$$
$$= \mathbb{E}\left[\langle \boldsymbol{x} - \boldsymbol{x}_k, \nabla f(\boldsymbol{x}_k) \rangle \right]$$

を満たします．式 (A.37) の全期待値をとると，補助定理 A.6.1 の結果が得られます．　　　　□

補助定理 A.6.2

補助定理 A.6.1 の仮定のもとでは，任意の $k \in \mathbb{N}$ と任意の $\boldsymbol{x} \in \mathbb{R}^d$ に対して，

$$X_{k+1}(\boldsymbol{x}) = X_k(\boldsymbol{x}) + \beta_{1k}^{k+1}(X_{k+1}(\boldsymbol{x}) - X_k(\boldsymbol{x})) + \tilde{\beta}_{1k} Y_k(\boldsymbol{x})$$
$$+ \alpha_k^2 \tilde{\beta}_{1k} \mathbb{E}\left[\|\mathbf{d}_k\|_{\mathsf{H}_k}^2 \right] + 2\alpha_k \beta_{1k} \mathbb{E}\left[\langle \boldsymbol{x} - \boldsymbol{x}_k, \boldsymbol{m}_{k-1} \rangle \right]$$
$$+ 2\alpha_k \hat{\beta}_{1k} \mathbb{E}\left[\langle \boldsymbol{x} - \boldsymbol{x}_k, \nabla f(\boldsymbol{x}_k) \rangle \right]$$

が成立します．ただし，$X_k(\boldsymbol{x}) := \mathbb{E}[\|\boldsymbol{x}_k - \boldsymbol{x}\|_{\mathsf{H}_k}^2]$，$Y_k(\boldsymbol{x}) := \mathbb{E}[\|\boldsymbol{x}_{k+1} - \boldsymbol{x}\|_{\mathsf{H}_{k+1}}^2] - \mathbb{E}[\|\boldsymbol{x}_{k+1} - \boldsymbol{x}\|_{\mathsf{H}_k}^2]$ とします．また，$\beta_{2k} := \beta_2 \in [0, 1)$ $(k \in \mathbb{N})$ と仮定 (A1)–(A3) のもとでは，$\lim_{k \to +\infty} Y_k(\boldsymbol{x}) = 0$ $(\boldsymbol{x} \in \mathbb{R}^d)$ を満たします．

補助定理 A.6.2 の証明． 補助定理 A.6.1 から，

$$X_{k+1}(\boldsymbol{x}) + \mathbb{E}\left[\|\boldsymbol{x}_{k+1} - \boldsymbol{x}\|_{\mathsf{H}_k}^2 \right] = X_k(\boldsymbol{x}) + X_{k+1}(\boldsymbol{x}) + \alpha_k^2 \mathbb{E}\left[\|\mathbf{d}_k\|_{\mathsf{H}_k}^2 \right]$$
$$+ 2\alpha_k \left\{ \frac{\beta_{1k}}{\tilde{\beta}_{1k}} \mathbb{E}\left[\langle \boldsymbol{x} - \boldsymbol{x}_k, \boldsymbol{m}_{k-1} \rangle \right] + \frac{\hat{\beta}_{1k}}{\tilde{\beta}_{1k}} \mathbb{E}\left[\langle \boldsymbol{x} - \boldsymbol{x}_k, \nabla f(\boldsymbol{x}_k) \rangle \right] \right\}$$

が成り立つので,

$$X_{k+1}(\boldsymbol{x}) = X_k(\boldsymbol{x}) + Y_k(\boldsymbol{x}) + \alpha_k^2 \mathbb{E}\left[\|\mathbf{d}_k\|_{\mathsf{H}_k}^2\right]$$
$$+ 2\alpha_k \left\{ \frac{\beta_{1k}}{\tilde{\beta}_{1k}} \mathbb{E}\left[\langle \boldsymbol{x} - \boldsymbol{x}_k, \boldsymbol{m}_{k-1} \rangle\right] + \frac{\hat{\beta}_{1k}}{\tilde{\beta}_{1k}} \mathbb{E}\left[\langle \boldsymbol{x} - \boldsymbol{x}_k, \nabla f(\boldsymbol{x}_k) \rangle\right] \right\}$$

となります. 両辺に $\tilde{\beta}_{1k}$ を掛けると,

$$\tilde{\beta}_{1k} X_{k+1}(\boldsymbol{x}) = \tilde{\beta}_{1k} X_k(\boldsymbol{x}) + \tilde{\beta}_{1k} Y_k(\boldsymbol{x}) + \alpha_k^2 \tilde{\beta}_{1k} \mathbb{E}\left[\|\mathbf{d}_k\|_{\mathsf{H}_k}^2\right]$$
$$+ 2\alpha_k \beta_{1k} \mathbb{E}\left[\langle \boldsymbol{x} - \boldsymbol{x}_k, \boldsymbol{m}_{k-1} \rangle\right] + 2\alpha_k \hat{\beta}_{1k} \mathbb{E}\left[\langle \boldsymbol{x} - \boldsymbol{x}_k, \nabla f(\boldsymbol{x}_k) \rangle\right]$$

つまり,

$$X_{k+1}(\boldsymbol{x}) = X_k(\boldsymbol{x}) + \beta_{1k}^{k+1}(X_{k+1}(\boldsymbol{x}) - X_k(\boldsymbol{x})) + \tilde{\beta}_{1k} Y_k(\boldsymbol{x})$$
$$+ \alpha_k^2 \tilde{\beta}_{1k} \mathbb{E}\left[\|\mathbf{d}_k\|_{\mathsf{H}_k}^2\right] + 2\alpha_k \beta_{1k} \mathbb{E}\left[\langle \boldsymbol{x} - \boldsymbol{x}_k, \boldsymbol{m}_{k-1} \rangle\right]$$
$$+ 2\alpha_k \hat{\beta}_{1k} \mathbb{E}\left[\langle \boldsymbol{x} - \boldsymbol{x}_k, \nabla f(\boldsymbol{x}_k) \rangle\right]$$

が成立します. ここで, $\nabla f_{B_k}(\boldsymbol{x}_k) \odot \nabla f_{B_k}(\boldsymbol{x}_k) := (g_{k,i}^2) \in \mathbb{R}_+^d$ とします. 仮定 (A1) から, ある実数 M が存在して, 任意の $k \in \mathbb{N}$ に対して, $\max_{i \in [d]} g_{k,i}^2 \leq M$ が成立します. $\boldsymbol{v}_k$ の定義から, 任意の $i \in [d]$ と任意の $k \in \mathbb{N}$に対して,

$$v_{k,i} = \beta_{2k} v_{k-1,i} + \hat{\beta}_{2k} g_{k,i}^2$$

なので, 数学的帰納法から,

$$v_{k,i} \leq \max\{v_{0,i}, M\} = M \tag{A.38}$$

が任意の $i \in [d]$ と任意の $k \in \mathbb{N}$に対して成立します. ただし, $\boldsymbol{v}_0 = (v_{0,i}) = \boldsymbol{0}$ を利用します. さらに, $\hat{\boldsymbol{v}}_k$ の定義から, 任意の $i \in [d]$ と任意の $k \in \mathbb{N}$に対して,

$$\hat{v}_{k,i} = \frac{v_{k,i}}{\tilde{\beta}_{2k}} \leq \frac{M}{\tilde{\beta}_{2k}} = \frac{M}{1 - \beta_{2k}^{k+1}} \leq \frac{M}{1 - \beta_{2k}} = \frac{M}{1 - \beta_2} = \frac{M}{\hat{\beta}_2} \tag{A.39}$$

となります. 仮定 (A3) から, $(\hat{v}_{k,i})_{k \in \mathbb{N}}$ $(i \in [d])$ は k に関して単調増加するので, $\lim_{k \to +\infty} \hat{v}_{k,i}$ $(i \in [d])$が存在します. また, H_k は正定値行列なので, $\mathsf{H}_k = \overline{\mathsf{H}}_k^2$ を満たす $\overline{\mathsf{H}}_k := \mathsf{H}_k^{\frac{1}{2}} \in \mathbb{S}_{++}^d$ が存在します (2.1.1 節参照). H_k−ノルムの定義から, 任意の $\boldsymbol{x} \in \mathbb{R}^d$ に対して $\|\boldsymbol{x}\|_{\mathsf{H}_k}^2 = \|\overline{\mathsf{H}}_k \boldsymbol{x}\|^2$ であることと, $Y_k(\boldsymbol{x})$ と H_k の定義から,

$$Y_k(\boldsymbol{x}) := \mathbb{E}\left[\|\boldsymbol{x}_{k+1} - \boldsymbol{x}\|_{\mathsf{H}_{k+1}}^2 - \|\boldsymbol{x}_{k+1} - \boldsymbol{x}\|_{\mathsf{H}_k}^2\right]$$
$$= \mathbb{E}\left[\left\|\overline{\mathsf{H}}_{k+1}(\boldsymbol{x}_{k+1} - \boldsymbol{x})\right\|^2 - \left\|\overline{\mathsf{H}}_k(\boldsymbol{x}_{k+1} - \boldsymbol{x})\right\|^2\right]$$
$$= \mathbb{E}\left[\sum_{i=1}^d \sqrt{\hat{v}_{k+1,i}}(x_{k+1,i} - x_i)^2 - \sum_{i=1}^d \sqrt{\hat{v}_{k,i}}(x_{k+1,i} - x_i)^2\right]$$

$$= \mathbb{E}\left[\sum_{i=1}^{d}\left(\sqrt{\hat{v}_{k+1,i}} - \sqrt{\hat{v}_{k,i}}\right)(x_{k+1,i} - x_i)^2\right] \tag{A.40}$$

となります．仮定 (A3) から，$\sqrt{\hat{v}_{k+1,i}} - \sqrt{\hat{v}_{k,i}} \geq 0$ $(k \in \mathbb{N}, i \in [d])$ なので，$Y_k(\boldsymbol{x}) \geq 0$ が任意の $\boldsymbol{x} \in \mathbb{R}^d$ と任意の $k \in \mathbb{N}$ に対して成立します．さらに，仮定 (A2) から，$(x_{k,i} - x_i)^2 \leq \|\boldsymbol{x}_k - \boldsymbol{x}\|^2 \leq \mathrm{D}(\boldsymbol{x})^2$ $(k \in \mathbb{N}, i \in [d])$ なので，$(\hat{v}_{k,i})_{k\in\mathbb{N}}$ $(i \in [d])$ の収束性と合わせて，

$$0 \leq Y_k(\boldsymbol{x}) \leq \mathrm{D}(\boldsymbol{x})^2 \mathbb{E}\left[\sum_{i=1}^{d}\left(\sqrt{\hat{v}_{k+1,i}} - \sqrt{\hat{v}_{k,i}}\right)\right] \to 0 \ (k \to +\infty)$$

を満たします． $\square$

補助定理A.6.3

条件 (C1)–(C4) のもとでの Adam が仮定 (A1) を満たすとします．このとき，任意の $k \in \mathbb{N}$ に対して，

$$\mathbb{E}\left[\|\boldsymbol{m}_k\|^2\right] \leq \frac{\sigma^2}{b} + G^2, \quad \mathbb{E}\left[\|\mathbf{d}_k\|_{\mathsf{H}_k}^2\right] \leq \frac{\sqrt{\tilde{\beta}_{2k}}}{\tilde{\beta}_{1k}^2\sqrt{v_*}}\left(\frac{\sigma^2}{b} + G^2\right)$$

が成立します．ただし，$v_* := \inf\{\min_{i\in[d]} v_{k,i}\colon k \in \mathbb{N}\}$, $\tilde{\beta}_{1k} := 1 - \beta_{1k}^{k+1}$, $\tilde{\beta}_{2k} := 1 - \beta_{2k}^{k+1}$ とします．

補助定理 A.6.3 の証明． 式 (8.11) と仮定 (A1) から，

$$\mathbb{E}\left[\|\nabla f_{B_k}(\boldsymbol{x}_k)\|^2\right] \leq \frac{\sigma^2}{b} + G^2 \tag{A.41}$$

となります．$\|\cdot\|^2$ の凸性，$\boldsymbol{m}_k$ の定義，および，式 (A.41) から，任意の $k \in \mathbb{N}$ に対して，

$$\mathbb{E}\left[\|\boldsymbol{m}_k\|^2\right] \leq \beta_{1k}\mathbb{E}\left[\|\boldsymbol{m}_{k-1}\|^2\right] + \hat{\beta}_{1k}\mathbb{E}\left[\|\nabla f_{B_k}(\boldsymbol{x}_k)\|^2\right]$$

$$\leq \beta_{1k}\mathbb{E}\left[\|\boldsymbol{m}_{k-1}\|^2\right] + \hat{\beta}_{1k}\left(\frac{\sigma^2}{b} + G^2\right)$$

となります．したがって，数学的帰納法により，任意の $k \in \mathbb{N}$ に対して，

$$\mathbb{E}\left[\|\boldsymbol{m}_k\|^2\right] \leq \max\left\{\|\boldsymbol{m}_{-1}\|^2, \frac{\sigma^2}{b} + G^2\right\} = \frac{\sigma^2}{b} + G^2 \tag{A.42}$$

が成立します．ただし，$\boldsymbol{m}_{-1} = \boldsymbol{0}$ を利用します．また，$\mathbf{d}_k$ と $\hat{\boldsymbol{m}}_k$ の定義から，任意の $k \in \mathbb{N}$ に対して，

$$\mathbb{E}\left[\|\mathbf{d}_k\|_{\mathsf{H}_k}^2\right] = \mathbb{E}\left[\left\|\overline{\mathsf{H}}_k^{-1}\mathsf{H}_k\mathbf{d}_k\right\|^2\right] \leq \frac{1}{\tilde{\beta}_{1k}^2}\mathbb{E}\left[\left\|\overline{\mathsf{H}}_k^{-1}\right\|^2\|\boldsymbol{m}_k\|^2\right]$$

を満たします. ただし,

$$\left\|\overline{\mathsf{H}}_k^{-1}\right\| = \left\|\mathrm{diag}\left(\hat{v}_{k,i}^{-\frac{1}{4}}\right)\right\| = \max_{i\in[d]} \hat{v}_{k,i}^{-\frac{1}{4}} = \max_{i\in[d]}\left(\frac{v_{k,i}}{\tilde{\beta}_{2k}}\right)^{-\frac{1}{4}} = \left(\frac{v_{k,i^*}}{\tilde{\beta}_{2k}}\right)^{-\frac{1}{4}}$$

です.

$$v_* := \inf\{v_{k,i^*} : k \in \mathbb{N}\}$$

と式 (A.42) から, 任意の $k \in \mathbb{N}$ に対して,

$$\mathbb{E}\left[\|\mathbf{d}_k\|_{\mathsf{H}_k}^2\right] \le \frac{\tilde{\beta}_{2k}^{\frac{1}{2}}}{\tilde{\beta}_{1k}^2 v_*^{\frac{1}{2}}}\left(\frac{\sigma^2}{b} + G^2\right)$$

が成立します. $\qquad\square$

定理 8.5.1 の証明. $\alpha_k := \alpha$, $\beta_{1k} := \beta_1$, $\beta_{2k} := \beta_2$ $(k \in \mathbb{N})$ とします. 任意の $\varepsilon > 0$ と任意の $\boldsymbol{x} \in \mathbb{R}^d$ に対して,

$$\liminf_{k\to+\infty} \mathbb{E}\left[\langle \boldsymbol{x}_k - \boldsymbol{x}, \boldsymbol{m}_{k-1}\rangle\right] \le \frac{\alpha}{2\beta_1\hat{\beta}_1\sqrt{v_*}}\left(\frac{\sigma^2}{b} + G^2\right) + \frac{\hat{\beta}_1}{\beta_1}\mathrm{D}(\boldsymbol{x})G + \varepsilon \quad (A.43)$$

が成り立つことを背理法を用いて証明します. 式 (A.43) が成立しないとすると, ある $\varepsilon_0 > 0$ とある $\bar{\boldsymbol{x}} \in \mathbb{R}^d$ が存在して,

$$\liminf_{k\to+\infty} \mathbb{E}\left[\langle \boldsymbol{x}_k - \bar{\boldsymbol{x}}, \boldsymbol{m}_{k-1}\rangle\right] > \frac{\alpha}{2\beta_1\hat{\beta}_1\sqrt{v_*}}\left(\frac{\sigma^2}{b} + G^2\right) + \frac{\hat{\beta}_1}{\beta_1}\mathrm{D}(\bar{\boldsymbol{x}})G + \varepsilon_0 \quad (A.44)$$

です. 下極限の性質 (命題 2.1.7) から, ある番号 k_0 が存在して, 任意の $k \ge k_0$ に対して,

$$\liminf_{k\to+\infty} \mathbb{E}\left[\langle \boldsymbol{x}_k - \bar{\boldsymbol{x}}, \boldsymbol{m}_{k-1}\rangle\right] - \frac{\varepsilon_0}{3} \le \mathbb{E}\left[\langle \boldsymbol{x}_k - \bar{\boldsymbol{x}}, \boldsymbol{m}_{k-1}\rangle\right]$$

が成り立つので, 式 (A.44) から, 任意の $k \ge k_0$ に対して,

$$\mathbb{E}\left[\langle \boldsymbol{x}_k - \bar{\boldsymbol{x}}, \boldsymbol{m}_{k-1}\rangle\right] > \frac{\alpha}{2\beta_1\hat{\beta}_1\sqrt{v_*}}\left(\frac{\sigma^2}{b} + G^2\right) + \frac{\hat{\beta}_1}{\beta_1}\mathrm{D}(\bar{\boldsymbol{x}})G + \frac{2\varepsilon_0}{3} \quad (A.45)$$

となります. ここで, 式 (A.39) と仮定 (A2) から, $(X_k(\bar{\boldsymbol{x}}))_{k\in\mathbb{N}}$ は有界です. また, 補助定理 A.6.2 から, $\lim_{k\to+\infty} Y_k(\bar{\boldsymbol{x}}) = 0$ なので, $\lim_{k\to+\infty}\beta_1^{k+1} = 0$ と合わせて, ある番号 k_1 が存在して, 任意の $k \ge k_1$ に対して,

$$\beta_1^{k+1}X_{k+1}(\bar{\boldsymbol{x}}) + Y_k(\bar{\boldsymbol{x}}) \le \frac{\alpha\beta_1\varepsilon_0}{3} \quad (A.46)$$

となります. したがって, 補助定理 A.6.2 と補助定理 A.6.3 から, 任意の $k \in \mathbb{N}$ に対して,

$$
\begin{aligned}
X_{k+1}(\bar{\boldsymbol{x}}) &\leq X_k(\bar{\boldsymbol{x}}) + \beta_1^{k+1} X_{k+1}(\bar{\boldsymbol{x}}) + Y_k(\bar{\boldsymbol{x}}) \\
&\quad + \alpha^2 \tilde{\beta}_{1k} \mathbb{E}\left[\|\mathbf{d}_k\|_{\mathsf{H}_k}^2\right] + 2\alpha\beta_1 \mathbb{E}\left[\langle \bar{\boldsymbol{x}} - \boldsymbol{x}_k, \boldsymbol{m}_{k-1}\rangle\right] \\
&\quad + 2\alpha\hat{\beta}_1 \mathbb{E}\left[\langle \bar{\boldsymbol{x}} - \boldsymbol{x}_k, \nabla f(\boldsymbol{x}_k)\rangle\right] \\
&\leq X_k(\bar{\boldsymbol{x}}) + \beta_1^{k+1} X_{k+1}(\bar{\boldsymbol{x}}) + Y_k(\bar{\boldsymbol{x}}) \\
&\quad + \frac{\alpha^2 \sqrt{\tilde{\beta}_{2k}}}{\tilde{\beta}_{1k} \sqrt{v_*}} \left(\frac{\sigma^2}{b} + G^2\right) + 2\alpha\beta_1 \mathbb{E}\left[\langle \bar{\boldsymbol{x}} - \boldsymbol{x}_k, \boldsymbol{m}_{k-1}\rangle\right] \\
&\quad + 2\alpha\hat{\beta}_1 \mathrm{D}(\bar{\boldsymbol{x}})G \\
&\leq X_k(\bar{\boldsymbol{x}}) + \beta_1^{k+1} X_{k+1}(\bar{\boldsymbol{x}}) + Y_k(\bar{\boldsymbol{x}}) \\
&\quad + \frac{\alpha^2}{\hat{\beta}_1 \sqrt{v_*}} \left(\frac{\sigma^2}{b} + G^2\right) + 2\alpha\beta_1 \mathbb{E}\left[\langle \bar{\boldsymbol{x}} - \boldsymbol{x}_k, \boldsymbol{m}_{k-1}\rangle\right] + 2\alpha\hat{\beta}_1 \mathrm{D}(\bar{\boldsymbol{x}})G
\end{aligned}
$$

が成立します．ただし，$\mathbb{E}\left[\langle \bar{\boldsymbol{x}} - \boldsymbol{x}_k, \nabla f(\boldsymbol{x}_k)\rangle\right]$ に関する評価式はCauchy–Schwarz の不等式（命題 2.1.3）と仮定 (A1)–(A2) から，最後の不等式は $\tilde{\beta}_{2k} = 1 - \beta_{2k}^{k+1} \leq 1$ と $\hat{\beta}_1 = 1 - \beta_1 \leq 1 - \beta_1^{k+1} = \tilde{\beta}_{1k}$ $(k \in \mathbb{N})$ から得られます．式 (A.45) と式 (A.46) から，任意の $k \geq k_2 := \max\{k_0, k_1\}$ に対して，

$$
\begin{aligned}
X_{k+1}(\bar{\boldsymbol{x}}) &< X_k(\bar{\boldsymbol{x}}) + \frac{\alpha\beta_1\varepsilon_0}{3} + \frac{\alpha^2}{\hat{\beta}_1 \sqrt{v_*}}\left(\frac{\sigma^2}{b} + G^2\right) + 2\alpha\hat{\beta}_1 \mathrm{D}(\bar{\boldsymbol{x}})G \\
&\quad - 2\alpha\beta_1 \left\{ \frac{\alpha}{2\beta_1\hat{\beta}_1\sqrt{v_*}}\left(\frac{\sigma^2}{b} + G^2\right) + \frac{\hat{\beta}_1}{\beta_1}\mathrm{D}(\bar{\boldsymbol{x}})G + \frac{2\varepsilon_0}{3} \right\} \\
&= X_k(\bar{\boldsymbol{x}}) - \alpha\beta_1\varepsilon_0
\end{aligned}
$$

を満たすので，

$$
X_{k+1}(\bar{\boldsymbol{x}}) < X_{k_2}(\bar{\boldsymbol{x}}) - \alpha\beta_1\varepsilon_0(k + 1 - k_2)
$$

が任意の $k \geq k_2$ に対して成立します．k を発散させると矛盾が生じるので，式 (A.43)，つまり，任意の $\boldsymbol{x} \in \mathbb{R}^d$ に対して，

$$
\liminf_{k \to +\infty} \mathbb{E}\left[\langle \boldsymbol{x}_k - \boldsymbol{x}, \boldsymbol{m}_{k-1}\rangle\right] \leq \frac{\alpha}{2\beta_1\hat{\beta}_1\sqrt{v_*}}\left(\frac{\sigma^2}{b} + G^2\right) + \frac{\hat{\beta}_1}{\beta_1}\mathrm{D}(\boldsymbol{x})G \qquad \text{(A.47)}
$$

が成立します．さらに，$\boldsymbol{m}_k$ の定義，Cauchy–Schwarz の不等式（命題 2.1.3），および，三角不等式 (N3) から，任意の $k \in \mathbb{N}$ に対して，

$$
\begin{aligned}
\mathbb{E}&\left[\langle \boldsymbol{x}_k - \boldsymbol{x}, \boldsymbol{m}_k\rangle\right] \\
&= \mathbb{E}\left[\langle \boldsymbol{x}_k - \boldsymbol{x}, \boldsymbol{m}_{k-1}\rangle\right] + \mathbb{E}\left[\langle \boldsymbol{x}_k - \boldsymbol{x}, \boldsymbol{m}_k - \boldsymbol{m}_{k-1}\rangle\right] \\
&= \mathbb{E}\left[\langle \boldsymbol{x}_k - \boldsymbol{x}, \boldsymbol{m}_{k-1}\rangle\right] + \hat{\beta}_{1k} \mathbb{E}\left[\langle \boldsymbol{x}_k - \boldsymbol{x}, \nabla f_{B_k}(\boldsymbol{x}_k) - \boldsymbol{m}_{k-1}\rangle\right]
\end{aligned}
$$

$$\leq \mathbb{E}\left[\langle \boldsymbol{x}_k - \boldsymbol{x}, \boldsymbol{m}_{k-1}\rangle\right] + \hat{\beta}_{1k}\mathbb{E}\left[\|\boldsymbol{x}_k - \boldsymbol{x}\|(\|\nabla f_{B_k}(\boldsymbol{x}_k)\| + \|\boldsymbol{m}_{k-1}\|)\right]$$

が成立します.ここで,仮定 (A2),式 (8.11),補助定理 A.6.3 から,

$$\mathbb{E}\left[\langle \boldsymbol{x}_k - \boldsymbol{x}, \boldsymbol{m}_k\rangle\right] \leq \mathbb{E}\left[\langle \boldsymbol{x}_k - \boldsymbol{x}, \boldsymbol{m}_{k-1}\rangle\right] + 2\hat{\beta}_{1k}\mathrm{D}(\boldsymbol{x})\sqrt{\frac{\sigma^2}{b} + G^2} \tag{A.48}$$

となるので,式 (A.47) と $\beta_{1k} = \beta_1\ (k \in \mathbb{N})$ を用いて,

$$\liminf_{k \to +\infty} \mathbb{E}\left[\langle \boldsymbol{x}_k - \boldsymbol{x}, \boldsymbol{m}_k\rangle\right]$$
$$\leq \frac{\alpha}{2\beta_1\hat{\beta}_1\sqrt{v_*}}\left(\frac{\sigma^2}{b} + G^2\right) + \hat{\beta}_1\mathrm{D}(\boldsymbol{x})\left(\frac{G}{\beta_1} + 2\sqrt{\frac{\sigma^2}{b} + G^2}\right)$$

が任意の $\boldsymbol{x} \in \mathbb{R}^d$ に対して成立します.

$(\alpha_k)_{k \in \mathbb{N}}$ は(広義の)単調減少数列とし,$\beta_{1k} = \beta_1$, $\beta_{2k} = \beta_2\ (k \in \mathbb{N})$ とします.補助定理 A.6.1 から,任意の $k \in \mathbb{N}$ に対して,

$$\mathbb{E}\left[\langle \boldsymbol{x}_k - \boldsymbol{x}, \boldsymbol{m}_{k-1}\rangle\right]$$
$$= \underbrace{\frac{\tilde{\beta}_{1k}}{2\alpha_k\beta_1}\left\{\mathbb{E}\left[\|\boldsymbol{x}_k - \boldsymbol{x}\|_{\mathsf{H}_k}^2\right] - \mathbb{E}\left[\|\boldsymbol{x}_{k+1} - \boldsymbol{x}\|_{\mathsf{H}_k}^2\right]\right\}}_{a_k} \tag{A.49}$$
$$+ \underbrace{\frac{\alpha_k\tilde{\beta}_{1k}}{2\beta_1}\mathbb{E}\left[\|\mathbf{d}_k\|_{\mathsf{H}_k}^2\right]}_{b_k} + \underbrace{\frac{\hat{\beta}_1}{\beta_1}\mathbb{E}\left[\langle \boldsymbol{x} - \boldsymbol{x}_k, \nabla f(\boldsymbol{x}_k)\rangle\right]}_{c_k}$$

が成立します.$\gamma_k > 0\ (k \in \mathbb{N})$ を

$$\gamma_k := \frac{\tilde{\beta}_{1k}}{2\beta_1\alpha_k}$$

と定義します.このとき,$(\alpha_k)_{k \in \mathbb{N}}$ の(広義)単調減少性と $\tilde{\beta}_{1k} = 1 - \beta_1^{k+1} \leq 1 - \beta_1^{k+2} = \tilde{\beta}_{1,k+1}$ から,$(\gamma_k)_{k \in \mathbb{N}}$ は(広義)単調増加します.a_k の定義から,任意の $K \geq 1$ に対して,

$$\sum_{k=1}^{K} a_k = \gamma_1\mathbb{E}\left[\|\boldsymbol{x}_1 - \boldsymbol{x}\|_{\mathsf{H}_1}^2\right]$$
$$+ \underbrace{\sum_{k=2}^{K}\left\{\gamma_k\mathbb{E}\left[\|\boldsymbol{x}_k - \boldsymbol{x}\|_{\mathsf{H}_k}^2\right] - \gamma_{k-1}\mathbb{E}\left[\|\boldsymbol{x}_k - \boldsymbol{x}\|_{\mathsf{H}_{k-1}}^2\right]\right\}}_{\Gamma_K} \tag{A.50}$$
$$- \gamma_K\mathbb{E}\left[\|\boldsymbol{x}_{K+1} - \boldsymbol{x}\|_{\mathsf{H}_K}^2\right]$$

が成立します.さらに,式 (A.40) を得る過程と同様の議論により,

$$\Gamma_K = \mathbb{E}\left[\sum_{k=2}^{K}\left\{\gamma_k\left\|\overline{\mathsf{H}}_k(\boldsymbol{x}_k - \boldsymbol{x})\right\|^2 - \gamma_{k-1}\left\|\overline{\mathsf{H}}_{k-1}(\boldsymbol{x}_k - \boldsymbol{x})\right\|^2\right\}\right]$$
$$= \mathbb{E}\left[\sum_{k=2}^{K}\sum_{i=1}^{d}\left(\gamma_k\sqrt{\hat{v}_{k,i}} - \gamma_{k-1}\sqrt{\hat{v}_{k-1,i}}\right)(x_{k,i} - x_i)^2\right] \tag{A.51}$$

が成立します. ここで, 仮定 (A3) と $\gamma_k \ge \gamma_{k-1}$ $(k \ge 1)$ から, 任意の $k \ge 1$ と任意の $i \in [d]$ に対して,

$$\gamma_k\sqrt{\hat{v}_{k,i}} - \gamma_{k-1}\sqrt{\hat{v}_{k-1,i}} \ge 0$$

が成立します. また, 仮定 (A2) から, $(x_{k,i} - x_i)^2 \le \mathrm{D}(\boldsymbol{x})^2$ $(k \in \mathbb{N}, i \in [d])$ を満たします. よって, 任意の $K \ge 2$ に対して,

$$\Gamma_K \le \mathrm{D}(\boldsymbol{x})^2\mathbb{E}\left[\sum_{k=2}^{K}\sum_{i=1}^{d}\left(\gamma_k\sqrt{\hat{v}_{k,i}} - \gamma_{k-1}\sqrt{\hat{v}_{k-1,i}}\right)\right]$$
$$= \mathrm{D}(\boldsymbol{x})^2\mathbb{E}\left[\sum_{i=1}^{d}\left(\gamma_K\sqrt{\hat{v}_{K,i}} - \gamma_1\sqrt{\hat{v}_{1,i}}\right)\right]$$

が成立します. 式 (A.50), $\mathbb{E}[\|\boldsymbol{x}_1 - \boldsymbol{x}\|_{\mathsf{H}_1}^2] \le \mathrm{D}(\boldsymbol{x})^2\mathbb{E}[\sum_{i=1}^{d}\sqrt{\hat{v}_{1,i}}]$, 式 (A.39), および, $\gamma_K = \tilde{\beta}_{1K}/(2\beta_1\alpha_K)$ から, 任意の $K \ge 1$ に対して,

$$\sum_{k=1}^{K}a_k \le \gamma_1\mathrm{D}(\boldsymbol{x})^2\mathbb{E}\left[\sum_{i=1}^{d}\sqrt{\hat{v}_{1,i}}\right] + \mathrm{D}(\boldsymbol{x})^2\mathbb{E}\left[\sum_{i=1}^{d}\left(\gamma_K\sqrt{\hat{v}_{K,i}} - \gamma_1\sqrt{\hat{v}_{1,i}}\right)\right]$$
$$= \gamma_K\mathrm{D}(\boldsymbol{x})^2\mathbb{E}\left[\sum_{i=1}^{d}\sqrt{\hat{v}_{K,i}}\right]$$
$$\le \gamma_K\mathrm{D}(\boldsymbol{x})^2\sum_{i=1}^{d}\sqrt{\frac{M}{\hat{\beta}_2}}$$
$$\le \frac{d\mathrm{D}(\boldsymbol{x})^2\sqrt{M}\tilde{\beta}_{1K}}{2\beta_1\alpha_K\sqrt{\hat{\beta}_2}} \tag{A.52}$$

が成立します. さらに, $\tilde{\beta}_{1k} = 1 - \beta_1^{k+1} \ge 1 - \beta_1 = \hat{\beta}_1$ と補助定理 A.6.3 から,

$$b_k \le \frac{\alpha_k\sqrt{\tilde{\beta}_{2k}}}{2\sqrt{v_*}\beta_1\tilde{\beta}_{1k}}\left(\frac{\sigma^2}{b} + G^2\right) \le \frac{\alpha_k\sqrt{\tilde{\beta}_{2k}}}{2\sqrt{v_*}\beta_1\hat{\beta}_1}\left(\frac{\sigma^2}{b} + G^2\right) \tag{A.53}$$

であり, Cauchy–Schwarz の不等式 (命題 2.1.3) と仮定 (A1)–(A2) から,

$$c_k \le \mathrm{D}(\boldsymbol{x})G\frac{\hat{\beta}_1}{\beta_1} \tag{A.54}$$

となります．よって，式 (A.49), 式 (A.52), 式 (A.53), および，式 (A.54) から，任意の $K \geq 1$ に対して，

$$
\frac{1}{K} \sum_{k=1}^{K} \mathbb{E}\left[\langle \boldsymbol{x}_k - \boldsymbol{x}, \boldsymbol{m}_{k-1}\rangle\right]
$$

$$
\leq \frac{dD(\boldsymbol{x})^2 \sqrt{M} \tilde{\beta}_{1K}}{2\beta_1 \sqrt{\hat{\beta}_2} \alpha_K K} + \frac{(\sigma^2 b^{-1} + G^2)}{2\sqrt{v_*}\beta_1 \hat{\beta}_1 K} \sum_{k=1}^{K} \alpha_k \sqrt{\tilde{\beta}_{2k}} + D(\boldsymbol{x}) G \frac{\hat{\beta}_1}{\beta_1}
$$

すなわち，式 (A.48) から，

$$
\frac{1}{K} \sum_{k=1}^{K} \mathbb{E}\left[\langle \boldsymbol{x}_k - \boldsymbol{x}, \boldsymbol{m}_k\rangle\right] \leq \frac{1}{K} \sum_{k=1}^{K} \mathbb{E}\left[\langle \boldsymbol{x}_k - \boldsymbol{x}, \boldsymbol{m}_{k-1}\rangle\right] + 2\hat{\beta}_1 D(\boldsymbol{x})\sqrt{\frac{\sigma^2}{b} + G^2}
$$

$$
\leq \frac{dD(\boldsymbol{x})^2 \sqrt{M} \tilde{\beta}_{1K}}{2\beta_1 \sqrt{\hat{\beta}_2} \alpha_K K} + \frac{(\sigma^2 b^{-1} + G^2)}{2\sqrt{v_*}\beta_1 \hat{\beta}_1 K} \sum_{k=1}^{K} \alpha_k \sqrt{\tilde{\beta}_{2k}}
$$

$$
+ D(\boldsymbol{x})\hat{\beta}_1 \left(\frac{G}{\beta_1} + 2\sqrt{\frac{\sigma^2}{b} + G^2}\right) \tag{A.55}
$$

を満たします．特に，$\alpha_k = \alpha \ (k \in \mathbb{N})$ のとき，$\tilde{\beta}_{ik} \leq 1 \ (i = 1, 2)$ から，

$$
\frac{1}{K} \sum_{k=1}^{K} \mathbb{E}\left[\langle \boldsymbol{x}_k - \boldsymbol{x}, \boldsymbol{m}_k\rangle\right] \leq \frac{dD(\boldsymbol{x})^2 \sqrt{M}}{2\alpha\beta_1 \sqrt{\hat{\beta}_2} K} + \frac{\alpha}{2\sqrt{v_*}\beta_1 \hat{\beta}_1} \left(\frac{\sigma^2}{b} + G^2\right)
$$

$$
+ D(\boldsymbol{x})\hat{\beta}_1 \left(\frac{G}{\beta_1} + 2\sqrt{\frac{\sigma^2}{b} + G^2}\right)
$$

が成立します． $\square$

A.6.2 ● 減少ステップサイズを利用した Adam の収束性の証明

定理 8.5.2 の証明． 式 (A.55) を示す過程と同様の議論から，定理 8.5.2 が得られます． $\square$

A.6.3 ● SFO 計算量の凸性とクリティカルバッチサイズの存在性の証明

定理 8.6.1 の証明． (1) 定理 8.5.1 の結果と $b \geq 1$ から，Adam に関する結果が成立します．定理 8.3.1 と式 (8.30) から，確率的勾配降下法に関する結果が成立します．

(2) $\varepsilon > 0$ とします．条件 $C_1/K + C_2/b + C_3 = \varepsilon$ は

$$
K = K(b) = \frac{C_1 b}{(\varepsilon - C_3)b - C_2} \tag{A.56}
$$

と同値です．$\varepsilon = C_1/K + C_2/b + C_3 > C_3$ から，$K > 0$ を保証するために $b > C_2/(\varepsilon - C_3) > 0$ について考察します．定理 8.6.1(1) から，式 (A.56) で定義される K は $\mathrm{M}(K) \leq C_1/K + C_2/b + C_3 = \varepsilon$ を満たします．さらに，式 (A.56) から，

$$\frac{\mathrm{d}K(b)}{\mathrm{d}b} = \frac{-C_1 C_2}{\{(\varepsilon - C_3)b - C_2\}^2} \leq 0, \quad \frac{\mathrm{d}^2 K(b)}{\mathrm{d}b^2} = \frac{2C_1 C_2(\varepsilon - C_3)}{\{(\varepsilon - C_3)b - C_2\}^3} \geq 0$$

を満たすので，K は b に関して凸かつ単調減少です．

(3) 定理 8.6.1(2) から，

$$Kb = K(b)b = \frac{C_1 b^2}{(\varepsilon - C_3)b - C_2}$$

です．よって，

$$\frac{\mathrm{d}K(b)b}{\mathrm{d}b} = \frac{C_1 b\{(\varepsilon - C_3)b - 2C_2\}}{\{(\varepsilon - C_3)b - C_2\}^2}, \quad \frac{\mathrm{d}^2 K(b)b}{\mathrm{d}b^2} = \frac{2C_1 C_2^2}{\{(\varepsilon - C_3)b - C_2\}^3} \geq 0$$

となるので，$K(b)b$ は b に関して凸です．

$$\frac{\mathrm{d}K(b)b}{\mathrm{d}b} \begin{cases} < 0 & (b < b^\star) \\ = 0 & (b = b^\star = \frac{2C_2}{\varepsilon - C_3}) \\ > 0 & (b > b^\star) \end{cases}$$

から，$K(b)b$ は $b^\star$ で最小になります． $\square$

演習問題解答例

B.1 2章 数学的準備

2.1 $H \in \mathbb{S}_{++}^d$ から $\langle \boldsymbol{x}, \boldsymbol{x} \rangle_H := \boldsymbol{x}^\top H \boldsymbol{x} \geq 0$ です. $H = (H^{\frac{1}{2}})^2$ と, $\langle \cdot, \cdot \rangle_2$ が内積の性質 (I1) の後半を満たすことから,

$$\langle \boldsymbol{x}, \boldsymbol{x} \rangle_H = \left\langle H^{\frac{1}{2}} \boldsymbol{x}, H^{\frac{1}{2}} \boldsymbol{x} \right\rangle_2 = 0 \iff H^{\frac{1}{2}} \boldsymbol{x} = \boldsymbol{0}$$

が成立します. $H^{\frac{1}{2}} \in \mathbb{S}_{++}^d$ は逆行列をもつので, $H^{\frac{1}{2}} \boldsymbol{x} = \boldsymbol{0} \iff \boldsymbol{x} = \boldsymbol{0}$ です. 以上より, 性質 (I1) が成立します.
$H = (H^{\frac{1}{2}})^2$ と $\langle \cdot, \cdot \rangle_2$ が内積の性質 (I2) を満たすことを利用して,

$$\begin{aligned}
\langle \boldsymbol{x} + \boldsymbol{y}, \boldsymbol{z} \rangle_H &= \left\langle H^{\frac{1}{2}} (\boldsymbol{x} + \boldsymbol{y}), H^{\frac{1}{2}} \boldsymbol{z} \right\rangle_2 \\
&= \left\langle H^{\frac{1}{2}} \boldsymbol{x} + H^{\frac{1}{2}} \boldsymbol{y}, H^{\frac{1}{2}} \boldsymbol{z} \right\rangle_2 \\
&= \left\langle H^{\frac{1}{2}} \boldsymbol{x}, H^{\frac{1}{2}} \boldsymbol{z} \right\rangle_2 + \left\langle H^{\frac{1}{2}} \boldsymbol{y}, H^{\frac{1}{2}} \boldsymbol{z} \right\rangle_2 \\
&= \langle \boldsymbol{x}, H\boldsymbol{z} \rangle_2 + \langle \boldsymbol{y}, H\boldsymbol{z} \rangle_2 \\
&= \langle \boldsymbol{x}, \boldsymbol{z} \rangle_H + \langle \boldsymbol{y}, \boldsymbol{z} \rangle_H
\end{aligned}$$

から, 性質 (I2) が成立します.
$\langle \cdot, \cdot \rangle_2$ が内積の性質 (I3) を満たすことから,

$$\begin{aligned}
\langle \alpha\boldsymbol{x}, \boldsymbol{y} \rangle_H &= \left\langle H^{\frac{1}{2}} (\alpha\boldsymbol{x}), H^{\frac{1}{2}} \boldsymbol{y} \right\rangle_2 = \left\langle \alpha H^{\frac{1}{2}} \boldsymbol{x}, H^{\frac{1}{2}} \boldsymbol{y} \right\rangle_2 \\
&= \alpha \left\langle H^{\frac{1}{2}} \boldsymbol{x}, H^{\frac{1}{2}} \boldsymbol{y} \right\rangle_2 = \alpha \langle \boldsymbol{x}, H\boldsymbol{y} \rangle_2 = \alpha \langle \boldsymbol{x}, \boldsymbol{y} \rangle_H
\end{aligned}$$

となるので, 性質 (I3) が成立します.
$\langle \cdot, \cdot \rangle_2$ が内積の性質 (I4) を満たすことから,

$$\begin{aligned}
\langle \boldsymbol{x}, \boldsymbol{y} \rangle_H &= \langle \boldsymbol{x}, H\boldsymbol{y} \rangle_2 = \langle H\boldsymbol{y}, \boldsymbol{x} \rangle_2 = (H\boldsymbol{y})^\top \boldsymbol{x} \\
&= (\boldsymbol{y}^\top H)\boldsymbol{x} = \boldsymbol{y}^\top (H\boldsymbol{x}) = \langle \boldsymbol{y}, H\boldsymbol{x} \rangle_2 = \langle \boldsymbol{y}, \boldsymbol{x} \rangle_H
\end{aligned}$$

となるので, 性質 (I4) が成立します.

2.2 ノルムの定義 (2.4) と性質 (I2), (I4) から,

$$\begin{aligned}
\|\boldsymbol{x} + \boldsymbol{y}\|^2 &= \langle \boldsymbol{x} + \boldsymbol{y}, \boldsymbol{x} + \boldsymbol{y} \rangle \\
&= \langle \boldsymbol{x}, \boldsymbol{x} + \boldsymbol{y} \rangle + \langle \boldsymbol{y}, \boldsymbol{x} + \boldsymbol{y} \rangle
\end{aligned}$$

$$= \langle \boldsymbol{x} + \boldsymbol{y}, \boldsymbol{x} \rangle + \langle \boldsymbol{x} + \boldsymbol{y}, \boldsymbol{y} \rangle$$
$$= \langle \boldsymbol{x}, \boldsymbol{x} \rangle + \langle \boldsymbol{y}, \boldsymbol{x} \rangle + \langle \boldsymbol{x}, \boldsymbol{y} \rangle + \langle \boldsymbol{y}, \boldsymbol{y} \rangle$$
$$= \|\boldsymbol{x}\|^2 + \langle \boldsymbol{x}, \boldsymbol{y} \rangle + \langle \boldsymbol{x}, \boldsymbol{y} \rangle + \|\boldsymbol{y}\|^2$$
$$= \|\boldsymbol{x}\|^2 + 2\langle \boldsymbol{x}, \boldsymbol{y} \rangle + \|\boldsymbol{y}\|^2$$

となり,

$$\|\boldsymbol{x} + \boldsymbol{y}\|^2 = \|\boldsymbol{x}\|^2 + 2\langle \boldsymbol{x}, \boldsymbol{y} \rangle + \|\boldsymbol{y}\|^2 \tag{B.1}$$

が得られます. 式 (B.1) の $\boldsymbol{y}$ に $-\boldsymbol{y}$ を代入すると,

$$\|\boldsymbol{x} - \boldsymbol{y}\|^2 = \|\boldsymbol{x}\|^2 + 2\langle \boldsymbol{x}, -\boldsymbol{y} \rangle + \| - \boldsymbol{y}\|^2$$

が得られます. ここで, 性質 (I3), (I4) から

$$\langle \boldsymbol{x}, -\boldsymbol{y} \rangle = \langle -\boldsymbol{y}, \boldsymbol{x} \rangle = -\langle \boldsymbol{y}, \boldsymbol{x} \rangle = -\langle \boldsymbol{x}, \boldsymbol{y} \rangle$$

が成立します. また, 任意の $\alpha \in \mathbb{R}$ に対して,

$$\|\alpha \boldsymbol{y}\|^2 = \langle \alpha \boldsymbol{y}, \alpha \boldsymbol{y} \rangle = \alpha \langle \boldsymbol{y}, \alpha \boldsymbol{y} \rangle = \alpha \langle \alpha \boldsymbol{y}, \boldsymbol{y} \rangle \\ = \alpha^2 \langle \boldsymbol{y}, \boldsymbol{y} \rangle = \alpha^2 \|\boldsymbol{y}\|^2 \tag{B.2}$$

が成り立つので, $\| - \boldsymbol{y}\|^2 = \|\boldsymbol{y}\|^2$ となります. よって,

$$\|\boldsymbol{x} - \boldsymbol{y}\|^2 = \|\boldsymbol{x}\|^2 - 2\langle \boldsymbol{x}, \boldsymbol{y} \rangle + \|\boldsymbol{y}\|^2$$

が得られます. さらに,

$$2\langle \boldsymbol{x}, \boldsymbol{y} \rangle = \|\boldsymbol{x}\|^2 + \|\boldsymbol{y}\|^2 - \|\boldsymbol{x} - \boldsymbol{y}\|^2$$

となります. 一方で, 式 (B.1) から,

$$\|\alpha \boldsymbol{x} + (1 - \alpha)\boldsymbol{y}\|^2 = \|\alpha \boldsymbol{x}\|^2 + 2\langle \alpha \boldsymbol{x}, (1 - \alpha)\boldsymbol{y} \rangle + \|(1 - \alpha)\boldsymbol{y}\|^2$$

が成り立つので, 式 (B.2) と性質 (I3), (I4) から,

$$\|\alpha \boldsymbol{x} + (1 - \alpha)\boldsymbol{y}\|^2 = \alpha^2 \|\boldsymbol{x}\|^2 + 2\alpha(1 - \alpha)\langle \boldsymbol{x}, \boldsymbol{y} \rangle + (1 - \alpha)^2 \|\boldsymbol{y}\|^2$$

が得られます. よって,

$$\|\alpha \boldsymbol{x} + (1 - \alpha)\boldsymbol{y}\|^2 \\ = \alpha^2 \|\boldsymbol{x}\|^2 + \alpha(1 - \alpha)\left\{ \|\boldsymbol{x}\|^2 + \|\boldsymbol{y}\|^2 - \|\boldsymbol{x} - \boldsymbol{y}\|^2 \right\} + (1 - \alpha)^2 \|\boldsymbol{y}\|^2 \\ = \alpha \|\boldsymbol{x}\|^2 + (1 - \alpha)\|\boldsymbol{y}\|^2 - \alpha(1 - \alpha)\|\boldsymbol{x} - \boldsymbol{y}\|^2$$

が成立します.

2.3 命題 2.1.1, 式 (B.2), 性質 (I3) から, 任意の $t \in \mathbb{R}$ に対して,

$$\|t\boldsymbol{x} + \boldsymbol{y}\|^2 = \|t\boldsymbol{x}\|^2 + 2\langle t\boldsymbol{x}, \boldsymbol{y}\rangle + \|\boldsymbol{y}\|^2$$
$$= \|\boldsymbol{x}\|^2 t^2 + 2\langle \boldsymbol{x}, \boldsymbol{y}\rangle t + \|\boldsymbol{y}\|^2 =: F(t)$$

が成立します. 式 (2.4) と性質 (I1) から $\|t\boldsymbol{x}+\boldsymbol{y}\|^2 \geq 0$ が任意の実数 t に対して成り立つので, $F(t) \geq 0 \ (t \in \mathbb{R})$ が得られます. よって, $F(t)=0$ の判別式から,

$$\langle \boldsymbol{x}, \boldsymbol{y}\rangle^2 - \|\boldsymbol{x}\|^2\|\boldsymbol{y}\|^2 \leq 0$$

が成立します. $\langle \boldsymbol{x}, \boldsymbol{y}\rangle^2 \leq \|\boldsymbol{x}\|^2\|\boldsymbol{y}\|^2$ から, Cauchy–Schwarz の不等式が成立します.

2.4 A の線形性とノルムの性質 (N2) から,

$$\|A\|_2 := \sup\left\{\frac{\|A\boldsymbol{x}\|_2}{\|\boldsymbol{x}\|_2} : \boldsymbol{x} \in \mathbb{R}^n \backslash \{\boldsymbol{0}\}\right\}$$
$$= \sup\left\{\left\|\frac{1}{\|\boldsymbol{x}\|_2}A\boldsymbol{x}\right\|_2 : \boldsymbol{x} \in \mathbb{R}^n \backslash \{\boldsymbol{0}\}\right\}$$
$$= \sup\left\{\left\|A\left(\frac{\boldsymbol{x}}{\|\boldsymbol{x}\|_2}\right)\right\|_2 : \boldsymbol{x} \in \mathbb{R}^n \backslash \{\boldsymbol{0}\}\right\}$$
$$= \sup\left\{\|A\boldsymbol{y}\|_2 : \|\boldsymbol{y}\|_2 = 1\right\}$$

が成立します. 最後の等式は, $\boldsymbol{y}$ を

$$\left\{\frac{\boldsymbol{x}}{\|\boldsymbol{x}\|_2} : \boldsymbol{x} \in \mathbb{R}^n \backslash \{\boldsymbol{0}\}\right\} = \{\boldsymbol{y} \in \mathbb{R}^n : \|\boldsymbol{y}\|_2 = 1\}$$

を満たすベクトルとおいたことから成立します.
$0 < \|\boldsymbol{v}\|_2 \leq 1$ を満たす任意の $\boldsymbol{v} \in \mathbb{R}^n$ に対して, A の線形性, ノルムの性質 (N2), および, 上限の性質から,

$$\|A\boldsymbol{v}\|_2 \leq \frac{1}{\|\boldsymbol{v}\|_2}\|A\boldsymbol{v}\|_2 = \left\|A\left(\frac{\boldsymbol{v}}{\|\boldsymbol{v}\|_2}\right)\right\|_2 \leq \sup\left\{\|A\boldsymbol{u}\|_2 : \|\boldsymbol{u}\|_2 = 1\right\}$$

を満たします. よって, $\|\boldsymbol{v}\|_2 \leq 1$ を満たす任意の $\boldsymbol{v} \in \mathbb{R}^n$ に対して,

$$\|A\boldsymbol{v}\|_2 \leq \sup\left\{\|A\boldsymbol{u}\|_2 : \|\boldsymbol{u}\|_2 = 1\right\}$$

が成り立つので ($\boldsymbol{v} = \boldsymbol{0}$ に対しても上記の不等式が成立することに注意),

$$\sup\left\{\|A\boldsymbol{v}\|_2 : \|\boldsymbol{v}\|_2 \leq 1\right\}$$

$$\le \sup \left\{ \|A\boldsymbol{u}\|_2 : \|\boldsymbol{u}\|_2 = 1 \right\} \le \sup \left\{ \|A\boldsymbol{u}\|_2 : \|\boldsymbol{u}\|_2 \le 1 \right\}$$

を満たします．ただし，最後の不等式は上限の性質から得られます．この不等式から，

$$\sup \left\{ \|A\boldsymbol{u}\|_2 : \|\boldsymbol{u}\|_2 = 1 \right\} = \sup \left\{ \|A\boldsymbol{u}\|_2 : \|\boldsymbol{u}\|_2 \le 1 \right\}$$

が得られます．

ここで，ある有界閉集合 S　（例えば，$S = \{\boldsymbol{u} \in \mathbb{R}^n : \|\boldsymbol{u}\|_2 \le 1\}$）に対して，

$$\sup \left\{ \|A\boldsymbol{u}\|_2 : \boldsymbol{u} \in S \right\} = \max \left\{ \|A\boldsymbol{u}\|_2 : \boldsymbol{u} \in S \right\} \tag{B.3}$$

を示します．$A\colon \mathbb{R}^n \to \mathbb{R}^m$ は連続な線形写像なので，ノルムの連続性から，$\|A(\cdot)\|_2 \colon \mathbb{R}^n \to \mathbb{R}$ は連続となります．実数値連続写像は有界閉集合上で最小値および最大値をとるので（Weierstrass の定理），式 (B.3) が成立します．

A の誘導ノルムの定義から，$\|A\boldsymbol{u}\|_2 \le \|A\|_2 \|\boldsymbol{u}\|_2$ が任意の $\boldsymbol{u} \in \mathbb{R}^n$ に対して成り立つので，

$$\|(AB)(\boldsymbol{u})\|_2 = \|A(B\boldsymbol{u})\|_2 \le \|A\|_2 \|B\boldsymbol{u}\|_2 \le \|A\|_2 \|B\|_2 \|\boldsymbol{u}\|_2$$

となります．よって，

$$\|AB\|_2 := \sup \left\{ \frac{\|AB\boldsymbol{u}\|_2}{\|\boldsymbol{u}\|_2} : \boldsymbol{u} \in \mathbb{R}^m \setminus \{\boldsymbol{0}\} \right\} \le \|A\|_2 \|B\|_2$$

が成立します．

2.5　$A^\top A \in \mathbb{R}^{n \times n}$ は $(A^\top A)^\top = A^\top (A^\top)^\top = A^\top A$ から対称行列です．任意の $\boldsymbol{x} \in \mathbb{R}^n$ に対して，

$$\left\langle \boldsymbol{x}, (A^\top A)\boldsymbol{x} \right\rangle_2 = \langle A\boldsymbol{x}, A\boldsymbol{x} \rangle_2 = \|A\boldsymbol{x}\|_2^2 \ge 0$$

から，$A^\top A$ は半正定値対称行列です．よって，$A^\top A$ の固有値 λ_i $(i \in [n])$（ただし，$0 \le \lambda_1 \le \lambda_2 \le \cdots \le \lambda_n$）は実数であり，$\lambda_1, \lambda_2, \ldots, \lambda_n$ に対応する，$\mathbb{R}^n$ の正規直交基底となる固有ベクトル $\boldsymbol{u}_1, \boldsymbol{u}_2, \ldots, \boldsymbol{u}_n \in \mathbb{R}^n$ が存在します．したがって，$\boldsymbol{x} \in \mathbb{R}^n \setminus \{\boldsymbol{0}\}$ とすると，適当な $\alpha_i \in \mathbb{R}$ を用いて，$\boldsymbol{x} = \sum_{i=1}^{n} \alpha_i \boldsymbol{u}_i$ と表せます．$\langle \boldsymbol{u}_i, \boldsymbol{u}_j \rangle_2 = 0$ $(i \ne j)$ と $\|\boldsymbol{u}_i\|_2 = 1$ から，

$$\|\boldsymbol{x}\|_2^2 = \langle \boldsymbol{x}, \boldsymbol{x} \rangle_2 = \sum_{i=1}^{n} \alpha_i^2$$

であり，$(A^\top A)\boldsymbol{u}_i = \lambda_i \boldsymbol{u}_i$ から，

$$\|A\boldsymbol{x}\|_2^2 = \langle A\boldsymbol{x}, A\boldsymbol{x}\rangle_2 = \left\langle \boldsymbol{x}, (A^\top A)\boldsymbol{x}\right\rangle_2 = \sum_{i=1}^n \alpha_i^2 \lambda_i$$

となります. $0 \le \lambda_1 \le \lambda_2 \le \cdots \le \lambda_n$ から,

$$\lambda_1 = \frac{\lambda_1 \sum_{i=1}^n \alpha_i^2}{\sum_{i=1}^n \alpha_i^2} \le \frac{\|A\boldsymbol{x}\|_2^2}{\|\boldsymbol{x}\|_2^2} = \frac{\left\langle \boldsymbol{x}, (A^\top A)\boldsymbol{x}\right\rangle_2}{\|\boldsymbol{x}\|_2^2} \le \frac{\lambda_n \sum_{i=1}^n \alpha_i^2}{\sum_{i=1}^n \alpha_i^2} = \lambda_n \tag{B.4}$$

が成立します. 関数

$$F(\boldsymbol{x}) := \frac{\|A\boldsymbol{x}\|_2^2}{\|\boldsymbol{x}\|_2^2} \quad (\boldsymbol{x} \in \mathbb{R}^n \backslash \{\boldsymbol{0}\})$$

は $\boldsymbol{x} = \boldsymbol{u}_1$ (つまり, $\alpha_1 = 1, \alpha_2 = \alpha_3 = \cdots = \alpha_n = 0$) のとき,

$$F(\boldsymbol{u}_1) = \lambda_1 = \min_{\boldsymbol{x} \in \mathbb{R}^n \backslash \{\boldsymbol{0}\}} F(\boldsymbol{x})$$

を満たし, $\boldsymbol{x} = \boldsymbol{u}_n$ (つまり, $\alpha_n = 1, \alpha_1 = \alpha_2 = \cdots = \alpha_{n-1} = 0$) のとき,

$$F(\boldsymbol{u}_n) = \lambda_n = \max_{\boldsymbol{x} \in \mathbb{R}^n \backslash \{\boldsymbol{0}\}} F(\boldsymbol{x}) = \|A\|_2^2$$

を満たします. さらに, 式 (B.4) より,

$$\lambda_{\min}(A^\top A)\|\boldsymbol{x}\|_2^2 \le \left\langle \boldsymbol{x}, (A^\top A)\boldsymbol{x}\right\rangle_2 \le \lambda_{\max}(A^\top A)\|\boldsymbol{x}\|_2^2 \tag{B.5}$$

が任意の $\boldsymbol{x} \in \mathbb{R}^n \backslash \{\boldsymbol{0}\}$ に対して成立しますが, $\boldsymbol{x} = \boldsymbol{0}$ のときにも, 式 (B.5) が成立します.

2.6 (1) $(\boldsymbol{x}_k)_{k\in\mathbb{N}} \subset \mathbb{R}^d$ が $\boldsymbol{x}^* \in \mathbb{R}^d$ に収束するとき, 式 (2.16) と三角不等式 (N3) から, ある番号 k_0 が存在して, 任意の $k \ge k_0$ に対して,

$$\left| \|\boldsymbol{x}_k\| - \|\boldsymbol{x}^*\| \right| \le \|\boldsymbol{x}_k - \boldsymbol{x}^*\| \le 1$$

つまり,

$$\|\boldsymbol{x}_k\| \le \|\boldsymbol{x}^*\| + 1$$

となります. $k \le k_0 - 1$ に対して,

$$\|\boldsymbol{x}_k\| \le \max\left\{\|\boldsymbol{x}_j\| \colon j = 0, 1, 2, \ldots, k_0 - 1\right\} =: M < +\infty$$

なので, 任意の $k \in \mathbb{N}$ に対して,

$$\|\boldsymbol{x}_k\| \le \max\left\{\|\boldsymbol{x}^*\| + 1, M\right\}$$

が成立します.

(2) 有限次元空間上で定義されるノルムは全て等価なので,ここでは,ユークリッドノルム $\|\cdot\|_2$ に関して議論します.

$(\boldsymbol{x}_k)_{k\in\mathbb{N}} \subset \mathbb{R}^d$ は有界,つまり,ある $M \in \mathbb{R}$ が存在して任意の $k \in \mathbb{N}$ に対して $\|\boldsymbol{x}_k\|_2 \leq M$ を満たすので,$\boldsymbol{x}_k$ の第 i 成分を $x_{k,i} \in \mathbb{R}$ と書くことにすると,任意の $i \in [d]$ に対して,

$$M^2 \geq \|\boldsymbol{x}_k\|_2^2 = \sum_{i=1}^d x_{k,i}^2 \geq x_{k,i}^2$$

つまり,任意の $k \in \mathbb{N}$ と任意の $i \in [d]$ に対して,

$$|x_{k,i}| \leq M$$

が成立します.$(x_{k,1})_{k\in\mathbb{N}} \subset \mathbb{R}$ は有界なので,$(x_{k,1})_{k\in\mathbb{N}}$ の部分列 $(x_{k_{i_1},1})_{i_1\in\mathbb{N}}$ が存在して $x_{k_{i_1},1} \to x_1 \in \mathbb{R}$ となります[*1].また,$(x_{k,2})_{k\in\mathbb{N}}$ の部分列 $(x_{k_{i_1},2})_{i_1\in\mathbb{N}}$ は有界なので,$(x_{k_{i_{1_2}},2})_{i_{1_2}\in\mathbb{N}}$ $(\subset (x_{k_{i_1},2})_{i_1\in\mathbb{N}})$ が存在して $x_{k_{i_{1_2}},2} \to x_2 \in \mathbb{R}$ となります.$x_{k_{i_{1_2}},1} \to x_1 \in \mathbb{R}$ も成立します.この議論を $(x_{k,d})_{k\in\mathbb{N}}$ まで繰り返すと,

$$\boldsymbol{x}_{k_i} = (x_{k_i,1}, x_{k_i,2}, \ldots, x_{k_i,d})^\top \to (x_1, x_2, \ldots, x_d)^\top \in \mathbb{R}^d$$

となる $(\boldsymbol{x}_k)_{k\in\mathbb{N}}$ の部分列が存在します.

(3) $(\boldsymbol{x}_k)_{k\in\mathbb{N}}$ が $\boldsymbol{x}$ に収束するとします.$(\boldsymbol{x}_{k_i})_{i\in\mathbb{N}}$ を $(\boldsymbol{x}_k)_{k\in\mathbb{N}}$ の部分列とすると,式 (2.16) から,$(\boldsymbol{x}_{k_i})_{i\in\mathbb{N}}$ は $\boldsymbol{x}$ に収束します.

逆命題を示します.$(\boldsymbol{x}_k)_{k\in\mathbb{N}}$ の収束する部分列の極限が全て同じなので,その極限を $\boldsymbol{x}$ とします.$\boldsymbol{x}_k \to \boldsymbol{x}$ を示すために,背理法を用います.$(\boldsymbol{x}_k)_{k\in\mathbb{N}}$ が $\boldsymbol{x}$ に収束しないとすると,式 (2.16) の否定命題

$$\exists \varepsilon > 0 \; \forall k_0 \in \mathbb{N} \; \exists k \in \mathbb{N} \; (k \geq k_0 \wedge \|\boldsymbol{x}_k - \boldsymbol{x}\| > \varepsilon)$$

つまり,

$$\exists \varepsilon > 0 \; \exists (\boldsymbol{x}_{k_i})_{i\in\mathbb{N}} \subset (\boldsymbol{x}_k)_{k\in\mathbb{N}} \; (\|\boldsymbol{x}_{k_i} - \boldsymbol{x}\| > \varepsilon)$$

が成立します.$(\boldsymbol{x}_{k_i})_{i\in\mathbb{N}}$ は有界なので,命題 2.1.5(2) から,$(\boldsymbol{x}_{k_i})_{i\in\mathbb{N}}$ の収束する部分列 $(\boldsymbol{x}_{k_{i_j}})_{j\in\mathbb{N}}$ が存在します.仮定から,$\boldsymbol{x}_{k_{i_j}} \to \boldsymbol{x}$ となります.よって,

---

[*1] 有界な実数列は収束する部分列をもつことが知られています(例えば,文献 [6, 定理 1.5.1] を参照).

$$0 < \varepsilon \le \lim_{j \to +\infty} \|x_{k_{i_j}} - x\| = 0$$

となり，矛盾が生じます．

2.7 $d = 0$ のときは，方向微分係数の定義と内積の性質から $f'(x; d) = \langle \nabla f(x), d \rangle$ が成立します．いま，$d \ne 0$ とします．f が x で微分可能なので，

$$\lim_{\alpha \to 0} \frac{f(x + \alpha d) - f(x) - \langle \nabla f(x), \alpha d \rangle}{\|\alpha d\|} = 0$$

が成立します．この式と，内積とノルムの性質から，

$$\lim_{\alpha \to 0} \frac{f(x + \alpha d) - f(x)}{\alpha \|d\|} = \frac{\langle \nabla f(x), d \rangle}{\|d\|}$$

を満たします．よって，

$$
\begin{aligned}
f'(x; d) &:= \lim_{\alpha \downarrow 0} \frac{f(x + \alpha d) - f(x)}{\alpha} \\
&= \lim_{\alpha \downarrow 0} \left\{ \|d\| \left(\frac{f(x + \alpha d) - f(x)}{\alpha \|d\|} - \frac{\langle \nabla f(x), d \rangle}{\|d\|} \right) + \langle \nabla f(x), d \rangle \right\} \\
&= \|d\| \cdot 0 + \langle \nabla f(x), d \rangle = \langle \nabla f(x), d \rangle
\end{aligned}
$$

が成立します．
再び，$d \ne 0$ とします．$h(\alpha) := f(x + \alpha d)$ と $f'(x; d) = \langle \nabla f(x), d \rangle$ から，

$$
\begin{aligned}
h'(\alpha) &= \lim_{\beta \downarrow 0} \frac{h(\alpha + \beta) - h(\alpha)}{\beta} \\
&= \lim_{\beta \downarrow 0} \frac{f(x + (\alpha + \beta)d) - f(x + \alpha d)}{\beta} \\
&= \lim_{\beta \downarrow 0} \frac{f((x + \alpha d) + \beta d) - f(x + \alpha d)}{\beta} \\
&=: f'(x + \alpha d; d) = \langle \nabla f(x + \alpha d), d \rangle
\end{aligned}
$$

となります．$d = 0$ のときは，$h'(\alpha) = f'(x + \alpha d; d) = \langle \nabla f(x + \alpha d), d \rangle$ $(= 0)$ が成立します．

2.8 まず，$\mathbb{R}^d$ の内積がユークリッド内積 (2.2) のときを考察します．ユークリッド内積 (2.2) の定義と命題 2.2.1 から，$\nabla f(x)$ の第 i 成分は，

$$(\nabla f(x))_i = \nabla f(x)^\top e_i = \langle \nabla f(x), e_i \rangle_2 = f'(x; e_i) =: \frac{\partial f(x)}{\partial x_i} \quad \text{(B.6)}$$

となります．よって，$\nabla f(x) = D_f(x)$ を満たします．
次に，$\mathbb{R}^d$ の内積が H–内積 (2.3) のときを考察します．このとき，H–内積

(2.3) の定義から，

$$(\nabla f(\boldsymbol{x}))_i = \nabla f(\boldsymbol{x})^\top \boldsymbol{e}_i = \nabla f(\boldsymbol{x})^\top H \left(H^{-1}\boldsymbol{e}_i\right) = \left\langle \nabla f(\boldsymbol{x}), H^{-1}\boldsymbol{e}_i \right\rangle_H$$

が成り立つので，命題 2.2.1 から，

$$(\nabla f(\boldsymbol{x}))_i = f'(\boldsymbol{x}; H^{-1}\boldsymbol{e}_i)$$

となります．一方で，方向微分係数の定義 (2.19) は内積に依存しないので，ユークリッド内積のもとでは $\nabla f(\boldsymbol{x}) = D_f(\boldsymbol{x})$ であることに注意して，

$$f'(\boldsymbol{x}; \boldsymbol{d}) = D_f(\boldsymbol{x})^\top \boldsymbol{d}$$

が任意の $\boldsymbol{d} \in \mathbb{R}^d$ に対して成立します．よって，

$$(\nabla f(\boldsymbol{x}))_i = f'(\boldsymbol{x}; H^{-1}\boldsymbol{e}_i) = D_f(\boldsymbol{x})^\top H^{-1}\boldsymbol{e}_i = (H^{-1}D_f(\boldsymbol{x}))^\top \boldsymbol{e}_i$$

すなわち，$\nabla f(\boldsymbol{x}) = H^{-1}D_f(\boldsymbol{x})$ が成立します．

2.9 Cauchy–Schwarz の不等式（命題 2.1.3）から，

$$\langle \boldsymbol{x} - \boldsymbol{y}, \nabla f(\boldsymbol{x}) - \nabla f(\boldsymbol{y}) \rangle \leq \|\boldsymbol{x} - \boldsymbol{y}\| \|\nabla f(\boldsymbol{x}) - \nabla f(\boldsymbol{y})\|$$

を満たすので，∇f の L–Lipschitz 連続性から，

$$\langle \boldsymbol{x} - \boldsymbol{y}, \nabla f(\boldsymbol{x}) - \nabla f(\boldsymbol{y}) \rangle \leq L\|\boldsymbol{x} - \boldsymbol{y}\|^2$$

すなわち，式 (2.22) が成立します．

ここで，任意の $t \geq 0$ に対して，関数 $g \colon \mathbb{R}_+ \to \mathbb{R}$ を

$$g(t) := f(t\boldsymbol{y} + (1-t)\boldsymbol{x}) = f(\boldsymbol{x} + t(\boldsymbol{y} - \boldsymbol{x}))$$

と定義します．このとき，命題 2.2.1 から，$g'(t) = \langle \nabla f(t\boldsymbol{y}+(1-t)\boldsymbol{x}), \boldsymbol{y}-\boldsymbol{x} \rangle$ $(t \geq 0)$ となります．したがって，内積とノルムの性質と式 (2.22) から，任意の $t > 0$ に対して，

$$\begin{aligned}
g'(t) - g'(0) &= \langle \nabla f(t\boldsymbol{y} + (1-t)\boldsymbol{x}) - \nabla f(\boldsymbol{x}), \boldsymbol{y} - \boldsymbol{x} \rangle \\
&= \frac{1}{t}\langle \nabla f(t\boldsymbol{y} + (1-t)\boldsymbol{x}) - \nabla f(\boldsymbol{x}), t(\boldsymbol{y} - \boldsymbol{x}) \rangle \\
&\leq \frac{1}{t}L\|t(\boldsymbol{y} - \boldsymbol{x})\|^2 \\
&= L\|\boldsymbol{y} - \boldsymbol{x}\|^2 t
\end{aligned}$$

が成立します（$t = 0$ のときも成立します）．よって，

$$f(\boldsymbol{y}) = g(1)$$

$$= g(0) + \int_0^1 g'(t)\mathrm{d}t$$

$$\leq g(0) + \int_0^1 \left\{ g'(0) + L\|\boldsymbol{y} - \boldsymbol{x}\|^2 t \right\} \mathrm{d}t$$

$$= g(0) + g'(0) + \frac{L}{2}\|\boldsymbol{y} - \boldsymbol{x}\|^2$$

$$= f(\boldsymbol{x}) + \langle \nabla f(\boldsymbol{x}), \boldsymbol{y} - \boldsymbol{x} \rangle + \frac{L}{2}\|\boldsymbol{y} - \boldsymbol{x}\|^2$$

から，式 (2.23) が成立します．逆に，式 (2.23) が成り立つとすると，

$$f(\boldsymbol{y}) \leq f(\boldsymbol{x}) + \langle \nabla f(\boldsymbol{x}), \boldsymbol{y} - \boldsymbol{x} \rangle + \frac{L}{2}\|\boldsymbol{y} - \boldsymbol{x}\|^2$$

$$f(\boldsymbol{x}) \leq f(\boldsymbol{y}) + \langle \nabla f(\boldsymbol{y}), \boldsymbol{x} - \boldsymbol{y} \rangle + \frac{L}{2}\|\boldsymbol{x} - \boldsymbol{y}\|^2$$

から，両不等式を足し合わせると式 (2.22) を満たします．

2.10 $\|\nabla^2 f(\boldsymbol{x})\|_2 \leq L \ (\boldsymbol{x} \in \mathbb{R}^d)$ とすると，Taylor の定理（命題 2.2.4）から，

$$\|\nabla f(\boldsymbol{y}) - \nabla f(\boldsymbol{x})\|_2 = \left\| \int_0^1 \nabla^2 f(t\boldsymbol{y} + (1-t)\boldsymbol{x})(\boldsymbol{y} - \boldsymbol{x})\mathrm{d}t \right\|_2$$

$$\leq \int_0^1 \left\| \nabla^2 f(t\boldsymbol{y} + (1-t)\boldsymbol{x})(\boldsymbol{y} - \boldsymbol{x}) \right\|_2 \mathrm{d}t$$

$$\leq \int_0^1 \left\| \nabla^2 f(t\boldsymbol{y} + (1-t)\boldsymbol{x}) \right\|_2 \mathrm{d}t \|\boldsymbol{y} - \boldsymbol{x}\|_2$$

なので，$\|\nabla f(\boldsymbol{y}) - \nabla f(\boldsymbol{x})\|_2 \leq L\|\boldsymbol{y} - \boldsymbol{x}\|_2$ が成立します．一方，$f \in C_L^2(\mathbb{R}^d)$ とします．Taylor の定理（命題 2.2.4）から，任意の $\boldsymbol{z} \in \mathbb{R}^d$ と任意の $\alpha > 0$ に対して，

$$\nabla f(\boldsymbol{x} + \alpha \boldsymbol{z}) - \nabla f(\boldsymbol{x}) = \int_0^1 \nabla^2 f(\boldsymbol{x} + \alpha s\boldsymbol{z})(\alpha \boldsymbol{z})\mathrm{d}s$$

$$= \int_0^\alpha \nabla^2 f(\boldsymbol{x} + t\boldsymbol{z})\boldsymbol{z}\mathrm{d}t$$

を満たします．また，∇f の L–Lipschitz 連続性から，

$$\left\| \left(\int_0^\alpha \nabla^2 f(\boldsymbol{x} + t\boldsymbol{z})\mathrm{d}t \right) \boldsymbol{z} \right\|_2 = \|\nabla f(\boldsymbol{x} + \alpha \boldsymbol{z}) - \nabla f(\boldsymbol{x})\|_2 \leq L\alpha \|\boldsymbol{z}\|_2$$

となるので，

$$\left\| \left(\frac{1}{\alpha} \int_0^\alpha \nabla^2 f(\boldsymbol{x} + t\boldsymbol{z})\mathrm{d}t \right) \boldsymbol{z} \right\|_2 \leq L\|\boldsymbol{z}\|_2$$

が任意の $\boldsymbol{z} \in \mathbb{R}^d$ と任意の $\alpha > 0$ に対して成立します．よって，誘導ノルムの定義 (2.10) から，任意の $\alpha > 0$ に対して

$$\left\| \frac{1}{\alpha} \int_0^{\alpha} \nabla^2 f(\boldsymbol{x} + t\boldsymbol{z}) \mathrm{d}t \right\|_2 \leq L$$

を満たします．積分の定義とノルムの連続性，および，

$$\frac{1}{\alpha} \int_0^{\alpha} \frac{\partial^2 f(\boldsymbol{x} + t\boldsymbol{z})}{\partial x_i \partial x_j} \mathrm{d}t \to \frac{\partial^2 f(\boldsymbol{x})}{\partial x_i \partial x_j} \quad (\alpha \to 0)$$

から，$\|\nabla^2 f(\boldsymbol{x})\|_2 \leq L$ となります．
$\nabla^2 f(\boldsymbol{x}) \in \mathbb{S}_{++}^d$ のとき，$((\nabla^2 f(\boldsymbol{x}))^{\frac{1}{2}})^2 = \nabla^2 f(\boldsymbol{x})$ となる $(\nabla^2 f(\boldsymbol{x}))^{\frac{1}{2}} \in \mathbb{S}_{++}^d$ が存在します．$\nabla^2 f(\boldsymbol{x}) \preceq LI$ から，任意の $\boldsymbol{y} \in \mathbb{R}^d$ に対して，

$$\begin{aligned}
\left\| (\nabla^2 f(\boldsymbol{x}))^{\frac{1}{2}} \boldsymbol{y} \right\|_2^2 &= \left\langle (\nabla^2 f(\boldsymbol{x}))^{\frac{1}{2}} \boldsymbol{y}, (\nabla^2 f(\boldsymbol{x}))^{\frac{1}{2}} \boldsymbol{y} \right\rangle_2 = \left\langle \boldsymbol{y}, \nabla^2 f(\boldsymbol{x}) \boldsymbol{y} \right\rangle_2 \\
&\leq L \|\boldsymbol{y}\|_2^2
\end{aligned}$$

を満たすので，

$$\left\| (\nabla^2 f(\boldsymbol{x}))^{\frac{1}{2}} \boldsymbol{y} \right\|_2 \leq \sqrt{L} \|\boldsymbol{y}\|_2$$

が任意の $\boldsymbol{y} \in \mathbb{R}^d$ に対して成立します．誘導ノルム (2.10) の定義から，

$$\left\| (\nabla^2 f(\boldsymbol{x}))^{\frac{1}{2}} \right\|_2 \leq \sqrt{L}$$

を満たすので，誘導ノルムの劣乗法性 (2.12) から，

$$\left\| \nabla^2 f(\boldsymbol{x}) \right\|_2 \leq \left\| (\nabla^2 f(\boldsymbol{x}))^{\frac{1}{2}} \right\|_2^2 \leq L$$

を満たします．

2.11 $\boldsymbol{b} := (b_1, b_2, \ldots, b_d)^{\top} \in \mathbb{R}^d$ とし，関数 $l\colon \mathbb{R}^d \to \mathbb{R}$ を $l(\boldsymbol{x}) := \langle \boldsymbol{b}, \boldsymbol{x} \rangle_2 = \sum_{i \in [d]} b_i x_i$ とします．このとき，

$$(\nabla l(\boldsymbol{x}))_i = \frac{\partial l(\boldsymbol{x})}{\partial x_i} = b_i$$

となります．よって，命題 2.2.2 から，$\nabla l(\boldsymbol{x}) = \boldsymbol{b}$ となります．行列 $A \in \mathbb{S}^d$ の第 (i,j) 成分を $a_{ij} \in \mathbb{R}$ とし，関数 $q\colon \mathbb{R}^d \to \mathbb{R}$ を $q(\boldsymbol{x}) := \langle \boldsymbol{x}, A\boldsymbol{x} \rangle_2 = \sum_{i=1}^d \sum_{j \in [d]} a_{ij} x_i x_j$ とします．このとき，

$$q(\boldsymbol{x}) = \sum_{i \in [d], i \neq k} \left(\sum_{j \in [d]} a_{ij} x_j \right) x_i + \sum_{j \in [d]} a_{kj} x_k x_j$$

$$= \sum_{i \in [d], i \neq k} \left(\sum_{j \in [d], j \neq k} a_{ij}x_j + a_{ik}x_k \right) x_i$$
$$+ \sum_{j \in [d], j \neq k} a_{kj}x_k x_j + a_{kk}x_k x_k$$
$$= \sum_{i \in [d], i \neq k} \left(\sum_{j \in [d], j \neq k} a_{ij}x_j + a_{ik}x_k \right) x_i$$
$$+ \left(\sum_{j \in [d], j \neq k} a_{kj}x_j + a_{kk}x_k \right) x_k$$

となります. よって,

$$(\nabla q(\boldsymbol{x}))_k = \frac{\partial q(\boldsymbol{x})}{\partial x_k} = \sum_{i \in [d], i \neq k} a_{ik}x_i + \sum_{j \in [d], j \neq k} a_{kj}x_j + 2a_{kk}x_k$$
$$= \sum_{i=1}^{d} a_{ik}x_i + \sum_{j \in [d]} a_{kj}x_j = \sum_{i=1}^{d}(a_{ik} + a_{ki})x_i$$

が成立します. よって, 命題 2.2.2 から, $\nabla q(\boldsymbol{x}) = (A^\top + A)\boldsymbol{x}$ となります.
以上のことから, $f(\boldsymbol{x}) := (1/2)\langle \boldsymbol{x}, A\boldsymbol{x} \rangle_2 + \langle \boldsymbol{b}, \boldsymbol{x} \rangle_2 + c$ の勾配は,

$$\nabla f(\boldsymbol{x}) = \frac{1}{2}\nabla q(\boldsymbol{x}) + \nabla b(\boldsymbol{x}) = \frac{1}{2}(A^\top + A)\boldsymbol{x} + \boldsymbol{b}$$

となります. さらに,

$$\frac{\partial^2 q(\boldsymbol{x})}{\partial x_l \partial x_k} = \frac{\partial}{\partial x_l} \sum_{i=1}^{d}(a_{ik} + a_{ki})x_i = a_{lk} + a_{kl}$$

と Hesse 行列の定義から,

$$\nabla^2 q(\boldsymbol{x}) = A^\top + A$$
$$\nabla^2 f(\boldsymbol{x}) = \frac{1}{2}(A^\top + A)$$

が成立します. 特に, $A \in \mathbb{S}^d$ のときは, $\nabla f(\boldsymbol{x}) = A\boldsymbol{x} + \boldsymbol{b}$, $\nabla^2 f(\boldsymbol{x}) = A$ となります.

2.12 $\boldsymbol{x}, \boldsymbol{d} \in \mathbb{R}^d$ とします. このとき, ある $\delta > 0$ が存在して, 任意の $\alpha \in (0, \delta]$ に対して, $\boldsymbol{x} + \alpha\boldsymbol{d}, \boldsymbol{x} - \alpha\boldsymbol{d} \in \mathbb{R}^d$ となります. $0 < \alpha_1 < \alpha_2 \leq \delta$ を満たす α_1, α_2 をとると,

$$\boldsymbol{x} + \alpha_1 \boldsymbol{d} = \left(1 - \frac{\alpha_1}{\alpha_2}\right) \boldsymbol{x} + \frac{\alpha_1}{\alpha_2}(\boldsymbol{x} + \alpha_2 \boldsymbol{d})$$

と f の凸性から，

$$f(\boldsymbol{x} + \alpha_1 \boldsymbol{d}) \leq \left(1 - \frac{\alpha_1}{\alpha_2}\right) f(\boldsymbol{x}) + \frac{\alpha_1}{\alpha_2} f(\boldsymbol{x} + \alpha_2 \boldsymbol{d})$$

つまり，

$$h(\alpha_1) := \frac{f(\boldsymbol{x} + \alpha_1 \boldsymbol{d}) - f(\boldsymbol{x})}{\alpha_1} \leq \frac{f(\boldsymbol{x} + \alpha_2 \boldsymbol{d}) - f(\boldsymbol{x})}{\alpha_2} =: h(\alpha_2)$$

を満たします．さらに，

$$\boldsymbol{x} = \frac{\delta}{\delta + \alpha}(\boldsymbol{x} + \alpha \boldsymbol{d}) + \frac{\alpha}{\delta + \alpha}(\boldsymbol{x} - \delta \boldsymbol{d})$$

と f の凸性から，

$$f(\boldsymbol{x}) \leq \frac{\delta}{\delta + \alpha} f(\boldsymbol{x} + \alpha \boldsymbol{d}) + \frac{\alpha}{\delta + \alpha} f(\boldsymbol{x} - \delta \boldsymbol{d})$$

つまり，

$$h(\alpha) := \frac{f(\boldsymbol{x} + \alpha \boldsymbol{d}) - f(\boldsymbol{x})}{\alpha} \geq \frac{f(\boldsymbol{x}) - f(\boldsymbol{x} - \delta \boldsymbol{d})}{\delta}$$

を満たします．以上のことから，任意の $\alpha \in (0, \delta]$ に対して，

$$\frac{f(\boldsymbol{x}) - f(\boldsymbol{x} - \delta \boldsymbol{d})}{\delta} \leq h(\alpha) \leq h(\delta)$$

なので，h の上極限と下極限が有限値で存在します．ここで，$h(\alpha_1) \leq h(\alpha_2)$ なので，

$$\varliminf_{\alpha \downarrow 0} h(\alpha) \leq \varlimsup_{\alpha \downarrow 0} h(\alpha) = \varlimsup_{\alpha_1 \downarrow 0} h(\alpha_1) \leq \varliminf_{\alpha_2 \downarrow 0} h(\alpha_2) = \varliminf_{\alpha \downarrow 0} h(\alpha)$$

が成立します．よって，$\lim_{\alpha \downarrow 0} h(\alpha)$ が存在します．

2.13 $f \in C^1(\mathbb{R}^d)$ が凸のとき，任意の $\boldsymbol{x}, \boldsymbol{y} \in \mathbb{R}^d$ と任意の $\lambda \in (0, 1)$ に対して，

$$f((1 - \lambda)\boldsymbol{x} + \lambda \boldsymbol{y}) \leq (1 - \lambda)f(\boldsymbol{x}) + \lambda f(\boldsymbol{y})$$

なので，Taylor の定理（命題 2.2.4）から，ある $\tau \in (0, 1)$ が存在して

$$\begin{aligned}
f(\boldsymbol{y}) - f(\boldsymbol{x}) &\geq \frac{1}{\lambda} \left\{ f((1 - \lambda)\boldsymbol{x} + \lambda \boldsymbol{y}) - f(\boldsymbol{x}) \right\} \\
&= \frac{1}{\lambda} \langle \nabla f((1 - \tau\lambda)\boldsymbol{x} + \tau\lambda \boldsymbol{y}), \lambda(\boldsymbol{y} - \boldsymbol{x}) \rangle \\
&= \langle \nabla f((1 - \tau\lambda)\boldsymbol{x} + \tau\lambda \boldsymbol{y}), \boldsymbol{y} - \boldsymbol{x} \rangle
\end{aligned}$$

が成立します. $\lambda \downarrow 0$ とすると, ∇f の連続性から,

$$f(\boldsymbol{y}) - f(\boldsymbol{x}) \geq \langle \nabla f(\boldsymbol{x}), \boldsymbol{y} - \boldsymbol{x} \rangle \tag{B.7}$$

となります.

逆に, 式 (B.7) が成り立つとします. このとき, 任意の $\boldsymbol{x}, \boldsymbol{y} \in \mathbb{R}^d$ と任意の $\lambda \in [0, 1]$ に対して,

$$f(\boldsymbol{x}) \geq f((1-\lambda)\boldsymbol{x} + \lambda\boldsymbol{y}) + \lambda\langle \nabla f((1-\lambda)\boldsymbol{x} + \lambda\boldsymbol{y}), \boldsymbol{x} - \boldsymbol{y} \rangle$$

$$f(\boldsymbol{y}) \geq f((1-\lambda)\boldsymbol{x} + \lambda\boldsymbol{y}) + (1-\lambda)\langle \nabla f((1-\lambda)\boldsymbol{x} + \lambda\boldsymbol{y}), \boldsymbol{y} - \boldsymbol{x} \rangle$$

が成立します. 上の一つ目と二つ目の不等式にそれぞれ $1 - \lambda$ と λ を掛けて足し合わせると

$$(1-\lambda)f(\boldsymbol{x}) + \lambda f(\boldsymbol{y}) \geq f((1-\lambda)\boldsymbol{x} + \lambda\boldsymbol{y})$$

となります.

2.14 f は $\boldsymbol{x} \in \mathbb{R}^d$ で連続的微分可能なので, 命題 2.2.1 から, 任意の $\boldsymbol{d} \in \mathbb{R}^d$ に対して,

$$\langle \nabla f(\boldsymbol{x}), \boldsymbol{d} \rangle = f'(\boldsymbol{x}; \boldsymbol{d}) \tag{B.8}$$

が成立します. また, $f \colon \mathbb{R}^d \to \mathbb{R}$ の凸性から, $\boldsymbol{x}$ における f の劣勾配 $\boldsymbol{g} \in \partial f(\boldsymbol{x})$ が存在するので, 任意の $\alpha > 0$ に対して,

$$f(\boldsymbol{x} + \alpha\boldsymbol{d}) \geq f(\boldsymbol{x}) + \langle \boldsymbol{g}, (\boldsymbol{x} + \alpha\boldsymbol{d}) - \boldsymbol{x} \rangle = f(\boldsymbol{x}) + \alpha\langle \boldsymbol{g}, \boldsymbol{d} \rangle$$

が成立します. 式 (B.8) から,

$$\langle \nabla f(\boldsymbol{x}), \boldsymbol{d} \rangle = f'(\boldsymbol{x}; \boldsymbol{d}) = \lim_{\alpha \downarrow 0} \frac{f(\boldsymbol{x} + \alpha\boldsymbol{d}) - f(\boldsymbol{x})}{\alpha} \geq \langle \boldsymbol{g}, \boldsymbol{d} \rangle$$

つまり,

$$\langle \boldsymbol{g} - \nabla f(\boldsymbol{x}), \boldsymbol{d} \rangle \leq 0$$

が任意の $\boldsymbol{d} \in \mathbb{R}^d$ に対して成立します. $\boldsymbol{d} := \boldsymbol{g} - \nabla f(\boldsymbol{x})$ とすると, $\|\boldsymbol{g} - \nabla f(\boldsymbol{x})\|^2 \leq 0$ を満たすので $\boldsymbol{g} = \nabla f(\boldsymbol{x}) \in \partial f(\boldsymbol{x})$ が成立します. $\boldsymbol{g}_1, \boldsymbol{g}_2 \in \partial f(\boldsymbol{x})$ とすると, 上記の議論から, $\boldsymbol{g}_1 = \boldsymbol{g}_2 = \nabla f(\boldsymbol{x})$ となるので, $\partial f(\boldsymbol{x}) = \{\nabla f(\boldsymbol{x})\}$ が成立します.

2.15 f の凸性, (1), および, (2) の同値性は付録 B 演習問題解答例 2.17 を参照. ここではまず, f が凸ならば (3) を示します. $\boldsymbol{x}, \boldsymbol{y} \in \mathbb{R}^d$ とし, $\alpha \in (0, 1]$ と

します．Taylor の定理（命題 2.2.4）から，ある $\tau \in (0,1)$ が存在して，

$$f(\boldsymbol{x} + \alpha\boldsymbol{y}) = f(\boldsymbol{x}) + \alpha\langle \nabla f(\boldsymbol{x}), \boldsymbol{y}\rangle_2 + \frac{\alpha^2}{2}\left\langle \boldsymbol{y}, \nabla^2 f(\boldsymbol{x} + \tau\alpha\boldsymbol{y})\boldsymbol{y}\right\rangle_2$$

が成立します．f の凸性の同値条件である命題 2.3.2(1) から，

$$f(\boldsymbol{x} + \alpha\boldsymbol{y}) \geq f(\boldsymbol{x}) + \alpha\langle \nabla f(\boldsymbol{x}), \boldsymbol{y}\rangle_2$$

なので，任意の $\alpha \in (0,1]$ に対して，

$$\left\langle \boldsymbol{y}, \nabla^2 f(\boldsymbol{x} + \tau\alpha\boldsymbol{y})\boldsymbol{y}\right\rangle_2 \geq 0$$

を満たします．$\nabla^2 f$ と内積の連続性から，$\alpha \downarrow 0$ をとると，任意の $\boldsymbol{y} \in \mathbb{R}^d$ に対して，

$$\left\langle \boldsymbol{y}, \nabla^2 f(\boldsymbol{x})\boldsymbol{y}\right\rangle_2 \geq 0$$

つまり，$\nabla^2 f(\boldsymbol{x}) \in \mathbb{S}_+^d$ が成立します．

任意の $\boldsymbol{x} \in \mathbb{R}^d$ に対して $\nabla^2 f(\boldsymbol{x}) \in \mathbb{S}_+^d$ が成り立つとします．Taylor の定理（命題 2.2.4）から，任意の $\boldsymbol{x}, \boldsymbol{y} \in \mathbb{R}^d$ に対して，ある $\tau \in (0,1)$ が存在して

$$\begin{aligned}f(\boldsymbol{y}) &= \frac{1}{2}\langle \boldsymbol{y} - \boldsymbol{x}, \nabla^2 f(\tau\boldsymbol{y} + (1-\tau)\boldsymbol{x})(\boldsymbol{y} - \boldsymbol{x})\rangle_2 \\ &\quad + f(\boldsymbol{x}) + \langle \nabla f(\boldsymbol{x}), \boldsymbol{y} - \boldsymbol{x}\rangle_2 \\ &\geq f(\boldsymbol{x}) + \langle \nabla f(\boldsymbol{x}), \boldsymbol{y} - \boldsymbol{x}\rangle_2\end{aligned} \tag{B.9}$$

が成立します．このとき，命題 2.3.1 と命題 2.3.2(1) から，f は凸関数となります．

2.16 f の狭義凸性，(1)，および，(2) の同値性は付録 B 演習問題解答例 2.17 を参照．

ここでは，任意の $\boldsymbol{x} \in \mathbb{R}^d$ に対して $\nabla^2 f(\boldsymbol{x}) \in \mathbb{S}_{++}^d$ とします．式 (B.9) を導く過程と同様の議論により，$\boldsymbol{x} \neq \boldsymbol{y}$ となる任意の $\boldsymbol{x}, \boldsymbol{y} \in \mathbb{R}^d$ に対して，

$$f(\boldsymbol{y}) > f(\boldsymbol{x}) + \langle \nabla f(\boldsymbol{x}), \boldsymbol{y} - \boldsymbol{x}\rangle_2$$

が成立します．命題 2.3.1 と命題 2.3.3(1) から，f は狭義凸関数となります．

2.17 (1) ならば f が c–強凸であることを示します．$\boldsymbol{x}, \boldsymbol{y}, \boldsymbol{z} \in \mathbb{R}^d$, $\lambda \in (0,1)$ とし，$\alpha \in (0,1]$ を固定します．また，$\tilde{\boldsymbol{x}} := (1-\alpha)\boldsymbol{x} + \alpha\boldsymbol{z}$, $\boldsymbol{x}_\lambda := \lambda\tilde{\boldsymbol{x}} + (1-\lambda)\boldsymbol{y}$ とします．

f は凸関数なので，$\boldsymbol{g} \in \partial f(\boldsymbol{x}_\lambda)$ が存在します．(1) と $\boldsymbol{x}_\lambda$ の定義から，

$$f(\tilde{\boldsymbol{x}}) \geq f(\boldsymbol{x}_\lambda) + \langle \boldsymbol{g}, \tilde{\boldsymbol{x}} - \boldsymbol{x}_\lambda\rangle + \frac{c}{2}\|\tilde{\boldsymbol{x}} - \boldsymbol{x}_\lambda\|^2$$

$$= f(\boldsymbol{x}_\lambda) + (1-\lambda)\langle \boldsymbol{g}, \tilde{\boldsymbol{x}} - \boldsymbol{y}\rangle + \frac{c(1-\lambda)^2}{2}\|\tilde{\boldsymbol{x}} - \boldsymbol{y}\|^2$$

および,

$$f(\boldsymbol{y}) \geq f(\boldsymbol{x}_\lambda) + \langle \boldsymbol{g}, \boldsymbol{y} - \boldsymbol{x}_\lambda\rangle + \frac{c}{2}\|\boldsymbol{y} - \boldsymbol{x}_\lambda\|^2$$
$$= f(\boldsymbol{x}_\lambda) + \lambda\langle \boldsymbol{g}, \boldsymbol{y} - \tilde{\boldsymbol{x}}\rangle + \frac{c\lambda^2}{2}\|\boldsymbol{y} - \tilde{\boldsymbol{x}}\|^2$$

が成立します. 一つ目と二つ目の不等式にそれぞれ λ と $1-\lambda$ を掛けて, それらを足し合わせると,

$$f(\boldsymbol{x}_\lambda) \leq \lambda f(\tilde{\boldsymbol{x}}) + (1-\lambda)f(\boldsymbol{y}) - \frac{c\lambda(1-\lambda)}{2}\|\boldsymbol{y} - \tilde{\boldsymbol{x}}\|^2$$

を満たします. ここで, $\boldsymbol{x}_\lambda$ と $\tilde{\boldsymbol{x}}$ の定義, および, f とノルムの連続性から,

$$f(\boldsymbol{x}_\lambda) = f(\lambda(1-\alpha)\boldsymbol{x} + \lambda\alpha\boldsymbol{z} + (1-\lambda)\boldsymbol{y})$$
$$f(\tilde{\boldsymbol{x}}) = f((1-\alpha)\boldsymbol{x} + \alpha\boldsymbol{z})$$
$$\|\boldsymbol{y} - \tilde{\boldsymbol{x}}\|^2 = \|(1-\alpha)\boldsymbol{x} + \alpha\boldsymbol{z} - \boldsymbol{y}\|^2$$

であり, $\alpha \downarrow 0$ をとると,

$$f(\boldsymbol{x}_\lambda) = f(\lambda(1-\alpha)\boldsymbol{x} + \lambda\alpha\boldsymbol{z} + (1-\lambda)\boldsymbol{y}) \to f(\lambda\boldsymbol{x} + (1-\lambda)\boldsymbol{y})$$
$$f(\tilde{\boldsymbol{x}}) = f((1-\alpha)\boldsymbol{x} + \alpha\boldsymbol{z}) \to f(\boldsymbol{x})$$
$$\|\boldsymbol{y} - \tilde{\boldsymbol{x}}\|^2 = \|(1-\alpha)\boldsymbol{x} + \alpha\boldsymbol{z} - \boldsymbol{y}\|^2 \to \|\boldsymbol{x} - \boldsymbol{y}\|^2$$

となるので,

$$f(\lambda\boldsymbol{x} + (1-\lambda)\boldsymbol{y}) \leq \lambda f(\boldsymbol{x}) + (1-\lambda)f(\boldsymbol{y}) - \frac{c\lambda(1-\lambda)}{2}\|\boldsymbol{x} - \boldsymbol{y}\|^2$$

つまり, f は c–強凸です.

次に, f が c–強凸ならば (2) を示します. $\boldsymbol{x}, \boldsymbol{y} \in \mathbb{R}^d$ とし, $\lambda \in [0,1)$, $\boldsymbol{x}_\lambda := \lambda\boldsymbol{x} + (1-\lambda)\boldsymbol{y}$ とします. f が凸なので, $\boldsymbol{g}_x \in \partial f(\boldsymbol{x})$, $\boldsymbol{g}_y \in \partial f(\boldsymbol{y})$ をとることができます. f は c–強凸なので,

$$f(\boldsymbol{x}_\lambda) \leq \lambda f(\boldsymbol{x}) + (1-\lambda)f(\boldsymbol{y}) - \frac{c\lambda(1-\lambda)}{2}\|\boldsymbol{x} - \boldsymbol{y}\|^2$$

つまり,

$$\frac{f(\boldsymbol{x}_\lambda) - f(\boldsymbol{x})}{1-\lambda} \leq f(\boldsymbol{y}) - f(\boldsymbol{x}) - \frac{c\lambda}{2}\|\boldsymbol{x} - \boldsymbol{y}\|^2$$

が成立します. $\boldsymbol{g}_x \in \partial f(\boldsymbol{x})$ と $\boldsymbol{x}_\lambda$ の定義から, $f(\boldsymbol{x}_\lambda) \geq f(\boldsymbol{x}) + \langle \boldsymbol{g}_x, \boldsymbol{x}_\lambda -$

$x\rangle = f(\boldsymbol{x}) + (1-\lambda)\langle \boldsymbol{g}_x, \boldsymbol{y}-\boldsymbol{x}\rangle$ を満たすので，

$$\langle \boldsymbol{g}_x, \boldsymbol{y}-\boldsymbol{x}\rangle \leq f(\boldsymbol{y}) - f(\boldsymbol{x}) - \frac{c\lambda}{2}\|\boldsymbol{x}-\boldsymbol{y}\|^2$$

が成立します．$\lambda\uparrow 1$ をとると，

$$\langle \boldsymbol{g}_x, \boldsymbol{y}-\boldsymbol{x}\rangle \leq f(\boldsymbol{y}) - f(\boldsymbol{x}) - \frac{c}{2}\|\boldsymbol{x}-\boldsymbol{y}\|^2$$

が成立します．$\boldsymbol{x}$ と $\boldsymbol{y}$ を入れ替えて上記の議論を行うと，

$$\langle \boldsymbol{g}_y, \boldsymbol{x}-\boldsymbol{y}\rangle \leq f(\boldsymbol{x}) - f(\boldsymbol{y}) - \frac{c}{2}\|\boldsymbol{y}-\boldsymbol{x}\|^2$$

が成立します．これらの不等式を足し合わせると，

$$\langle \boldsymbol{g}_y - \boldsymbol{g}_x, \boldsymbol{x}-\boldsymbol{y}\rangle \leq -c\|\boldsymbol{y}-\boldsymbol{x}\|^2$$

となり，(2) を満足します．

さらに，(2) ならば (1) を示します．$\boldsymbol{x}, \boldsymbol{y}, \boldsymbol{z} \in \mathbb{R}^d$ とし，$\alpha \in (0,1)$，$\tilde{\boldsymbol{y}} := (1-\alpha)\boldsymbol{y} + \alpha\boldsymbol{z}$ とします．f の凸性から，$\boldsymbol{g} \in \partial f(\boldsymbol{x})$ をとることができます．任意の $\lambda \in [0,1]$ に対して $\boldsymbol{x}_\lambda := (1-\lambda)\boldsymbol{x} + \lambda\tilde{\boldsymbol{y}}$ と定義し，関数 $h: [0,1] \to \mathbb{R}$ を $h(\lambda) := f(\boldsymbol{x}_\lambda)$ とします．f の凸性と $\boldsymbol{x}_\lambda$ の定義から，h は凸関数なので，任意の $\lambda \in (0,1)$ に対して $s \in \partial h(\lambda)$ がとれます．よって，任意の $\mu \in (0,1)$ に対して，

$$f(\boldsymbol{x}_\mu) = h(\mu) \geq h(\lambda) + s(\mu-\lambda) = f(\boldsymbol{x}_\lambda) + s(\mu-\lambda)$$

が成立します．ここで，任意の $\lambda \in (0,1)$ に対して $\boldsymbol{g}_\lambda \in \partial f(\boldsymbol{x}_\lambda)$ をとります．このとき，

$$f(\boldsymbol{x}_\mu) \geq f(\boldsymbol{x}_\lambda) + \langle \boldsymbol{g}_\lambda, \boldsymbol{x}_\mu - \boldsymbol{x}_\lambda\rangle = f(\boldsymbol{x}_\lambda) + (\mu-\lambda)\langle \boldsymbol{g}_\lambda, \tilde{\boldsymbol{y}}-\boldsymbol{x}\rangle$$

が成立します．以上のことから，s の候補として $\langle \boldsymbol{g}_\lambda, \tilde{\boldsymbol{y}}-\boldsymbol{x}\rangle \in \partial h(\lambda)$ がとれます．また，平均値の定理 (A.4) より，

$$f(\tilde{\boldsymbol{y}}) - f(\boldsymbol{x}) = h(1) - h(0) = \int_0^1 \langle \boldsymbol{g}_\lambda, \tilde{\boldsymbol{y}}-\boldsymbol{x}\rangle \mathrm{d}\lambda$$

が成立します．$\boldsymbol{g} \in \partial f(\boldsymbol{x})$，$\boldsymbol{g}_\lambda \in \partial f(\boldsymbol{x}_\lambda)$，$\boldsymbol{x}_\lambda$ の定義，および，(2) から，

$$\lambda\langle \boldsymbol{g}_\lambda - \boldsymbol{g}, \tilde{\boldsymbol{y}}-\boldsymbol{x}\rangle = \langle \boldsymbol{g}_\lambda - \boldsymbol{g}, \boldsymbol{x}_\lambda - \boldsymbol{x}\rangle \geq c\|\boldsymbol{x}_\lambda - \boldsymbol{x}\|^2 = c\lambda^2\|\tilde{\boldsymbol{y}}-\boldsymbol{x}\|^2$$

なので，

$$\langle \boldsymbol{g}_\lambda, \tilde{\boldsymbol{y}}-\boldsymbol{x}\rangle \geq \langle \boldsymbol{g}, \tilde{\boldsymbol{y}}-\boldsymbol{x}\rangle + c\lambda\|\tilde{\boldsymbol{y}}-\boldsymbol{x}\|^2$$

が成立します．よって，

$$f(\tilde{\boldsymbol{y}}) - f(\boldsymbol{x}) \geq \int_0^1 \left\{ \langle \boldsymbol{g}, \tilde{\boldsymbol{y}} - \boldsymbol{x} \rangle + c\lambda \|\tilde{\boldsymbol{y}} - \boldsymbol{x}\|^2 \right\} \mathrm{d}\lambda$$
$$= \langle \boldsymbol{g}, \tilde{\boldsymbol{y}} - \boldsymbol{x} \rangle + \frac{c}{2} \|\tilde{\boldsymbol{y}} - \boldsymbol{x}\|^2$$

を満たします．$\tilde{\boldsymbol{y}}$ の定義から，任意の $\alpha \in (0,1)$ に対して，

$$f((1-\alpha)\boldsymbol{y} + \alpha\boldsymbol{z})$$
$$\geq f(\boldsymbol{x}) + \langle \boldsymbol{g}, (1-\alpha)\boldsymbol{y} + \alpha\boldsymbol{z} - \boldsymbol{x} \rangle + \frac{c}{2} \|(1-\alpha)\boldsymbol{y} + \alpha\boldsymbol{z} - \boldsymbol{x}\|^2$$

が成立します．f，内積，および，ノルムの連続性から，$\alpha \downarrow 0$ をとると，

$$f(\boldsymbol{y}) \geq f(\boldsymbol{x}) + \langle \boldsymbol{g}, \boldsymbol{y} - \boldsymbol{x} \rangle + \frac{c}{2} \|\boldsymbol{y} - \boldsymbol{x}\|^2$$

つまり，(1) が成立します．

続いて，f が c–強凸ならば (3) を示します．$\boldsymbol{x}, \boldsymbol{y} \in \mathbb{R}^d$ とし，$\alpha \in (0,1]$ とします．Taylor の定理（命題 2.2.4）から，ある $\tau \in (0,1)$ が存在して，

$$f(\boldsymbol{x} + \alpha\boldsymbol{y}) = f(\boldsymbol{x}) + \alpha\langle \nabla f(\boldsymbol{x}), \boldsymbol{y} \rangle_2 + \frac{\alpha^2}{2} \left\langle \boldsymbol{y}, \nabla^2 f(\boldsymbol{x} + \tau\alpha\boldsymbol{y})\boldsymbol{y} \right\rangle_2$$

が成立します．f の c–強凸性の同値条件である命題 2.3.4(1) から，

$$f(\boldsymbol{x} + \alpha\boldsymbol{y}) \geq f(\boldsymbol{x}) + \alpha\langle \nabla f(\boldsymbol{x}), \boldsymbol{y} \rangle_2 + \frac{c\alpha^2}{2} \|\boldsymbol{y}\|_2^2$$

なので，任意の $\alpha \in (0,1]$ に対して，

$$\left\langle \boldsymbol{y}, \nabla^2 f(\boldsymbol{x} + \tau\alpha\boldsymbol{y})\boldsymbol{y} \right\rangle_2 \geq c\|\boldsymbol{y}\|_2^2$$

を満たします．$\nabla^2 f$ と内積の連続性から，$\alpha \downarrow 0$ をとると，任意の $\boldsymbol{y} \in \mathbb{R}^d$ に対して，

$$\left\langle \boldsymbol{y}, \nabla^2 f(\boldsymbol{x})\boldsymbol{y} \right\rangle_2 \geq c\|\boldsymbol{y}\|_2^2$$

つまり，$\nabla^2 f(\boldsymbol{x}) \succeq cI$ が成立します．

さらに，任意の $\boldsymbol{x} \in \mathbb{R}^d$ に対して $\nabla^2 f(\boldsymbol{x}) \succeq cI$ が成り立つとします．Taylor の定理（命題 2.2.4）から，任意の $\boldsymbol{x}, \boldsymbol{y} \in \mathbb{R}^d$ に対して，ある $\tau \in (0,1)$ が存在して

$$f(\boldsymbol{y}) = \frac{1}{2}\langle \boldsymbol{y} - \boldsymbol{x}, \nabla^2 f(\tau\boldsymbol{y} + (1-\tau)\boldsymbol{x})(\boldsymbol{y} - \boldsymbol{x}) \rangle_2$$
$$+ f(\boldsymbol{x}) + \langle \nabla f(\boldsymbol{x}), \boldsymbol{y} - \boldsymbol{x} \rangle_2$$
$$\geq f(\boldsymbol{x}) + \langle \nabla f(\boldsymbol{x}), \boldsymbol{y} - \boldsymbol{x} \rangle_2 + \frac{c}{2} \|\boldsymbol{y} - \boldsymbol{x}\|_2^2$$

が成立します. 命題 2.3.1 と命題 2.3.4(1) から, f は強凸関数となります.

2.18 f が L-平滑ならば (1) であることは命題 2.2.3 から示されます.

(1) ならば (2) を示します. まず, $\nabla f(\boldsymbol{x}) = \nabla f(\boldsymbol{y})$ とします. f の凸性, 命題 2.3.2, および, 命題 2.3.1 から,

$$f(\boldsymbol{y}) \geq f(\boldsymbol{x}) + \langle \nabla f(\boldsymbol{x}), \boldsymbol{y} - \boldsymbol{x} \rangle$$

が成立します. これは (2) と一致します. 次に, $\nabla f(\boldsymbol{x}) \neq \nabla f(\boldsymbol{y})$ とします. $\boldsymbol{x}$ を固定し, 任意の $\boldsymbol{z} \in \mathbb{R}^d$ に対して,

$$g_{\boldsymbol{x}}(\boldsymbol{z}) := f(\boldsymbol{z}) - f(\boldsymbol{x}) - \langle \nabla f(\boldsymbol{x}), \boldsymbol{z} - \boldsymbol{x} \rangle$$

と定義します. f の凸性から $g_{\boldsymbol{x}} \colon \mathbb{R}^d \to \mathbb{R}$ は凸関数であり, $\nabla g_{\boldsymbol{x}}(\boldsymbol{z}) = \nabla f(\boldsymbol{z}) - \nabla f(\boldsymbol{x})$ となります. よって, $\nabla g_{\boldsymbol{x}}(\boldsymbol{x}) = \boldsymbol{0}$ から, $\boldsymbol{x}$ が $g_{\boldsymbol{x}}$ を最小にします. つまり, 任意の $\boldsymbol{z} \in \mathbb{R}^d$ に対して,

$$0 = g_{\boldsymbol{x}}(\boldsymbol{x}) \leq g_{\boldsymbol{x}}(\boldsymbol{z})$$

が成立します (命題 3.2.1(2) も参照). (1) から, 任意の $\boldsymbol{y}, \boldsymbol{z} \in \mathbb{R}^d$ に対して,

$$f(\boldsymbol{z}) \leq f(\boldsymbol{y}) + \langle \nabla f(\boldsymbol{y}), \boldsymbol{z} - \boldsymbol{y} \rangle + \frac{L}{2} \|\boldsymbol{y} - \boldsymbol{z}\|^2$$

が成り立つので,

$$\begin{aligned}
g_{\boldsymbol{x}}(\boldsymbol{z}) &\leq \left\{ f(\boldsymbol{y}) + \langle \nabla f(\boldsymbol{y}), \boldsymbol{z} - \boldsymbol{y} \rangle + \frac{L}{2} \|\boldsymbol{y} - \boldsymbol{z}\|^2 \right\} - f(\boldsymbol{x}) \\
&\quad - \langle \nabla f(\boldsymbol{x}), \boldsymbol{z} - \boldsymbol{x} \rangle \\
&= \underbrace{f(\boldsymbol{y}) - f(\boldsymbol{x}) - \langle \nabla f(\boldsymbol{x}), \boldsymbol{y} - \boldsymbol{x} \rangle}_{g_{\boldsymbol{x}}(\boldsymbol{y})} + \langle \underbrace{\nabla f(\boldsymbol{y}) - \nabla f(\boldsymbol{x})}_{\nabla g_{\boldsymbol{x}}(\boldsymbol{y})}, \boldsymbol{z} - \boldsymbol{y} \rangle \\
&\quad + \frac{L}{2} \|\boldsymbol{y} - \boldsymbol{z}\|^2 \\
&= g_{\boldsymbol{x}}(\boldsymbol{y}) + \langle \nabla g_{\boldsymbol{x}}(\boldsymbol{y}), \boldsymbol{z} - \boldsymbol{y} \rangle + \frac{L}{2} \|\boldsymbol{y} - \boldsymbol{z}\|^2 \quad (\text{B.10})
\end{aligned}$$

を満たします. ここで, $\|\boldsymbol{v}\| = 1$ および $\langle \nabla g_{\boldsymbol{x}}(\boldsymbol{y}), \boldsymbol{v} \rangle = \|\nabla g_{\boldsymbol{x}}(\boldsymbol{y})\|$ を満たす $\boldsymbol{v} \in \mathbb{R}^d$ をとります.

$$\boldsymbol{z} := \boldsymbol{y} - \frac{\|\nabla g_{\boldsymbol{x}}(\boldsymbol{y})\|}{L} \boldsymbol{v}$$

を式 (B.10) に用いると,

$$0 \leq g_{\boldsymbol{x}} \left(\boldsymbol{y} - \frac{\|\nabla g_{\boldsymbol{x}}(\boldsymbol{y})\|}{L} \boldsymbol{v} \right)$$

$$\leq g_{\boldsymbol{x}}(\boldsymbol{y}) - \frac{\|\nabla g_{\boldsymbol{x}}(\boldsymbol{y})\|}{L}\langle \nabla g_{\boldsymbol{x}}(\boldsymbol{y}), \boldsymbol{v}\rangle + \frac{L}{2}\frac{\|\nabla g_{\boldsymbol{x}}(\boldsymbol{y})\|^2}{L^2}\|\boldsymbol{v}\|^2$$

$$= g_{\boldsymbol{x}}(\boldsymbol{y}) - \frac{1}{2L}\|\nabla g_{\boldsymbol{x}}(\boldsymbol{y})\|^2$$

$$:= f(\boldsymbol{y}) - f(\boldsymbol{x}) - \langle \nabla f(\boldsymbol{x}), \boldsymbol{y}-\boldsymbol{x}\rangle - \frac{1}{2L}\|\nabla f(\boldsymbol{y}) - \nabla f(\boldsymbol{x})\|^2$$

つまり，(2) が成立します.

次に，(2) ならば (3) を示します. (2) から，

$$f(\boldsymbol{y}) \geq f(\boldsymbol{x}) + \langle \nabla f(\boldsymbol{x}), \boldsymbol{y}-\boldsymbol{x}\rangle + \frac{1}{2L}\|\nabla f(\boldsymbol{y}) - \nabla f(\boldsymbol{x})\|^2$$

$$f(\boldsymbol{x}) \geq f(\boldsymbol{y}) + \langle \nabla f(\boldsymbol{y}), \boldsymbol{x}-\boldsymbol{y}\rangle + \frac{1}{2L}\|\nabla f(\boldsymbol{x}) - \nabla f(\boldsymbol{y})\|^2$$

なので，両不等式を足し合わせると，

$$\langle \nabla f(\boldsymbol{x}) - \nabla f(\boldsymbol{y}), \boldsymbol{x}-\boldsymbol{y}\rangle \geq \frac{1}{L}\|\nabla f(\boldsymbol{x}) - \nabla f(\boldsymbol{y})\|^2$$

つまり，(3) が成立します.

さらに，(3) ならば f が L–平滑であることを示します. まず，$\nabla f(\boldsymbol{x}) = \nabla f(\boldsymbol{y})$ とすると，$\|\nabla f(\boldsymbol{x}) - \nabla f(\boldsymbol{y})\| = 0 \leq L\|\boldsymbol{x}-\boldsymbol{y}\|$ なので f が L–平滑となります. 次に，$\nabla f(\boldsymbol{x}) \neq \nabla f(\boldsymbol{y})$ とします. (3) と Cauchy–Schwarz の不等式 (命題 2.1.3) から，

$$\frac{1}{L}\|\nabla f(\boldsymbol{x}) - \nabla f(\boldsymbol{y})\|^2$$
$$\leq \langle \nabla f(\boldsymbol{x}) - \nabla f(\boldsymbol{y}), \boldsymbol{x}-\boldsymbol{y}\rangle \leq \|\nabla f(\boldsymbol{x}) - \nabla f(\boldsymbol{y})\|\|\boldsymbol{x}-\boldsymbol{y}\|$$

すなわち，

$$\|\nabla f(\boldsymbol{x}) - \nabla f(\boldsymbol{y})\| \leq L\|\boldsymbol{x}-\boldsymbol{y}\|$$

が成立します. 以上のことから，f が L–平滑 $\Rightarrow$ (1) $\Rightarrow$ (2) $\Rightarrow$ (3) $\Rightarrow$ f が L–平滑，つまり，f が L–平滑の同値条件は (1)–(3) となります.

最後に，(1) と (4) が同値であることを示します. まず，(1) ならば (4) を示します. $\boldsymbol{x}, \boldsymbol{y} \in \mathbb{R}^d$ とし，$\lambda \in [0,1]$，$\boldsymbol{x}_\lambda := \lambda\boldsymbol{x} + (1-\lambda)\boldsymbol{y}$ とします. (1) から，

$$f(\boldsymbol{x}) \leq f(\boldsymbol{x}_\lambda) + \langle \nabla f(\boldsymbol{x}_\lambda), \boldsymbol{x}-\boldsymbol{x}_\lambda\rangle + \frac{L}{2}\|\boldsymbol{x}-\boldsymbol{x}_\lambda\|^2$$

$$f(\boldsymbol{y}) \leq f(\boldsymbol{x}_\lambda) + \langle \nabla f(\boldsymbol{x}_\lambda), \boldsymbol{y}-\boldsymbol{x}_\lambda\rangle + \frac{L}{2}\|\boldsymbol{y}-\boldsymbol{x}_\lambda\|^2$$

なので，$\boldsymbol{x}_\lambda$ の定義から，

$$f(\boldsymbol{x}) \leq f(\boldsymbol{x}_\lambda) + (1-\lambda)\langle \nabla f(\boldsymbol{x}_\lambda), \boldsymbol{x} - \boldsymbol{y}\rangle + \frac{L(1-\lambda)^2}{2}\|\boldsymbol{x}-\boldsymbol{y}\|^2$$

$$f(\boldsymbol{y}) \leq f(\boldsymbol{x}_\lambda) + \lambda\langle \nabla f(\boldsymbol{x}_\lambda), \boldsymbol{y} - \boldsymbol{x}\rangle + \frac{L\lambda^2}{2}\|\boldsymbol{y}-\boldsymbol{x}\|^2$$

が成立します．一つ目と二つ目の不等式にそれぞれ λ と $1-\lambda$ を掛けて，それらを足し合わせると，

$$\lambda f(\boldsymbol{x}) + (1-\lambda)f(\boldsymbol{y}) \leq f(\boldsymbol{x}_\lambda) + \frac{L}{2}\lambda(1-\lambda)\|\boldsymbol{x}-\boldsymbol{y}\|^2$$

つまり，(4) が成立します．次に，(4) ならば (1) を示します．(4) から，$\lambda \in [0,1)$ に対して，

$$f(\boldsymbol{y}) \leq f(\boldsymbol{x}) + \frac{f(\boldsymbol{x}+(1-\lambda)(\boldsymbol{y}-\boldsymbol{x})) - f(\boldsymbol{x})}{1-\lambda} + \frac{L}{2}\lambda\|\boldsymbol{x}-\boldsymbol{y}\|^2$$

が成立します．方向 $\boldsymbol{y}-\boldsymbol{x}$ に対する f の $\boldsymbol{x}$ での方向微分係数の定義と命題 2.2.1 から，

$$\lim_{\lambda\uparrow 1}\frac{f(\boldsymbol{x}+(1-\lambda)(\boldsymbol{y}-\boldsymbol{x})) - f(\boldsymbol{x})}{1-\lambda} = f'(\boldsymbol{x};\boldsymbol{y}-\boldsymbol{x}) = \langle\nabla f(\boldsymbol{x}),\boldsymbol{y}-\boldsymbol{x}\rangle$$

が成立します．よって，

$$f(\boldsymbol{y}) \leq f(\boldsymbol{x}) + \langle\nabla f(\boldsymbol{x}),\boldsymbol{y}-\boldsymbol{x}\rangle + \frac{L}{2}\|\boldsymbol{x}-\boldsymbol{y}\|^2$$

つまり，(1) が成立します．

2.19 (1) リゾルベントの定義 (A.7) と式 (A.11) から，

$$\boldsymbol{p} = \mathrm{prox}_f(\boldsymbol{x}) \iff \boldsymbol{p} = J_1(\boldsymbol{x}) \iff \boldsymbol{x} - \boldsymbol{p} \in \partial f(\boldsymbol{p})$$

が成立します．

(2) $\boldsymbol{p} := \mathrm{prox}_f(\boldsymbol{x})$，および，$\boldsymbol{q} := \mathrm{prox}_f(\boldsymbol{y})$ とします．命題 2.3.6(1) から，

$$\boldsymbol{x} - \boldsymbol{p} \in \partial f(\boldsymbol{p}), \ \boldsymbol{y} - \boldsymbol{q} \in \partial f(\boldsymbol{q})$$

が成立します．f の劣微分の定義から，

$$f(\boldsymbol{q}) \geq f(\boldsymbol{p}) + \langle\boldsymbol{x}-\boldsymbol{p},\boldsymbol{q}-\boldsymbol{p}\rangle$$

$$f(\boldsymbol{p}) \geq f(\boldsymbol{q}) + \langle\boldsymbol{y}-\boldsymbol{q},\boldsymbol{p}-\boldsymbol{q}\rangle$$

なので，上記の不等式を足し合わせると，内積の性質とノルムの定義から，

$$0 \geq \langle(\boldsymbol{p}-\boldsymbol{x})+(\boldsymbol{y}-\boldsymbol{q}),\boldsymbol{p}-\boldsymbol{q}\rangle = \langle-\boldsymbol{x}+\boldsymbol{y},\boldsymbol{p}-\boldsymbol{q}\rangle + \|\boldsymbol{p}-\boldsymbol{q}\|^2$$

つまり，

$$\|\boldsymbol{p} - \boldsymbol{q}\|^2 \leq \langle \boldsymbol{x} - \boldsymbol{y}, \boldsymbol{p} - \boldsymbol{q} \rangle$$

が成立します.

(3) 命題 2.3.6(1) と f の劣微分の定義から,

$$\boldsymbol{x} = \operatorname{prox}_f(\boldsymbol{x}) \iff \boldsymbol{0} \in \partial f(\boldsymbol{x}) \iff \boldsymbol{x} \in \underset{\boldsymbol{y} \in \mathbb{R}^d}{\operatorname{argmin}} f(\boldsymbol{y})$$

が成立します（命題 3.3.1 も参照）.

2.20 $\boldsymbol{x} \notin C$ とします. $d := \mathrm{d}(\boldsymbol{x}, C) = \inf\{\|\boldsymbol{y} - \boldsymbol{x}\| : \boldsymbol{y} \in C\} < +\infty$ とおくと, $\|\boldsymbol{y}_k - \boldsymbol{x}\| \to d$ となるような C の点列 $(\boldsymbol{y}_k)_{k \in \mathbb{N}}$ が存在します. 平行四辺形の法則（命題 2.1.2）から, $k \geq l$ となる任意の $k, l \in \mathbb{N}$ に対して,

$$
\begin{aligned}
2\|\boldsymbol{x} - \boldsymbol{y}_k\|^2 + 2\|\boldsymbol{x} - \boldsymbol{y}_l\|^2 &= \|2\boldsymbol{x} - (\boldsymbol{y}_k + \boldsymbol{y}_l)\|^2 + \|\boldsymbol{y}_k - \boldsymbol{y}_l\|^2 \\
&= 4\left\|\boldsymbol{x} - \frac{\boldsymbol{y}_k + \boldsymbol{y}_l}{2}\right\|^2 + \|\boldsymbol{y}_k - \boldsymbol{y}_l\|^2
\end{aligned}
$$

が成立します. C の凸性から, $(\boldsymbol{y}_k + \boldsymbol{y}_l)/2 \in C$ を満たすので,

$$\left\|\boldsymbol{x} - \frac{\boldsymbol{y}_k + \boldsymbol{y}_l}{2}\right\| \geq d$$

を利用すると, $k \geq l$ となる任意の $k, l \in \mathbb{N}$ に対して,

$$
\begin{aligned}
\|\boldsymbol{y}_k - \boldsymbol{y}_l\|^2 &\leq 2\|\boldsymbol{x} - \boldsymbol{y}_k\|^2 + 2\|\boldsymbol{x} - \boldsymbol{y}_l\|^2 - 4d^2 \\
&\leq 2\left|\|\boldsymbol{x} - \boldsymbol{y}_k\|^2 - d^2\right| + 2\left|\|\boldsymbol{x} - \boldsymbol{y}_l\|^2 - d^2\right|
\end{aligned}
$$

となります. ここで, $(\alpha_l)_{l \in \mathbb{N}}$ を

$$
\begin{aligned}
\alpha_l &:= \sup_{k \geq l}\left|\|\boldsymbol{x} - \boldsymbol{y}_k\|^2 - d^2\right| \\
&= \sup\left\{\left|\|\boldsymbol{x} - \boldsymbol{y}_l\|^2 - d^2\right|, \left|\|\boldsymbol{x} - \boldsymbol{y}_{l+1}\|^2 - d^2\right|, \dots\right\}
\end{aligned}
$$

とおくと, $(|\|\boldsymbol{x} - \boldsymbol{y}_k\|^2 - d^2|)_{k \in \mathbb{N}}$ が有界なので α_l は定義可能です. $(|\|\boldsymbol{x} - \boldsymbol{y}_k\|^2 - d^2|)_{k \in \mathbb{N}}$ は 0 に収束するので, $\alpha_l \to 0$ となります. よって, $k \geq l$ となる任意の $k, l \in \mathbb{N}$ に対して,

$$\|\boldsymbol{y}_k - \boldsymbol{y}_l\|^2 \leq 2\alpha_l + 2\alpha_l = 4\alpha_l$$

が成り立つので, $(\boldsymbol{y}_k)_{k \in \mathbb{N}} \subset \mathbb{R}^d$ は Cauchy 列（付録 A.3 参照）となります. $\mathbb{R}^d$ の完備性（付録 A.3 参照）から, $(\boldsymbol{y}_k)_{k \in \mathbb{N}}$ の極限 $\bar{\boldsymbol{y}} \in \mathbb{R}^d$ が存在します. また, C の閉性から, $\bar{\boldsymbol{y}} := P_C(\boldsymbol{x}) \in C$ を満たし,

$$\|P_C(\boldsymbol{x}) - \boldsymbol{x}\| = \|\bar{\boldsymbol{y}} - \boldsymbol{x}\| = \lim_{k \to +\infty} \|\boldsymbol{y}_k - \boldsymbol{x}\| = d = \mathrm{d}(\boldsymbol{x}, C)$$

が成り立つので，$P_C(\boldsymbol{x})$ の存在性がいえます．

ここで，$\hat{\boldsymbol{y}} \in C$，かつ，$\|\hat{\boldsymbol{y}} - \boldsymbol{x}\| = d$ を満たす $\hat{\boldsymbol{y}}$ が $\bar{\boldsymbol{y}}$ と一致すること（一意性）を示します．平行四辺形の法則（命題 2.1.2）と $d = \mathrm{d}(\boldsymbol{x}, C)$ から，

$$4d^2 = 2\|\boldsymbol{x} - \bar{\boldsymbol{y}}\|^2 + 2\|\boldsymbol{x} - \hat{\boldsymbol{y}}\|^2 = 4\left\|\boldsymbol{x} - \frac{\bar{\boldsymbol{y}} + \hat{\boldsymbol{y}}}{2}\right\|^2 + \|\bar{\boldsymbol{y}} - \hat{\boldsymbol{y}}\|^2$$
$$\geq 4d^2 + \|\bar{\boldsymbol{y}} - \hat{\boldsymbol{y}}\|^2$$

つまり，

$$\|\bar{\boldsymbol{y}} - \hat{\boldsymbol{y}}\|^2 = 0$$

なので，$\bar{\boldsymbol{y}} = \hat{\boldsymbol{y}}$ が成立します．

$\boldsymbol{x} \in C$ とし，$P_C(\boldsymbol{x}) = \boldsymbol{x}$ と定義すると，$0 = \|P_C(\boldsymbol{x}) - \boldsymbol{x}\| = d$ が成立します．

2.21 (1) $\boldsymbol{p} = P_C(\boldsymbol{x}) \in C$ とし，$\boldsymbol{y} \in C$ とします．また，$\lambda \in (0,1)$ とします．C は凸集合なので，$(1 - \lambda)\boldsymbol{p} + \lambda\boldsymbol{y} \in C$ となります．$\boldsymbol{p}$ が $\boldsymbol{x}$ から C への射影点であることと命題 2.1.1 から，

$$\|\boldsymbol{x} - \boldsymbol{p}\|^2 \leq \|\boldsymbol{x} - \{(1 - \lambda)\boldsymbol{p} + \lambda\boldsymbol{y}\}\|^2$$
$$= \|(\boldsymbol{x} - \boldsymbol{p}) + \lambda(\boldsymbol{p} - \boldsymbol{y})\|^2$$
$$= \|\boldsymbol{x} - \boldsymbol{p}\|^2 + 2\lambda\langle\boldsymbol{x} - \boldsymbol{p}, \boldsymbol{p} - \boldsymbol{y}\rangle + \lambda^2\|\boldsymbol{p} - \boldsymbol{y}\|^2$$

すなわち，

$$2\langle\boldsymbol{x} - \boldsymbol{p}, \boldsymbol{p} - \boldsymbol{y}\rangle \geq -\lambda\|\boldsymbol{p} - \boldsymbol{y}\|^2$$

が任意の $\lambda \in (0,1)$ に対して成立します．$\lambda \downarrow 0$ とすると，$2\langle\boldsymbol{x} - \boldsymbol{p}, \boldsymbol{p} - \boldsymbol{y}\rangle \geq 0$，つまり，

$$\forall\boldsymbol{y} \in C \ (\langle\boldsymbol{x} - \boldsymbol{p}, \boldsymbol{y} - \boldsymbol{p}\rangle \leq 0) \tag{B.11}$$

が成立します．$\boldsymbol{x} \in \mathbb{R}^d$ とし，$\boldsymbol{p} \in C$ とします．逆に，式 (B.11) が成り立つとすると，

$$0 \leq \langle\boldsymbol{x} - \boldsymbol{p}, \boldsymbol{p} - \boldsymbol{y}\rangle = \langle\boldsymbol{x} - \boldsymbol{p}, \boldsymbol{p} - \boldsymbol{x}\rangle + \langle\boldsymbol{x} - \boldsymbol{p}, \boldsymbol{x} - \boldsymbol{y}\rangle$$
$$= -\|\boldsymbol{x} - \boldsymbol{p}\|^2 + \langle\boldsymbol{x} - \boldsymbol{p}, \boldsymbol{x} - \boldsymbol{y}\rangle$$

が成り立つので，Cauchy–Schwarz の不等式（命題 2.1.3）から，

$$\|\boldsymbol{x} - \boldsymbol{p}\|^2 \leq \langle\boldsymbol{x} - \boldsymbol{p}, \boldsymbol{x} - \boldsymbol{y}\rangle \leq \|\boldsymbol{x} - \boldsymbol{p}\|\|\boldsymbol{x} - \boldsymbol{y}\|$$

つまり，$\boldsymbol{p} \in C$ が

$$\forall \boldsymbol{y} \in C\ (\|\boldsymbol{x} - \boldsymbol{p}\| \le \|\boldsymbol{x} - \boldsymbol{y}\|)$$

を満たすので，$\boldsymbol{p} = P_C(\boldsymbol{x})$ となります.

(2) 命題 2.4.1(1) から，任意の $\boldsymbol{y} \in C$ に対して，

$$\langle \boldsymbol{x}_1 - P_C(\boldsymbol{x}_1), \boldsymbol{y} - P_C(\boldsymbol{x}_1) \rangle \le 0$$
$$\langle \boldsymbol{x}_2 - P_C(\boldsymbol{x}_2), \boldsymbol{y} - P_C(\boldsymbol{x}_2) \rangle \le 0$$

が成り立つので，

$$\langle \boldsymbol{x}_1 - P_C(\boldsymbol{x}_1), P_C(\boldsymbol{x}_2) - P_C(\boldsymbol{x}_1) \rangle \le 0$$
$$\langle \boldsymbol{x}_2 - P_C(\boldsymbol{x}_2), P_C(\boldsymbol{x}_1) - P_C(\boldsymbol{x}_2) \rangle \le 0$$

を満たします. これらの不等式を足し合わせると，

$$0 \ge \langle (P_C(\boldsymbol{x}_1) - \boldsymbol{x}_1) + (\boldsymbol{x}_2 - P_C(\boldsymbol{x}_2)), P_C(\boldsymbol{x}_1) - P_C(\boldsymbol{x}_2) \rangle$$
$$= \langle P_C(\boldsymbol{x}_1) - P_C(\boldsymbol{x}_2), P_C(\boldsymbol{x}_1) - P_C(\boldsymbol{x}_2) \rangle$$
$$+ \langle -\boldsymbol{x}_1 + \boldsymbol{x}_2, P_C(\boldsymbol{x}_1) - P_C(\boldsymbol{x}_2) \rangle$$
$$= \|P_C(\boldsymbol{x}_1) - P_C(\boldsymbol{x}_2)\|^2 - \langle \boldsymbol{x}_1 - \boldsymbol{x}_2, P_C(\boldsymbol{x}_1) - P_C(\boldsymbol{x}_2) \rangle$$

を満たします.

(3) $\boldsymbol{x} = P_C(\boldsymbol{x}) \in C$ から，$\boldsymbol{x} \in C$ となります. 逆に，$\boldsymbol{x} \in C$ とすると，射影の定義から，$P_C(\boldsymbol{x}) = \boldsymbol{x}$ が成立します.

2.22 $\boldsymbol{x} \notin B(\boldsymbol{c}; r)$ から $B(\boldsymbol{c}; r)$ への射影点を $\boldsymbol{p}$ とします. このとき，$\boldsymbol{p} = \boldsymbol{c} + (\boldsymbol{p} - \boldsymbol{c})$ であり，$\boldsymbol{p}$ は閉球の境界上にあることから，

$$\boldsymbol{p} - \boldsymbol{c} = \frac{\|\boldsymbol{p} - \boldsymbol{c}\|}{\|\boldsymbol{x} - \boldsymbol{c}\|}(\boldsymbol{x} - \boldsymbol{c}) = \frac{r}{\|\boldsymbol{x} - \boldsymbol{c}\|}(\boldsymbol{x} - \boldsymbol{c})$$

なので，$\boldsymbol{p} = \boldsymbol{c} + (r/\|\boldsymbol{x} - \boldsymbol{c}\|)(\boldsymbol{x} - \boldsymbol{c})$ となります.

次に，$\boldsymbol{x} \notin H(\boldsymbol{a}; b)$ から $H(\boldsymbol{a}; b)$ への射影点を $\boldsymbol{q}$ とします. このとき，ある実数 t が存在して，$\boldsymbol{q} = \boldsymbol{x} + t\boldsymbol{a}$ と表現できます. $\boldsymbol{q}$ は $\langle \boldsymbol{a}, \boldsymbol{q} \rangle = b$ を満たすので，$\langle \boldsymbol{a}, \boldsymbol{x} + t\boldsymbol{a} \rangle = b$ と $\boldsymbol{a} \ne \boldsymbol{0}$ から，

$$t = \frac{b - \langle \boldsymbol{a}, \boldsymbol{x} \rangle}{\|\boldsymbol{a}\|^2}$$

となります. よって，$\boldsymbol{q} = \boldsymbol{x} + ((b - \langle \boldsymbol{a}, \boldsymbol{x} \rangle)/\|\boldsymbol{a}\|^2)\boldsymbol{a}$ となります.

2.23 S を堅非拡大とすると，命題 2.1.1 から，

$$\|S(\boldsymbol{x}) - S(\boldsymbol{y})\|^2$$
$$\leq \langle \boldsymbol{x} - \boldsymbol{y}, S(\boldsymbol{x}) - S(\boldsymbol{y})\rangle$$
$$= \frac{1}{2}\left(\|\boldsymbol{x} - \boldsymbol{y}\|^2 + \|S(\boldsymbol{x}) - S(\boldsymbol{y})\|^2 - \|(\mathrm{Id} - S)(\boldsymbol{x}) - (\mathrm{Id} - S)(\boldsymbol{y})\|^2\right)$$

つまり,

$$\|S(\boldsymbol{x}) - S(\boldsymbol{y})\|^2 \leq \|\boldsymbol{x} - \boldsymbol{y}\|^2 - \|(\mathrm{Id} - S)(\boldsymbol{x}) - (\mathrm{Id} - S)(\boldsymbol{y})\|^2 \quad \text{(B.12)}$$

が成立します. 逆に, 式 (B.12) が成り立つとすると, 命題 2.1.1 から,

$$\begin{aligned}\|S(\boldsymbol{x}) - S(\boldsymbol{y})\|^2 &\leq \|\boldsymbol{x} - \boldsymbol{y}\|^2 - \|(\boldsymbol{x} - \boldsymbol{y}) - (S(\boldsymbol{x}) - S(\boldsymbol{y}))\|^2 \\ &= \|\boldsymbol{x} - \boldsymbol{y}\|^2 - \|\boldsymbol{x} - \boldsymbol{y}\|^2 + 2\langle \boldsymbol{x} - \boldsymbol{y}, S(\boldsymbol{x}) - S(\boldsymbol{y})\rangle \\ &\quad - \|S(\boldsymbol{x}) - S(\boldsymbol{y})\|^2 \\ &= 2\langle \boldsymbol{x} - \boldsymbol{y}, S(\boldsymbol{x}) - S(\boldsymbol{y})\rangle - \|S(\boldsymbol{x}) - S(\boldsymbol{y})\|^2\end{aligned}$$

すなわち, S は堅非拡大となります. よって, S が堅非拡大であるための必要十分条件は式 (B.12) となります. $T := 2S - \mathrm{Id}$ と定義するとき, 命題 2.1.1 と S の堅非拡大性より,

$$\begin{aligned}\|T(\boldsymbol{x}) - T(\boldsymbol{y})\|^2 &= \|(2S(\boldsymbol{x}) - \boldsymbol{x}) - (2S(\boldsymbol{y}) - \boldsymbol{y})\|^2 \\ &= \|(\boldsymbol{x} - \boldsymbol{y}) - 2(S(\boldsymbol{x}) - S(\boldsymbol{y}))\|^2 \\ &= \|\boldsymbol{x} - \boldsymbol{y}\|^2 - 4\langle \boldsymbol{x} - \boldsymbol{y}, S(\boldsymbol{x}) - S(\boldsymbol{y})\rangle + 4\|S(\boldsymbol{x}) - S(\boldsymbol{y})\|^2 \\ &\leq \|\boldsymbol{x} - \boldsymbol{y}\|^2 - 4\|S(\boldsymbol{x}) - S(\boldsymbol{y})\|^2 + 4\|S(\boldsymbol{x}) - S(\boldsymbol{y})\|^2 \\ &= \|\boldsymbol{x} - \boldsymbol{y}\|^2\end{aligned}$$

つまり, T は非拡大写像です.

一方, T を非拡大写像とし, $S := (1/2)(\mathrm{Id} + T)$ と定義すると, 命題 2.1.1 と T の非拡大性から,

$$\begin{aligned}\|S(\boldsymbol{x}) - S(\boldsymbol{y})\|^2 &= \left\|\frac{1}{2}(\boldsymbol{x} - \boldsymbol{y}) + \frac{1}{2}(T(\boldsymbol{x}) - T(\boldsymbol{y}))\right\|^2 \\ &= \frac{1}{2}\|\boldsymbol{x} - \boldsymbol{y}\|^2 + \frac{1}{2}\|T(\boldsymbol{x}) - T(\boldsymbol{y})\|^2 - \frac{1}{4}\|(\boldsymbol{x} - T(\boldsymbol{x})) - (\boldsymbol{y} - T(\boldsymbol{y}))\|^2 \\ &\leq \|\boldsymbol{x} - \boldsymbol{y}\|^2 - \left\|\frac{\boldsymbol{x} - T(\boldsymbol{x})}{2} - \frac{\boldsymbol{y} - T(\boldsymbol{y})}{2}\right\|^2\end{aligned}$$

$$= \|\boldsymbol{x} - \boldsymbol{y}\|^2 - \|(\boldsymbol{x} - S(\boldsymbol{x})) - (\boldsymbol{y} - S(\boldsymbol{y}))\|^2$$

つまり，式 (B.12) が成り立つので，S は堅非拡大写像です．さらに，

$$\boldsymbol{x} \in \mathrm{Fix}(T) \Longrightarrow S(\boldsymbol{x}) := \frac{1}{2}\boldsymbol{x} + \frac{1}{2}T(\boldsymbol{x}) = \frac{1}{2}\boldsymbol{x} + \frac{1}{2}\boldsymbol{x} = \boldsymbol{x}$$
$$\Longrightarrow \boldsymbol{x} \in \mathrm{Fix}(S)$$

であり，

$$\boldsymbol{x} \in \mathrm{Fix}(S) \Longrightarrow S(\boldsymbol{x}) := \frac{1}{2}\boldsymbol{x} + \frac{1}{2}T(\boldsymbol{x}) = \boldsymbol{x}$$
$$\Longrightarrow \frac{1}{2}T(\boldsymbol{x}) = \frac{1}{2}\boldsymbol{x} \Longleftrightarrow \boldsymbol{x} \in \mathrm{Fix}(T)$$

なので，$\mathrm{Fix}(T) = \mathrm{Fix}(S)$ が成立します．

2.24 $T := \mathrm{Id} - \alpha\nabla f$ とします．命題 2.1.1 と命題 2.3.5(3) から，任意の $\boldsymbol{x}, \boldsymbol{y} \in \mathbb{R}^d$ に対して，

$$\|T(\boldsymbol{x}) - T(\boldsymbol{y})\|^2$$
$$= \|(\boldsymbol{x} - \boldsymbol{y}) - \alpha(\nabla f(\boldsymbol{x}) - \nabla f(\boldsymbol{y}))\|^2$$
$$= \|\boldsymbol{x} - \boldsymbol{y}\|^2 - 2\alpha\langle \boldsymbol{x} - \boldsymbol{y}, \nabla f(\boldsymbol{x}) - \nabla f(\boldsymbol{y})\rangle + \alpha^2\|\nabla f(\boldsymbol{x}) - \nabla f(\boldsymbol{y})\|^2$$
$$\leq \|\boldsymbol{x} - \boldsymbol{y}\|^2 - \frac{2\alpha}{L}\|\nabla f(\boldsymbol{x}) - \nabla f(\boldsymbol{y})\|^2 + \alpha^2\|\nabla f(\boldsymbol{x}) - \nabla f(\boldsymbol{y})\|^2$$
$$= \|\boldsymbol{x} - \boldsymbol{y}\|^2 + \alpha\left(\alpha - \frac{2}{L}\right)\|\nabla f(\boldsymbol{x}) - \nabla f(\boldsymbol{y})\|^2$$

を満たします．$\alpha \in (0, 2/L]$ から，

$$\|T(\boldsymbol{x}) - T(\boldsymbol{y})\|^2 \leq \|\boldsymbol{x} - \boldsymbol{y}\|^2$$

すなわち，T は非拡大写像となります．また，

$$\boldsymbol{x} = T(\boldsymbol{x}) \Longleftrightarrow \boldsymbol{x} = \boldsymbol{x} - \alpha\nabla f(\boldsymbol{x}) \Longleftrightarrow \nabla f(\boldsymbol{x}) = \boldsymbol{0}$$

が成り立つので，f の劣微分の定義と命題 2.3.1 から

$$\boldsymbol{x} = T(\boldsymbol{x}) \Longleftrightarrow \boldsymbol{x} \in \operatorname*{argmin}_{\boldsymbol{y} \in \mathbb{R}^d} f(\boldsymbol{y})$$

が成立します（命題 3.3.1 も参照）．

B.2 | 3章　連続最適化と関連する問題

3.1　$x^\star \in C$ を凸目的関数 f と凸実行可能領域 C からなる凸最適化問題の局所的最適解とします．命題 3.1.1 を背理法を用いて示します．つまり，ある $x \in C$ が存在して，$f(x^\star) > f(x)$ が成り立つと仮定します．C は凸集合なので，任意の $\lambda \in [0, 1]$ に対して $y_\lambda := \lambda x^\star + (1 - \lambda)x \in C$ が成立します．f は凸関数なので，$f(x^\star) > f(x)$ を利用して

$$f(y_\lambda) \leq \lambda f(x^\star) + (1 - \lambda)f(x) < f(x^\star) \tag{B.13}$$

が任意の $\lambda \in [0, 1]$ に対して成立します．一方で，$x^\star \in C$ は問題の局所的最適解なので，ある $\varepsilon > 0$ が存在して，任意の $y \in C \cap N(x^\star; \varepsilon)$ に対して $f(x^\star) \leq f(y)$ を満たします．$x \in N(x^\star; \varepsilon)$ のとき，$\lambda \in [0, 1)$ に対して，

$$\|y_\lambda - x^\star\| = (1 - \lambda)\|x - x^\star\| < \varepsilon$$

から $y_\lambda \in C \cap N(x^\star; \varepsilon)$ が成立します．よって，$f(x^\star) \leq f(y_\lambda)$ となり，式 (B.13) に矛盾します．$x \notin N(x^\star; \varepsilon)$ のとき，

$$\lambda := 1 - \frac{\varepsilon}{2\|x - x^\star\|} \in \left[\frac{1}{2}, 1\right)$$

とおくと，

$$\|y_\lambda - x^\star\| = (1 - \lambda)\|x - x^\star\| = \frac{\varepsilon}{2} < \varepsilon$$

なので，$y_\lambda \in C \cap N(x^\star; \varepsilon)$ が成立します．よって，$f(x^\star) \leq f(y_\lambda)$ となり，式 (B.13) に矛盾します．

3.2　(1) 背理法を用いて示します．$x^\star \in \mathbb{R}^d$ を問題の局所的最適解とし，$d := -\nabla f(x^\star) \neq \mathbf{0}$ を仮定します．$f \in C^1(\mathbb{R}^d)$ から $\nabla f \colon \mathbb{R}^d \to \mathbb{R}^d$ は連続なので，$\varepsilon := \|\nabla f(x^\star)\|^2 > 0$ に対して，ある $\delta > 0$ が存在して，任意の $\alpha \in (0, \delta]$ に対して

$$\left|\langle \nabla f(x^\star + \alpha d), d \rangle - \langle \nabla f(x^\star), d \rangle\right| \leq \frac{\varepsilon}{2}$$

すなわち，

$$\langle \nabla f(x^\star + \alpha d), d \rangle \leq -\|\nabla f(x^\star)\|^2 + \frac{\varepsilon}{2} = -\frac{\varepsilon}{2} < 0$$

が成立します．Taylor の定理（命題 2.2.4）から，任意の $\alpha \in (0, \delta]$ に対して，

ある $\tau \in (0,1)$ が存在して,

$$f(\boldsymbol{x}^\star + \alpha \boldsymbol{d}) = f(\boldsymbol{x}^\star) + \langle \nabla f(\boldsymbol{x}^\star + \alpha\tau \boldsymbol{d}), \boldsymbol{d}\rangle \alpha$$

が成り立つので, $\alpha\tau \in (0,\delta)$ から,

$$f(\boldsymbol{x}^\star + \alpha \boldsymbol{d}) < f(\boldsymbol{x}^\star)$$

が任意の $\alpha \in (0,\delta]$ に対して成立します. これは, $\boldsymbol{x}^\star \in \mathbb{R}^d$ が問題の局所的最適解であることに矛盾します.

(2) $\boldsymbol{x}^\star \in \mathbb{R}^d$ が $\nabla f(\boldsymbol{x}^\star) = \boldsymbol{0}$ を満たすとします. f が凸なので, 命題 2.3.2 から, 任意の $\boldsymbol{x} \in \mathbb{R}^d$ に対して,

$$f(\boldsymbol{x}) \geq f(\boldsymbol{x}^\star) + \langle \nabla f(\boldsymbol{x}^\star), \boldsymbol{x} - \boldsymbol{x}^\star \rangle = f(\boldsymbol{x}^\star)$$

を満たすので, $\boldsymbol{x}^\star$ は問題の大域的最適解です. 一方, 命題 3.2.1(1) から, $\boldsymbol{x}^\star$ が問題の大域的最適解ならば, $\nabla f(\boldsymbol{x}^\star) = \boldsymbol{0}$ を満たします.

(3) 背理法を用いて示します. $\boldsymbol{x}^\star \in \mathbb{R}^d$ を問題の局所的最適解 (つまり, $\nabla f(\boldsymbol{x}^\star) = \boldsymbol{0}$) とし, $\nabla^2 f(\boldsymbol{x}^\star) \notin \mathbb{S}_+^d$ を仮定します. このとき, ある $\boldsymbol{d} \in \mathbb{R}^d$ が存在して $\varepsilon := -\langle \boldsymbol{d}, \nabla^2 f(\boldsymbol{x}^\star)\boldsymbol{d}\rangle_2 > 0$ を満たします. $f \in C^2(\mathbb{R}^d)$ から $\nabla^2 f \colon \mathbb{R}^d \to \mathbb{R}^{d\times d}$ は連続なので, 上記 (1) と同様の議論から, ある $\delta > 0$ が存在して, 任意の $\alpha \in (0,\delta]$ に対して

$$\langle \boldsymbol{d}, \nabla^2 f(\boldsymbol{x}^\star + \alpha \boldsymbol{d})\boldsymbol{d}\rangle_2 < 0$$

が成立します. Taylor の定理 (命題 2.2.4) から, 任意の $\alpha \in (0,\delta]$ に対して, ある $\tau \in (0,1)$ が存在して,

$$f(\boldsymbol{x}^\star + \alpha \boldsymbol{d}) = f(\boldsymbol{x}^\star) + \langle \nabla f(\boldsymbol{x}^\star), \boldsymbol{d}\rangle_2 \alpha + \frac{1}{2}\langle \boldsymbol{d}, \nabla^2 f(\boldsymbol{x}^\star + \alpha\tau \boldsymbol{d})\boldsymbol{d}\rangle_2 \alpha^2$$

なので, $\alpha\tau \in (0,\delta)$ と $\nabla f(\boldsymbol{x}^\star) = \boldsymbol{0}$ から,

$$f(\boldsymbol{x}^\star + \alpha \boldsymbol{d}) < f(\boldsymbol{x}^\star)$$

となります. これは, $\boldsymbol{x}^\star \in \mathbb{R}^d$ が問題の局所的最適解であることに矛盾します.

(4) $\boldsymbol{d} \in \mathbb{R}^d$ は $\boldsymbol{d} \neq \boldsymbol{0}$ と $\|\boldsymbol{d}\|_2 \leq 1$ を満たす任意のベクトルとします. $\nabla^2 f(\boldsymbol{x}^\star) \in \mathbb{S}_{++}^d$ なので, $\varepsilon := \langle \boldsymbol{d}, \nabla^2 f(\boldsymbol{x}^\star)\boldsymbol{d}\rangle_2 > 0$ となります. $f \in C^2(\mathbb{R}^d)$ から $\nabla^2 f \colon \mathbb{R}^d \to \mathbb{R}^{d\times d}$ は連続なので, 上記 (1) と同様の議論から, ある $\delta > 0$ が存在して, 任意の $\alpha \in (0,\delta]$ に対して

$$\langle \boldsymbol{d}, \nabla^2 f(\boldsymbol{x}^\star + \alpha \boldsymbol{d})\boldsymbol{d}\rangle_2 \geq -\frac{\varepsilon}{2} + \langle \boldsymbol{d}, \nabla^2 f(\boldsymbol{x}^\star)\boldsymbol{d}\rangle_2 = \frac{\varepsilon}{2} > 0$$

が成立します. Taylor の定理 (命題 2.2.4) から, 任意の $\alpha \in (0, \delta]$ に対して, ある $\tau \in (0, 1)$ が存在して,

$$f(\boldsymbol{x}^\star + \alpha\boldsymbol{d}) = f(\boldsymbol{x}^\star) + \langle \nabla f(\boldsymbol{x}^\star), \boldsymbol{d} \rangle_2 \alpha + \frac{1}{2} \langle \boldsymbol{d}, \nabla^2 f(\boldsymbol{x}^\star + \alpha\tau\boldsymbol{d})\boldsymbol{d} \rangle_2 \alpha^2$$

を満たすので, $\nabla f(\boldsymbol{x}^\star) = \boldsymbol{0}$ と $\langle \boldsymbol{d}, \nabla^2 f(\boldsymbol{x}^\star + \alpha\tau\boldsymbol{d})\boldsymbol{d} \rangle_2 > 0$ を利用して,

$$f(\boldsymbol{x}^\star + \alpha\boldsymbol{d}) > f(\boldsymbol{x}^\star)$$

が $\boldsymbol{x}^\star + \alpha\boldsymbol{d} \subset N(\boldsymbol{x}^\star; \delta)$ を満たす任意の $\boldsymbol{d} \in \mathbb{R}^d$ $(\boldsymbol{d} \neq \boldsymbol{0}, \|\boldsymbol{d}\|_2 \leq 1)$ に対して成立します. よって, $\boldsymbol{x}^\star$ は問題の局所的最適解となります.

3.3 $\boldsymbol{x} \in \mathbb{R}^d$ が $\nabla f(\boldsymbol{x}) = \boldsymbol{0}$ を満たすとします. このとき, 任意の $\boldsymbol{y} \in \mathbb{R}^d$ に対して $\langle \nabla f(\boldsymbol{x}), \boldsymbol{y} - \boldsymbol{x} \rangle = 0$ から, $\boldsymbol{x} \in \mathbb{R}^d$ は $\langle \nabla f(\boldsymbol{x}), \boldsymbol{y} - \boldsymbol{x} \rangle \geq 0$ $(\boldsymbol{y} \in \mathbb{R}^d)$ を満たします.
逆に, $\boldsymbol{x} \in \mathbb{R}^d$ が $\langle \nabla f(\boldsymbol{x}), \boldsymbol{y} - \boldsymbol{x} \rangle \geq 0$ $(\boldsymbol{y} \in \mathbb{R}^d)$ を満たすとします. このとき, $\boldsymbol{y} := \boldsymbol{x} - \nabla f(\boldsymbol{x})$ とすると,

$$0 \leq \langle \nabla f(\boldsymbol{x}), \boldsymbol{y} - \boldsymbol{x} \rangle = -\|\nabla f(\boldsymbol{x})\|^2$$

なので, $\nabla f(\boldsymbol{x}) = \boldsymbol{0}$ となります.

3.4 劣微分の定義から,

$$\boldsymbol{0} \in \partial f(\boldsymbol{x}) \Longleftrightarrow \forall \boldsymbol{y} \in \mathbb{R}^d \ (f(\boldsymbol{y}) \geq f(\boldsymbol{x}) + \langle \boldsymbol{0}, \boldsymbol{y} - \boldsymbol{x} \rangle)$$
$$\Longleftrightarrow \forall \boldsymbol{y} \in \mathbb{R}^d \ (f(\boldsymbol{y}) \geq f(\boldsymbol{x}))$$
$$\Longleftrightarrow f(\boldsymbol{x}) = \min_{\boldsymbol{y} \in \mathbb{R}^d} f(\boldsymbol{y})$$

なので, $\boldsymbol{0} \in \partial f(\boldsymbol{x})$ の必要十分条件は $\boldsymbol{x}$ が制約なし非平滑凸最適化問題の大域的最適解となることです.

3.5 (1) $\boldsymbol{x}^\star$ が問題の局所的最適解であるとします. このとき, ある $\varepsilon > 0$ が存在して, 任意の $\boldsymbol{x} \in N(\boldsymbol{x}^\star; \varepsilon)$ に対して $(f + g)(\boldsymbol{x}^\star) \leq (f + g)(\boldsymbol{x})$ が成立します. $\boldsymbol{y} \in \mathbb{R}^d$ を $\boldsymbol{y} \neq \boldsymbol{x}^\star$ とし, $\lambda \in (0, 1)$ は $\lambda < \min\{\varepsilon/\|\boldsymbol{y} - \boldsymbol{x}^\star\|, 1\}$ を満たすとします. また, $\boldsymbol{x}_\lambda := (1 - \lambda)\boldsymbol{x}^\star + \lambda\boldsymbol{y}$ と定義します. このとき,

$$\|\boldsymbol{x}_\lambda - \boldsymbol{x}^\star\| = \lambda\|\boldsymbol{y} - \boldsymbol{x}^\star\| < \varepsilon$$

から, $\boldsymbol{x}_\lambda \in N(\boldsymbol{x}^\star; \varepsilon)$ なので,

$$f(\boldsymbol{x}_\lambda) + g(\boldsymbol{x}_\lambda) \geq f(\boldsymbol{x}^\star) + g(\boldsymbol{x}^\star)$$

が成立します. g の凸性から,

$$f(\boldsymbol{x}_\lambda) + (1 - \lambda)g(\boldsymbol{x}^\star) + \lambda g(\boldsymbol{y}) \geq f(\boldsymbol{x}_\lambda) + g(\boldsymbol{x}_\lambda) \geq f(\boldsymbol{x}^\star) + g(\boldsymbol{x}^\star)$$

を満たすので,

$$f(\boldsymbol{x}_\lambda) - f(\boldsymbol{x}^\star) \geq \lambda(g(\boldsymbol{x}^\star) - g(\boldsymbol{y}))$$

つまり,

$$\frac{f(\boldsymbol{x}^\star + \lambda(\boldsymbol{y} - \boldsymbol{x}^\star)) - f(\boldsymbol{x}^\star)}{\lambda} \geq g(\boldsymbol{x}^\star) - g(\boldsymbol{y})$$

が成立します.$\lambda \downarrow 0$ をとると,f の微分可能性と命題 2.2.1 から

$$\langle \nabla f(\boldsymbol{x}^\star), \boldsymbol{y} - \boldsymbol{x}^\star \rangle = f'(\boldsymbol{x}^\star; \boldsymbol{y} - \boldsymbol{x}^\star) \geq g(\boldsymbol{x}^\star) - g(\boldsymbol{y})$$

なので,

$$g(\boldsymbol{y}) \geq g(\boldsymbol{x}^\star) + \langle -\nabla f(\boldsymbol{x}^\star), \boldsymbol{y} - \boldsymbol{x}^\star \rangle$$

が任意の $\boldsymbol{y} \in \mathbb{R}^d$ に対して成立します.これは,g の劣微分の定義から,$-\nabla f(\boldsymbol{x}^\star) \in \partial g(\boldsymbol{x}^\star)$ を意味しています.

(2) $-\nabla f(\boldsymbol{x}^\star) \in \partial g(\boldsymbol{x}^\star)$ ならば,$\boldsymbol{x}^\star$ が問題の大域的最適解であることを示します(逆の命題は上記 (1) から成立します).$-\nabla f(\boldsymbol{x}^\star) \in \partial g(\boldsymbol{x}^\star)$ の必要十分条件は,任意の $\boldsymbol{y} \in \mathbb{R}^d$ に対して,

$$g(\boldsymbol{y}) \geq g(\boldsymbol{x}^\star) + \langle -\nabla f(\boldsymbol{x}^\star), \boldsymbol{y} - \boldsymbol{x}^\star \rangle$$

です.f は凸関数なので,式 (2.27) から,

$$f(\boldsymbol{y}) \geq f(\boldsymbol{x}^\star) + \langle \nabla f(\boldsymbol{x}^\star), \boldsymbol{y} - \boldsymbol{x}^\star \rangle$$

つまり,

$$(f + g)(\boldsymbol{y}) \geq (f + g)(\boldsymbol{x}^\star)$$

が任意の $\boldsymbol{y} \in \mathbb{R}^d$ に対して成立します.

3.6 (1) 背理法を用いて証明します.$\boldsymbol{x}^\star \in C \cap N(\boldsymbol{x}^\star; \varepsilon)$ を問題の局所的最適解とし,

$$f'(\boldsymbol{x}^\star; \boldsymbol{x} - \boldsymbol{x}^\star) := \lim_{\alpha \downarrow 0} \frac{f(\boldsymbol{x}^\star + \alpha(\boldsymbol{x} - \boldsymbol{x}^\star)) - f(\boldsymbol{x}^\star)}{\alpha} < 0$$

を満たす $\boldsymbol{x} \in C$ が存在すると仮定します.このとき,ある $\delta > 0$ が存在して,任意の $\alpha \in (0, \delta]$ に対して,

$$\frac{f(\boldsymbol{x}^\star + \alpha(\boldsymbol{x} - \boldsymbol{x}^\star)) - f(\boldsymbol{x}^\star)}{\alpha} < 0$$

が成立します．C の凸性から，ある $\alpha_0 \in (0, \delta]$ が存在して

$$f(\boldsymbol{x}_{\alpha_0}) := f(\alpha_0 \boldsymbol{x} + (1 - \alpha_0)\boldsymbol{x}^\star) < f(\boldsymbol{x}^\star)$$

を満たす $\boldsymbol{x}_{\alpha_0} \in C \cap N(\boldsymbol{x}^\star; \varepsilon)$ をとることができます．これは $\boldsymbol{x}^\star$ が局所的最適解であることに矛盾します．

(2) 式 (3.8) が成り立つならば，$\boldsymbol{x}^\star \in C$ が問題の局所的最適解であることを示します（逆の命題は命題 3.4.1 (1) から成立します）．f が凸なので，式 (3.8) にある $f'(\boldsymbol{x}^\star; \boldsymbol{x} - \boldsymbol{x}^\star)$ の存在性が保証されることに注意します．$\boldsymbol{x} \in C$ とします．式 (3.8) から，任意の $\varepsilon > 0$ に対してある $\delta > 0$ が存在して，任意の $\alpha \in (0, \delta]$ に対して，

$$\frac{f(\alpha \boldsymbol{x} + (1 - \alpha)\boldsymbol{x}^\star) - f(\boldsymbol{x}^\star)}{\alpha}$$
$$\geq \frac{f(\alpha \boldsymbol{x} + (1 - \alpha)\boldsymbol{x}^\star) - f(\boldsymbol{x}^\star)}{\alpha} - f'(\boldsymbol{x}^\star; \boldsymbol{x} - \boldsymbol{x}^\star) \geq -\varepsilon$$

が成立します．f の凸性から，

$$-\alpha\varepsilon \leq f(\alpha \boldsymbol{x} + (1 - \alpha)\boldsymbol{x}^\star) - f(\boldsymbol{x}^\star)$$
$$\leq \alpha f(\boldsymbol{x}) + (1 - \alpha)f(\boldsymbol{x}^\star) - f(\boldsymbol{x}^\star) = \alpha(f(\boldsymbol{x}) - f(\boldsymbol{x}^\star))$$

つまり，任意の $\boldsymbol{x} \in C$ と任意の $\varepsilon > 0$ に対して，

$$f(\boldsymbol{x}^\star) \leq f(\boldsymbol{x}) + \varepsilon$$

が成立します．$\varepsilon \downarrow 0$ をとると，任意の $\boldsymbol{x} \in C$ に対して，

$$f(\boldsymbol{x}^\star) \leq f(\boldsymbol{x})$$

つまり，$\boldsymbol{x}^\star \in C$ は問題の大域的最適解となります．

3.7 (1) $(\boldsymbol{x}_k)_{k \in \mathbb{N}} \subset \mathrm{Fix}(T)$ とし，$\boldsymbol{x}_k \to \bar{\boldsymbol{x}} \in \mathbb{R}^d$ とします．$\bar{\boldsymbol{x}} \in \mathrm{Fix}(T)$ が示されれば，$\mathrm{Fix}(T)$ は閉集合となります．$\boldsymbol{x}_k = T(\boldsymbol{x}_k)$ $(k \in \mathbb{N})$ と非拡大写像 T の連続性から，

$$\bar{\boldsymbol{x}} = \lim_{k \to +\infty} \boldsymbol{x}_k = \lim_{k \to +\infty} T(\boldsymbol{x}_k) = T(\bar{\boldsymbol{x}})$$

つまり，$\bar{\boldsymbol{x}} \in \mathrm{Fix}(T)$ なので $\mathrm{Fix}(T)$ は閉集合となります．次に，$\mathrm{Fix}(T)$ が凸集合になることを示します．任意の $\boldsymbol{x}_1, \boldsymbol{x}_2 \in \mathrm{Fix}(T)$ と任意の $\lambda \in [0, 1]$ に対して，$\boldsymbol{x}_\lambda := \lambda \boldsymbol{x}_1 + (1 - \lambda)\boldsymbol{x}_2 \in \mathrm{Fix}(T)$ が示されれば，$\mathrm{Fix}(T)$ は凸集合となります．命題 2.1.1 から，

$$\|\boldsymbol{x}_\lambda - T(\boldsymbol{x}_\lambda)\|^2$$

$$= \|\lambda \boldsymbol{x}_1 + (1-\lambda)\boldsymbol{x}_2 - T(\boldsymbol{x}_\lambda)\|^2$$
$$= \|\lambda(\boldsymbol{x}_1 - T(\boldsymbol{x}_\lambda)) + (1-\lambda)(\boldsymbol{x}_2 - T(\boldsymbol{x}_\lambda))\|^2$$
$$= \lambda\|\boldsymbol{x}_1 - T(\boldsymbol{x}_\lambda)\|^2 + (1-\lambda)\|\boldsymbol{x}_2 - T(\boldsymbol{x}_\lambda)\|^2 - \lambda(1-\lambda)\|\boldsymbol{x}_1 - \boldsymbol{x}_2\|^2$$

が成立します. さらに, $\boldsymbol{x}_i = T(\boldsymbol{x}_i)$ $(i=1,2)$, T の非拡大性, および, $\boldsymbol{x}_\lambda$ の定義から,

$$\|\boldsymbol{x}_\lambda - T(\boldsymbol{x}_\lambda)\|^2 = \lambda\|T(\boldsymbol{x}_1) - T(\boldsymbol{x}_\lambda)\|^2 + (1-\lambda)\|T(\boldsymbol{x}_2) - T(\boldsymbol{x}_\lambda)\|^2$$
$$- \lambda(1-\lambda)\|\boldsymbol{x}_1 - \boldsymbol{x}_2\|^2$$
$$\leq \lambda\|\boldsymbol{x}_1 - \boldsymbol{x}_\lambda\|^2 + (1-\lambda)\|\boldsymbol{x}_2 - \boldsymbol{x}_\lambda\|^2$$
$$- \lambda(1-\lambda)\|\boldsymbol{x}_1 - \boldsymbol{x}_2\|^2$$
$$= \lambda(1-\lambda)^2\|\boldsymbol{x}_1 - \boldsymbol{x}_2\|^2 + (1-\lambda)\lambda^2\|\boldsymbol{x}_2 - \boldsymbol{x}_1\|^2$$
$$- \lambda(1-\lambda)\|\boldsymbol{x}_1 - \boldsymbol{x}_2\|^2$$
$$= \lambda(1-\lambda)\|\boldsymbol{x}_1 - \boldsymbol{x}_2\|^2\{(1-\lambda) + \lambda - 1\}$$
$$= 0$$

つまり, $\boldsymbol{x}_\lambda \in \mathrm{Fix}(T)$ なので $\mathrm{Fix}(T)$ は凸集合になります.
(2) $\boldsymbol{x} \in \mathbb{R}^d$ とします. T の非拡大性と命題 2.1.1 から, 任意の $\boldsymbol{y} \in C$ と任意の $k \in \mathbb{N}$ に対して,

$$\left\|T^{k+1}(\boldsymbol{x}) - T(\boldsymbol{y})\right\|^2$$
$$\leq \left\|T^k(\boldsymbol{x}) - \boldsymbol{y}\right\|^2 = \left\|(T^k(\boldsymbol{x}) - T(\boldsymbol{y})) + (T(\boldsymbol{y}) - \boldsymbol{y})\right\|^2$$
$$= \left\|T^k(\boldsymbol{x}) - T(\boldsymbol{y})\right\|^2 + 2\left\langle T^k(\boldsymbol{x}) - T(\boldsymbol{y}), T(\boldsymbol{y}) - \boldsymbol{y}\right\rangle + \|T(\boldsymbol{y}) - \boldsymbol{y}\|^2$$

が成立します. 上記の不等式を $k=1$ から $k=K \geq 1$ まで足し合わせると,

$$0 \leq \left\|T^{K+1}(\boldsymbol{x}) - T(\boldsymbol{y})\right\|^2$$
$$\leq \|T(\boldsymbol{x}) - T(\boldsymbol{y})\|^2 + 2\left\langle \sum_{k\in[K]} T^k(\boldsymbol{x}) - KT(\boldsymbol{y}), T(\boldsymbol{y}) - \boldsymbol{y}\right\rangle$$
$$+ K\|T(\boldsymbol{y}) - \boldsymbol{y}\|^2$$

となるので, 上記の不等式を K で割ると,

$$0 \leq \frac{1}{K}\|T(\boldsymbol{x}) - T(\boldsymbol{y})\|^2 + 2\left\langle \underbrace{\frac{1}{K}\sum_{k\in[K]} T^k(\boldsymbol{x})}_{S_K(\boldsymbol{x})} - T(\boldsymbol{y}), T(\boldsymbol{y}) - \boldsymbol{y}\right\rangle$$

$$+ \|T(\boldsymbol{y}) - \boldsymbol{y}\|^2 \tag{B.14}$$

が任意の $\boldsymbol{y} \in C$ と任意の $K \geq 1$ で成立します．$T^k(\boldsymbol{x}) \in C$ $(k \in [K])$ であり，C は凸集合なので，$S_K(\boldsymbol{x}) \in C$ $(K \geq 1)$ となります．また，C は有界なので，$(S_K(\boldsymbol{x}))_{K \geq 1} \subset C$ は有界です．命題 2.1.5(2) から，$(S_K(\boldsymbol{x}))_{K \geq 1}$ の中で収束する部分列 $(S_{K_i}(\boldsymbol{x}))_{i \in \mathbb{N}}$ が存在します．$S_{K_i}(\boldsymbol{x}) \to \hat{\boldsymbol{x}} \in \mathbb{R}^d$ とします．$(S_{K_i}(\boldsymbol{x}))_{i \in \mathbb{N}} \subset C$ と C の閉性から，$\hat{\boldsymbol{x}} \in C$ となります．式 (B.14) において $K = K_i$ とし，$i \to +\infty$ とすると，

$$0 \leq 2 \langle \hat{\boldsymbol{x}} - T(\boldsymbol{y}), T(\boldsymbol{y}) - \boldsymbol{y} \rangle + \|T(\boldsymbol{y}) - \boldsymbol{y}\|^2$$

が任意の $\boldsymbol{y} \in C$ で成立します．$\boldsymbol{y} := \hat{\boldsymbol{x}} \in C$ とすると，ノルムの定義と性質から，

$$0 \leq 2 \langle \hat{\boldsymbol{x}} - T(\hat{\boldsymbol{x}}), T(\hat{\boldsymbol{x}}) - \hat{\boldsymbol{x}} \rangle + \|T(\hat{\boldsymbol{x}}) - \hat{\boldsymbol{x}}\|^2$$
$$= -2 \|T(\hat{\boldsymbol{x}}) - \hat{\boldsymbol{x}}\|^2 + \|T(\hat{\boldsymbol{x}}) - \hat{\boldsymbol{x}}\|^2 = - \|T(\hat{\boldsymbol{x}}) - \hat{\boldsymbol{x}}\|^2 \leq 0$$

つまり，$\|T(\hat{\boldsymbol{x}}) - \hat{\boldsymbol{x}}\|^2 = 0$ なので，$T(\hat{\boldsymbol{x}}) = \hat{\boldsymbol{x}}$ を満たします．これは T の不動点が存在することを示しています．

3.8 命題 2.5.1(3) の証明の議論と P_C の非拡大性から，任意の $\boldsymbol{x}, \boldsymbol{y} \in \mathbb{R}^d$ に対して，

$$\begin{aligned}
\|T(\boldsymbol{x}) - T(\boldsymbol{y})\|^2 &= \|P_C(\boldsymbol{x} - \alpha \nabla f(\boldsymbol{x})) - P_C(\boldsymbol{y} - \alpha \nabla f(\boldsymbol{y}))\|^2 \\
&\leq \|(\boldsymbol{x} - \alpha \nabla f(\boldsymbol{x})) - (\boldsymbol{y} - \alpha \nabla f(\boldsymbol{y}))\|^2 \\
&= \|(\boldsymbol{x} - \boldsymbol{y}) - \alpha(\nabla f(\boldsymbol{x}) - \nabla f(\boldsymbol{y}))\|^2 \\
&\leq \|\boldsymbol{x} - \boldsymbol{y}\|^2 + \alpha \left(\alpha - \frac{2}{L} \right) \|\nabla f(\boldsymbol{x}) - \nabla f(\boldsymbol{y})\|^2
\end{aligned}$$

を満たします．$\alpha \in (0, 2/L]$ から，

$$\|T(\boldsymbol{x}) - T(\boldsymbol{y})\|^2 \leq \|\boldsymbol{x} - \boldsymbol{y}\|^2$$

すなわち，T は非拡大写像となります．命題 2.4.1(1) から，

$$\begin{aligned}
\boldsymbol{x} \in \mathrm{Fix}(T) &\iff \boldsymbol{x} = P_C(\boldsymbol{x} - \alpha \nabla f(\boldsymbol{x})) \\
&\iff \forall \boldsymbol{y} \in C \ (\langle (\boldsymbol{x} - \alpha \nabla f(\boldsymbol{x})) - \boldsymbol{x}, \boldsymbol{y} - \boldsymbol{x} \rangle \leq 0) \\
&\iff \forall \boldsymbol{y} \in C \ (\langle -\alpha \nabla f(\boldsymbol{x}), \boldsymbol{y} - \boldsymbol{x} \rangle \leq 0) \\
&\iff \forall \boldsymbol{y} \in C \ (\langle \nabla f(\boldsymbol{x}), \boldsymbol{y} - \boldsymbol{x} \rangle \geq 0) \\
&\iff \boldsymbol{x} \in \mathrm{VI}(C, \nabla f)
\end{aligned}$$

なので，$\mathrm{Fix}(T) = \mathrm{VI}(C, \nabla f)$ が成立します．命題 3.5.2(3) から，

$$\mathrm{Fix}(T) = \mathrm{VI}(C, \nabla f) = \operatorname*{argmin}_{\boldsymbol{x} \in C} f(\boldsymbol{x})$$

が成立します．命題 3.6.1(2) から，C が有界ならば $\mathrm{Fix}(T) \neq \emptyset$ なので，$\operatorname{argmin}_{\boldsymbol{x} \in C} f(\boldsymbol{x}) \neq \emptyset$ が成立します．

3.9　$T := \mathrm{Id} - \alpha \nabla f$ とします．このとき，$S = \mathrm{prox}_{\alpha g} T$ です．$\mathrm{prox}_{\alpha g}$ の堅非拡大性（命題 2.3.6(2)，式 (B.12)）と命題 3.6.2 の証明（付録 B 演習問題解答例 3.8）から，任意の $\boldsymbol{x}, \boldsymbol{y} \in \mathbb{R}^d$ に対して，

$$\begin{aligned}
&\|S(\boldsymbol{x}) - S(\boldsymbol{y})\|^2 \\
&\leq \|T(\boldsymbol{x}) - T(\boldsymbol{y})\|^2 - \|(\mathrm{Id} - S)(T(\boldsymbol{x})) - (\mathrm{Id} - S)(T(\boldsymbol{y}))\|^2 \\
&\leq \|\boldsymbol{x} - \boldsymbol{y}\|^2 + \alpha \left(\alpha - \frac{2}{L}\right) \|\nabla f(\boldsymbol{x}) - \nabla f(\boldsymbol{y})\|^2 \\
&\quad - \|(\mathrm{Id} - S)(T(\boldsymbol{x})) - (\mathrm{Id} - S)(T(\boldsymbol{y}))\|^2
\end{aligned}$$

が成立します．$\alpha \in (0, 2/L]$ から，

$$\|S(\boldsymbol{x}) - S(\boldsymbol{y})\|^2 \leq \|\boldsymbol{x} - \boldsymbol{y}\|^2$$

つまり，S は非拡大写像です．命題 2.3.6(1) から，

$$\begin{aligned}
\boldsymbol{x} = S(\boldsymbol{x}) &\Longleftrightarrow \boldsymbol{x} = \mathrm{prox}_{\alpha g}\left(\boldsymbol{x} - \alpha \nabla f(\boldsymbol{x})\right) \\
&\Longleftrightarrow (\boldsymbol{x} - \alpha \nabla f(\boldsymbol{x})) - \boldsymbol{x} \in \partial(\alpha g)(\boldsymbol{x}) \\
&\Longleftrightarrow -\alpha \nabla f(\boldsymbol{x}) \in \alpha \partial g(\boldsymbol{x}) \\
&\Longleftrightarrow -\nabla f(\boldsymbol{x}) \in \partial g(\boldsymbol{x})
\end{aligned}$$

であり，命題 3.3.2(2) から，

$$\boldsymbol{x} = S(\boldsymbol{x}) \Longleftrightarrow -\nabla f(\boldsymbol{x}) \in \partial g(\boldsymbol{x}) \Longleftrightarrow \boldsymbol{x} \in \operatorname*{argmin}_{\boldsymbol{y} \in \mathbb{R}^d}(f + g)(\boldsymbol{y})$$

が成立します．

3.10　以下，$P_i := P_{C_i}$ とします．

初めに，$T := \sum_{i=1}^m w_i P_i$ とします．三角不等式 (N3) と P_i の非拡大性（命題 2.4.1(2)，式 (2.35)）から，任意の $\boldsymbol{x}, \boldsymbol{y} \in \mathbb{R}^d$ に対して，

$$\|T(\boldsymbol{x}) - T(\boldsymbol{y})\| = \left\|\sum_{i=1}^m w_i(P_i(\boldsymbol{x}) - P_i(\boldsymbol{y}))\right\|$$

$$\leq \sum_{i=1}^{m} w_i \left\| P_i(\boldsymbol{x}) - P_i(\boldsymbol{y}) \right\|$$

$$\leq \sum_{i=1}^{m} w_i \left\| \boldsymbol{x} - \boldsymbol{y} \right\| = \left\| \boldsymbol{x} - \boldsymbol{y} \right\|$$

となるので，T は非拡大写像です．ここで，$\bigcap_{i \in [m]} C_i \subset \mathrm{Fix}(T)$ を示します．命題 2.4.1(3) より，$C_i = \mathrm{Fix}(P_i)$ と T の定義から，

$$\boldsymbol{x} \in \bigcap_{i \in [m]} C_i \Longrightarrow \forall i \in [m] \ (\boldsymbol{x} \in C_i) \iff \forall i \in [m] \ (\boldsymbol{x} = P_i(\boldsymbol{x}))$$

$$\Longrightarrow T(\boldsymbol{x}) = \sum_{i=1}^{m} w_i P_i(\boldsymbol{x}) = \sum_{i=1}^{m} w_i \boldsymbol{x} = \boldsymbol{x}$$

$$\Longrightarrow \boldsymbol{x} \in \mathrm{Fix}(T)$$

なので，$\bigcap_{i \in [m]} C_i \subset \mathrm{Fix}(T)$ を満足します．次に，$\mathrm{Fix}(T) \subset \bigcap_{i \in [m]} C_i$ を示します．$\boldsymbol{y} \in \bigcap_{i \in [m]} C_i$ とし，$\boldsymbol{x} \in \mathrm{Fix}(T)$ とします．命題 2.1.1 から，

$$\left\| P_i(\boldsymbol{x}) - \boldsymbol{y} \right\|^2 = \left\| (P_i(\boldsymbol{x}) - \boldsymbol{x}) + (\boldsymbol{x} - \boldsymbol{y}) \right\|^2$$

$$= \left\| P_i(\boldsymbol{x}) - \boldsymbol{x} \right\|^2 + 2\langle P_i(\boldsymbol{x}) - \boldsymbol{x}, \boldsymbol{x} - \boldsymbol{y} \rangle + \left\| \boldsymbol{x} - \boldsymbol{y} \right\|^2$$

つまり，

$$2\langle P_i(\boldsymbol{x}) - \boldsymbol{x}, \boldsymbol{x} - \boldsymbol{y} \rangle = \left\| P_i(\boldsymbol{x}) - \boldsymbol{y} \right\|^2 - \left\| P_i(\boldsymbol{x}) - \boldsymbol{x} \right\|^2 - \left\| \boldsymbol{x} - \boldsymbol{y} \right\|^2$$

が成立します．$\boldsymbol{y} = P_i(\boldsymbol{y})$ と P_i の非拡大性（命題 2.4.1(2)）から $\left\| P_i(\boldsymbol{x}) - \boldsymbol{y} \right\| \leq \left\| \boldsymbol{x} - \boldsymbol{y} \right\|$ なので，

$$2\langle P_i(\boldsymbol{x}) - \boldsymbol{x}, \boldsymbol{x} - \boldsymbol{y} \rangle \leq -\left\| P_i(\boldsymbol{x}) - \boldsymbol{x} \right\|^2$$

を満たします．上記の不等式に w_i を掛けて $i = 1$ から $i = m$ まで足し合わせると，$\boldsymbol{x} = T(\boldsymbol{x})$ から，

$$0 = 2\langle T(\boldsymbol{x}) - \boldsymbol{x}, \boldsymbol{x} - \boldsymbol{y} \rangle = 2\sum_{i=1}^{m} w_i \langle P_i(\boldsymbol{x}) - \boldsymbol{x}, \boldsymbol{x} - \boldsymbol{y} \rangle$$

$$\leq -\sum_{i=1}^{m} w_i \left\| P_i(\boldsymbol{x}) - \boldsymbol{x} \right\|^2 \leq 0$$

つまり，$\sum_{i=1}^{m} w_i \| P_i(\boldsymbol{x}) - \boldsymbol{x} \|^2 = 0$ が成立します．$w_i > 0 \ (i \in [m])$ なので

$$\boldsymbol{x} \in \mathrm{Fix}(T) \Longrightarrow \forall i \in [m] \ (\| P_i(\boldsymbol{x}) - \boldsymbol{x} \|^2 = 0)$$

$$\iff \forall i \in [m] \ (\boldsymbol{x} = P_i(\boldsymbol{x}))$$

$$\iff \forall i \in [m] \ (\boldsymbol{x} \in C_i) \iff \boldsymbol{x} \in \bigcap_{i \in [m]} C_i$$

から，$\mathrm{Fix}(T) \subset \bigcap_{i \in [m]} C_i$ が成立します．以上のことから，$\mathrm{Fix}(T) = \bigcap_{i \in [m]} C_i$ が成立します．

続いて，$T := P_1 P_2 \cdots P_m$ とします．P_i の非拡大性（命題 2.4.1(2)，式 (2.35)）から，任意の $\boldsymbol{x}, \boldsymbol{y} \in \mathbb{R}^d$ に対して，

$$
\begin{aligned}
\|T(\boldsymbol{x}) - T(\boldsymbol{y})\| &= \|P_1(P_2 \cdots P_m(\boldsymbol{x})) - P_1(P_2 \cdots P_m(\boldsymbol{y}))\| \\
&\leq \|P_2(P_3 \cdots P_m(\boldsymbol{x})) - P_2(P_3 \cdots P_m(\boldsymbol{y}))\| \\
&\leq \|P_3 \cdots P_m(\boldsymbol{x}) - P_3 \cdots P_m(\boldsymbol{y})\| \\
&\leq \|\boldsymbol{x} - \boldsymbol{y}\|
\end{aligned}
$$

となるので，T は非拡大写像です．ここで，$\bigcap_{i \in [m]} C_i \subset \mathrm{Fix}(T)$ を示します．命題 2.4.1(3) より，$C_i = \mathrm{Fix}(P_i)$ と T の定義から，

$$
\begin{aligned}
\boldsymbol{x} \in \bigcap_{i \in [m]} C_i &\implies \forall i \in [m] \ (\boldsymbol{x} \in C_i) \iff \forall i \in [m] \ (\boldsymbol{x} = P_i(\boldsymbol{x})) \\
&\implies T(\boldsymbol{x}) = P_1 P_2 \cdots P_m(\boldsymbol{x}) = P_1 P_2 \cdots P_{m-1}(\boldsymbol{x}) = \boldsymbol{x} \\
&\implies \boldsymbol{x} \in \mathrm{Fix}(T)
\end{aligned}
$$

なので，$\bigcap_{i \in [m]} C_i \subset \mathrm{Fix}(T)$ を満足します．次に，$\mathrm{Fix}(T) \subset \bigcap_{i \in [m]} C_i$ を示します．$m = 1$ のときは $C_1 = \mathrm{Fix}(P_1) = \mathrm{Fix}(T)$ から成立します．$m = 2$ のときを考察します．$\boldsymbol{x} \in \mathrm{Fix}(T) = \mathrm{Fix}(P_1 P_2)$ とし，$\boldsymbol{y} \in C_1 \cap C_2$ とします．ここで，$\boldsymbol{x} \notin C_2 \wedge P_2(\boldsymbol{x}) \notin C_1$ と仮定します．P_1 は堅非拡大写像（命題 2.4.1(2)）なので，

$$\|P_1(P_2(\boldsymbol{x})) - \boldsymbol{y}\|^2 \leq \langle P_2(\boldsymbol{x}) - \boldsymbol{y}, P_1(P_2(\boldsymbol{x})) - \boldsymbol{y} \rangle$$

が成立します．命題 2.1.1 から，

$$
\begin{aligned}
&\|P_1(P_2(\boldsymbol{x})) - \boldsymbol{y}\|^2 \\
&\leq \frac{1}{2} \left\{ \|P_2(\boldsymbol{x}) - \boldsymbol{y}\|^2 + \|P_1(P_2(\boldsymbol{x})) - \boldsymbol{y}\|^2 - \|P_2(\boldsymbol{x}) - P_1(P_2(\boldsymbol{x}))\|^2 \right\}
\end{aligned}
$$

を満たすので，$\boldsymbol{x} \notin C_2$，かつ，$P_2(\boldsymbol{x}) \notin C_1$ から

$$
\begin{aligned}
\|P_1(P_2(\boldsymbol{x})) - \boldsymbol{y}\|^2 &\leq \|P_2(\boldsymbol{x}) - \boldsymbol{y}\|^2 - \|P_2(\boldsymbol{x}) - P_1(P_2(\boldsymbol{x}))\|^2 \\
&< \|P_2(\boldsymbol{x}) - \boldsymbol{y}\|^2
\end{aligned}
$$

つまり,

$$\|\boldsymbol{x} - \boldsymbol{y}\| = \|P_1(P_2(\boldsymbol{x})) - \boldsymbol{y}\| < \|P_2(\boldsymbol{x}) - \boldsymbol{y}\| \leq \|\boldsymbol{x} - \boldsymbol{y}\|$$

となり矛盾が生じます. よって,

$$\boldsymbol{x} \in C_2 \vee P_2(\boldsymbol{x}) \in C_1$$

が成立します. $\boldsymbol{x} \in C_2$ のとき, $P_1(\boldsymbol{x}) = P_1 P_2(\boldsymbol{x}) = \boldsymbol{x}$ から $\boldsymbol{x} \in C_1$ となるので, $\boldsymbol{x} \in C_1 \cap C_2$ が成立します. また, $P_2(\boldsymbol{x}) \in C_1$ のとき, $P_2(\boldsymbol{x}) = P_1 P_2(\boldsymbol{x}) = \boldsymbol{x}$ が成立します. $\boldsymbol{x} = P_2(\boldsymbol{x})$ から $\boldsymbol{x} \in C_2$ であり, $\boldsymbol{x} = P_2(\boldsymbol{x}) \in C_1$ から $\boldsymbol{x} \in C_1$ であるので, $\boldsymbol{x} \in C_1 \cap C_2$ が成立します. 以上のことから, $\mathrm{Fix}(P_1 P_2) \subset C_1 \cap C_2$, つまり, $\mathrm{Fix}(P_1 P_2) = C_1 \cap C_2$ が成立します.

$m = 3$ のときを考察します. 写像 S_1 と S_2 を

$$S_1 := P_1, \; S_2 := P_2 P_3$$

と定義します. $m = 2$ のときの議論から, $\mathrm{Fix}(S_2) = C_2 \cap C_3$ が成立します. また, $S_1 = P_1$ の堅非拡大性と $m = 2$ のときの議論(P_2 を $P_2 P_3$ とおき直して $\mathrm{Fix}(P_2 P_3) = C_2 \cap C_3$ を利用)から,

$$\mathrm{Fix}(T) = \mathrm{Fix}(S_1 S_2) = \mathrm{Fix}(S_1) \cap \mathrm{Fix}(S_2) = C_1 \cap C_2 \cap C_3$$

を満たすことが確認できます. さらに, 数学的帰納法により, $m \geq 3$ のときも成立することが確認できます.

3.11 $P_i := P_{C_i}$ とします. 三角不等式 (N3) と P_i の非拡大性(命題 2.4.1(2), 式 (2.35))から, 任意の $\boldsymbol{x}, \boldsymbol{y} \in \mathbb{R}^d$ に対して,

$$
\begin{aligned}
\|T(\boldsymbol{x}) - T(\boldsymbol{y})\| &= \left\| P_1\left(\sum_{i=2}^{m} w_i P_i(\boldsymbol{x})\right) - P_1\left(\sum_{i=2}^{m} w_i P_i(\boldsymbol{y})\right) \right\| \\
&\leq \left\| \sum_{i=2}^{m} w_i (P_i(\boldsymbol{x}) - P_i(\boldsymbol{y})) \right\| \\
&\leq \sum_{i=2}^{m} w_i \| P_i(\boldsymbol{x}) - P_i(\boldsymbol{y}) \| \\
&\leq \sum_{i=2}^{m} w_i \| \boldsymbol{x} - \boldsymbol{y} \| = \| \boldsymbol{x} - \boldsymbol{y} \|
\end{aligned}
$$

となるので, T は非拡大写像です.

ここで, 凸関数

$$g_i(\boldsymbol{x}) := \mathrm{d}(\boldsymbol{x}, C_i)^2 = \|\boldsymbol{x} - P_i(\boldsymbol{x})\|^2$$

の勾配 $\nabla g_i(\boldsymbol{x})$ が

$$\nabla g_i(\boldsymbol{x}) = 2(\boldsymbol{x} - P_i(\boldsymbol{x})) \tag{B.15}$$

であることを示します．つまり，$\boldsymbol{x} \in \mathbb{R}^d$ に対して，

$$\lim_{\boldsymbol{h} \to \boldsymbol{0}} \frac{g_i(\boldsymbol{x} + \boldsymbol{h}) - g_i(\boldsymbol{x}) - \langle 2(\boldsymbol{x} - P_i(\boldsymbol{x})), \boldsymbol{h} \rangle}{\|\boldsymbol{h}\|} = 0 \tag{B.16}$$

を証明します．なお，$g_{\boldsymbol{x}}(\boldsymbol{h}) := g_i(\boldsymbol{x} + \boldsymbol{h}) - g_i(\boldsymbol{x}) - 2\langle \boldsymbol{x} - P_i(\boldsymbol{x}), \boldsymbol{h} \rangle$ と定義します．P_i の定義から，任意の $\boldsymbol{h} \in \mathbb{R}^d$ と任意の $\boldsymbol{y} \in C_i$ に対して，

$$\|(\boldsymbol{x} + \boldsymbol{h}) - P_i(\boldsymbol{x} + \boldsymbol{h})\| \le \|(\boldsymbol{x} + \boldsymbol{h}) - \boldsymbol{y}\|$$

特に，

$$\|(\boldsymbol{x} + \boldsymbol{h}) - P_i(\boldsymbol{x} + \boldsymbol{h})\| \le \|(\boldsymbol{x} + \boldsymbol{h}) - P_i(\boldsymbol{x})\|$$

が成立します．命題 2.1.1 から，任意の $\boldsymbol{h} \in \mathbb{R}^d$ に対して，

$$\begin{aligned}
g_{\boldsymbol{x}}(\boldsymbol{h}) &= \|(\boldsymbol{x} + \boldsymbol{h}) - P_i(\boldsymbol{x} + \boldsymbol{h})\|^2 - \|\boldsymbol{x} - P_i(\boldsymbol{x})\|^2 - 2\langle \boldsymbol{x} - P_i(\boldsymbol{x}), \boldsymbol{h} \rangle \\
&\le \|(\boldsymbol{x} - P_i(\boldsymbol{x})) + \boldsymbol{h}\|^2 - \|\boldsymbol{x} - P_i(\boldsymbol{x})\|^2 - 2\langle \boldsymbol{x} - P_i(\boldsymbol{x}), \boldsymbol{h} \rangle \\
&= \|\boldsymbol{x} - P_i(\boldsymbol{x})\|^2 + 2\langle \boldsymbol{x} - P_i(\boldsymbol{x}), \boldsymbol{h} \rangle + \|\boldsymbol{h}\|^2 \\
&\quad - \|\boldsymbol{x} - P_i(\boldsymbol{x})\|^2 - 2\langle \boldsymbol{x} - P_i(\boldsymbol{x}), \boldsymbol{h} \rangle \\
&= \|\boldsymbol{h}\|^2
\end{aligned}$$

が成立します．よって，

$$g_{\boldsymbol{x}}(\boldsymbol{h}) \le \|\boldsymbol{h}\|^2, \; g_{\boldsymbol{x}}(-\boldsymbol{h}) \le \|\boldsymbol{h}\|^2 \tag{B.17}$$

が成立します．$g_{\boldsymbol{x}}$ の定義と凸性から，

$$0 = g_{\boldsymbol{x}}(\boldsymbol{0}) = g_{\boldsymbol{x}}\left(\frac{\boldsymbol{h} + (-\boldsymbol{h})}{2}\right) \le \frac{1}{2}g_{\boldsymbol{x}}(\boldsymbol{h}) + \frac{1}{2}g_{\boldsymbol{x}}(-\boldsymbol{h})$$

つまり，式 (B.17) から，

$$\|\boldsymbol{h}\|^2 \ge g_{\boldsymbol{x}}(\boldsymbol{h}) \ge -g_{\boldsymbol{x}}(-\boldsymbol{h}) \ge -\|\boldsymbol{h}\|^2$$

すなわち，$\boldsymbol{h} \ne \boldsymbol{0}$ となる任意の $\boldsymbol{h} \in \mathbb{R}^d$ に対して，

$$\frac{|g_{\boldsymbol{x}}(\boldsymbol{h})|}{\|\boldsymbol{h}\|} \le \|\boldsymbol{h}\|$$

を満たすので,式 (B.16) が成立します.式 (3.14) で定義された凸関数

$$g(\boldsymbol{x}) := \sum_{i=2}^{m} w_i \mathrm{d}(\boldsymbol{x}, C_i)^2 = \sum_{i=2}^{m} w_i \|\boldsymbol{x} - P_i(\boldsymbol{x})\|^2$$

の勾配 $\nabla g(\boldsymbol{x})$ は,式 (B.15) から,

$$\nabla g(\boldsymbol{x}) = 2 \sum_{i=2}^{m} w_i(\boldsymbol{x} - P_i(\boldsymbol{x})) \tag{B.18}$$

となります.三角不等式 (N3) と P_i の非拡大性から,任意の $\boldsymbol{x}, \boldsymbol{y} \in \mathbb{R}^d$ に対して,

$$
\begin{aligned}
\|\nabla g(\boldsymbol{x}) - \nabla g(\boldsymbol{y})\| &= 2 \left\| \sum_{i=2}^{m} w_i \{ (\boldsymbol{x} - P_i(\boldsymbol{x})) - (\boldsymbol{y} - P_i(\boldsymbol{y})) \} \right\| \\
&\le 2 \sum_{i=2}^{m} w_i \|(\boldsymbol{x} - \boldsymbol{y}) - (P_i(\boldsymbol{x}) - P_i(\boldsymbol{y}))\| \\
&\le 2 \sum_{i=2}^{m} w_i (\|\boldsymbol{x} - \boldsymbol{y}\| + \|P_i(\boldsymbol{x}) - P_i(\boldsymbol{y})\|) \\
&\le 4 \sum_{i=2}^{m} w_i \|\boldsymbol{x} - \boldsymbol{y}\| = 4\|\boldsymbol{x} - \boldsymbol{y}\|
\end{aligned}
$$

なので,∇g は Lipschitz 定数 $L = 4$ を有する Lipschitz 連続となります.ここで,$\alpha = 2/L = 1/2$ とします.式 (B.18) と T の定義から,任意の $\boldsymbol{x} \in \mathbb{R}^d$ に対して,

$$
\begin{aligned}
P_1(\boldsymbol{x} - \alpha \nabla g(\boldsymbol{x})) &= P_1 \left(\boldsymbol{x} - 2\alpha \sum_{i=2}^{m} w_i(\boldsymbol{x} - P_i(\boldsymbol{x})) \right) \\
&= P_1 \left(\boldsymbol{x} - \boldsymbol{x} + \sum_{i=2}^{m} w_i P_i(\boldsymbol{x}) \right) \\
&= P_1 \left(\sum_{i=2}^{m} w_i P_i(\boldsymbol{x}) \right) = T(\boldsymbol{x})
\end{aligned}
$$

となります.命題 3.6.2 と式 (3.14) から,

$$\mathrm{Fix}(T) = \mathrm{Fix}\left(P_1(\mathrm{Id} - \alpha \nabla g) \right) = \underset{\boldsymbol{x} \in C_1}{\mathrm{argmin}}\, g(\boldsymbol{x}) = C_g$$

が成立します.

B.3 ▎ 4章　反復法

4.1 f の $\boldsymbol{x}$ での方向微分係数の定義 (2.19) から，

$$f'(\boldsymbol{x}; \boldsymbol{d}) := \lim_{\alpha \downarrow 0} \frac{f(\boldsymbol{x} + \alpha \boldsymbol{d}) - f(\boldsymbol{x})}{\alpha} < 0$$

なので，$\delta > 0$ が存在して，任意の $\alpha \in (0, \delta]$ に対して，

$$\frac{f(\boldsymbol{x} + \alpha \boldsymbol{d}) - f(\boldsymbol{x})}{\alpha} < 0$$

を満たします．よって，$f(\boldsymbol{x} + \alpha \boldsymbol{d}) < f(\boldsymbol{x})$ が任意の $\alpha \in (0, \delta]$ に対して成立します．

4.2 $\liminf_{k \to +\infty} \beta_k > 0$ と仮定します．このとき，ある $\gamma > 0$ とある番号 k_0 が存在して，$k \geq k_0$ ならば $\beta_k \geq \gamma$ を満たします．よって，

$$+\infty = \gamma \sum_{k=k_0}^{+\infty} \alpha_k \leq \sum_{k=k_0}^{+\infty} \alpha_k \beta_k < +\infty$$

となり，矛盾が生じます．よって，$\liminf_{k \to +\infty} \beta_k \leq 0$ が成立します．

また，$x \in [0, 1)$ に対して，$1 - x \leq e^{-x}$ が成立します．そこで，$K \in \mathbb{N}$ に対して $P_K := \prod_{k=0}^{K}(1 - \alpha_k)$ と定義すると，

$$\log P_K = \sum_{k=0}^{K} \log(1 - \alpha_k) \leq \sum_{k=0}^{K} \log e^{-\alpha_k} = -\sum_{k=0}^{K} \alpha_k$$

を満たします．したがって，$\sum_{k=0}^{+\infty} \alpha_k = +\infty$ を用いて，

$$0 < P_K \leq e^{-\sum_{k=0}^{K} \alpha_k} \to 0 \ (K \to +\infty)$$

が成立します．

4.3 f の方向微分係数の定義 (2.19) と命題 2.2.1 から，任意の $\varepsilon > 0$ に対して，ある $\delta_0 > 0$ が存在して，任意の $\alpha \in (0, \delta_0]$ に対して

$$\left| \langle \nabla f(\boldsymbol{x}_k), \boldsymbol{d}_k \rangle - \frac{f(\boldsymbol{x}_k + \alpha \boldsymbol{d}_k) - f(\boldsymbol{x}_k)}{\alpha} \right| \leq \varepsilon < 2\varepsilon$$

すなわち，

$$f(\boldsymbol{x}_k + \alpha \boldsymbol{d}_k) < f(\boldsymbol{x}_k) + \langle \nabla f(\boldsymbol{x}_k), \boldsymbol{d}_k \rangle \alpha + 2\varepsilon \alpha$$

が成立します．これを踏まえ，命題 4.3.3 を背理法で示します．
命題 4.3.3 の結論の逆命題が成り立つとします．つまり，任意の $\delta > 0$ に対して，ある $\alpha_0 > 0$ が存在して，$\alpha_0 \in (0, \delta]$ かつ

$$f(\boldsymbol{x}_k + \alpha_0 \boldsymbol{d}_k) > f(\boldsymbol{x}_k) + c_1 \langle \nabla f(\boldsymbol{x}_k), \boldsymbol{d}_k \rangle \alpha_0$$

を仮定します．このとき，任意の $\varepsilon > 0$ に対して，ある $\delta_0 > 0$ と $\alpha_0 = \alpha(\delta_0) \in (0, \delta_0]$ が存在して

$$f(\boldsymbol{x}_k) + c_1 \langle \nabla f(\boldsymbol{x}_k), \boldsymbol{d}_k \rangle \alpha_0 < f(\boldsymbol{x}_k + \alpha_0 \boldsymbol{d}_k)$$
$$< f(\boldsymbol{x}_k) + \langle \nabla f(\boldsymbol{x}_k), \boldsymbol{d}_k \rangle \alpha_0 + 2\varepsilon\alpha_0$$

したがって，

$$(c_1 - 1)\langle \nabla f(\boldsymbol{x}_k), \boldsymbol{d}_k \rangle \alpha_0 < 2\varepsilon\alpha_0 \quad \text{すなわち} \quad (c_1 - 1)\langle \nabla f(\boldsymbol{x}_k), \boldsymbol{d}_k \rangle < 2\varepsilon$$

が成立します．$c_1 \in (0,1)$ と $\boldsymbol{d}_k$ が降下方向であることを利用すると，ε に依存しない定数 C は，任意の $\varepsilon > 0$ に対して，

$$0 < C := (c_1 - 1)\langle \nabla f(\boldsymbol{x}_k), \boldsymbol{d}_k \rangle < 2\varepsilon$$

を満足します．上記の不等式が成り立つことは，ε の任意性（例えば，$\varepsilon = C/4$ を利用）に矛盾します．よって，命題 4.3.3 が成立します．

4.4 f が下に有界なので，$h(\alpha) := f(\boldsymbol{x}_k + \alpha \boldsymbol{d}_k)$ は $\alpha \geq 0$ に関して下に有界です．一方で，$l(\alpha) := c_1 h'(0)\alpha + h(0) = c_1 \langle \nabla f(\boldsymbol{x}_k), \boldsymbol{d}_k \rangle \alpha + f(\boldsymbol{x}_k)$ は，$c_1 \in (0,1)$ と $\boldsymbol{d}_k$ が降下方向であることから，負の傾き $c_1 h'(0)$ $(> h'(0))$ をもつ直線であり，$\alpha \geq 0$ に関して非有界です．よって，l と h は少なくとも 1 点で交差します．交差した点 α の中で最も小さいステップサイズを α_1 とします．このとき，$h(\alpha_1) = l(\alpha_1)$ と $\boldsymbol{d}_k$ が降下方向であることから，任意の $\alpha \in (0, \alpha_1]$ に対して，

$$f(\boldsymbol{x}_k + \alpha_1 \boldsymbol{d}_k) = c_1 \langle \nabla f(\boldsymbol{x}_k), \boldsymbol{d}_k \rangle \alpha_1 + f(\boldsymbol{x}_k) \tag{B.19}$$
$$\leq c_1 \langle \nabla f(\boldsymbol{x}_k), \boldsymbol{d}_k \rangle \alpha + f(\boldsymbol{x}_k)$$

すなわち，任意の $\alpha \in (0, \alpha_1]$ に対して Armijo 条件が成立します．ここで，Taylor の定理（命題 2.2.4）から，ある $\tau \in (0,1)$ が存在して，

$$f(\boldsymbol{x}_k + \alpha_1 \boldsymbol{d}_k) = f(\boldsymbol{x}_k) + \langle \nabla f(\boldsymbol{x}_k + \alpha_1 \tau \boldsymbol{d}_k), \boldsymbol{d}_k \rangle \alpha_1$$

が成り立つので，式 (B.19) と $\alpha_1 > 0$ から，$\langle \nabla f(\boldsymbol{x}_k + \alpha_1 \tau \boldsymbol{d}_k), \boldsymbol{d}_k \rangle = c_1 \langle \nabla f(\boldsymbol{x}_k), \boldsymbol{d}_k \rangle$ を満たします．よって，$c_1 < c_2$ と $\boldsymbol{d}_k$ が降下方向である

ことから，

$$\langle \nabla f(\boldsymbol{x}_k + \alpha_1 \tau \boldsymbol{d}_k), \boldsymbol{d}_k \rangle = c_1 \langle \nabla f(\boldsymbol{x}_k), \boldsymbol{d}_k \rangle > c_2 \langle \nabla f(\boldsymbol{x}_k), \boldsymbol{d}_k \rangle$$

が成立します．以上のことから，$\alpha_1 \tau \in (0, \alpha_1)$ は Wolfe 条件を満たします．

B.4 ┃ 5章 平滑非凸最適化のための反復法

5.1 (1) BFGS 公式 (5.31) から，

$$
\begin{aligned}
B_{k+1} \boldsymbol{s}_k &= B_k \boldsymbol{s}_k - \frac{B_k \boldsymbol{s}_k \boldsymbol{s}_k^\top B_k \boldsymbol{s}_k}{\langle \boldsymbol{s}_k, B_k \boldsymbol{s}_k \rangle_2} + \frac{\boldsymbol{y}_k \boldsymbol{y}_k^\top \boldsymbol{s}_k}{\langle \boldsymbol{y}_k, \boldsymbol{s}_k \rangle_2} \\
&= B_k \boldsymbol{s}_k - \frac{B_k \boldsymbol{s}_k \langle \boldsymbol{s}_k, B_k \boldsymbol{s}_k \rangle_2}{\langle \boldsymbol{s}_k, B_k \boldsymbol{s}_k \rangle_2} + \frac{\boldsymbol{y}_k \langle \boldsymbol{y}_k, \boldsymbol{s}_k \rangle_2}{\langle \boldsymbol{y}_k, \boldsymbol{s}_k \rangle_2} = \boldsymbol{y}_k
\end{aligned}
$$

が成立します．

(2) BFGS 公式 (5.31) と $B_k \in \mathbb{S}_{++}^d$ から，

$$
\begin{aligned}
B_{k+1}^\top &= B_k^\top - \frac{(B_k \boldsymbol{s}_k \boldsymbol{s}_k^\top B_k)^\top}{\langle \boldsymbol{s}_k, B_k \boldsymbol{s}_k \rangle_2} + \frac{(\boldsymbol{y}_k \boldsymbol{y}_k^\top)^\top}{\langle \boldsymbol{y}_k, \boldsymbol{s}_k \rangle_2} \\
&= B_k - \frac{B_k \boldsymbol{s}_k \boldsymbol{s}_k^\top B_k}{\langle \boldsymbol{s}_k, B_k \boldsymbol{s}_k \rangle_2} + \frac{\boldsymbol{y}_k \boldsymbol{y}_k^\top}{\langle \boldsymbol{y}_k, \boldsymbol{s}_k \rangle_2} = B_{k+1}
\end{aligned}
$$

なので，$B_{k+1} \in \mathbb{S}^d$ となります．

(3) BFGS 公式 (5.31) と $B_k \in \mathbb{S}_{++}^d$ とノルムの定義から，$\boldsymbol{x} \neq \boldsymbol{0}$ となる任意の $\boldsymbol{x} \in \mathbb{R}^d$ に対して，

$$
\begin{aligned}
\langle \boldsymbol{x}, B_{k+1} \boldsymbol{x} \rangle_2 &= \langle \boldsymbol{x}, B_k \boldsymbol{x} \rangle_2 - \frac{\langle \boldsymbol{x}, B_k \boldsymbol{s}_k \boldsymbol{s}_k^\top B_k \boldsymbol{x} \rangle_2}{\langle \boldsymbol{s}_k, B_k \boldsymbol{s}_k \rangle_2} + \frac{\langle \boldsymbol{x}, \boldsymbol{y}_k \boldsymbol{y}_k^\top \boldsymbol{x} \rangle_2}{\langle \boldsymbol{y}_k, \boldsymbol{s}_k \rangle_2} \\
&= \frac{\langle \boldsymbol{x}, B_k \boldsymbol{x} \rangle_2 \langle \boldsymbol{s}_k, B_k \boldsymbol{s}_k \rangle_2 - \langle \boldsymbol{s}_k, B_k \boldsymbol{x} \rangle_2^2}{\langle \boldsymbol{s}_k, B_k \boldsymbol{s}_k \rangle_2} + \frac{\langle \boldsymbol{y}_k, \boldsymbol{x} \rangle_2^2}{\langle \boldsymbol{y}_k, \boldsymbol{s}_k \rangle_2}
\end{aligned}
$$

を満たします．また，$B_k \in \mathbb{S}_{++}^d$ から，$B_k = (B_k^{\frac{1}{2}})^2$ となる $B_k^{\frac{1}{2}} \in \mathbb{S}_{++}^d$ が存在するので，$\langle \boldsymbol{y}, B_k \boldsymbol{y} \rangle_2 = \langle B_k^{\frac{1}{2}} \boldsymbol{y}, B_k^{\frac{1}{2}} \boldsymbol{y} \rangle_2 = \|B_k^{\frac{1}{2}} \boldsymbol{y}\|_2^2$ が任意の $\boldsymbol{y} \in \mathbb{R}^d$ に対して成立します．よって，$\langle \boldsymbol{y}_k, \boldsymbol{s}_k \rangle_2 > 0$ と Cauchy–Schwarz の不等式（命題 2.1.3）から，

$$\langle \boldsymbol{x}, B_{k+1}\boldsymbol{x}\rangle_2 = \underbrace{\frac{\left\|B_k^{\frac{1}{2}}\boldsymbol{x}\right\|_2^2 \left\|B_k^{\frac{1}{2}}\boldsymbol{s}_k\right\|_2^2 - \left\langle B_k^{\frac{1}{2}}\boldsymbol{s}_k, B_k^{\frac{1}{2}}\boldsymbol{x}\right\rangle_2^2}{\left\|B_k^{\frac{1}{2}}\boldsymbol{s}_k\right\|_2^2}}_{C_k(\boldsymbol{x})\geq 0} + \frac{\langle \boldsymbol{y}_k, \boldsymbol{x}\rangle_2^2}{\langle \boldsymbol{y}_k, \boldsymbol{s}_k\rangle_2} \geq 0$$

が任意の $\boldsymbol{x} \neq \boldsymbol{0}$ に対して成立します. ここで, $C_k(\boldsymbol{x}) > 0$ のとき,

$$\langle \boldsymbol{x}, B_{k+1}\boldsymbol{x}\rangle_2 > \frac{\langle \boldsymbol{y}_k, \boldsymbol{x}\rangle_2^2}{\langle \boldsymbol{y}_k, \boldsymbol{s}_k\rangle_2} \geq 0$$

が成立します. 一方, $C_k(\boldsymbol{x}) = 0$ のとき, 内積の定義から, ある $c \in \mathbb{R}$ が存在して $B_k^{\frac{1}{2}}\boldsymbol{x} = cB_k^{\frac{1}{2}}\boldsymbol{s}_k$, つまり,

$$\boldsymbol{0} \neq \boldsymbol{x} = c\boldsymbol{s}_k$$

を満たします. $\boldsymbol{s}_k = \boldsymbol{x}_{k+1} - \boldsymbol{x}_k \neq \boldsymbol{0}$ から, $c \neq 0$ となります. よって,

$$\langle \boldsymbol{x}, B_{k+1}\boldsymbol{x}\rangle_2 = \frac{\langle \boldsymbol{y}_k, \boldsymbol{x}\rangle_2^2}{\langle \boldsymbol{y}_k, \boldsymbol{s}_k\rangle_2} = \frac{c^2\langle \boldsymbol{y}_k, \boldsymbol{s}_k\rangle_2^2}{\langle \boldsymbol{y}_k, \boldsymbol{s}_k\rangle_2} = c^2\langle \boldsymbol{y}_k, \boldsymbol{s}_k\rangle_2 > 0$$

が成立します. 以上のことから, $\langle \boldsymbol{x}, B_{k+1}\boldsymbol{x}\rangle_2 > 0$, すなわち, $B_{k+1} \in \mathbb{S}_{++}^d$ を満たします.

5.2 Wolfe 条件 (4.18), $\boldsymbol{s}_k = \boldsymbol{x}_{k+1} - \boldsymbol{x}_k = \alpha_k \boldsymbol{d}_k$, および, $\alpha_k > 0$ から,

$$\langle \nabla f(\boldsymbol{x}_{k+1}), \boldsymbol{s}_k\rangle \geq c_2\langle \nabla f(\boldsymbol{x}_k), \boldsymbol{s}_k\rangle$$

を満たします. よって, $\boldsymbol{y}_k = \nabla f(\boldsymbol{x}_{k+1}) - \nabla f(\boldsymbol{x}_k)$ から,

$$\begin{aligned}\langle \boldsymbol{y}_k, \boldsymbol{s}_k\rangle &= \langle \nabla f(\boldsymbol{x}_{k+1}), \boldsymbol{s}_k\rangle - \langle \nabla f(\boldsymbol{x}_k), \boldsymbol{s}_k\rangle \\ &\geq (c_2 - 1)\alpha_k\langle \nabla f(\boldsymbol{x}_k), \boldsymbol{d}_k\rangle\end{aligned}$$

となり, $c_2 \in (0, 1)$ と $\boldsymbol{d}_k$ が降下方向であることから, $\langle \boldsymbol{y}_k, \boldsymbol{s}_k\rangle > 0$ が成立します.

5.3 正方行列 A, B に対して $\mathrm{Det}(AB) = \mathrm{Det}(A)\mathrm{Det}(B)$ が成り立つので, BFGS 公式 (5.31) から,

$$\mathrm{Det}(B_{k+1})$$
$$= \mathrm{Det}\left(I - \frac{B_k\boldsymbol{s}_k\boldsymbol{s}_k^\top}{\langle \boldsymbol{s}_k, B_k\boldsymbol{s}_k\rangle_2} + \frac{\boldsymbol{y}_k\boldsymbol{y}_k^\top B_k^{-1}}{\langle \boldsymbol{y}_k, \boldsymbol{s}_k\rangle_2}\right)\mathrm{Det}(B_k)$$

$$= \mathrm{Det}\left(I \underbrace{-B_k s_k}_{\boldsymbol{x}} \underbrace{\left(\frac{\boldsymbol{s}_k}{\langle \boldsymbol{s}_k, B_k \boldsymbol{s}_k \rangle_2}\right)^\top}_{\boldsymbol{y}^\top} + \underbrace{\frac{\boldsymbol{y}_k}{\langle \boldsymbol{y}_k, \boldsymbol{s}_k \rangle_2}}_{\boldsymbol{u}} \underbrace{\left(B_k^{-1} \boldsymbol{y}_k\right)^\top}_{\boldsymbol{v}^\top}\right)$$
$$\times \mathrm{Det}(B_k)$$

を満たします. 初めに, $\boldsymbol{x} \neq \boldsymbol{0}$ のとき,

$$\mathrm{Det}\left(I + \boldsymbol{x}\boldsymbol{y}^\top\right) = 1 + \langle \boldsymbol{y}, \boldsymbol{x} \rangle_2$$

を証明します. $\boldsymbol{e}_1 := (1, 0, 0, \ldots, 0)^\top \in \mathbb{R}^d$ とし,

$$Q := (\boldsymbol{x}, \boldsymbol{w}_1, \boldsymbol{w}_2, \ldots, \boldsymbol{w}_{d-1})$$

で定義された行列 $Q \in \mathbb{R}^{d \times d}$ が正則になるように $\boldsymbol{w}_i \in \mathbb{R}^d$ $(i \in [d-1])$ を選びます. $Q\boldsymbol{e}_1 = \boldsymbol{x}$ から, $\boldsymbol{e}_1 = Q^{-1}\boldsymbol{x}$ を満たします. また, $\boldsymbol{y}^\top Q := (z_1, z_2, \ldots, z_d)$ (ただし, $z_i \in \mathbb{R}$) と定義すると,

$$z_1 = \boldsymbol{y}^\top Q\boldsymbol{e}_1 = \boldsymbol{y}^\top QQ^{-1}\boldsymbol{x} = \langle \boldsymbol{y}, \boldsymbol{x} \rangle_2$$

が成立します. よって,

$$\begin{aligned}
\mathrm{Det}\left(I + \boldsymbol{x}\boldsymbol{y}^\top\right) &= \mathrm{Det}\left(Q^{-1}Q(I + \boldsymbol{x}\boldsymbol{y}^\top)\right) \\
&= \mathrm{Det}(Q^{-1})\mathrm{Det}(Q)\mathrm{Det}\left(I + \boldsymbol{x}\boldsymbol{y}^\top\right) \\
&= \mathrm{Det}(Q^{-1})\mathrm{Det}\left(I + \boldsymbol{x}\boldsymbol{y}^\top\right)\mathrm{Det}(Q) \\
&= \mathrm{Det}\left(Q^{-1}(I + \boldsymbol{x}\boldsymbol{y}^\top)Q\right) \\
&= \mathrm{Det}\left(I + Q^{-1}\boldsymbol{x}\boldsymbol{y}^\top Q\right) \\
&= \mathrm{Det}\left(I + \boldsymbol{e}_1\boldsymbol{y}^\top Q\right) \\
&= 1 + z_1 = 1 + \langle \boldsymbol{y}, \boldsymbol{x} \rangle_2
\end{aligned}$$

を満たします. 次に, 同様の議論を用いて

$$\mathrm{Det}\left(I + \boldsymbol{x}\boldsymbol{y}^\top + \boldsymbol{u}\boldsymbol{v}^\top\right) = \left(1 + \langle \boldsymbol{y}, \boldsymbol{x} \rangle_2\right)\left(1 + \langle \boldsymbol{v}, \boldsymbol{u} \rangle_2\right) - \langle \boldsymbol{x}, \boldsymbol{v} \rangle_2 \langle \boldsymbol{y}, \boldsymbol{u} \rangle_2$$

を示します. $\boldsymbol{e}_2 := (0, 1, 0, \ldots, 0)^\top \in \mathbb{R}^d$ とし,

$$Q := (\boldsymbol{x}, \boldsymbol{u}, \boldsymbol{w}_1, \ldots, \boldsymbol{w}_{d-2})$$

で定義された行列 $Q \in \mathbb{R}^{d \times d}$ が正則になるように $\boldsymbol{w}_i \in \mathbb{R}^d$ $(i \in [d-2])$ を選びます. $Q\boldsymbol{e}_1 = \boldsymbol{x}$ と $Q\boldsymbol{e}_2 = \boldsymbol{u}$ から, $\boldsymbol{e}_1 = Q^{-1}\boldsymbol{x}$ と $\boldsymbol{e}_2 = Q^{-1}\boldsymbol{u}$ を満たします. また, $\boldsymbol{y}^\top Q := (z_1, z_2, \ldots, z_d)$ および $\boldsymbol{v}^\top Q := (s_1, s_2, \ldots, s_d)$ を定

義すると，

$$z_1 = \boldsymbol{y}^\top Q\boldsymbol{e}_1 = \boldsymbol{y}^\top QQ^{-1}\boldsymbol{x} = \langle \boldsymbol{y}, \boldsymbol{x} \rangle_2$$
$$z_2 = \boldsymbol{y}^\top Q\boldsymbol{e}_2 = \boldsymbol{y}^\top QQ^{-1}\boldsymbol{u} = \langle \boldsymbol{y}, \boldsymbol{u} \rangle_2$$
$$s_1 = \boldsymbol{v}^\top Q\boldsymbol{e}_1 = \boldsymbol{v}^\top QQ^{-1}\boldsymbol{x} = \langle \boldsymbol{v}, \boldsymbol{x} \rangle_2$$
$$s_2 = \boldsymbol{v}^\top Q\boldsymbol{e}_2 = \boldsymbol{v}^\top QQ^{-1}\boldsymbol{u} = \langle \boldsymbol{v}, \boldsymbol{u} \rangle_2$$

が成立します．よって，

$$
\begin{aligned}
\mathrm{Det}\left(I + \boldsymbol{x}\boldsymbol{y}^\top + \boldsymbol{u}\boldsymbol{v}^\top\right) &= \mathrm{Det}\left(I + Q^{-1}\boldsymbol{x}\boldsymbol{y}^\top Q + Q^{-1}\boldsymbol{u}\boldsymbol{v}^\top Q\right) \\
&= \mathrm{Det}\left(I + \boldsymbol{e}_1\boldsymbol{y}^\top Q + \boldsymbol{e}_2\boldsymbol{v}^\top Q\right) \\
&= \mathrm{Det}\begin{pmatrix} 1+z_1 & z_2 & z_3 & z_4 & \cdots & z_d \\ s_1 & 1+s_2 & s_3 & s_4 & \cdots & s_d \\ 0 & 0 & 1 & 0 & \dots & 0 \\ 0 & 0 & 0 & 1 & \dots & 0 \\ \vdots & \vdots & \vdots & \vdots & \ddots & \vdots \\ 0 & 0 & 0 & 0 & 0 & 1 \end{pmatrix} \\
&= (1+z_1)(1+s_2) - s_1 z_2 \\
&= (1+\langle \boldsymbol{y},\boldsymbol{x}\rangle_2)(1+\langle \boldsymbol{v},\boldsymbol{u}\rangle_2) - \langle \boldsymbol{v},\boldsymbol{x}\rangle_2\langle \boldsymbol{y},\boldsymbol{u}\rangle_2
\end{aligned}
$$

を満たします．以上のことから，

$$
\begin{aligned}
&\mathrm{Det}\left(I + \boldsymbol{x}\boldsymbol{y}^\top + \boldsymbol{u}\boldsymbol{v}^\top\right) \\
&= (1+\langle \boldsymbol{y},\boldsymbol{x}\rangle_2)(1+\langle \boldsymbol{v},\boldsymbol{u}\rangle_2) - \langle \boldsymbol{x},\boldsymbol{v}\rangle_2\langle \boldsymbol{y},\boldsymbol{u}\rangle_2 \\
&= \left(1 - \frac{\langle \boldsymbol{s}_k, B_k\boldsymbol{s}_k\rangle_2}{\langle \boldsymbol{s}_k, B_k\boldsymbol{s}_k\rangle_2}\right)\left(1 + \frac{\langle B_k^{-1}\boldsymbol{y}_k, \boldsymbol{y}_k\rangle_2}{\langle \boldsymbol{y}_k, \boldsymbol{s}_k\rangle_2}\right) \\
&\quad + \left\langle B_k\boldsymbol{s}_k, B_k^{-1}\boldsymbol{y}_k\right\rangle_2 \left\langle \frac{\boldsymbol{s}_k}{\langle \boldsymbol{s}_k, B_k\boldsymbol{s}_k\rangle_2}, \frac{\boldsymbol{y}_k}{\langle \boldsymbol{y}_k, \boldsymbol{s}_k\rangle_2}\right\rangle_2 \\
&= \frac{\langle \boldsymbol{s}_k, \boldsymbol{y}_k\rangle_2}{\langle \boldsymbol{s}_k, B_k\boldsymbol{s}_k\rangle_2}
\end{aligned}
$$

が成り立つので，

$$\mathrm{Det}(B_{k+1}) = \frac{\langle \boldsymbol{s}_k, \boldsymbol{y}_k\rangle_2}{\langle \boldsymbol{s}_k, B_k\boldsymbol{s}_k\rangle_2}\mathrm{Det}(B_k)$$

が成立します．

5.4　$B \in \mathbb{S}_{++}^d$ に対して $C(B) := \mathrm{Tr}(B) - \log\mathrm{Det}(B)$ と定義します．$B \in \mathbb{S}_{++}^d$

から，ある d 次直交行列 Q が存在して $B = Q^\top \mathrm{diag}(\lambda_i)Q$ のように対角化ができます．ただし，$\lambda_i \ (i \in [d])$ は B の正固有値です．対角和の性質 $(\mathrm{Tr}(AB) = \mathrm{Tr}(BA))$ と直交行列の定義 $(Q^\top Q = QQ^\top = I)$ から，

$$\mathrm{Tr}(B) = \mathrm{Tr}\left(Q^\top \mathrm{diag}(\lambda_i)Q\right) = \mathrm{Tr}\left(\mathrm{diag}(\lambda_i)QQ^\top\right) = \sum_{i=1}^{d} \lambda_i$$

を満たします．一方で，行列式の性質 $(\mathrm{Det}(AB) = \mathrm{Det}(A)\mathrm{Det}(B))$ と直交行列の定義から，

$$\mathrm{Det}(B) = \mathrm{Det}\left(Q^\top \mathrm{diag}(\lambda_i)Q\right) = \mathrm{Det}\left(Q^\top Q \mathrm{diag}(\lambda_i)\right) = \prod_{i\in[d]} \lambda_i$$

を満たします．$x > 0$ に対して $x > \log x$ なので，

$$C(B) := \mathrm{Tr}(B) - \log \mathrm{Det}(B) = \sum_{i=1}^{d} (\lambda_i - \log \lambda_i) > 0$$

が成立します．次に，$x > 0$ に対して $p(x) := 1 - x + \log x$ と定義します．$p'(x) = -1 + x^{-1}$ と $p''(x) = -x^{-2} < 0$ から $p(x) \le 0$ が任意の $x > 0$ に対して成立します．よって，

$$p\left(\frac{p_k}{\cos^2 \theta_k}\right) = 1 - \frac{p_k}{\cos^2 \theta_k} + \log \frac{p_k}{\cos^2 \theta_k} \le 0$$

を満たします．

5.5 初期点 $\boldsymbol{x}_0 = (-0.75, -0.25)^\top$ における最急降下法，Newton 法，および，共役勾配法の挙動を図 B.1 に示します．初期点を f の停留点の近くに選ぶと，Newton 法が高速に停留点へ収束することが確認できます．

図 B.2 に，初期点 $\boldsymbol{x}_0 = (-0.3, 0.2)^\top$ における直線探索 (line search)，定数ステップサイズ (constant) $\alpha = 1$，減少ステップサイズ (diminishing) $\alpha_k = 1/\sqrt{k+1}$ を利用した最急降下法の挙動を示します．$\alpha = 1$ での最急降下法は f の停留点に収束できないことがわかります．

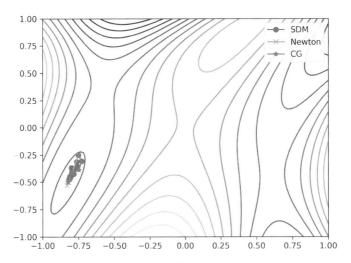

図 B.1 ■ 初期点 $x_0 = (-0.75, -0.25)^\top$ における最急降下法 (SDM)，Newton 法 (Newton)，および，共役勾配法 (CG) の挙動．

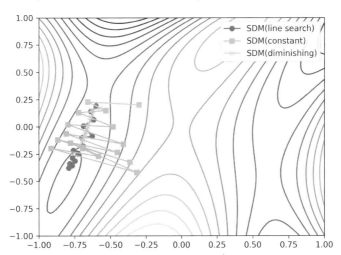

図 B.2 ■ 初期点 $x_0 = (-0.3, 0.2)^\top$ における直線探索 (line search)，定数 (constant)，減少 (diminishing) ステップサイズを利用した最急降下法 の挙動．

B.5 6章 非平滑凸最適化のための反復法

6.1 $\phi(x) := \lambda|x|$ とします. ϕ は凸関数で,

$$\partial\phi(x) = \begin{cases} \{-\lambda\} & (x \le 0) \\ [-\lambda, \lambda] & (x = 0) \\ \{\lambda\} & (x \ge 0) \end{cases}$$

を満たします. 命題 2.3.6(1) から,

$$p = \mathrm{prox}_\phi(x) \iff x \in \partial\phi(p) + p = \begin{cases} \{-\lambda + p\} & (p \le 0) \\ [-\lambda, \lambda] & (p = 0) \\ \{\lambda + p\} & (p \ge 0) \end{cases}$$

が成立します. よって,

$$\mathrm{prox}_\phi(x) = p = \begin{cases} x + \lambda & (x \le -\lambda) \\ 0 & (x \in [-\lambda, \lambda]) \\ x - \lambda & (x \ge \lambda) \end{cases}$$

を満たします.

6.2 $g(\boldsymbol{x}) := \sum_{i=1}^d g_i(x_i)$ の近接写像とユークリッドノルム $\|\cdot\|_2$ の定義から, 任意の $\boldsymbol{x} := (x_1, x_2, \ldots, x_d)^\top \in \mathbb{R}^d$ に対して,

$$\hat{\boldsymbol{p}} = \begin{pmatrix} \hat{p}_1 \\ \hat{p}_2 \\ \vdots \\ \hat{p}_d \end{pmatrix} = \mathrm{prox}_g(\boldsymbol{x}) = \underset{p_1, p_2, \ldots, p_d \in \mathbb{R}}{\mathrm{argmin}} \left\{ \sum_{i=1}^d g_i(p_i) + \frac{1}{2}\|\boldsymbol{p} - \boldsymbol{x}\|_2^2 \right\}$$

$$= \underset{p_1, p_2, \ldots, p_d \in \mathbb{R}}{\mathrm{argmin}} \sum_{i=1}^d \left(g_i(p_i) + \frac{1}{2}|p_i - x_i|^2 \right)$$

となります.

$$\mathrm{prox}_{g_i}(x_i) = \underset{p_i \in \mathbb{R}}{\mathrm{argmin}} \left(g_i(p_i) + \frac{1}{2}|p_i - x_i|^2 \right) = \hat{p}_i$$

から,

$$\hat{\boldsymbol{p}} = \begin{pmatrix} \hat{p}_1 \\ \hat{p}_2 \\ \vdots \\ \hat{p}_d \end{pmatrix} = \begin{pmatrix} \mathrm{prox}_{g_1}(x_1) \\ \mathrm{prox}_{g_2}(x_2) \\ \vdots \\ \mathrm{prox}_{g_d}(x_d) \end{pmatrix}$$

が成立します.

B.6 | 7章　不動点近似法

7.1 写像 T_1 と T_2 を

$$T_1 := P_1 P_2 P_3 P_4, \ T_2 := P_1 \left(\frac{1}{3} \sum_{i=2}^{4} P_i \right)$$

と定義し,

$$\boldsymbol{x}_{k+1} = (1-\alpha)\boldsymbol{x}_k + \alpha T_1(\boldsymbol{x}_k) \quad (\text{手法}(7.31))$$
$$\boldsymbol{x}_{k+1} = (1-\alpha)\boldsymbol{x}_k + \alpha T_2(\boldsymbol{x}_k) \quad (\text{手法}(7.36))$$

に関して次の挙動を調べます[*2].

- KM0: $\alpha = 0.5$ における手法 (7.31)
- KM1: $\alpha = 0.5$ における手法 (7.36)
- KM2: $\alpha = 0.1$ における手法 (7.31)
- KM3: $\alpha = 0.1$ における手法 (7.36)

ただし, 初期点 $\boldsymbol{x}_0 = (6,4)^\top$ とし, 停止条件は $k = 30$ とします.
まず, $\bigcap_{i=1}^{4} B_i \neq \emptyset$ の場合について考察します. 図 B.3 は, KM0, KM1, KM2, KM3 の挙動を 2 次元平面に描いたものです. 全ての手法が四つの閉球の共通部分へ近づく様子がわかります. また, 図 B.4 は, KM0, KM1, KM2, KM3 の共通部分 $\bigcap_{i=1}^{4} B_i \ (\neq \emptyset)$ 周辺での挙動を 2 次元平面に描いたものです. $\alpha = 0.5$ を利用した KM0 と KM1 が $\bigcap_{i=1}^{4} B_i$ の点に達することがわかります. また, KM0 は手法 (7.31) に, KM1 は手法 (7.36) に基づいた

[*2] プログラムコードについては, GitHub Organization の Mathematical Optimization Lab. (はしがき参照) の fixed-point にあります.

手法であるため，KM0 と KM1 の収束先が異なることもわかります．一方で，KM2 と KM3 は反復回数 $k = 30$ では $\bigcap_{i=1}^{4} B_i$ の点へ収束できません．これは定数ステップサイズ $\alpha = 0.1$ の利用が要因だと考えられます．

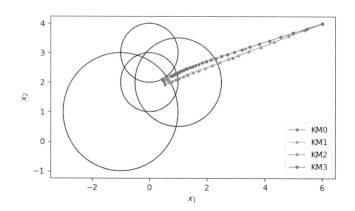

図 B.3 ■ $\bigcap_{i=1}^{4} B_i \neq \emptyset$ のときの KM0，KM1，KM2，および，KM3 の挙動

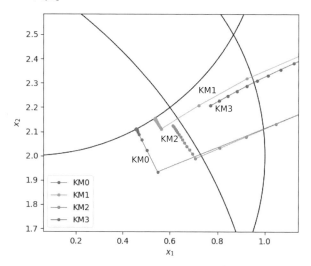

図 B.4 ■ KM0，KM1，KM2，および，KM3 の共通部分 $\bigcap_{i=1}^{4} B_i\,(\neq \emptyset)$ 周辺での挙動

次に，$\bigcap_{i=1}^{4} B_i = \emptyset$ の場合について考察します．図 B.5 は，KM0，KM1，KM2，KM3 の挙動を2次元平面に描いたものです．手法 (7.31) に基づいた KM0 と KM2 が同じような挙動を示し，手法 (7.36) に基づいた KM1 と KM3 が同じような挙動を示すことがわかります．また，図 B.6 は，

KM0，KM1，KM2，KM3 の終盤の挙動を 2 次元平面に描いたものです．
$\bigcap_{i=1}^{4} B_i = \emptyset$ の場合，T_1 を用いた KM0 と KM2 がどのように振る舞うか
は，理論上解明されていません．一方で，T_2 を用いた KM1 と KM3 は閉球
B_1 の部分集合で，かつ，B_2，B_3，および，B_4 に平均距離の意味で最も近い
集合（一般化凸実行可能集合）の点に収束することが保証されます（7.4 節）．
実際，図 B.6 から，KM1 と KM3 は，最も大きい閉球 B_1 へ収束している様
子がわかります．

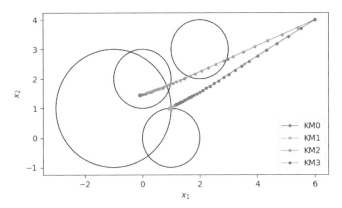

図 B.5 ■ $\bigcap_{i=1}^{4} B_i = \emptyset$ のときの KM0，KM1，KM2，および，KM3 の挙動

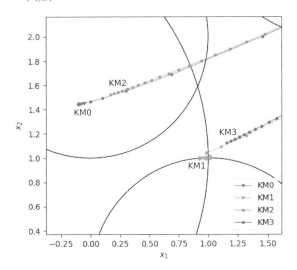

図 B.6 ■ $\bigcap_{i=1}^{4} B_i = \emptyset$ のときの KM0，KM1，KM2，および，KM3 の終盤の挙動

B.7 | 8章　平滑非凸最適化のための深層学習最適化法

8.1　条件 (C4) と期待値の線形性から,

$$\mathbb{E}[\nabla f_{B_k}(\boldsymbol{x}_k)|\boldsymbol{x}_k] = \mathbb{E}\left[\left.\frac{1}{b}\sum_{i=1}^{b}\mathsf{G}_{\xi_{k,i}}(\boldsymbol{x}_k)\right|\boldsymbol{x}_k\right] = \frac{1}{b}\sum_{i=1}^{b}\mathbb{E}[\mathsf{G}_{\xi_{k,i}}(\boldsymbol{x}_k)|\boldsymbol{x}_k]$$

が成立します. また, $\boldsymbol{x}_k$ と $\xi_k = (\xi_{k,1}, \xi_{k,2}, \ldots, \xi_{k,b})$ は独立なので, 条件 (C2) から, $\mathbb{E}[\nabla f_{B_k}(\boldsymbol{x}_k)|\boldsymbol{x}_k] = \nabla f(\boldsymbol{x}_k)$ が成立します. 条件 (C4) と期待値の線形性から,

$$\mathbb{E}\left[\|\nabla f_{B_k}(\boldsymbol{x}_k) - \nabla f(\boldsymbol{x}_k)\|^2|\boldsymbol{x}_k\right]$$

$$= \mathbb{E}\left[\left.\left\|\frac{1}{b}\sum_{i=1}^{b}\left(\mathsf{G}_{\xi_{k,i}}(\boldsymbol{x}_k) - \nabla f(\boldsymbol{x}_k)\right)\right\|^2\right|\boldsymbol{x}_k\right]$$

$$= \frac{1}{b^2}\mathbb{E}\left[\left.\left\|\sum_{i=1}^{b}\underbrace{\left(\mathsf{G}_{\xi_{k,i}}(\boldsymbol{x}_k) - \nabla f(\boldsymbol{x}_k)\right)}_{\boldsymbol{z}_{k,i}}\right\|^2\right|\boldsymbol{x}_k\right]$$

となります. 条件 (C2) から, $\boldsymbol{z}_{k,i}$ はそれぞれ独立で, かつ, $\boldsymbol{x}_k$ に対して独立であり, $\mathbb{E}[\boldsymbol{z}_{k,i}|\boldsymbol{x}_k] = \mathbb{E}[\boldsymbol{z}_{k,i}] = \mathbb{E}[\mathsf{G}_{\xi_{k,i}}(\boldsymbol{x}_k) - \nabla f(\boldsymbol{x}_k)] = 0$ なので,

$$\mathbb{E}\left[\left.\left\|\sum_{i=1}^{b}\boldsymbol{z}_{k,i}\right\|^2\right|\boldsymbol{x}_k\right] = \mathbb{E}\left[\left.\sum_{i=1}^{b}\|\boldsymbol{z}_{k,i}\|^2\right|\boldsymbol{x}_k\right]$$

が成立します. よって,

$$\mathbb{E}[\|\nabla f_{B_k}(\boldsymbol{x}_k) - \nabla f(\boldsymbol{x}_k)\|^2|\boldsymbol{x}_k] = \frac{1}{b^2}\mathbb{E}\left[\left.\sum_{i=1}^{b}\left\|\mathsf{G}_{\xi_{k,i}}(\boldsymbol{x}_k) - \nabla f(\boldsymbol{x}_k)\right\|^2\right|\boldsymbol{x}_k\right]$$

$$= \frac{1}{b^2}\sum_{i=1}^{b}\mathbb{E}\left[\left.\left\|\mathsf{G}_{\xi_{k,i}}(\boldsymbol{x}_k) - \nabla f(\boldsymbol{x}_k)\right\|^2\right|\boldsymbol{x}_k\right]$$

を満たします. さらに, 条件 (C3) から, $\mathbb{E}[\|\nabla f_{B_k}(\boldsymbol{x}_k) - \nabla f(\boldsymbol{x}_k)\|^2|\boldsymbol{x}_k] \leq (b\sigma^2)/b^2 = \sigma^2/b$ となります.

8.2　図 8.1 と図 8.2 で示した CIFAR-10 データセットを用いた ResNet-20 の訓練に関する深層学習最適化法の実行時間と精度を, 次の表でまとめます. コンピュータの環境については, 明治大学大規模コンピューティング

`https://www.meiji.ac.jp/isys/hpc/index.html` を参照してください[*3].

表 B.1 ■ 確率的勾配降下法

バッチ	2^2	2^3	2^4	2^5	2^6	2^7	2^8	2^9
時間〔s〕	16983.64	9103.76	6176.19	3759.25	—	—	—	—
精度〔%〕	96.75	96.69	96.66	96.88	—	—	—	—

表 B.2 ■ モーメンタム項付き確率的勾配降下法（その1）

バッチ	2^2	2^3	2^4	2^5	2^6
時間〔s〕	7978.90	3837.72	2520.82	1458.70	887.01
精度〔%〕	96.49	96.79	96.51	96.72	96.70

表 B.3 ■ モーメンタム項付き確率的勾配降下法（その2）

バッチ	2^7	2^8	2^9	2^{10}	2^{11}
時間〔s〕	678.66	625.10	866.65	—	—
精度〔%〕	96.94	96.94	98.34	—	—

表 B.4 ■ Adam（その1）

バッチ	2^2	2^3	2^4	2^5	2^6
時間〔s〕	10601.78	4405.73	2410.28	1314.01	617.14
精度〔%〕	96.46	96.38	96.65	96.53	96.43

表 B.5 ■ Adam（その2）

バッチ	2^7	2^8	2^9	2^{10}	2^{11}
時間〔s〕	487.75	281.74	225.03	197.78	195.40
精度〔%〕	96.68	96.58	96.72	96.74	97.21

表 B.6 ■ Adam（その3）

バッチ	2^{12}	2^{13}	2^{14}	2^{15}	2^{16}
時間〔s〕	233.70	349.81	691.04	644.19	1148.68
精度〔%〕	97.54	97.75	97.51	99.05	99.03

[*3]　プログラムコードについては，GitHub Organization の Mathematical Optimization Lab.（はしがき参照）の 202111-batch にあります.

参考文献

[1] J. M. Ortega, W. C. Rheinboldt: Iterative Solution of Nonlinear Equations in Several Variables, Classics in Applied Mathematics, SIAM (2000)

[2] D. P. Kingma, J. L. Ba: Adam: A method for stochastic optimization, Proceedings of The International Conference on Learning Representations (2015)

[3] M. A. Krasnosel'skiĭ: Two remarks on the method of successive approximations, Uspekhi Matematicheskikh Nauk, vol. 10, no. 1, pp. 123–127 (1955)

[4] C. J. Shallue, J. Lee, J. Antognini, J. Sohl-Dickstein, R. Frostig, G. E. Dahl: Measuring the effects of data parallelism on neural network training, Journal of Machine Learning Research, vol. 20, no. 112, pp. 1–49 (2019)

[5] R. M. Schmidt, F. Schneider, P. Hennig: Descending through a crowded valley - Benchmarking deep learning optimizers, Proceedings of the 38th International Conference on Machine Learning, vol. 139, pp. 9367–9376 (2021)

[6] 高橋渉: 非線形・凸解析学入門, 横浜図書 (2005)

[7] J. Nocedal, S. J. Wright: Numerical Optimization, Springer Series in Operations Research and Financial Engineering, Springer (2006)

[8] J. B. Baillon: Un théorème de type ergodique pour les contractions non linéaires dans un espace de Hilbert, Comptes Rendus de l'Académie des Sciences Series A, vol. 280, pp. 1511–1514 (1975)

[9] H. H. Bauschke, J. M. Borwein: On projection algorithms for solving convex feasibility problems, SIAM Review, vol. 38, no. 3, pp. 367–426 (1996)

[10] 福島雅夫: 非線形最適化の基礎, 朝倉書店 (2001)

[11] 福島雅夫: 新版 数理計画入門, 朝倉書店 (2011)

[12] 小島政和, 土谷隆, 水野眞治, 矢部博: 内点法, 経営科学のニューフロンティア 9, 朝倉書店 (2001)

[13] A. Beck: Introduction to Nonlinear Optimization: Theory, Algorithms, and Applications with MATLAB, MOS-SIAM Series on Optimization, SIAM (2015)

[14] A. Beck: First-Order Methods in Optimization, MOS-SIAM Series on Optimization, SIAM (2017)

[15] W. W. Hager, H. Zhang: A new conjugate gradient method with guaranteed descent and an efficient line search, SIAM Journal on Optimization, vol. 16, no. 1, pp. 170–192 (2005)

[16] W. W. Hager, H. Zhang: A survey of nonlinear conjugate gradient methods, Pacific Journal of Optimization, vol. 2, pp. 35–58 (2006)

[17] K. Scaman, A. Virmaux: Lipschitz regularity of deep neural networks: Analysis and efficient estimation. Advances in Neural Information Processing Sys-

tems, vol. 31 (2018)

[18] S. Vaswani, A. Mishkin, I. H. Laradji, M. Schmidt, G. Gidel, S. Lacoste-Julien: Painless stochastic gradient: Interpolation, line-search, and convergence rates, Advances in Neural Information Processing Systems, vol. 32 (2019)

[19] B. Halpern: Fixed points of nonexpanding maps, Bulletin of the American Mathematical Society, vol. 73, pp. 957–961 (1967)

[20] Y. Nesterov: A method for unconstrained convex minimization problem with the rate of convergence $O(1/k^2)$. Doklady AN USSR, vol. 269, pp. 543–547 (1983)

[21] Y. Nesterov: Lectures on Convex Optimization Second Edition, Springer Optimization and Its Applications, Springer (2018)

[22] A. Nemirovski, A. Juditsky, G. Lan, A. Shapiro: Robust stochastic approximation approach to stochastic programming, SIAM Journal on Optimization, vol. 19, no. 4, pp. 1574–1609 (2009)

[23] J. Duchi, E. Hazan, Y. Singer: Adaptive subgradient methods for online learning and stochastic optimization, Journal of Machine Learning Research, vol. 12, no. 61, pp. 2121–2159 (2011)

[24] T. Tieleman, G. Hinton: RMSProp: Divide the gradient by a running average of its recent magnitude, COURSERA: Neural networks for machine learning, vol. 4, no. 2, pp. 26–31 (2012)

[25] W. R. Mann: Mean value methods in iteration, Proceedings of American Mathematical Society, vol. 4, pp. 506–510 (1953)

[26] S. J. Reddi, S. Kale, S. Kumar: On the convergence of Adam and beyond, International Conference on Learning Representations (2018)

[27] R. T. Rockafellar: Convex Analysis, Princeton Mathematical Series, Princeton University Press (1970)

[28] H. Robbins, S. Monro: A stochastic approximation method, The Annals of Mathematical Statistics, vol. 22, no. 3, pp. 400–407 (1951)

[29] B. T. Polyak: Some methods of speeding up the convergence of iteration methods, USSR Computational Mathematics and Mathematical Physics, vol. 4, no. 5, pp. 1–17 (1964)

[30] 矢部博: 工学基礎 最適化とその応用, 新・工科系の数学, 数理工学社 (2006)

[31] I. Yamada: The hybrid steepest descent method for the variational inequality problem over the intersection of fixed point sets of nonexpansive mappings, In: D. Butnariu, Y. Censor, S. Reich (eds.) Inherently Parallel Algorithms for Feasibility and Optimization and Their Applications, pp. 473–504. Elsevier (2001)

[32] 山田功: 工学のための関数解析, 工学のための数学, 数理工学社 (2009)

[33] M. Zaheer, S. Reddi, D. Sachan, S. Kale, S. Kumar: Adaptive methods for nonconvex optimization, Advances in Neural Information Processing Systems, vol. 31 (2018)

[34] F. Zou, L. Shen, Z. Jie, W. Zhang, W. Liu: A sufficient condition for convergences of Adam and RMSProp, Computer Vision and Pattern Recognition Conference, pp. 11127–11135 (2019)

[35] X. Chen, S. Liu, R. Sun, M. Hong: On the convergence of a class of Adam-type algorithms for non-convex optimization, Proceedings of The International Conference on Learning Representations (2019)

[36] H. Iiduka: Theoretical analysis of Adam using hyperparameters close to one without Lipschitz smoothness, arXiv preprint arXiv:2206.13290 (2022)

[37] H. Iiduka: Iterative algorithm for solving triple-hierarchical constrained optimization problem, Journal of Optimization Theory and Applications, vol. 148, no. 3, pp. 580–592 (2011)

[38] Y. Lecun, L. Bottou, Y. Bengio, P. Haffner: Gradient-based learning applied to document recognition, Proceedings of the IEEE, vol. 86, no. 11, pp. 2278–2324 (1998)

[39] G. Zhang, L. Li, Z. Nado, J. Martens, S. Sachdeva, G. E. Dahl, C. J. Shallue, R. B. Grosse: Which algorithmic choices matter at which batch sizes? Insights from a noisy quadratic model, Advances in Neural Information Processing Systems, vol. 33 (2019)

[40] H. Iiduka: Critical batch size minimizes stochastic first-order oracle complexity of deep learning optimizer using hyperparameters close to one, arXiv preprint arXiv:2208.09814 (2022)

[41] H. Iiduka: Distributed optimization for network resource allocation with non-smooth utility functions, IEEE Transactions on Control of Network Systems, vol. 6, no. 4, pp. 1354–1365 (2019)

[42] H. Iiduka, I. Yamada: A use of conjugate gradient direction for the convex optimization problem over the fixed point set of a nonexpansive mapping, SIAM Journal on Optimization, vol. 19, no. 4, pp. 1881–1893 (2009)

[43] H. Iiduka: Acceleration method for convex optimization over the fixed point set of a nonexpansive mapping, Mathematical Programming, vol. 149, pp. 131–165 (2015)

[44] H. Iiduka, W. Takahashi: Strong convergence theorems for nonexpansive mappings and inverse-strongly monotone mappings, Nonlinear Analysis: Theory, Methods & Applications, vol. 61, no. 3, pp. 341–350 (2005)

[45] H. Iiduka, I. Yamada: Computational method for solving a stochastic linear-quadratic control problem given an unsolvable stochastic algebraic Riccati equation, SIAM Journal on Control and Optimization, vol. 50, no. 4, pp. 2173–2192 (2012)

[46] H. Iiduka: Iterative algorithm for triple-hierarchical constrained nonconvex optimization problem and its application to network bandwidth allocation, SIAM Journal on Optimization, vol. 22, no. 3, pp. 862–878 (2012)

[47] H. Iiduka: Fixed point optimization algorithms for distributed optimization

in networked systems, SIAM Journal on Optimization, vol. 23, no. 1, pp. 1–26 (2013)

[48] H. Iiduka, K. Hishinuma: Acceleration method combining broadcast and incremental distributed optimization algorithms, SIAM Journal on Optimization, vol. 24, no. 4, pp. 1840–1863 (2014)

[49] D. Goldfarb, Y. Ren, A. Bahamou: Practical quasi-Newton methods for training deep neural networks, Advances in Neural Information Processing Systems, vol. 34 (2020)

[50] H. Iiduka: Convergence analysis of iterative methods for nonsmooth convex optimization over fixed point sets of quasi-nonexpansive mappings, Mathematical Programming, vol. 159, pp. 509–538 (2016)

[51] E. D. Dolan, J. J. Moré: Benchmarking optimization software with performance profiles, Mathematical Programming, vol. 91, pp. 201–213 (2002)

[52] J. J. Moré, B. S. Garbow, K. E. Hillstrom: Testing unconstrained optimization software, ACM Transactions on Mathematical Software, Vol. 7, no. 1, pp. 17–41 (1981)

[53] J.-B. Hiriart-Urruty, C. Lemaréchal: Convex Analysis and Minimization Algorithms I, Springer (1993)

[54] J. Borwein, A. Lewis: Convex Analysis and Nonlinear Optimization: Theory and Examples, Springer (2006)

[55] H. Iiduka: Proximal point algorithms for nonsmooth convex optimization with fixed point constraints, European Journal of Operational Research, vol. 253, no. 2, pp. 503–513 (2016)

[56] H. Iiduka: Incremental subgradient method for nonsmooth convex optimization with fixed point constraints, Optimization Methods and Software, vol. 31, no. 5, pp. 931–951 (2016)

[57] R. Srikant: The Mathematics of Internet Congestion Control, Systems & Control: Foundations & Applications, Birkhäuser (2003)

索　引

〈著者略歴〉

飯 塚 秀 明（いいづか　ひであき）

2005 年　東京工業大学大学院情報理工学研究科博士後期課程修了
　　　　　博士（理学）
　　　　　東京工業大学大学院情報理工学研究科 補佐員
2007 年　日本学術振興会 特別研究員
2008 年　九州工業大学ネットワークデザイン研究センター
　　　　　（東京サテライトオフィス）専任准教授
2013 年　明治大学理工学部情報科学科 専任准教授
2019 年　明治大学理工学部情報科学科 専任教授（現職）

● 本文デザイン　　田中幸穂（画房 雪）

連続最適化アルゴリズム

2023 年 2 月 25 日　　第 1 版第 1 刷発行

著　　者　飯 塚 秀 明
発 行 者　村 上 和 夫
発 行 所　株式会社 オーム社
　　　　　郵便番号　101-8460
　　　　　東京都千代田区神田錦町 3-1
　　　　　電話　03(3233)0641（代表）
　　　　　URL　https://www.ohmsha.co.jp/

© 飯塚秀明 2023

組版　Green Cherry　　印刷・製本　壮光舎印刷
ISBN978-4-274-23006-6　Printed in Japan

本書の感想募集　https://www.ohmsha.co.jp/kansou/
本書をお読みになった感想を上記サイトまでお寄せください．
お寄せいただいた方には，抽選でプレゼントを差し上げます．